普通高等教育"十三五"规划教材

饲料学导论

周 明 主编

U0388000

化学工业出版社

·北京·

《饲料学导论》论述了饲料分类编码方法，主要介绍了能量饲料、蛋白质补充饲料、矿物质饲料、饲料添加剂、青绿多汁饲料、粗饲料等各类饲料的化学组成、营养特性、使用技术、饲用价值，并探讨了各类饲料的加工与保存方法以及饲料添加剂的生产技术，对饲料营养价值的评定与质量管理的方法以及保障饲料安全的措施等内容进行了详细阐述，同时介绍了饲粮（全价配合饲料）、浓缩饲料、添加剂预混合饲料配方的设计方法，提出了饲料资源的开发途径。理论联系实践，言简意赅。

《饲料学导论》可作为高等农林院校动物科学、动物营养与饲料加工专业兽医、水产等专业的师生教材，同时也可作为相关专业的科研、管理、企业技术人员等参考用书。

图书在版编目（CIP）数据

饲料学导论/周明主编. —北京：化学工业出版社，
2016.3（2022.2重印）
普通高等教育"十三五"规划教材
ISBN 978-7-122-25912-7

Ⅰ.①饲… Ⅱ.①周… Ⅲ.①饲料 Ⅳ.①S816

中国版本图书馆 CIP 数据核字（2015）第 308042 号

责任编辑：尤彩霞   装帧设计：孙远博
责任校对：边　涛

出版发行：化学工业出版社（北京市东城区青年湖南街 13 号　邮政编码 100011）
印　　装：北京建宏印刷有限公司
787mm×1092mm　1/16　印张 18½　字数 488 千字　2022 年 2 月北京第 1 版第 5 次印刷

购书咨询：010-64518888   售后服务：010-64518899
网　　址：http://www.cip.com.cn

定　　价：45.00 元

《饲料学导论》 编写人员名单

主　编　周　明

副 主 编　胡忠泽

　　　　　　汪海峰

编写人员　（以姓氏笔画为序）

　　　　　王　翀　浙江农林大学

　　　　　邓凯东　金陵科技学院

　　　　　吕秋凤　沈阳农业大学

　　　　　汪海峰　浙江农林大学

　　　　　茅慧玲　浙江农林大学

　　　　　周　明　安徽农业大学

　　　　　胡忠泽　安徽科技学院

　　　　　程建波　安徽农业大学

　　　　　惠晓红　塔里木大学

前　言

动物生存和动物养殖离不开饲料，饲料是养殖业的物质基础。饲料方面的经济开支，占动物生产总成本的70%左右。因此，饲料的合理利用，是养殖业低耗高产的主要技术措施。饲料工业已是我国的支柱产业之一，在国民经济中占有重要地位。

随着社会经济的发展和人们生活水平的提高，动物性食品在膳食中所占的比例越来越高。更重要的是，人们对食物的品质尤其是安全卫生质量越来越重视。饲料是动物的食物，而动物产品（肉、蛋、奶等）是人类的食物。因此，饲料是人类的间接食物，其品质与人类健康密切相关。

饲料在生产、加工、运输和储存等过程中都可能产生或染有某些有毒有害物质，因而对动物有毒害作用，并能通过食物链损害人类健康。例如，饲料储存不当，会产生黄曲霉毒素等真菌毒素，既危害畜禽，又进而危害人类，致使人体癌变或畸变。一些饲料添加剂如砷制剂、抗生素、激素、高铜制剂、高锌制剂、人工合成色素（如苏丹红等）、诱食剂、镇静剂、兴奋剂等在饲料中乱用、滥用，已严重威胁动物乃至人类的健康。若长此下去，其后患难以估量。

如何高效低耗地利用饲料并开发新的饲料资源，从而减少粮食性饲料用量，缓解人类粮食短缺，保持社会稳定？怎样从饲料这个源头控制毒原、病原，以期生产出安全卫生的动物性食品？所有这些，将有赖于一系列的饲料科学理论的指导和一整套先进技术的应用。这正是编著本书之目的所在。

全国高等农业院校都开设动物科学专业，部分高等农业院校还开设动物营养和（或）饲料加工专业。饲料学课程是动物科学、动物营养和饲料加工专业的主干课程。《饲料学导论》适合作为饲料学课程的教材。本书还可供科研院所相关专业的科研人员以及饲料与养殖企业的技术人员等阅读。

限于笔者水平，本书可能有不当甚至谬误之处，恳请读者批评指正！

编者
2015 年 12 月

目录

绪　论

一、饲料的含义

根据《饲料工业通用术语》（GB 10647—2008）定义，饲料（feeds）是指能提供饲养动物所需养分，保证健康，促进生长和生产，且在合理使用下不发生有害作用的可饲物质。

但可从广义上定义：可供饲用，对动物有积极作用的一切物质就称为饲料。饲用是指投给动物的物质为经口腔提供。可供饲用是指物质无毒；或毒性很小，不足以使动物中毒；或有毒，但可脱毒。这里的积极作用主要指对动物有营养作用（这是饲料的最基本作用，如玉米、大豆饼粕等）；或无营养作用但能改善动物营养微环境（如益生菌制剂，酸、碱缓冲剂等），作为信号物质调控有关生命活动（如葡萄糖、脂肪酸等调节动物的摄食活动，钙触发肌肉收缩活动，乳糖诱导乳糖酶基因表达，锌调节金属硫蛋白基因表达等，这方面是分子营养学当前研究的重点之一），或具有特殊用途（如增色剂可使动物产品着色，如风味剂能增强动物产品的风味），或有其他积极作用。

给饲料如此定义，在饲料短缺的现阶段，对人们开发利用新的饲料资源有一定的启发和指导作用。

二、饲料学科内容

系统介绍饲料方面的理论、技术、知识、研究进展以及探索开发并高效利用饲料资源的途径和方法等的一门学科就是饲料学。饲料学是一门涉及种植业、养殖业、医药卫生、化工、加工业、机械设备、贸易等行业的综合性学科。

饲料学科主要内容为：饲料分类编码，各类饲料的营养化学特性、使用技术、饲用价值，饲料的生产、加工和保存技术，饲料生物技术，饲料营养价值的测定，饲料安全卫生与质量管理，饲料配制技术，饲料资源的开发与利用技术等。

三、饲料学科理论对动物生产的指导作用

饲料学科理论对动物生产的指导作用很大，主要体现在如下几个方面。

（1）要改良培育一个动物品种，除需合理的育种方法外，还要有科学的饲养技术。良种动物性能充分发挥的一个前提条件是其采食的饲粮营养全价有效性强。

（2）动物采食养分不足或缺乏的饲粮时，生产性能下降，健康受损甚至死亡。动物各种营养缺乏症就是例证。动物营养不良时，免疫机能下降，因而抗病力下降。此外，动物轻度或临界缺乏营养时，虽不表现临床症状，但新陈代谢受到不利的影响或不顺畅，因而动物的生产潜力不能充分发挥。

（3）饲料或饲粮化学组成能影响动物产品质量。例如，用玉米型饲粮肥育肉猪，体脂硬度下降，产生"黄膘肉"；若用大麦、高粱、甘薯部分替代饲粮中的玉米，则猪体脂硬度增强。又如，在蛋鸡饲粮中使用较多的菜籽粕或蚕蛹粉，影响鸡蛋的风味。再如，给奶牛饲喂芜菁，会使牛乳出现异常的气味。

（4）动物生产方式不断沿革，即：个体散放饲养→小群饲养→农场化饲养→工厂化饲养。工厂化饲养动物的特点为：动物群体大，畜（禽）舍密闭，人工气候。这就要求动物的

饲粮营养全价、平衡，否则动物就会发病甚至死亡。

（5）据估计，饲料成本约占动物生产总成本的70%。因此，降低饲料成本，对降低动物生产总成本的意义很大。对动物全价平衡饲养，可使动物生产潜力和饲料营养价值充分发挥，因而生产成本下降。另外，营养状况好的动物，发病率下降，因而医疗费用也减少。

四、饲料学科发展史略

（一）饲料生产（开发）与应用的历史

1850年——糖蜜开始在欧洲被用作饲料。

1855年——尽管早就试图从棉籽中榨油，但至1855年前后棉籽饼才由Paul Aldige首次加工成功。由于早期的饲养者对该饼的用量大，每天每头牛饲喂5.45～6.81kg，使牲畜中毒，直到1900年前后这种饼粉才勉强被接受作为饲料。

1888年——玉米蛋白饲料首次在布法罗的市场上被销售。

1888年——玉米蛋白粉在芝加哥被广泛生产，并与玉米籽实展开了激烈的竞争。

1890年——肉骨粉和肉屑开始被用于养殖业。早在1870年，这种原料就被干燥后用作肥料。在试验证明了肉骨粉的饲用价值之后，这种蛋白质补充料被用于鸡和猪饲粮的组分。

1898年——废弃的糖蜜被承认是动物的优良饲料。早些时候，美国南方各州以"自由采食"方式用糖蜜饲喂家畜。美国Cleveland亚麻籽公司将糖蜜和亚麻籽饼等原料混合，做成产品，销售给奶牛场，首次将其用作商品饲料，并命名为"sucrene"。美国Wayne饲料公司一直沿用这个商品名。

1900年——亚麻籽饼在1900年前已在欧洲被广泛应用。美国向外国大量出口亚麻籽饼。

1900年——苜蓿草粉被发现具有很高的饲用价值，并首次被用作马的饲料，其后被用于家禽、奶牛和猪的饲料。

1900年——骨粉于1900年以前已被用于饲喂家畜，并在1904年被用于配制家禽饲粮。

1900年——在1900年前，酒厂附近早就将白酒糟和啤酒糟作为湿（饲）料使用。当研究出其有效的干燥方法之后，酒糟产品才被接受并在市场上销售，尤其是被用作奶牛的饲料。

1903年——Larrowe制粉公司创始人James E. Larrwe将干甜菜渣引进美国。在欧洲干甜菜渣被广泛饲用，但美国的奶牛场主却迟迟不肯接受，直到1910年饲料公司才开始大量使用甜菜渣饲料。

1910年——由于干燥工艺得到完善，黄油奶水可被加工成干粉。1915年，Sherman Edwards在芝加哥首次将其用于配制家禽饲料。

1910年——在这一时期，鱼粉可能在美国西海岸开始被生产，直到1915年前后才被广泛销售。George Cavanaugh教授于1915年在康乃尔大学用鱼粉作为饲料做家禽饲养试验。试验不久后，Philip R. Park就将鱼粉作为家禽的饲料。

1915年——Albers兄弟在1915年前从东方进口了大豆饼。

1920年——脱脂奶粉问世，该产品在配合饲料中的用量不断增加。

1922年——美国首次生产大豆粕。

1931年——美国佛罗里达州开始用柑橘制作葡萄糖和柑橘罐头，发现柑橘渣是一种很好的饲料。1946年后，冷冻浓缩橘汁大量涌入美国市场，柑橘渣的产量随之增加。

1943年——尿素于1939年被开发作为反刍动物的合成蛋白质原料。由于战争期间缺乏动物性和植物性蛋白质饲料，所以对这种代用品的需求量较大。尿素于1943年首次被用于商业化饲料。

1952年——大豆粕总产量的1/2被用作鸡的饲料。1955—1956年由于给肉用仔鸡和蛋鸡配制高能量、低纤维日粮的，因而高蛋白-低纤维的大豆粕需求量大幅度上升。

1954年——在家禽日粮中开始添加动物脂肪。牛羊脂肪价格低廉，成为当时被应用的主要脂肪。脂肪可增加饲料能量，并能减少粉状饲料生产过程中的粉尘。其后，其他动物脂肪、植物油也得到了大量使用。

1956年——通过多年研究，开始生产羽毛粉饲料。此前，羽毛是家禽加工业的大宗废弃物，污染环境。

1958年——大豆壳（生产大豆粕的一种副产品）被加工成片状，成为一种新的大容积饲料原料，具有较高的消化率和吸收液体的能力，用作奶牛日粮的原料颇为理想。

1960年——木材糖蜜饲料首次由Masonite公司销售。它是生产压制木纤维板的一种副产品。

1960年——鸡粪被发现是一种有用的饲料，它在一些州正式被用作饲料，但未得到（美国）食品与药物管理局（FDA）的批准而进行州际间的运输流通。

1977年——液体蛋氨酸羟基类似物首次面市，为液体蛋氨酸产品的饲用开辟了道路。

20世纪90年代——开发了多种液体组分。如氨基酸、维生素、着色因子、霉菌抑制剂、防腐剂和香味剂等。

进入21世纪，全球饲料年产量不断增加，如2013年全球商品饲料产量为9.63亿吨，预计2014年将突破10亿吨。据统计，2012年中国商品饲料产量约为1.94亿吨，2013年中国饲料商品产量约为1.89亿吨，连续几年居全球第一。

（二）饲料营养价值评定的发展历史

饲料营养价值评定，是实现经济饲养动物的桥梁。饲料营养价值评定经历了近两个世纪，走过了一段漫长的道路。在这个过程中，学者们提出了许多评定体系。根据其内容和指标，可大致分为以下两大类评定体系。

1. 物质评定体系

（1）德国科学家Thear于1810年最早提出了衡量饲料营养价值的单位，即"干草等价（heuwert）"。将100lb（45.36kg）干草饲喂动物的效果作为衡量饲料营养价值的单位。

（2）19世纪中叶，Grouven（1859）用农业化学分析法，用干物质作为衡量单位来概括蛋白质、脂类和糖类化合物的营养价值，故称Grouven的单位为"干物质单位（dry matter）"。化学成分分析在评定饲料营养价值上，要比原始的"干草等价"前进了一步。

（3）Wolff（1854）提出以可消化营养成分作为评定饲料营养价值的指标，并根据饲料化学成分和消化试验结果，采用"可消化干物质（digestible dry matter）"作为衡量饲料营养价值的单位。这就将饲料营养价值的评定工作又向前推进了一步。

（4）德国科学家Kellner（1907）根据纯淀粉在阉牛体内沉积的脂肪量，提出了衡量饲料营养价值的单位——淀粉价（starch equivalents，SE）。其后，瑞典科学家Hanson（1913）在淀粉价的理论和方法的基础上，制定了"大麦饲料单位"作为评定饲料营养价值的单位。

（5）美国科学家Morrison（1915）提出以总可消化养分（total digestible nutrients，TDN）作为衡量饲料营养价值的单位。

2. 能量评定体系

（1）德国科学家Kuhn（1894）最早提出按能量评定饲料的营养价值。

（2）美国科学家Armsby（1917）采用呼吸测热器进行能量平衡试验，提出了以"热姆（Therm）单位"作为衡量饲料营养价值的单位。

（3）Kellner的学生，也是Kellner学派的继承人Nehring（1969）在淀粉价理论和方法的基础上提出了"能量饲料单位 (energy feed unit)"。

(4) 在这期间，美国基于 Kleiber (1961) 的试验工作，根据奶牛能量平衡的大量试验结果，提出美国 Flatt 奶牛净能体系。英国科学家 Blaxter (1969) 提出了英国布氏代谢能体系。

3. 一些国家使用饲料营养价值单位的沿革

(1) 德国、英国、日本等国都长期使用淀粉价作为评定饲料营养价值的单位。

(2) 美国、加拿大等国在 1915 年后广泛使用总可消化养分 (TDN)。在 1959 年，美国开始使用能量单位 (净能)。

(3) 英国先是使用淀粉价，从 1969 年开始使用能量单位 (布氏代谢能体系)。

(4) 我国 1978 年后，在饲料营养价值评定中改用能量体系，即对猪饲料采用消化能，对鸡饲料采用代谢能，而对乳牛饲料采用净能。在制定我国黑白花奶牛饲养标准时，根据我国的习惯，提出了以泌乳净能为基础的奶牛能量单位 (NND)。

(三) 动物饲粮配制技术的发展

Waugh 于 1951 年研制了最低成本的奶牛饲料产品，向长期沿用的许多饲养观念提出了挑战。宾夕法尼亚州立大学的 Robert F. Hutton 博士将线性规划方法应用到配合饲料工业，做出了重要贡献。到 1975 年，已有一些饲料公司进行这一技术改革的尝试，主要的公司包括 G. L. F. McMillen 饲料公司和 Nutrena 饲料公司。1958 年，Hutton 博士以"线性规划在饲料加工中的应用"为题发表了一系列文章。于是，用线性规划方法配制最低成本饲料在大型饲料加工厂得到迅速普及和推广，这些工厂生产规模巨大，有能力承担所增加的费用。许多饲料公司拥有自己的电子计算机系统和训练有素的技术人员。

当今，最低成本饲料配方几乎被所有饲料加工厂、畜禽生产联合企业与大型农场经营者采用。电子计算机的扩大应用使畜禽生产联合企业得以实现最低成本生产。近年来，在配制动物饲粮时，开始试用饲料概率配方技术和最大效益配方技术效益包括：生物学效益、生态效益和经济效益。

五、饲料学科研究动态

1. 进一步研究饲料中某些养分的生物学作用

(1) 在含氮物质方面，目前主要集中于寡肽和功能性氨基酸 (如精氨酸、谷氨酰胺等) 生物学作用的研究。

(2) 在脂类物质方面，主要是研究油脂在奶牛、蛋鸡、仔猪、母猪、鱼类等动物饲粮中应用的营养效应和预防代谢病的作用。另外大力研究多不饱和脂肪酸 (如共轭亚油酸等) 在动物产品中的富集方法。

(3) 在糖类物质方面，主要研究寡聚糖 (如寡果糖、甘露寡糖、α-寡葡萄糖、寡乳糖等) 的营养免疫作用、多聚糖 (如 β-葡聚糖、阿拉伯木聚糖等) 的有效利用方法和蛋白聚糖 (或糖蛋白) 的生物学作用。

(4) 在维生素方面，主要研究某些维生素或其前体的新作用，如叶酸、生物素、β-胡萝卜素等对动物生殖机能的作用，又如维生素 A、维生素 D、维生素 E、生物素等对基因表达的调控作用。

(5) 在矿物质方面，目前研究较多的是铬、锌等元素的生物学作用。例如，有机铬能改善畜禽的胴体品质，增强动物的免疫和抗应激能力，提高猪等动物的繁殖机能。锌可通过激活多种锌指蛋白转录因子在转录水平上直接调控基因表达。

(6) 抗生素等药物饲料添加剂在动物饲粮中应用所产生的问题越来越严重。为了解决这些问题，绿色饲料添加剂正在被如火如荼地研究和开发应用。

2. 用基因重组技术，提高饲料中养分含量

例如，澳大利亚科学家用遗传工程技术培育了一种富含蛋白质的苜蓿新品种。将豌豆种子中一个基因转移到苜蓿叶子上，该基因含有合成含硫氨基酸的密码。豌豆中的白蛋白与其他植物中的白蛋白不同，它在瘤胃中不被分解，绵羊几乎全部将其吸收利用。用这种新品种苜蓿喂绵羊，能促进羊毛的生长，使羊毛产量提高 5%。

又如，现已育成了高蛋白玉米、高赖氨酸玉米、高油脂玉米等，这些新品种玉米中蛋白质和（或）赖氨酸或脂肪含量显著地多于普通玉米。

再如，英国科学家正研究改造大麦蛋白质的氨基酸组成，且已取得了很大的进展。巴西农业研究公司（EMBRAPA）的研究人员正在培育富含 β-胡萝卜素的玉米新品种。

3. 用基因重组技术，降低饲料中有害成分含量

油菜籽及其饼粕中含有硫苷、芥子酸等有害物质。鉴于此，加拿大学者已育成了双低油菜新品种，如 Canla、Candle、Altex、Regent 等。棉籽及其饼粕中含有游离棉酚等有害物质，美国学者育成了无腺棉花新品种，其饼粕中不含游离棉酚毒性物质。生大豆及其生饼粕中含有胰蛋白酶抑制因子等抗营养因子。中国农业大学已育成了名为"中豆-28"的大豆新品种，其豆实中不含胰蛋白酶抑制因子。大麦中含有较多量的 β-葡聚糖和阿拉伯木聚糖，将大麦用作单胃动物特别是鸡和仔猪的饲料时，饲养效果差。鉴于此，有关学者正研究培育不含 β-葡聚糖和阿拉伯木聚糖的大麦新品种。另外，科学家也正在研究培育低植酸的玉米新品种以及低水苏糖、低棉籽糖、低氧合酶的大豆新品种。

4. 用微生物接种技术，提高饲料的营养价值

一些学者正研究给青贮饲料接种乳酸菌等微生物，以期提高青贮饲料的营养价值。英国纽卡斯尔（Newcastle）大学用接种方法生产的青贮饲料酸度增强、粗纤维含量降低、养分损失减少、适口性增强，动物对其采食量增加。

粗饲料资源丰富，但营养价值低。许多学者正研究用微生物改良粗饲料。已有研究证明：用软腐真菌、放线菌、嗜热性孢子丝菌等接种处理法，可不同程度地提高粗饲料的营养价值。另据报道，粗饲料微贮后的饲用效果较好。

5. 用生物技术，提高饲料转化率

已能用生物工程技术生产大量的淀粉酶、蛋白质消化酶、脂肪酶、纤维素酶、果胶酶、植酸酶、β-葡聚糖酶、阿拉伯木聚糖酶等。并将这些酶加到饲粮中，能提高饲料消化率，消除饲料中抗营养因子，改善动物生产性能，减少环境污染。

人们可用 DNA 重组技术，从微生物中生产纯度很高的生长激素，主要包括牛生长素（bST）、猪生长素（pST）和禽生长素（aST）。动物科技工作者用生长素提高畜禽的生产性能。同时，饲料利用率也得到了显著的提高。

6. 创新和发展饲料加工技术，以提高饲料营养价值

多数饲料在用前都要经过适当的处理，这就是加工。可以说，加工是饲料高效利用的一种重要技术手段，这方面的研究方兴未艾。

7. 开发利用非常规饲料，以逐步解决人畜争粮的矛盾

例如，在动物生产中，用粪便作为饲料已有一段时间，现正研究粪便的安全饲用技术；又如，科学家正研究开发海洋性食品和饲料，并已取得了一定的成效；再如，发展草业，利用绿色能源，种草养畜正在兴起。

8. 利用食物链加环延长原理，对饲料多级利用，以提高饲料的经济价值和生态效益

现今提出的"立体养殖技术"就是这方面的实践应用。例如，饲料喂鸡→鸡粪喂猪→猪粪喂牛→牛粪喂鱼→鱼塘淤泥肥地→饲料（牧草）生产。

值得强调的是，要对食物链上每一级食物中病原微生物、寄生虫（卵）等进行严格的灭

杀处理，以确保生物安全。

六、饲料学科发展趋势

今后对饲料养分在动物体内转化过程的调控研究将进一步加强。动物生产实质上就是将饲料原料通过动物这部"活机器"生产肉、蛋、奶、毛、皮等产品的过程。饲料学的一个主要任务就是探索以最少的饲料原料生产数量最多和质量最好的动物产品的方法。要达到这一目标就要对饲料养分在动物体内转化过程进行调控。目前在这方面已取得了较大进展，但还远远不够。预期今后将从不同层面上如从动物环境、动物整体、动物组织细胞、动物体内营养物质分子代谢水平上进行多重调控。

低质粗饲料的改良仍是今后饲料研究的一个重要任务。用物理方法改良粗饲料的效果不够理想，用化学方法改良粗饲料的效果较好，但一方面成本较高，另一方面可能会造成对饲料、环境的化学污染。因此，上述两种方法可能在未来受到一定的限制。学者们大多看好改良低质粗饲料的微生物性方法，这方面的研究方兴未艾。可以预见，科学家们将筛选培育出一种或多种安全高效微生物，从而能使秸秆（如稻草、麦秸等）等粗饲料变成葡萄糖等小分子营养物质，迎来所谓的"白色农业"或"白色革命"。

对饲料安全卫生的研究工作将更加受到重视。开发使用绿色饲料原料，生产安全卫生的饲料产品，从而实现饲料工业乃至养殖业的安全生产，保障人畜健康和环境清洁。

今后饲料研究的另一个方面是通过基因工程技术，培育出无毒害物质、无抗营养因子，并且其中养分种类、含量及其比例完全符合动物营养需要的"理想饲料"。

（周　明）

思　考　题

1. 简述饲料的含义。
2. 简述学好本课程的意义。
3. 简述饲料学在动物生产中的指导作用。

第一章　饲料分类编码

随着养殖业的发展，饲料资源的不断开发，饲料种类越来越多，这就客观上需要给饲料分类编码，以使每种饲料有一个标准编码。饲料标准编码应具有以下特点：①科学性，即同一编码的饲料，其特征特性、化学成分和营养价值相同或相似；②国际统一化，即饲料的编码能被世界各国接受，明确而不会混淆地汇编入世界饲料总册内；③能把所有编码的饲料营养数据存入同一台电子计算机内，而不会发生混乱。

本章将叙述哈里士（Harris L. E.）饲料分类编码法和中国饲料分类编码法。

第一节　哈里士饲料分类编码法

1963 年，美国科学家哈里士（Harris L. E.）教授提出了饲料分类命名体系。该体系已被许多国家接受，故又称国际饲料分类编码法。依照这种体系，每种饲料包含 8 个方面的内容，即：①来源（或母体物质）；②种，品种，类别；③实际采食部分；④原物质或用作饲料部分的加工和处理；⑤成熟阶段（仅适用于青饲料与青干草）；⑥刈割茬次（适用于青饲料、干草）；⑦等级，质量说明，保证；⑧分类（按营养特性）。

现举例说明，如表 1-1 所示。

表 1-1　哈里士饲料命名法

命名的内容	饲料Ⅰ	饲料Ⅱ	饲料Ⅲ
来源	苜蓿	鱼	燕麦
种	草地	岩鱼	—
饲用部分	地上部分	全鱼	燕麦末
加工与处理	脱水	生鱼	煮熟
成熟阶段	早花期	—	—
茬次	第一茬	—	—
等级、质量	蛋白质含量不低于 17% 粗纤维含量不高于 27%		
分类号	1	5	4

由表 1-1 可知，每种饲料的全名称较烦琐。为了便利和能将饲料营养数据存入电子计算机，哈里士提出饲料命名数字化，即给每种饲料一个编码。

哈里士饲料分类编码法原理为：根据营养特性，将饲料分为 8 个大类，用 1～8 分别代表（详见表 1-2），并放入图 1-1 的第一段空当内。第二段的两个空当加上第三段的三个空当，共五个空当，用来填写各具体饲料样的序号，共有 00—001～99—999 个序号。

后面的五个空当填写各具体饲料样序号，如苜蓿青干草的分类编码为 1—00—092，意为饲料样总数的第 92 号，属第 1 类，粗饲料类；又如玉米籽实的分类编码为 4—02—879，意为饲料样总数的第 2879 号，属第 4 类，能量饲料类；余者类推。哈里士饲料分类编码体系可容纳 799992（8×99999）个饲料样号。

按上述体系，各类饲料的分类编码情况为：①粗饲料 1—00—000，②青饲料 2—00—000，③青贮饲料 3—00—000，④能量饲料 4—00—000，⑤蛋白质饲料 5—00—000，⑥矿物质饲料 6—00—000，⑦维生素饲料 7—00—000，⑧添加剂 8—00—000。

表 1-2 饲料分类

饲料分类号	饲料类别及其说明
1	粗饲料——青干草、秸秆和秕壳以及粗纤维含量18%以上的其他饲料
2	青饲料——牧草、叶菜、树叶和青刈作物等
3	青贮饲料——青绿多汁饲料经过厌氧发酵而形成的饲料
4	能量饲料——此类饲料蛋白质含量20%以下,粗纤维含量18%以下,每千克饲料干物质含消化能10.46MJ以上,如谷实及其加工副产品等
5	蛋白质补充饲料——此类饲料蛋白质含量20%以上,粗纤维含量18%以下,如鱼粉、饼粕类等
6	矿物质饲料——如磷酸氢钙、石粉、骨粉、食盐、硫酸镁等饲料
7	维生素饲料——如维生素A、维生素D、维生素E、维生素C、维生素B$_1$、维生素B$_2$、维生素B$_6$、维生素B$_{12}$、叶酸、泛酸、生物素等
8	饲料添加剂——在基础饲粮中加入的微量或少量物质,如酶制剂、香味剂等

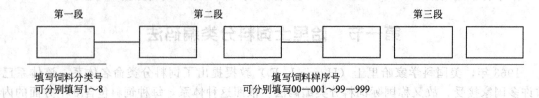

填写饲料分类号　　　　　　　　　　　　填写饲料样序号
可分别填写1~8　　　　　　　　　　　　可分别填写00—001~99—999

图 1-1 哈里士饲料编码法

第二节 中国饲料分类编码法

1983年,中国农科院畜牧所在哈里士饲料分类编码体系的基础上,结合我国具体情况,拟定了中国饲料分类编码法。其方法为:除按哈里士将饲料分成8个大类外,还将饲料分成17个亚类(饲料亚类及其号码见表1-3)。

表 1-3 饲料亚类及其号码

饲料亚类	号码	饲料亚类	号码	饲料亚类	号码
青饲料	1	谷实	7	动物性饲料	13
树叶	2	糠麸	8	矿物质饲料	14
青贮料	3	豆类	9	维生素饲料	15
块根、块茎与瓜果类	4	饼粕	10	添加剂	16
干草	5	糟渣	11	油脂	17
农副产品	6	草籽树实	12		

8个大类的号码(1~8)仍填在第一段的空当内,17个亚类的号码(01~17)则填在第二段的两个空当内,第三段的空当填写各具体饲料样的序号(001~999),如图1-2所示。

填写饲料分类号　　　　　　填写饲料亚类号　　　　　　　　　填写饲料样序号
可分别填写1~8　　　　　　可分别填写01~17　　　　　　　　可分别填写001~999

图 1-2 中国饲料编码法

例如，小麦麸的编码为 4－08－801，意为饲料样总数的第 801 号，属能量饲料，第 4 大类，第 8 亚类；又如，鱼粉的编码为 5－13－100，意为饲料样总数的第 100 号，属蛋白质饲料，第 5 大类，第 13 亚类。

中国饲料分类编码体系容量较小。鉴于此，我国学者又提出将编码体系的 6 位数增至 7 位数，仅第三段增 1 位数，即按图 1-3 所示给饲料编号。

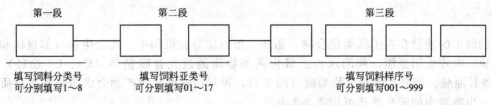

图 1-3　改进的（增位）中国饲料编码法

为规范饲料原料生产、经营和使用，提高饲料产品质量，保障养殖动物产品质量安全，根据《饲料和饲料添加剂管理条例》的规定，我国农业部制定了《饲料原料目录》（1773 号公告），于 2013 年 1 月 1 日起施行。

（周　明）

思 考 题

1. 饲料被分成哪几大类？又被分成哪些亚类？
2. 简述饲料标准编码的基本要求。
3. 简述国际（哈里士）饲料分类编码法和中国饲料分类编码法。哪个容量大？哪个更有优势？

第二章 能量饲料

饲料中的能量存在于糖类化合物、脂肪、蛋白质等有机物中。光合生物（如植物和部分微生物）吸收太阳光能，利用水、二氧化碳等物质通过光合碳循环（C3、C4 途径）合成3-磷酸甘油酸、草酰乙酸乃至葡萄糖（图 2-1），再利用这些初级产物合成脂肪和蛋白质等有机物。生物界中的碳素循环可用图 2-2 表示。

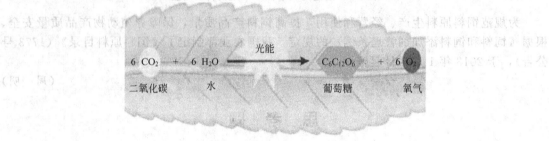

$$6\,CO_2 \quad + \quad 6\,H_2O \quad \xrightarrow{\text{光能}} \quad C_6C_{12}O_6 \quad + \quad 6\,O_2$$

二氧化碳　　　水　　　　　　　　　　葡萄糖　　　　氧气

图 2-1　光合生物中的光合反应

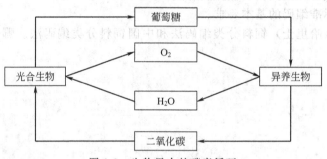

图 2-2　生物界中的碳素循环

生物界中碳素循环量很大。据统计，每年周转的二氧化碳达 3.5×10^{11} t。能量饲料属再生性饲料资源，植物是能量饲料的主要生产者。提高饲料能量产量及其生物利用率，是种植和养殖科技工作者的共同任务。

对能量饲料的一般定义是：以干物质计，粗蛋白质含量低于 20%，粗纤维含量低于 18%，每千克干物质含有消化能（猪）10.46MJ（2.5Mcal）以上的一类饲料即为能量饲料（energy feed）。这类饲料主要包括谷实类，糠麸类，脱水块根、块茎及其加工副产品，动、植物油脂以及乳清粉等饲料。能量饲料在动物饲粮中所占比例最大，一般为 50%～70%，对动物主要起着供能作用。

第一节　谷实类饲料

谷实类饲料是指禾本科作物的籽实。谷实类饲料富含无氮浸出物，一般都在 70% 以上；粗纤维含量较少，多在 5% 以内，仅带颖壳的大麦、燕麦、水稻和粟可达 10% 左右；粗蛋白质含量一般不足 10%，但也有一些谷实如大麦、小麦等可达 12%，蛋白质的品质较差，是因为其中的赖氨酸、蛋氨酸、色氨酸等含量较少；谷实中所含灰分中等，钙少磷多，但磷多以植酸盐的形式存在，对单胃动物的有效性差；谷实中维生素E、维生素B₁较丰富，但维生素C、维生素D贫乏；谷实的适口性好；谷实的消化率高，因而有效能值也高。正是由于上述营养特点，谷实是动物的最主要的能量饲料。

一、玉米

玉米（maize，corn，*Zea mays* L.）为禾本科玉米属一年生草本植物。玉米的亩产量高，有效能量多，是最常用而且用量最大的一种能量饲料，故有"饲料之王"的美称。因此，在这里，对玉米的有关知识做详细的介绍。

（一）玉米的起源与分布

玉米，亦称"玉蜀黍""苞谷""包芦""珍珠米"等。据考证，玉米原产于南美洲。7000年前美洲的印第安人就已开始种植玉米。由于玉米适合旱地种植，因此西欧殖民者侵入美洲后将玉米种子带回欧洲，之后在亚洲和欧洲被广泛种植。大约在16世纪中期，中国开始引进玉米，18世纪又传到印度。到目前为止，世界各大洲均有玉米种植，其中北美洲和中美洲的玉米种植面积最大。

在世界上，玉米栽培面积最多的国家或地区是美国、中国、巴西等，而其产量比较高的国家是美国、中国、加拿大和意大利等。20世纪90年代末，中国的玉米总产量约为1.3亿吨，占世界玉米总产量的1/5，相当于美国玉米总产量的1/2，居于世界第2位。

在我国，玉米主要分布在东北、华北、西北、西南、华东等地，其栽培面积和产量仅次于水稻和小麦，约占第3位。我国玉米产区可分为北方春玉米区、黄淮海套种复种玉米区、西北灌溉玉米区、西南山地套种玉米区和南方丘陵玉米区等。

（二）玉米的分类

玉米的分类方法主要有以下几种。

1. 按籽粒形态与结构分类

根据籽粒有无稃壳、籽粒形状与胚乳性质，可将玉米分成9个类型。

（1）硬粒型（flinty corn）：又称燧石型，适应性强，耐瘠、早熟。果穗多呈锥形，籽粒顶部呈圆形，由于胚乳外周为角质淀粉，故籽粒外表透明，外皮有光泽，且坚硬，多为黄色。味道好，产量较低。

（2）马齿型（dent corn）：植株高大，耐肥水，产量高，成熟较迟。果穗呈圆柱形，籽粒长大扁平，籽粒两侧为角质淀粉，中央和顶部为粉质淀粉，成熟时顶部粉质淀粉失水干燥较快，籽粒顶端凹陷呈马齿状，故而得名。凹陷程度取决于淀粉含量。其味道不如硬粒型。

（3）粉质型（flour corn）：又称软粒型，果穗及籽粒形状与硬粒型相似，但胚乳全由粉质淀粉组成，籽粒乳白色，无光泽，是制造淀粉和酿造的优良原料。

（4）甜质型（sweet corn）：又称甜玉米，植株矮小，果穗小。胚乳中含有较多的糖分与水分，成熟时因水分蒸散而使种子皱缩，多为角质胚乳，坚硬呈半透明状，多做蔬菜或制罐头。

（5）甜粉型：籽粒上部为甜质型角质胚乳，下部为粉质胚乳，较为罕见。

（6）爆裂型（pop corn）：又称玉米麦，每株结穗较多，但果穗及籽粒都小，籽粒圆形，顶端突出，淀粉类型几乎全为角质。遇热时淀粉内的水分形成蒸汽而爆裂。

（7）蜡质型（waxy corn）：又称糯质型。原产于我国，果穗较小，籽粒中胚乳几乎全由支链淀粉构成，不透明，无光泽，如蜡状。支链淀粉遇碘液呈红色反应。食用时黏性较大，故又称黏玉米。

（8）有稃型（pod corn）：籽粒为较长的稃壳所包被，故得名。稃壳顶端有时有芒。有较强的自花不孕性，雄花序发达，籽粒坚硬，脱粒困难。

（9）半马齿型：介于硬粒型与马齿型之间，籽粒顶端凹陷深度比马齿型浅，角质胚乳较多，种皮较厚，产量较高。

2. 按生育期分类

主要是由于基因组成的差异，不同类型的玉米从播种到成熟的时间，即生育期也不一样。根据生育期的长短，可将玉米分为早熟、中熟、晚熟类型。另外，由于我国幅员辽阔，各地划分早熟、中熟、晚熟玉米的标准也不完全一致。

（1）早熟品种：春播的，80～100d，积温为2000～2200℃；夏播的，70～85d，积温为1800～2100℃。早熟品种玉米一般植株矮小，叶片数量少，为14～17片。由于生育期的限制，早熟品种玉米的产量潜力较小。

（2）中熟品种：春播的，100～120d，积温为2300～2500℃；夏播的，85～95d，积温为2100～2200℃。中熟品种的玉米叶片数量较早熟品种多，而较晚播品种少。

（3）晚熟品种：春播的，120～150d，积温为2500～2800℃；夏播的，96d以上，积温为2300℃以上。一般地，晚熟品种玉米植株高大，叶片数多，多为21～25片。由于其生育期长，故产量潜力较大。

由于温度高低和光照时数的差异，玉米品种在南、北相向引种时，它们的生育期会发生变化。一般规律是：北方品种向南方引种，常因日照短、温度高而缩短生育期；反之，南方品种向北方引种，其生育期会有所延长。生育期变化的多少，取决于品种本身对光照、温度的敏感程度，对光、温愈敏感，生育期变化愈大。

3. 按用途与籽粒成分分类

根据籽粒的成分与用途，可将玉米分为特用玉米和普通玉米两大类。

特用玉米是指具有较高的经济价值、营养价值或加工利用价值的玉米，这些玉米类型具有各自的基因组成，表现出各具特色的籽粒构造、营养成分、加工品质以及风味等，因而有着各自特殊的用途、加工要求。特用玉米以外的类型均被称为普通玉米。

甜玉米、糯玉米、高油玉米、高赖氨酸玉米、爆裂玉米等属于特用玉米。美国最先培育与开发特用玉米，年创产值数十亿美元，已形成重要的产业并迅速发展。我国研究开发特用玉米较晚，除糯玉米原产于我国外，其他品种资源缺乏。近年来，我国玉米育种工作者做了大量的试验研究，在高赖氨酸玉米、高油玉米等育种方面取得了长足进步。

（1）甜玉米：又称蔬菜玉米，既可煮熟后直接食用，又能被制成各种风味的食品。甜玉米之所以甜，是因为玉米含糖多。其籽粒含糖量还因不同时期而变化，在适宜采收期内，蔗糖含量是普通玉米的2～10倍。根据甜度，甜玉米又可被分为中甜玉米、强甜玉米和超甜玉米3类。

（2）糯玉米：又称黏玉米，胚乳中淀粉几乎全是支链淀粉。支链淀粉与直链淀粉的区别是：前者相对分子质量比后者小得多，消化率又高20％以上。糯玉米具有较高的黏滞性与适口性，可鲜食或制罐头。我国还有用糯玉米代替糯米制作糕点的习惯。在工业方面，糯玉米淀粉是食品工业的基础原料，可被用作增稠剂，还被广泛地用于胶带、黏合剂和造纸等工业。积极引导鼓励糯玉米的生产，将会带动食品行业、淀粉加工业等的发展，并促进畜牧业的发展。

（3）高油玉米（high oil corn）：是指籽粒含油量超过8％的玉米。由于玉米油主要存在于胚内，故高油玉米都有较大的胚。玉米油中亚油酸含量较高，是人和动物的必需脂肪酸。玉米油在发达国家已成为重要的食用油。高油玉米含油量、总能水平、粗蛋白质含量均高于常规玉米，还含有较多的维生素E、胡萝卜素，而其单产已达到常规玉米的水平。此外，高油玉米籽实成熟时，茎、叶仍碧绿多汁，含较多的蛋白质和其他养分，是草食动物的良好饲料。以"高油玉米 115"为代表的高油玉米杂交种，其含油量均在 8% 以上。

（4）高赖氨酸玉米（high lysine corn）：也称优质蛋白玉米，玉米籽粒中赖氨酸含量在 0.4% 以上。普通玉米中赖氨酸含量一般为 0.2% 左右，赖氨酸是人和动物的必需氨基酸。如 Opaque-2，Flour-2 等属于高赖氨酸玉米。

（5）爆裂玉米（pop corn）：其特点是角质胚乳含量高，淀粉粒遇高温而爆裂。一般被作为风味食品，在大、中城市流行。

4. 根据籽粒颜色分类

根据籽粒颜色可将玉米分为黄玉米、白玉米和混合色玉米（黄白色）。

（三）一些品种玉米种质特性

1. 高油 115

该品种玉米由中国农业大学于 1992 年育成，并于 1996 年被北京市农作物品种审定委员会审定。该品种玉米在北京春播，生育期 117d 左右，属中晚熟品种。除籽粒做粮食外，因含油量为 8.3%，超过普通玉米 1 倍多，可作为高能量饲料。采收果穗后，秸秆蛋白含量为 8.5%，比普通玉米秸秆高 30%，也可作为饲料。

株型基本属平展型，全株叶片数 21～23 片，一般株高 2.8～3.0m，穗位高 1.2～1.3m；叶色深绿，生长苗壮，茎秆坚韧，根系发达；全生育期天数为 117～120d。

该品种果穗为长圆筒形；籽粒深黄，半马齿形；穗轴红色，穗行数 14～16 行，穗长 19.3cm，穗粗 4.32cm；千粒重 280～300g；胚大，单株粒重 120g 左右，出籽率 82%。除籽粒外，由于保绿性强，秸秆及叶片仍为绿色，有较多的蛋白质和糖分，可作为优质青饲料。

籽粒胚大，粗脂肪含量为 8.3%，粗蛋白质含量为 11.02%，赖氨酸含量为 0.42%，粗淀粉含量为 66.29%。

它对我国玉米主要病害抗性较强，中国农科院接种鉴定为：大斑病 1 级（R），小斑病 0.5 级（HR），弯孢菌叶斑病 0.5 级，感矮花叶病毒病，对圆斑病、粗缩病、青枯等也有一定抗性。同时，蚜虫、玉米螟、棉铃虫等对其危害也较轻。苗期较能抗低温，生长前期较能抗旱，灌浆期抗高温，耐阴雨，耐渍涝，对盐碱也有较强的忍耐力。

由于该品种对多种病害抗性较好，故在全国各地都可种植。适用于北方春玉米区，如辽宁、河北、山西、甘肃等地，也适合石家庄以南夏玉米区种植；该品种玉米在两广、云贵等南方各省也生长良好。其种植技术要点如下：①由于高油玉米营养体大、丰产潜力强，因此要施足底肥，生长期追施适量化肥。②适时播种。春播尽量早播，待 5cm 土壤深处温度稳定在 10℃ 以上就可播种，地膜覆盖条件下可提早 10～15d，夏播提倡麦茬播种，以争取生长季节。③合理密植。合理种植密度为每公顷 45000～49500 株，过密会造成倒伏。④适时收获。正常收获时间应在籽粒基部出现黑层即可收获，此时整个植株仍保持绿色，营养体部分可切碎制作青贮饲料。

2. 中玉 5 号

该品种玉米由中国农业科学院作物品种资源研究所李丹育成，1995 年 5 月通过北京市品种审定。亲本组合为 CN962×CN1483，产品主要被用于动物饲料。株型为半紧凑型，在北京夏播，株高 250～280cm，穗位 100～110cm，全株叶片 21 片。

该品种为早熟品种，在北京夏播，生育期 90～92d。穗长 17cm 左右，穗行数 14～16 行，行粒数 40 左右，千粒重 280g 左右，适宜栽培密度为每公顷 45000～52500 株，籽粒为黄色，半马齿型。

对青枯病、病毒病、丝黑穗病和小斑病抗性强，抗褐斑病、弯孢菌叶斑病，也抗大斑病，耐盐碱。

适宜种植地区：在北京、天津、河北中部、四川省可夏播；在黑龙江、吉林、河北北部、山西及甘肃北部可春播。

3. 苏玉（糯）1 号

该品种玉米由江苏省沿江地区农科所谢孝颐等于 1986 年育成，1991 年通过江苏省品种审定，属中早熟型玉米杂交种。其用途主要有：生产鲜食玉米、生产优质粮食、部分取代普通玉米杂交种、作为深加工原料、青秆作为乳牛饲料。

成株叶片上冲，株型紧凑；株高 200～210cm，穗位高 90～95cm，总叶片数春播 18～19 片，夏播 17～18 片，双穗率 70%～100%。出苗至成熟春播为 98～100d，夏播为 88～90d。

果穗圆锥形，大小均匀，无秃顶缺粒。第一穗长 17～19cm，第二穗长 13～14cm，平均穗粗 4.5cm，穗行数 13.8 行，行粒数 25～30 粒，出籽率 90% 左右，千粒重 260～280g。籽粒为硬粒型，白粒皮薄。籽粒总淀粉含量达 80.7%，其中，支链淀粉含量占总淀粉含量的 95%～97%。粗脂肪含量为 4.33%。

茎秆坚韧，根系发达，根茎抗倒伏性强。抗大斑病、小斑病和青枯病。抗早衰，成熟后茎叶仍有 70%～80% 呈绿色。

4. 高赖氨酸玉米

目前所指的高赖氨酸玉米一般是指由 Opaque-2（简称 O-2）基因控制的优质类型，O-2 是一个隐性基因。这种高赖氨酸玉米，在外观上与普通玉米的主要区别是在籽粒的胚乳上：高赖氨酸玉米的胚乳是软质的，或者说是软粒的，表现为不透明，没有普通玉米籽粒的光泽，籽粒重量也相对轻些，易与普通玉米区分。

由于控制高赖氨酸的 O-2 基因是隐性基因，所以须有两个 O-2 基因自交系组配成杂交种，才表现完全的高赖氨酸性状。但是，由于 O-2 基因多带软胚乳的特性，易霉变，易招虫害，更重要的是产量低，很难为广大农民所接受。近几年来，在育种工作者的努力下，一批硬胚乳的高赖氨酸自交系问世，杂交种产量也相应提高，其中有些已接近或超过了普通杂交种。但从整体水平看，高赖氨酸玉米杂交种产量全面赶超普通杂交种还需要时间。为了能使高产与优质结合起来，许多育种学家也在尝试着用 O-2 自交系与普通玉米自交系组配杂交种。河北省粮油作物研究所在选质玉米优质蛋白杂交种上做了一些尝试，用一个 O-2 自交系和一个普通系组配育成了冀玉 8 号。该组合在黑龙江、吉林、天津、河北、贵州等地示范试验中均比对照品种农大 60 号、效单 13 号、中单 2 号等产量显著增高，其籽粒赖氨酸含量为 0.28%，较成功地把高产与优质结合到了一起。

5. 黄金花

该品种玉米是由中国农业科学院作物育种栽培研究所曾三省于 1988 年选育的爆裂玉米型新品种。该品种玉米在北京春播，生育期 110d 左右，株高 220cm，穗位高 100cm，穗行数 14～18 行，行粒数 35～40，白轴，轴粗 2cm，籽粒金黄色，珍珠型，光泽好，千粒重 140g，10g 籽粒数为 70，属中粒型，出粒率 83%。对大斑病、小斑病和丝黑穗病抗性较强。黄金花籽粒具有较多量的矿物质（铁、磷、钙）、蛋白质、维生素 B_1、维生素 B_2 与烟酸等养分。籽粒的膨爆倍数达 25 倍以上，爆裂率 98% 以上，在籽粒含水量为 14% 左右时爆裂得最好。玉米花呈蝴蝶状，柔嫩香脆，乳白色，适口性好。

生产黄金花玉米商品籽粒不需要隔离种植，无霜期短的地区可采用地膜覆盖，每公顷留苗密度 60000 株左右，适宜于肥水条件较好的地块种植，每公顷产 3750kg 左右，定苗至拔节期要注意除去分蘖，商品籽粒不能作为种子用，只能用作爆玉米花。

6. 中糯 1 号

该品种玉米由中国农业科学院作物育种栽培研究所曾三省于 1991 年育成的白色糯玉米

单交种，其组合为中玉 08×中玉 04。中糯 1 号是中熟的糯玉米型品种，主要用于鲜食，是优质的菜用玉米。在北京春播，生育期 105～110d。采收青嫩果穗，春播 95d 左右，夏播 80d 左右。

中糯 1 号植株半紧凑型，株高 230cm，穗位高 90cm，果穗长锥形，结实饱满，穗长 16～18cm，无秃尖，穗粗 4.2cm，穗行数 14～16 行，行粒数 40 粒，千粒重 270g，出籽率 85%～87%，单果穗鲜重 250～300g。籽粒雪白色，硬粒型，品质好，经农业部谷物品质检测中心检测，其支链淀粉为 100%，经蒸煮后食用，柔软细腻，皮薄无渣，甜黏清香，口感很好。

中糯 1 号抗大斑病、小斑病、纹枯病和青枯病，适应性广，在我国主要玉米产区均可种植，在北京及其以南地区既可春播又可夏播，南方地区还可种两季，可秋播、冬播。

栽培技术要点：与普通玉米隔离种植，防止串粉影响品质；最好选用肥水条件较好的沙壤土，在黏重的土壤种植要将地整细；每公顷密度 45000～52500 株；在授粉后 25d 左右采收青穗。

经近 5 年在全国各地种植的结果表明，中糯 1 号具有适应性广、抗病害力强、产量较高、品质优良、商品性好、经济效益高等特点，是较好的鲜食玉米类型，在吉林、辽宁、河北、天津、内蒙古、山西、陕西、宁夏、河南、甘肃、新疆、四川、湖北、湖南、安徽、江苏、上海、浙江、江西、福建、广西、广东、贵州、云南、重庆、海南省等地均种植成功。由于其品质优良、口感好，深受广大消费者欢迎，也受到宾馆饭店青睐。近几年来，在北京和山西已成为速冻糕质玉米的首选品种，今后还可进行产业化加工出口创汇。此外，中糯 1 号还可收干籽粒，磨粉做糕点或加工成糁子煮粥，别具风味。采收青嫩果穗后，其秸秆还是牛、羊的良好饲料。因此，发展中糯 1 号有广阔的国内外市场，有很大的经济潜力，发展前景良好。

7. 甜单 8 号

该品种玉米由中国农业大学于 1992 年育成。母本 534 是由国外强甜玉米杂交种选育的二环系。父本 794 是国外引进的普通甜玉米自变系植入 Se 基因而获得的稳定系。1997 年通过北京市农作物品种审定委员会审定。该杂交种属糖分强甜玉米类型，是世界甜玉米类型中新一代产品，因两个亲本均具有隐性糖分基因 Sw 和它的主效修饰基因 Se，甜度比一般甜玉米高。

该品种玉米主要是生食、速冻加工或真空包装的产品，内销或出口，也是做甜玉米罐头的优良原料。适宜采收期为籽粒含水量在 70% 左右或授粉后 21～23d。

一般株高 225cm，穗位 53cm。全株叶片数 19，叶片平展略下披、色深绿。雄穗分枝 25～30、花粉量多，雌穗苞叶长、顶部有小叶片着生，对果穗包裹严密。在北京春播，从播种至采收需 81～83d，夏播 73d。在地膜覆盖早播条件下，一年可连续种植 2 季。

鲜果穗一般穗长 20cm，穗粗 5cm，穗行数 16～18，行粒数 35～40，果穗为柱形，无秃尖。若是收获鲜果穗，每公顷种植密度以 45000～52500 株为宜。适宜采收期内（一般授粉后 20～23d），鲜果穗总糖量为 25.8%、还原糖 9.7%、脂肪酸 6.06%、粗蛋白质 17.18%、赖氨酸 0.35%、淀粉 37.86%。果皮较柔嫩，适口性好。

该品种抵抗玉米大斑病、小斑病和茎腐病的能力强。由于苞叶紧，可抗金龟子危害，也较抗旱。若夏播，则抗性不强，易感黑粉病；密植易倒伏。

由于该品种早熟、较能抗旱，故在我国南方和北方均可种植。也可春播、夏播、秋播或冬播（在海南）。宜在哈尔滨、大连、山西、内蒙古、上海、河北、广东等地种植。

8. 中甜 2 号

该品种玉米由中国农业科学院作物品种资源研究所于 1992 年育成。主要用于玉米鲜加工。中早熟强甜玉米在北京地区春播生育期 107d，夏播 90d。其株高 200cm 左右，每株 1～

2 个果穗,果穗柱型,穗长 20cm,穗行数 12～14 行,籽粒鹅黄色。每公顷留苗 60000 株。它对病毒病、大斑病、小斑病和青枯病抗性强。凡可种植玉米的地区均可种植该品种。要求与其他品种玉米隔离栽培,以免串粉影响食用品质。

9. 甜玉 6 号

该品种玉米由中国农业科学院作物育种栽培研究所育成,强甜类型,属中熟品种。株高 230cm,穗位高 90cm。穗长 22cm,穗粗 4.6cm,穗行数 14～16。籽粒浅黄色,粒色一致。果皮薄嫩,糯性强,口感好,甜度高。对玉米大斑病、小斑病抗性强,抗倒伏。

该品种适合鲜食或速冻加工,亦可加工粒状和糊状罐头食品,品质上乘。

在栽培上,该品种玉米春播、夏播均可。一般每公顷种植密度 60000 株。适宜种植区域较广,北方、南方都可种植。

10. 中原单 32 号

该品种玉米由中国农业科学院原子能利用研究所唐秀芝、任继明、张维强等人以齐 318 为母本、原辐黄为父本,杂交选育而成。

中原单 32 号属中早熟品种,适于华北、华东等地区麦茬夏播,华南两广等地宜春播、夏播、秋播及部分亚热带地区冬播。

株型半紧凑,株高 240～270cm,穗位高 80～100cm,适于密植。叶片半上举,叶厚、色深绿,光合效率高,春播总叶片数 21～22 片。茎秆粗壮、韧性强,根系发达,支持根 4～7 层。全生育期,春播 110d,夏播 90d。出苗至拔节 30d,拔节至抽穗 30d,抽穗至成熟 48d,三段生长特征为"短—短—长"。

果穗呈锥形,红轴,穗长 15～20cm,穗行数 14～16,行粒数 37～43,穗粒数 550～650,穗粒重 150～200g,千粒重 280～380g,出籽率 87%。籽粒橘黄色,硬质型,不秃尖,适于密植。

籽粒含蛋白质 12.7%、脂肪 4.3%、淀粉 68.1%、支链淀粉 47.8%、赖氨酸 0.275%、硒 0.03×10^{-6},口感好。秸秆含蛋白质 7.8%～10.5%、脂肪 1.5%、纤维素 22.3%～31.9%、总糖 5.3%。

综合抗性好,表现抗大斑病、小斑病、青枯病、矮花叶病、粗缩病、穗粒腐病、丝黑穗病,黑粉病等;耐旱、涝、阴雨、高温、冷害,抗倒伏。

该品种适应性广,适于黄淮海地区,湖南、湖北、广东、广西、海南、江西以及新疆等地区种植。适于在平原、丘陵的中上等水肥条件下种植,表现抗逆性强,产量高。在广东、广西等沿海的亚热带地区适于冬播、春播和秋播。

(四) 玉米的营养特点

玉米中养分含量与营养价值参见表 2-1～表 2-3。

① 糖类化合物含量在 70% 以上,主要是淀粉,单糖和二糖较少,粗纤维含量也较少。

② 蛋白质含量一般为 7%～9%,其品质较差,乃因赖氨酸、蛋氨酸、色氨酸等必需氨基酸含量相对贫乏。

③ 粗脂肪含量为 3%～4%,但高油玉米中粗脂肪含量可达 8% 以上。其粗脂肪主要是甘油三酯,构成的脂肪酸主要为不饱和脂肪酸,如亚油酸占 59%,油酸占 27%,亚麻酸占 0.8%,花生四烯酸占 0.2%,硬脂酸占 2% 以上。

④ 为高能量饲料,其消化能(猪)为 14.27MJ/kg,代谢能(鸡)为 13.56MJ/kg,产奶净能(奶牛)为 7.70MJ/kg。

⑤ 粗灰分较少,仅 1% 稍上。

⑥ 钙少磷多,但磷多以植酸盐的形式存在,对单胃动物的有效性低。玉米中其他矿物质元素尤其是微量元素很少。

⑦ 维生素含量较少，但维生素 E 含量较多，为 $20 \sim 30mg/kg$。

⑧ 黄玉米中含有较多的色素，主要是胡萝卜素，叶黄素和玉米黄素等。

表 2-1 一些谷实饲料中养分含量 单位：%

项目	干物质	粗蛋白质	粗脂肪	无氮浸出物	粗纤维	粗灰分	钙	磷
玉米	86.0	8.1	3.8	70.5	1.9	1.2	0.02	0.27
稻谷	86.0	7.8	1.6	63.8	8.2	4.6	0.03	0.36
糙米	87.0	8.8	2.0	74.2	0.7	1.3	0.03	0.35
碎米	88.0	10.4	2.2	72.7	1.1	1.6	0.06	0.35
皮大麦	87.0	11.0	1.7	67.1	4.8	2.4	0.09	0.33
裸大麦	87.0	13.0	2.1	67.7	2.0	2.2	0.04	0.39
高粱	86.0	9.0	3.4	70.4	1.4	1.8	0.13	0.36
燕麦全粒	87.0	10.5	5.0	58.0	10.5	3.0	—	—
除壳燕麦	87.0	15.1	5.9	61.6	2.4	2.0	—	—
粟	86.5	9.7	2.3	65.0	6.8	2.7	0.12	0.30
除壳粟	86.8	8.9	2.7	72.5	1.3	1.4	0.05	0.32
甜荞麦	83.2	9.6	2.3	59.2	9.7	2.9	0.07	0.26
苦荞麦	88.9	10.1	2.3	60.3	14.0	2.2	0.08	0.26
黑麦	88.0	11.0	1.5	71.5	2.2	1.8	0.05	0.30

表 2-2 一些谷实饲料中有效能含量 单位：MJ/kg

项目	消化能（猪）	消化能（肉牛）	消化能（羊）	代谢能（鸡）	产奶净能（奶牛）
玉米	14.27	14.07	14.27	13.56	7.70
稻谷	12.09	12.34	12.64	11.00	6.44
糙米	14.39	14.73	14.27	14.06	8.08
碎米	15.06	14.35	14.73	14.23	8.28
皮大麦	12.64	13.01	13.22	11.30	6.99
裸大麦	13.56	13.51	13.43	11.21	7.07
高粱	13.18	12.84	13.05	12.30	6.61
粟	12.93	12.55	—	11.88	6.90
除壳粟	14.02	14.06	—	14.14	—
黑麦	13.85	—	—	11.25	7.03

表 2-3 玉米中氨基酸的真消化率 单位：%

项目	赖氨酸	蛋氨酸	胱氨酸	苏氨酸	异亮氨酸	亮氨酸	精氨酸	组氨酸	缬氨酸	苯丙氨酸	酪氨酸	色氨酸
猪	65	85	76	67	78	87	82	83	78	84	80	67
鸡	85	92	87	87	91	96	90	93	96	85	94	—

（五）玉米的质量标准

我国《饲料用玉米》（GB/T 17890—2008）国家标准规定：色泽、气味正常；杂质≤1.0%，杂质指能通过直径 3.0mm 圆孔筛的物质、无饲用价值的玉米、玉米以外的物质；生霉粒≤2.0%；粗蛋白质（干物质基础）≥8.0%；水分含量≤14.0%。以容重、不完善粒为定等级指标，分为 3 级，详见表 2-4。

表 2-4 我国饲料用玉米的质量标准

等级	一级	二级	三级
容重/(g/L)	≥710	≥685	≥660
不完善粒总量/%	≤5.0	≤6.5	≤8.0

（六）玉米的饲用方法

1. 猪

将玉米膨化，对断奶仔猪的饲用效果好于未膨化的玉米。玉米对育肥猪的饲用效果虽好，但应避免过多饲用，否则猪背膘增厚，瘦肉率下降，甚至产生"黄膘肉"。这种肉的特点是脂肪多、质软、色黄、品质差。

2. 鸡

玉米对鸡的饲用价值高。并且黄玉米富含色素，对鸡的皮肤、脚、喙等以及蛋黄的着色有良好的效果。着色良好的鸡产品深受消费者欢迎，因而其商品价值高。然而，也应避免在肉鸡饲粮中过量使用玉米，否则肉鸡腹腔内过量蓄积脂肪而使屠体品质下降。据报道，玉米粉碎的粒度为 2.8mm 或 1.4mm 时，蛋鸡的生产性能均不受影响，但要求玉米粉碎的粒度应大小一致。

3. 草食动物

玉米是牛、羊、兔等草食动物的良好能量补充饲料。此外，黄玉米的色素为牛、羊奶油色素的重要来源。用玉米作为牛、羊的饲料时不应粉碎过细，宜磨碎或破碎。

4. 水生动物

用玉米作为鱼类等水生动物的饲料时，效果不够理想。其原因一是鱼类对糖类物质消化吸收和利用能力均较低；二是多数品种的玉米淀粉颗粒较硬，不易被鱼类消化。但是，黄玉米由于富含色素，对鱼体着色有一定的效果。

二、小麦

小麦（wheat）是人类的主要粮食之一。以前，小麦很少被用于畜、禽的饲料。近几年来，玉米价格偏高，有时，特别是收获季节，小麦的价格明显低于玉米，小麦的蛋白质含量又比玉米高得多（约高 50%）。小麦中磷含量也比玉米高，且小麦中含有植酸酶，能将植酸磷分解为无机磷，供动物吸收利用。另外，已有相应的酶制剂产品被用来降低甚至消除小麦中的抗营养因子。因此，越来越多的企业开始用小麦作为畜、禽的能量饲料。

（一）小麦的起源与分布

小麦为禾本科麦属一年生或越年生草本植物，起源于亚洲西部。我国小麦年产量为 2 亿吨左右，居世界首位，以下分别为美国、印度、俄罗斯、加拿大、法国。我国小麦产量占粮食总产量的 1/4，仅次于水稻而位居第 2 位。按栽培制度，我国小麦产区可分为春麦区、冬麦区和冬春麦区。春麦区主要有东北、西北；冬麦区包括黄淮、长江中下游、西南、华南等；新疆维吾尔自治区、青海省等归入冬春麦区。

（二）小麦的分类

按栽培季节，可将小麦分为春小麦和冬小麦。按籽粒硬度，可将小麦分为硬质小麦、软质小麦。硬质小麦以春小麦居多，其截面呈半透明，蛋白质含量较高；软质小麦截面呈粉状，质地疏松。按籽粒表面颜色，可将小麦分为红皮小麦、白皮小麦。

（三）小麦的化学组成与营养价值

小麦的化学组成如表 2-5 和表 2-6 所示，其营养价值参见表 2-7～表 2-9。

表 2-5　小麦中养分含量　　　　单位：%

项目	干物质	粗蛋白质	粗脂肪	无氮浸出物	粗纤维	粗灰分	钙	磷	植酸磷	钠	钾
含量	87.0	13.9	1.7	67.6	1.9	1.9	0.17	0.41	0.19	0.06	0.50
项目	赖氨酸	蛋氨酸	色氨酸	亮氨酸	异亮氨酸	苏氨酸	缬氨酸	苯丙氨酸	精氨酸	组氨酸	胱氨酸
含量	0.30	0.25	0.15	0.80	0.44	0.33	0.56	0.58	0.58	0.27	0.24

表2-6 小麦中部分维生素和微量元素含量　　　　单位：mg/kg

项目	硫胺素	核黄素	烟酸	泛酸	胆碱	叶酸	生育酚	吡哆素
含量	5.2	1.1	56.1	13.5	778.0	0.4	15.5	2.1
项目	生物素	铁	铜	锰	锌	硒	钴	钼
含量	0.02	88.0	7.9	45.9	29.7	0.05	0.1	0.8

表2-7 小麦中氨基酸的真消化率　　　　单位：%

项目	赖氨酸	蛋氨酸	色氨酸	亮氨酸	异亮氨酸	苏氨酸	缬氨酸	苯丙氨酸	精氨酸	组氨酸	酪氨酸	胱氨酸
猪	72	84	81	84	83	78	79	86	83	82	79	81
鸡	81	87	89	91	88	83	86	92	88	91	90	88

表2-8 小麦中主要养分的养化率　　　　单位：%

样品粗纤维含量	粗蛋白质	粗脂肪	粗纤维	无氮浸出物
在猪中消化率				
粗纤维2.7%	80	68	13	86
粗纤维1.9%	80	70	60	83
在牛中消化率				
粗纤维2.4%	84	81	47	91
粗纤维3.2%	84	85	60	85
在羊中消化率				
粗纤维2.9%	78	72	33	92

表2-9 小麦中有效能含量（风干物质基础）　　　　单位：MJ/kg

产地	总能	消化能（猪）	消化能（羊）	代谢能（鸡）	产乳净能（奶牛）	生产净能（肉牛）
金寨	16.30	13.25	14.17	11.91	8.61	5.27
南陵	16.39	13.33	14.30	12.00	8.53	5.27
和县	16.39	13.33	14.34	12.00	8.69	5.31
淮北	16.34	13.29	14.30	11.95	8.65	5.31
太和	17.60	14.13	15.13	12.87	9.45	5.77
合肥	16.03	13.21	14.13	11.95	8.65	5.27
萧县	16.59	13.46	14.46	12.12	8.86	5.39
巢湖	16.85	13.71	14.80	12.33	8.99	5.52
砀山	16.26	13.25	14.17	11.87	8.57	5.23
泗县	16.30	13.42	14.21	13.00	8.61	5.27

① 有效能值高，如其消化能（猪）为13～14MJ/kg，代谢能（鸡）为11～13MJ/kg，产奶净能为8.5～9.0MJ/kg。

② 粗蛋白质含量居谷实类之首，在12%以上，有的达14%以上，但必需氨基酸尤其是赖氨酸不足，因而小麦蛋白质品质较差。

③ 无氮浸出物多，在其干物质中可达75%以上。

④ 粗脂肪含量低（1.7%～1.9%），这是小麦能值低于玉米的主要原因。

⑤ 矿物质含量一般都高于其他谷实，磷、钾等含量较多，但半数以上的磷为植酸磷，生物有效性弱。

这里顺便介绍一下小麦次粉，有些地方可能不称此名，如安徽称其为四号粉。小麦次粉是以小麦为原料磨制各种面粉后获得的副产品之一，比小麦麸营养价值高。由于加工工艺不同，制粉程度不同，出麸率不同，所以次粉成分差异很大。因此，用小麦次粉作为饲料原料时，要对其成分与营养价值实测。

（四）饲料用小麦与饲料用次粉的质量标准

我国国家标准《饲料用小麦》（GB 10366—1989）与农业行业标准《饲料用次粉》（NY/T 211—92）规定，两者均以粗蛋白质、粗纤维、粗灰分为质量控制指标，各项指标均以87％干物质为基础计算，按含量分为3级，详见表2-10。

表2-10　饲料用小麦与次粉的质量标准　　　　　　　　　　　单位：％

项目	指标	一级	二级	三级
小麦	粗蛋白质	≥14.0	≥12.0	≥10.0
	粗纤维	<2.0	<3.0	<3.5
	粗灰分	<2.0	<2.0	<3.0
次粉	粗蛋白质	≥14.0	≥12.0	≥10.0
	粗纤维	<3.5	<5.5	<7.5
	粗灰分	<2.0	<3.0	<4.0

（五）小麦中的抗营养因子及其不良作用

用小麦作为畜、禽的主要能量饲料时，动物多发生消化不良现象，饲用效果差。此外，蛋鸡易产脏蛋；肉仔鸡因腹泻，使垫料过湿，产氨气多，影响健康，跗关节损伤，胸部水肿发生率提高，宰后肉品等级下降等。造成上述不良后果的原因是小麦中含有抗营养因子，主要是阿拉伯木聚糖，其次是β-葡聚糖。

Preece等（1952）报道，谷实类饲料中主要含有两类抗营养因子——阿拉伯木聚糖和β-葡聚糖。在小麦中，阿拉伯木聚糖约占整粒的6％，β-葡聚糖仅占0.5％左右。它们都是具有黏性的非淀粉多糖，阻碍其他营养物质的消化、吸收和利用。

1. 阿拉伯木聚糖的结构

Annison等（1992）分析了阿拉伯木聚糖的结构。因为它由阿拉伯糖和木糖两种单糖组成，故称之为阿拉伯木聚糖或戊聚糖。这种物质是一类由D-木糖聚合成的主干（由1,4-木吡喃糖残基组成）和L-阿拉伯糖分枝（带有1-2，1-3阿拉伯呋喃残基）所组成具有分枝结构的聚合物。

2. 阿拉伯木聚糖的理化性质

小麦中的阿拉伯木聚糖是非淀粉多糖的一种，所以它也具有非淀粉多糖的黏度、表面活性、持水性等理化特性，并在溶液中影响其他养分的消化。

（1）黏度：具多糖性质的阿拉伯木聚糖在水中溶解后都变成有黏性的溶液，随浓度的提高，溶液黏度会大增。Choct等（1992）报道，肉用仔鸡采食小麦阿拉伯木聚糖，消化道内食糜的黏度增大。

（2）表面活性：阿拉伯木聚糖的表面带有电荷，在溶液中能与其他物质结合。在小麦被消化时，阿拉伯木聚糖可与肠道中一些化学成分如脂类、蛋白质等结合。

（3）持水性：无论是可溶性的，还是不溶性的阿拉伯木聚糖，都具有持水活性。不溶性的阿拉伯木聚糖具有海绵一样的功能，而可溶性的阿拉伯木聚糖则通过网状结构的形成而吸收水分子，这种能力就称为系水力。阿拉伯木聚糖浓度较高时，这种特性表现尤为显著，因为此时可形成凝胶。

上述效应能从根本上改变食糜的物理特性，并改变食糜的生理活性，即增强对肠蠕动的抵抗力。

3. 阿拉伯木聚糖抗营养作用的方式

（1）增强食糜黏度：小麦中的阿拉伯木聚糖为大分子物质，持水力强，可吸收大量水分，或它溶于水后产生黏性溶液，增加消化道内容物的黏稠度。小肠内容物黏稠度增大，会显著延长食糜在肠道的停留时间，一方面造成肠黏膜上不动水层加厚，内源氮排泄量增加；另一方面引起营养物质在肠道内积累，降低单位时间内养分的被消化作用，使饲料脂肪、蛋白质和淀粉等消化率降低。这是因为食糜黏性增强，使得胃肠对食糜的混合效率下降，阻碍消化酶与底物的接触以及已经消化的食物养分向小肠上皮绒毛的渗透，所以阿拉伯木聚糖等降低了养分的消化吸收率，最终导致畜、禽生产性能下降。

（2）消化酶活性下降：小麦中的阿拉伯木聚糖能直接与胰蛋白酶、脂肪酶等消化酶或消化酶活性必需的其他成分（如胆汁酸或无机离子）结合而使消化酶活性下降，从而降低食物的消化率。

（3）脂肪和脂溶性维生素消化吸收障碍：小麦中的阿拉伯木聚糖能阻碍脂肪的消化吸收，特别是阿拉伯木聚糖可引起长碳链饱和脂肪酸吸收不良。这种影响作用在大麦、燕麦、黑麦型饲粮中也存在。由于阿拉伯木聚糖能相互结成网状物，阻止胆汁酸盐的分泌和扩散，影响脂肪的乳化，因而阻碍脂肪的消化吸收；同时，脂溶性维生素 A、维生素 D、维生素 E、维生素 K 的吸收也受到不利的影响。

（4）降低饲粮表观代谢能：小麦中的阿拉伯木聚糖能直接影响饲粮表观代谢能。Annison 等（1991）检测分析了饲粮非淀粉多糖含量和表观代谢能的关系。当小麦阿拉伯木聚糖被加到肉用仔鸡饲粮后，饲粮的表观代谢能量呈线性降低。乃因阿拉伯木聚糖引起淀粉、蛋白质、脂类回肠消化率的降低而致。

（5）肠道微生物大量增殖：在肉鸡饲粮中添加阿拉伯木聚糖等非淀粉多糖，小肠内容物的发酵强度显著增大。但若同时添加阿拉伯木聚糖酶，就可避免这种现象的发生。用阿拉伯木聚糖含量高的小麦喂小鸡，其肠道内的微生物数量显著增加。若是用黑麦喂小鸡，其肠道内的微生物更多。Patel 等（1980）研究发现，由于阿拉伯木聚糖能使食糜在消化道内的停留时间延长，这将更有利于微生物的大量增殖，微生物的大量增殖必然消耗养分，因而可被动物吸收的养分量减少。采食小麦型饲粮的家禽比采食玉米型饲粮（其中可溶性非淀粉多糖少）的家禽更易感染球虫病和发生坏死性肠炎。

与阿拉伯木聚糖相比，小麦中的 β-葡聚糖含量少（仅 0.5% 左右），因而其抗营养作用较弱。β-葡聚糖结构中含有 1-3 和 1-4 两种糖苷链，这两种糖苷链线性连接形成 β-葡聚糖聚合物。它也溶于水，产生较强的黏性，与阿拉伯木聚糖的抗营养作用方式相似。

（六）消除小麦抗营养因子不良作用的措施

消除小麦抗营养因子不良作用的基本措施是：在小麦型饲粮中添加适量的阿拉伯木聚糖酶、β-葡聚糖酶等酶制剂，可降低或消除阿拉伯木聚糖、β-葡聚糖等抗营养因子的不良作用。这是因为这些酶制剂能使阿拉伯木聚糖、β-葡聚糖等降解为单糖，而单糖易被动物吸收利用。

（七）小麦的饲用技术

1. 猪

小麦对猪的适口性好，可作为猪的能量饲料，不仅能减少饲粮中蛋白质饲料的用量，而且可提高肉品质，但应注意小麦的消化能值低于玉米。小麦用于育肥猪的饲料时，宜磨碎（粒径 700～800 μm）；小麦用于仔猪的饲料时，宜粉碎（粒径 500～600 μm）。在含小麦的饲粮中添加适量的阿拉伯木聚糖酶、β-葡聚糖酶等酶制剂，可防止猪的消化不良，显著增加饲粮消化能值，提高猪的生产性能。

2. 鸡

一般认为，小麦对鸡的饲用价值约为玉米的 90%。小麦用于鸡的饲料时，应注意以下几点：①不宜单用小麦作为鸡的能量饲料，鸡饲粮中小麦和玉米的适宜比例为 1:1～1:2；

②小麦作为鸡的饲料时，不宜粉碎过细；③在小麦型鸡饲粮中一般要用阿拉伯木聚糖酶、β-葡聚糖酶等酶制剂，这样才能有较好的饲养效果；④小麦中色素少，鸡产品着色不佳，必要时可考虑采用着色剂。

3. 反刍动物

小麦是牛、羊等反刍动物的良好能量饲料，饲用前应破碎或压扁，在饲粮中用量不能过多（控制在 50% 以下），否则易引起瘤胃酸中毒。

4. 水生动物

小麦所含淀粉较软，而且又具有黏性，故小麦及其次粉用作鱼类饲料的效果优于其他任何谷实。因此，小麦是鱼类能量饲料的首选饲料。

三、稻谷

稻谷（paddy, rice）为禾本科稻属一年生草本植物。世界上稻谷有两个栽培种，即亚洲栽培稻（*Oryza sativa* L.）和非洲栽培稻（*O. glaberrima* Steud），前者被广泛栽种。20世纪 90 年代初，全世界稻谷总产量约为 5.3 亿吨。1998 年，我国稻谷总产量约为 1.99 亿吨，占世界稻谷总产量的 1/3 以上，而居世界第 1 位。我国水稻产区主要有湖南、四川、江苏、湖北、广西、安徽、浙江、广东等地区。

（一）稻谷的分类

按粒形和粒质，可将我国稻谷分为籼稻谷、粳稻谷和糯稻谷 3 类。按栽培季节，可将其分为早稻谷和晚稻谷。

稻谷脱壳后，大部分种皮仍残留在米粒上，是为糙米。

（二）稻谷、糙米与碎米的营养特点

稻谷、糙米、碎米中养分含量与营养价值参见表 2-1 和表 2-2。

1. 稻谷的营养特点

稻谷中所含无氮浸出物在 60% 以上，但粗纤维达 8% 以上，粗纤维主要集中于稻壳中，且半数以上为木质素等。因此，稻壳是稻谷饲用价值的限制成分。稻谷中粗蛋白质含量为7%～8%，粗蛋白质中必需氨基酸如赖氨酸、蛋氨酸、色氨酸等较少。稻谷因含稻壳，有效能值比玉米低得多。

2. 糙米的营养特点

糙米（rough rice）中无氮浸出物多，主要是淀粉。糙米中蛋白质含量（8%～9%）及氨基酸组成与玉米相似。糙米中脂质含量约 2%，其中不饱和脂肪酸比例较高。糙米中灰分含量（约 1.3%）较少，其中钙少磷多，磷仍多以植酸磷的形式存在。

3. 碎米的营养特点

碎米（broken rice）中养分含量变异很大，如其中粗蛋白质含量变动范围为 5%～11%，无氮浸出物含量变动范围为 61%～82%，而粗纤维含量最低仅 0.2%，最高可达 2.7% 以上。因此，碎米用于饲料时，要对其进行养分实测。

（三）饲用稻谷与饲用碎米的质量标准

我国农业行业标准《饲料用稻谷》（NY/T 116—1992）、《饲料用碎米》（NY/T 212—1992）均以粗蛋白质、粗纤维、粗灰分为质量控制指标，按含量分为 3 级，详见表 2-11。

（四）稻谷、糙米、碎米、陈米的饲用方法

1. 稻谷的饲用方法

稻谷被坚硬外壳包被，稻壳量占稻谷重的 20%～25%。稻壳含 40% 以上的粗纤维，且半数为木质素，猪、鸡对稻壳的消化率为负值。因此，在生产上一般不提倡直接用稻谷喂猪、鸡等单胃动物。不宜将稻谷用于仔猪、鸡的饲料。试验研究和生产实践证明，对架子猪、育肥猪、母猪，可使用稻谷，但要严格控制用量。稻谷用于牛、羊、兔等的饲料，饲养效果良好，应粉碎后饲用。

2. 糙米、碎米、陈米的饲用方法

糙米、碎米、陈米可作为猪的能量饲料，不但饲养效果好而且猪肉品质较好。但是，变质的陈米不能饲用。另外，一些碎米因其中蛋白质等养分含量较少，故应注意补充蛋白质饲料。用糙米、碎米、陈米作为鸡的能量饲料时，其饲养效果与玉米相当，只是对鸡皮肤、蛋黄等无着色效果。如果条件许可，糙米、碎米、陈米当然是牛、羊等动物的良好能量饲料。

表 2-11　饲料用稻谷、碎米的质量标准　　　　　　单位：%

项目	指标	一级	二级	三级	说明
稻谷	粗蛋白质 粗纤维 粗灰分	≥8.0 <9.0 <5.0	≥6.0 <10.0 <6.0	≥5.0 <12.0 <8.0	以86%干物质为基础计算
碎米	粗蛋白质 粗纤维 粗灰分	≥7.0 <1.0 <5.0	≥6.0 <2.0 <2.5	≥5.0 <3.0 <3.5	以86%干物质为基础计算

四、大麦

大麦（barley，*Hordeum sativum* Jess）为禾本科大麦属一年生草本植物。对大麦起源有两种说法。一种说法是认为起源地为小亚细亚到中东、埃及、北非等；另一种说法则认为中国的青海、西藏、四川西部是野生大麦起源地之一。20世纪90年代初，世界大麦总产量约为1.7亿吨，产量较多的国家依次为俄罗斯、加拿大、美国、德国、法国、英国、哈萨克斯坦、西班牙等。我国大麦年产量较少，如1998年，全国大麦总产量约为350万吨。

一些欧洲国家用大麦作为饲料的数量较多。我国从整体上看，较少用大麦作为饲料，但一些局部地区常用大麦作为动物的饲料。

（一）大麦的分类与分布

按有无麦稃，可将大麦分为皮大麦（有稃大麦）和裸大麦。裸大麦又称裸麦、元麦或青稞。按栽培季节，可将大麦分为春大麦、冬大麦。

欧洲国家、北美和亚洲西部地区较广泛地种植春大麦。在我国，长江流域各省、河南等地主要种植冬大麦；东北、内蒙古、青藏高原、山西和新疆北部地区种植春大麦。另外，青藏高原、云贵以及江浙一带尚种有裸大麦。

（二）大麦的营养特点

大麦中养分含量与营养价值参见表2-1、表2-2和表2-12。

表 2-12　大麦中氨基酸的真消化率　　　　　　单位：%

项目		赖氨酸	蛋氨酸	色氨酸	亮氨酸	异亮氨酸	苏氨酸	缬氨酸	苯丙氨酸	精氨酸	组氨酸
皮大麦	猪	68	78	68	77	73	66	72	79	78	76
	鸡	79	72	81	84	79	81	81	81	86	81
裸大麦	猪	68	78	68	77	73	66	72	79	78	76
	鸡	78	79	82	83	78	75	80	81	84	86

① 粗蛋白质含量一般为11%～13%，平均为12%，其品质稍优于玉米。

② 无氮浸出物含量（67%～68%）低于玉米，其组成中主要是淀粉。

③ 脂质较少（2%左右），甘油三酯为其主要组分（73.3%～79.1%）。

④ 有效能量较多，如消化能（猪）为 12.64MJ/kg，代谢能（鸡）为 11.30MJ/kg，产奶净能（奶牛）为 6.99MJ/kg。

⑤ 大麦中非淀粉多糖（NSP）含量较多，达 10% 以上，其中主要由阿拉伯木聚糖（76g/kg 干物质）和 β-葡聚糖（33g/kg 干物质）组成。单胃动物消化液中不含消化非淀粉多糖的酶，因而不能消化这些成分。正是这个原因，用多量大麦喂鸡、仔猪，会引起腹泻。

（三）饲料用大麦的质量标准

中国农业行业标准《饲料用皮大麦》（NY/118—1992）、《饲料用裸大麦》（NY/T 210—1992）以粗蛋白质、粗纤维、粗灰分为质量控制指标，按含量分为 3 级，各项成分含量均以 87% 干物质为基础计算，参见表 2-13。

表 2-13　饲料用皮大麦、裸大麦的质量标准　　　　　单位：%

项目	指标	一级	二级	三级
皮大麦	粗蛋白质	≥11.0	≥10.0	≥9.0
	粗纤维	<5.0	<5.5	<6.0
	粗灰分	<3.0	<3.0	<3.0
裸大麦	粗蛋白质	≥13.0	≥11.0	≥9.0
	粗纤维	<2.0	<2.5	<3.0
	粗灰分	<2.5	<2.5	<3.5

（四）大麦的饲用方法

1. 猪

不宜用大麦喂仔猪，这是其中粗纤维含量较高和含较多 β-葡聚糖和阿拉伯木聚糖之故。但用脱壳、蒸汽处理的大麦片或粉可少量地喂仔猪。用大麦作为育肥猪的饲料，不仅饲养效果好，且能生产优质硬脂猪肉。金华火腿闻名于世，其原因之一就是用大麦作为育肥猪的能量饲料。大麦喂猪时，其第一、第二、第三限制性氨基酸分别是赖氨酸、苏氨酸、组氨酸。在饲粮中，玉米和大麦以 2∶1 比例配合，可获得最佳养猪效果。

2. 鸡

大麦对鸡的饲用价值较低，其原因主要有：①大麦中含较多的阿拉伯木聚糖和 β-葡聚糖，粗纤维含量较高，故大麦在鸡体内消化性差。②大麦不含色素，因此对鸡产品（鸡肉、鸡蛋黄）无着色效果。

3. 草食动物

大麦是牛、羊、兔、马等草食动物的良好能量饲料。饲用时，不应粉碎，宜压扁或磨碎。

4. 水生动物

用大麦作为鱼类饲料优于玉米，但逊于小麦。将经蒸汽处理的大麦粉加入饲粮中，能增强其黏结性，有助于饲粮成型。鱼类采食含大麦的饲粮后，肉质有变硬趋势。

五、高粱

高粱（sorghum, *Sorghum vulgare* Dears）为禾本科高粱属一年生草本植物。关于高粱的起源问题，多数学者认为它起源于非洲。20 世纪 90 年代初，世界的高粱总产量为 0.7 亿吨。中国 1998 年高粱总产量约为 409 万吨，居世界第 3 位，而在国内各类谷物产量中居第 5 位。在中国，高粱产量较多的省份有：吉林、辽宁、黑龙江、河北、山西、内蒙古、安徽、江苏、四川、江西、湖南等。

（一）高粱的分类

（1）按用途，可将高粱分为：粒用高粱；糖用高粱，供生产糖浆和酒精用；帚用高粱，常供制作扫帚；饲用高粱。

(2) 按籽粒颜色，可将高粱分为：褐高粱、白高粱、黄高粱（红高粱）和混合型高粱。

(二) 高粱的营养特点

高粱中养分含量与营养价值参见表2-1、表2-2。

① 除壳高粱籽实的主要成分为淀粉，多达70%。

② 蛋白质含量为8%~9%，但品质较差，原因是其中必需氨基酸赖氨酸、蛋氨酸等含量少。

③ 脂肪含量稍低于玉米，但饱和脂肪酸的比例高于玉米。

④ 有效能量较多，如消化能（猪）为13.18MJ/kg，代谢能（鸡）为12.30MJ/kg，产奶净能（奶牛）为6.61MJ/kg。

⑤ 钙少磷多，所含磷70%为植酸磷。

⑥ 含有较多的烟酸，达48mg/kg，但所含烟酸多为结合型，不易被动物利用。

(三) 饲料用高粱的质量标准

中国农业行业标准《饲料用高粱》（NY/T 115—1989）规定以粗蛋白质、粗纤维、粗灰分为质量控制指标，按含量分为3级，各项指标均以86%干物质为基础计算，详见表2-14。

表 2-14 饲料用高粱的质量标准 单位：%

指标	一级	二级	三级
粗蛋白质	≥9.0	≥7.0	≥6.0
粗纤维	<2.0	<2.0	<3.0
粗灰分	<2.0	<2.0	<3.0

(四) 高粱中抗营养因子与毒物

1. 抗营养因子

高粱籽实中含有单宁（tannins）。单宁又称单宁酸、鞣质、鞣酸，是广泛存在于各种植物组织中的一种多元酚类化合物，相对分子质量为500~3000，具有较多的羟基和羧基。Freudenberg（1920）根据单宁的化学结构特点，将单宁分为水解性单宁（hydrolysable tannins）和缩合性单宁（condensed tannins）。水解性单宁由没食子酸、双倍酸（间二没食子酸）或六羟二酚酸等酚体以糖基（如葡萄糖）为中心酯化而成。缩合性单宁是儿茶素或其他异黄酮的聚合体。

单宁是植物体内的次生代谢产物，对植物是有利的，可保护籽实免受外界因素的影响，并能调节籽实中酶的活性，以提高种子的耐储性。

(1) 单宁在高粱等植物体内的分布与含量。单宁主要存在于谷实类饲料如高粱的籽粒中，在油菜籽外壳、开有色花的豌豆、蚕豆、云扁豆等豆实和大麦中含量也较高。高粱籽实中单宁含量变化很大，一般为0.02%~3.40%，其含量与籽实颜色深度有关。籽实颜色越深，其中单宁含量越多。单宁在种皮中含量最多，在胚及胚乳中较少。通常将单宁含量在1%以上的高粱称为高单宁高粱，它们多为深红色或褐色籽粒品种；单宁含量在0.4%以下者称为低单宁高粱，它们大部分是白色、黄色与浅红色籽粒品种。鉴定高粱等饲料中单宁含量多少的方法为：取一些高粱粒置于广口瓶内，加氢氧化钾5g和少许次氯酸钠，再加适量水，稍加热（7min），而后将其干燥。若高粱籽粒种皮厚而色深，则说明其中单宁含量多；若其种皮呈白色，则说明其中单宁含量少。

(2) 单宁的抗营养作用。饲料含较多的单宁，可影响其饲用价值。饲料中单宁含量超过0.5%时，对动物有严重的影响；而低于0.1%时，则几乎没有影响。

① 单宁味苦涩，当饲粮中单宁含量多时会影响动物的食欲，降低动物的采食量。

② 单宁分子中羟基在消化道中可与蛋白质结合，形成不被消化的单宁-蛋白质复合物，从而降低饲料蛋白质的消化率。

③ 单宁能抑制胰蛋白酶、β-葡萄糖酶、α-淀粉酶、β-淀粉酶和脂肪酶的活性，因而阻碍营养物质的消化。

④ 单宁在消化道中可与钙、锌、铁、铜等金属离子结合而产生沉淀，因而降低这些矿物元素的利用率。

⑤ 单宁具有收敛性。它进入胃肠道后，可与胃肠道黏膜的蛋白质结合，在肠黏膜表面形成不溶性的鞣酸蛋白膜，使胃肠运动机能减弱而发生胃肠弛缓。同时，单宁还可使肠壁毛细血管收缩而引起肠液分泌量减少。这些作用都会使肠道内容物后移减慢而发生便秘。

然而，饲粮中含少量的单宁，可预防反刍动物臌胀病，并增加瘤胃旁蛋白和旁氨基酸量。单宁对反刍动物利用蛋白质有积极作用，这是因为瘤胃对饲料蛋白质有降解和脱氨作用，而少量单宁能抑制这种作用。

尽管如此，单宁的抗营养作用是主要的，因此仍需注意除去饲料中单宁有害的问题。

(3) 消除单宁有害的措施。

① 控制高粱在饲粮中的用量。高单宁高粱在饲粮中以不超过 20% 为宜。低单宁高粱在饲粮中所占比例可适当提高。

② 提高饲粮蛋白质水平，可减弱或消除单宁的不良影响。据报道，当蛋鸡饲粮蛋白质含量为 16% 时，分别用以玉米或高粱为基础的饲粮喂鸡，鸡的产蛋性能并无差异。

③ 使用分子结构中含甲基的饲料添加剂。在饲粮中添加蛋氨酸或胆碱，可克服单宁产生的不利影响。这是因为蛋氨酸或胆碱可作为甲基供体，促进单宁的甲基化作用，使其发生分解代谢后排到体外。

④ 脱除单宁。

机械脱壳：单宁主要存在于种皮中，脱壳就可除去大部分单宁。

浸泡或煮沸：用冷水浸泡 2h 或用开水煮沸 5min，就可脱去约 70% 的单宁。

氨化法：将高粱籽实置于塑料袋中，加入 NH_4OH（含 30% NH_3），密封储存 7d，可大大降低单宁含量。

碱处理法：在 70℃ 下，先以 20% 的 NaOH 溶液处理高粱籽实 8min，后以 60℃ 温水将籽实洗至中性、沥干。

育种法：现已可用育种方法培育单宁含量低的饲料植物品种。

2. 毒物

新鲜高粱茎叶中含有羟氰配糖体，在酶作用下可产生氢氰酸而具有毒害作用。毒物含量变化情况如下。

(1) 生育期：出苗后 2~4 周含量较多，成熟时大部分消失。因此，过于幼嫩的高粱茎叶不能直接饲用，否则引起动物中毒。为安全起见，宜在高粱抽穗时刈割饲用。

(2) 部位：上部叶较下部叶含量多，分枝比主茎中含量多。

(3) 气候、土壤肥力：高温干燥时，其中毒物含量较高；土壤中氮肥多时，毒物含量也较高。

(五) 高粱的饲用方法

(1) 用高粱作为鸡饲料时，应注意其中单宁含量问题。在肉鸡、蛋鸡、火鸡等饲粮中添加 10%（深色高粱）~20%（浅色高粱）时，饲养效果良好，但对鸡皮肤和蛋黄无着色作用。

(2) 用高粱可取代猪饲粮中 25%（深色高粱）~50%（浅色高粱）玉米，饲养效果良好。若是母猪，高粱可完全取代饲粮中的玉米。在高粱型母猪饲粮中加适量赖氨酸、苏氨酸，可取得良好的饲养效果。

（3）高粱是牛、马、兔等草食动物的良好能量饲料。一般情况下，可取代大多数其他谷实。

六、燕麦

燕麦（oat）为禾本科燕麦属一年生草本植物。在我国内蒙古、山西、陕西、甘肃、青海等地栽种燕麦较多，在其他地区如云南、四川、贵州等也有栽种。

（一）燕麦的营养特点

燕麦中养分含量与营养价值参见表2-1、表2-2。

① 燕麦所含稃壳的比例大，因而其粗纤维含量在10％以上。燕麦中淀粉含量不足60％。

② 蛋白质含量在10％左右，其品质较差。

③ 粗脂肪含量在4.5％以上。其脂肪酸中，亚油酸占40％～47％，油酸占34％～39％，棕榈酸占10％～18％。由于不饱和脂肪酸比例较大，所以燕麦不宜久存。

④ 由于燕麦含稃壳多，粗纤维高，故其有效能明显低于玉米等谷实。如燕麦含消化能（猪）为11.07MJ/kg，代谢能（鸡）为10.62MJ/kg。

（二）燕麦的饲用方法

① 燕麦对鸡的饲用价值较低。在配制鸡的饲粮时，宜少用或不用燕麦。

② 可将燕麦用作猪饲料，但用量不宜过多，饲用前宜磨碎。一般建议，在种猪饲粮中用量10％～20％为宜。在育肥猪饲粮中用较多的燕麦，会使猪肉脂肪变软，肉品质下降。在加有燕麦的饲粮中添加纤维素酶，可提高燕麦的饲用价值。

③ 燕麦是牛、羊、马等的良好能量饲料，其适口性好，饲用价值较高。饲用前可磨碎，甚至可整粒饲喂。

七、其他谷实

1. 粟

粟（millet in husk）为禾本科狗尾草属一年生草本植物，脱壳前称为"谷子"，脱壳后称为"小米"。粟原产于我国，现今在全国各地均有栽培。其中，山东、山西、河北、湖北、河南与东北各省种粟较多。粟既是粮食作物，又为饲料作物，粟中养分含量如表2-1所示，其饲用价值较高。

粟对鸡的饲用价值高，为玉米的95％～100％。并且，粟中含较多的叶黄素和胡萝卜素，对鸡皮肤、蛋黄有着色效果，因此也是观赏鸟类的良好饲料。用粟作为禽类饲料时，不必粉碎，可直接饲用。粟对猪的饲用价值较高，为玉米的85％。饲用时，粉碎的粒度以1.5～3.0mm为宜。饲料用粟（谷子）的质量标准见表2-15。

表 2-15 饲料用粟（谷子）的质量标准　　　单位：%

指标	一级	二级	三级	说明
粗蛋白质	≥10.0	≥9.0	≥8.0	中国农业行业标准
粗纤维	<6.5	<8.5	<9.5	NY/T 213—1992
粗灰分	<2.5	<3.0	<3.5	

2. 荞麦

荞麦（buck wheat, *Fagopyrum esculentum* Moench）为蓼科荞麦属一年生草本植物，有甜荞麦、苦荞麦等4个栽培种。我国华北、东北、西北地区栽荞麦较多，其他地区也有栽种。

由于荞麦中粗纤维含量较高，故对鸡、猪饲用价值较低，但对草食动物饲用价值较高。另外，荞麦（尤其是其茎叶）中含有光敏物质，长期使用该饲料，能引起动物皮肤瘙痒、疹块，甚至溃疡，被毛白色的动物比被毛深色的动物对其更为敏感。

3. 黑麦

黑麦（rye，*Secale cereal* L.）为禾本科一年生或越年生草本植物。世界年产黑麦约2900万吨，其中我国年产几十万吨。黑麦中养分含量如表2-1所示。

黑麦中含较多的非淀粉多糖（10%以上）等抗营养因子，因此它对鸡、猪的饲用价值较低，但对草食动物的饲用价值较高。

第二节　糠麸类饲料

谷实经加工后形成的一些副产品，即为糠麸类，包括米糠、小麦麸、大麦麸、玉米糠、高粱糠、谷糠等。糠麸主要由种皮、外胚乳、糊粉层、胚芽、颖秤纤维残渣等组成。糠麸成分不仅受原粮种类影响，而且还受原粮加工方法和精度影响。与原粮相比，糠麸中粗蛋白质、粗纤维、B族维生素、矿物质等含量较高，但无氮浸出物含量低，故其属于一类有效能较低的饲料。另外，糠麸结构疏松、体积大、容重小、吸水膨胀性强，其中多数对动物有一定的轻泻作用。

一、小麦麸

小麦麸（wheat bran）俗称麸皮，是小麦加工成面粉后的副产品。小麦麸的成分变异较大，主要受小麦品种、制粉工艺、面粉加工精度等因素影响。我国对小麦麸的分类方法较多。按面粉加工精度，可将小麦麸分为精粉麸和标粉麸；按小麦品种，可将小麦麸分为红粉麸和白粉麸；按制粉工艺产出麸的形态、成分等，可将其分为大麸皮、小麸皮、次粉和粉头等。据有关资料统计，我国每年用作饲料的小麦麸约为1000万吨。

（一）小麦麸的营养特点

小麦麸中养分含量与营养价值参见表2-16、表2-17。

表2-16　小麦麸和米糠中养分含量　　　　　　　　单位：%

项目	干物质	粗蛋白质	粗脂肪	无氮浸出物	粗纤维	粗灰分	钙	磷
小麦麸	87.0	15.7	3.9	53.6	8.9	4.9	0.11	0.92
米糠	87.0	12.8	16.5	44.5	5.7	7.5	0.07	1.43
米糠饼	88.0	14.7	9.0	48.2	7.4	8.7	0.14	1.69
米糠粕	87.0	15.1	2.0	53.6	7.5	8.8	0.15	1.82

表2-17　小麦麸中氨基酸的真消化率　　　　　　　　单位：%

项目	赖氨酸	蛋氨酸	色氨酸	亮氨酸	异亮氨酸	苏氨酸	缬氨酸	苯丙氨酸	精氨酸	组氨酸
猪	80	77	77	83	81	77	80	86	80	84
鸡	75	81	70	81	77	68	76	85	76	84

（1）小麦麸中粗蛋白质含量较多，高于原粮，一般为12%～17%，但其品质较差，主要是因为蛋氨酸等必需氨基酸含量少。

（2）与原粮相比，小麦麸中无氮浸出物（60%左右）较少，但粗纤维含量高得多，多达10%，甚至更高。正是这个原因，小麦麸中有效能较低，如消化能（猪）为9.37MJ/kg，代谢能（鸡）为6.82MJ/kg，产奶净能（奶牛）为6.23MJ/kg。

（3）灰分较多，所含灰分中钙少（0.1%～0.2%）磷多（0.9%～1.4%），钙、磷比例

（约1∶8）极不平衡，但其中磷多为植酸磷（约75％）。另外，小麦麸中铁、锰、锌较多。

（4）由于麦粒中B族维生素多集中在糊粉层与胚中，故小麦麸中B族维生素含量较高，如含核黄素3.5mg/kg，硫胺素8.9mg/kg。

另外，小麦麸有轻松性。小麦麸容重约为225g/L，这种轻松性对于调节鱼饵料比重起着很重要的作用。小麦麸还具有轻泻性，可通便润肠。给予产后母畜如母牛、母猪等适量的麸皮粥，可调整消化道的机能。但因小麦麸吸水性强，干饲大量小麦麸时，也会引起便秘。

（二）饲料用小麦麸的质量标准

中国农业行业标准《饲料用小麦麸》（NY/T 119—1989）以粗蛋白质、粗纤维、粗灰分为质量控制指标，各项指标均以87％干物质计算，按含量分为3级，详见表2-18。

表2-18　饲料用小麦麸的质量标准　　　　　　　　　　单位：％

指标	一级	二级	三级
粗蛋白质	≥15.0	≥13.0	≥11.0
粗纤维	<9.0	<10.0	<11.0
粗灰分	<6.0	<6.0	<6.0

（三）小麦麸的饲用方法

1. 猪

由于小麦麸粗纤维多，难消化，所以不宜用小麦麸作为仔猪的饲料。但对生长育肥猪可用小麦麸，一般控制在15％～20％（占饲粮）。

2. 鸡

小麦麸有效能值较低，因此在肉鸡饲粮中用量一般为5％以内，在种鸡和产蛋鸡饲粮中用量为5％～10％。若需控制后备种鸡体重，可在其饲粮中加15％～20％小麦麸。

3. 草食动物

小麦麸是牛、羊、马、兔等的良好饲料。用量可占其饲粮的25％～30％，甚至更高。小麦麸在泌乳母牛混合精料中用量25％～30％时，有助于其泌乳。小麦麸在马属动物饲粮中用量可达50％，但不能再高，否则有诱发肠结石的危险。

二、米糠

水稻加工大米的副产品，被称为稻糠（paddy bran）。稻糠包括砻糠（rice hull）、米糠（rice bran）和统糠。砻糠是粉碎的稻壳，稻壳中仅含3％的粗蛋白质，但粗纤维含量在40％以上，且粗纤维中1/2以上为木质素。猪、鸡对砻糠的消化率为负值，因此不能将砻糠作为猪、鸡的饲料。砻糠对反刍动物的饲用价值也很低。米糠是除壳稻（糙米）加工成精米的副产品。统糠是砻糠和米糠的混合物。例如，通常所说的三七统糠，意为其中含三份米糠，七份砻糠。二八统糠，意为其中含两份米糠，八份砻糠。统糠营养价值视其中米糠比例不同而异，米糠所占比例越高，统糠的营养价值越高。米糠中有效能较多，属于能量饲料，现对其着重介绍。

米糠是糙米精制时产生的果皮、种皮、外胚乳和糊粉层等的混合物。果皮和种皮的全部、外胚乳和糊粉层的部分，合称为米糠。米糠的品质与成分，因糙米精制程度而不同，精制的程度愈高，米糠的饲用价值愈高。

由于米糠所含脂肪多，易氧化酸败，不能久存，所以常对其脱脂，生产米糠饼（经机榨制得）或米糠粕（经浸提制得）。

（一）米糠的营养特点

米糠的养分含量参见表2-16。

（1）蛋白质含量较高，约为 13%，其中赖氨酸、蛋氨酸等含量较多，因而其氨基酸组成较合理。

（2）脂肪含量高达 15%～17%，脂肪酸组成中多为不饱和脂肪酸。

（3）粗纤维含量较多，质地疏松，容重较轻。但无氮浸出物含量不高，一般在 50% 以下。

（4）有效能较多，如含消化能（猪）为 12.64MJ/kg，代谢能（鸡）为 11.21MJ/kg，产奶净能（奶牛）为 7.61MJ/kg。

（5）所含矿物质中钙（0.07%）少磷（1.43%）多，钙、磷比例极不平衡（1：20），但 80% 以上的磷为植酸磷。

（6）B 族维生素和维生素 E 丰富，如维生素 B_1、维生素 PP、泛酸含量分别为 19.6mg/kg、303.0mg/kg、25.8mg/kg。

但是，米糠中也含有较多种类的抗营养因子。米糠中植酸含量高，为 9.5%～14.5%；米糠中含胰蛋白酶抑制因子；米糠中含阿拉伯木聚糖、果胶等非淀粉多糖；米糠中含有生长抑制因子。

（二）饲料用米糠、米糠饼、米糠粕的质量标准

中国农业行业标准《饲料用米糠》（NY/T 122—1989）、《饲料用米糠饼》（NY/T 123—1989）、《饲料用米糠粕》（NY/T 124—1989）规定以粗蛋白质、粗纤维、粗灰分含量为质量控制指标，按其含量分为 3 级，详见表 2-19。

表 2-19　饲料用米糠、米糠饼、米糠粕的质量标准　　　　　　　单位：%

项目	级别	一级	二级	三级
米糠	粗蛋白质	≥13.0	≥12.0	≥11.0
	粗纤维	<6.0	<7.0	<8.0
	粗灰分	<8.0	<9.0	<10.0
米糠饼	粗蛋白质	≥14.0	≥13.0	≥12.0
	粗纤维	<8.0	<10.0	<12.0
	粗灰分	<9.0	<10.0	<12.0
米糠粕	粗蛋白质	≥15.0	≥14.0	≥13.0
	粗纤维	<8.0	<9.0	<10.0
	粗灰分	<9.0	<10.0	<12.0

（三）米糠的饲用方法

（1）米糠中含胰蛋白酶抑制因子，生长抑制因子，但它们均不耐热，加热可破坏这些抗营养因子，故米糠宜熟喂。

（2）米糠中脂肪多，其中的不饱和脂肪酸易氧化酸败，不仅影响米糠的适口性，降低其营养价值，而且还产生有害物质。因此，全脂米糠不能久存，要使用新鲜的米糠，酸败变质的米糠不能饲用。脱脂米糠（米糠饼、米糠粕）储存期可适当延长，但仍不能久存，乃因其中还含有相当数量的脂肪，所以对脱脂米糠也应及时使用。

（3）米糠虽属能量饲料，但粗纤维含量较多，因此原则上在畜、禽饲粮中要控量使用米糠。鸡：米糠在成年鸡饲粮中占 12% 以下，在雏鸡饲粮中占 8% 为宜。猪：米糠在生长猪饲粮中用量不宜超过 20%。对生长育肥猪长期饲用米糠，可使其脂质变软，肉质下降。对于仔猪，宜少用或不用米糠。草食动物：米糠适于作为牛、羊、马、兔等动物的饲料，用量可达 20%～30%。水生动物：全脂米糠是鱼类尤其是草食性鱼类饲粮的重要原料。可提供鱼类所需的必需脂肪酸和维生素等（米糠中肌醇丰富，肌醇是鱼类的重要维生素）。米糠在鱼类饲粮中用量一般控制在 15% 以下。

三、其他糠麸

大麦麸是大麦加工的副产品。它在能量、蛋白质和纤维含量上皆优于小麦麸。其中养分含量如表 2-20 所示。此外，还有高粱糠、玉米糠、小米糠等。这 3 种糠的养分含量也如表 2-20 所示。高粱糠的有效能值较高，但因其中含较多的单宁，适口性差，易引起便秘，故应控制其用量。在高粱糠中，加 5% 豆粕，饲料利用效率就可提高。玉米糠是玉米制粉过程中的副产品，主要包括外皮、胚、种脐与少量胚乳。因其中外皮所占比例较大，粗纤维含量较高，故应控制在单胃动物饲粮中的用量。在小米加工过程中，产生的种皮、秕谷和颖壳等副产品即为小米糠。其中，粗纤维含量很高，达 23.7%，接近粗料；粗蛋白质含量 7.2%，无氮浸出物含量 40%，脂肪含量 2.8%。在饲用前，将之进一步粉碎，浸泡和发酵，可提高消化率。

表 2-20　其他糠麸中养分含量

项目	干物质/%	总能/(MJ/kg)	消化能/(MJ/kg)	可消化粗蛋白质/(g/kg)	粗纤维/%	钙/%	磷/%
大麦麸	87.0	16.22	12.37	115	5.07	0.33	0.48
高粱糠	88.4	16.72	12.00	62	6.90	0.30	0.44
玉米糠	87.5	16.22	10.91	58	9.50	0.08	0.48

第三节　脱水块根、块茎及其加工副产品

这类饲料主要包括薯类（甘薯、马铃薯、木薯）、糖蜜、甜菜渣等。这类饲料干物质中主要是无氮浸出物，而蛋白质，脂肪、粗纤维、粗灰分等较少或贫乏。

一、甘薯干

甘薯（sweet potato, *Ipomoea batatas* Poir）为旋花科甘薯属蔓生草本植物，又名红薯、白薯、山芋、红苕、地瓜等。甘薯原产于南美洲，现几乎遍及全世界，主要分布于南美洲、墨西哥、印度、印度尼西亚、美国、日本、中国和非洲各地。甘薯在我国分布很广，南至海南岛，北及黑龙江。其中栽培面积和产量较多的省份主要有：四川、山东、河南、安徽、江苏、广东等。

我国甘薯的年产量仅次于水稻、小麦、玉米，而居于第 4 位。甘薯除作为粮食、酿造业、淀粉工业等的原料外，还是重要的饲料。

（一）甘薯的营养特点

甘薯中养分含量参见表 2-21。

表 2-21　薯类中养分含量　　　　　　单位：%

项目	干物质	粗蛋白质	粗脂肪	无氮浸出物	粗纤维	粗灰分
甘薯干	87.0	4.0	0.8	76.4	2.8	3.0
马铃薯块茎	28.4	4.6	0.5	11.5	5.9	5.9
马铃薯秧禾	20.5	2.3	0.1	15.9	0.9	1.3
干马铃薯渣	86.5	3.9	1.0	71.4	8.7	1.5
木薯干	87.0	2.5	0.7	79.4	2.5	1.9

① 新鲜甘薯中水分多，达 75％左右，甜而爽口，因而适口性好。

② 脱水甘薯块中主要是无氮浸出物，含量达 75％以上，甚至更高。

③ 粗蛋白质含量低，以干物质计，也仅约 4.5％，且蛋白质品质较差。

④ 脱水甘薯中虽然无氮浸出物含量高，但有效能值明显低于玉米等谷实，如其消化能（猪）为 11.80MJ/kg，代谢能（鸡）为 9.79MJ/kg，产奶净能（奶牛）为 6.61MJ/kg。

（二）饲料用甘薯干的质量标准

我国国家标准《饲料用甘薯干》（GB 10370—1989）以粗纤维、粗灰分为质量控制指标，以 87％干物质为基础计算，两项质量指标全部符合含量规定者为合格品，详见表 2-22。

表 2-22 饲料用甘薯干的质量标准　　　　　　　　　　　　　　　单位：％

指标	含量
粗纤维	<4.0
粗灰分	<5.0

（三）甘薯粉的饲用方法

甘薯粉体积大，动物食之易产生饱腹感，故应控制其在饲粮中的用量。在鸡的饲粮中占 10％即可，在猪的饲粮中可替代 1/4 的玉米，在牛的饲粮中可代替 50％的其他能量饲料。

二、脱水马铃薯

马铃薯（potato，*Solanum tuberosum*）为茄科多年生草本植物。马铃薯原产于南美洲的秘鲁、智利等国，目前世界各地均有栽培。马铃薯主要在我国东北、内蒙古与西北黄土高原栽种，其他地方如西南山地、华北高原与南方各地等也有栽种。马铃薯既为粮食、蔬菜和工业原料，又是一种重要的饲料。

（一）马铃薯的营养特点与饲用方法

马铃薯块茎含干物质 17％～29％，其中 80％～85％为无氮浸出物，粗纤维含量少，粗蛋白质约占干物质的 9％，主要是球蛋白，生物学价值高，马铃薯中养分含量如表 2-21 所示。

马铃薯给动物既可生喂，也可熟喂。生喂时宜切碎后投喂。脱水马铃薯块茎为较好的能量饲料，将其粉碎后加到动物饲粮中。

（二）马铃薯中的毒物及其含量变化规律

马铃薯中含有龙葵素，又名龙葵碱（solanine）。它在马铃薯各部位含量差异很大：绿叶、芽、花、果实中分别含 0.25％、0.5％、0.7％、1.0％；果实外皮中含 0.01％，成熟的块茎含 0.004％。若将发芽的块茎放在阳光下，则块茎内龙葵素含量可增至 0.08％～0.5％，芽内可增到 4.76％。霉变的马铃薯中龙葵素含量一般可达 0.58％～1.34％。随着储存时间的延长，龙葵素含量亦渐增多。

（三）预防动物马铃薯中毒的措施

一般地，成熟的马铃薯中毒素含量少，饲用这种马铃薯是不会引起动物中毒的。未成熟的、发芽或腐烂的马铃薯毒素含量多，大量投喂会引起中毒，导致肠胃炎等症状。预防动物马铃薯中毒的措施为：①不用发芽、未成熟和霉烂的马铃薯作为饲料。若用，须将嫩芽与腐烂部分除去，加醋充分煮熟后饲用。②饲用的马铃薯秧禾要青贮发酵，或开水浸泡，或煮熟除水后再喂。用马铃薯粉渣喂饲时，也应煮熟后再喂。③储藏马铃薯时，应选阴凉干燥的地方，以防其发芽变绿。

三、木薯干

木薯（cassava，tapioca，*Manihot esculenta* Crantz）为大戟科木薯属多年生植物，原

产于巴西亚马逊河流域与墨西哥东南部底洼地区。我国广东、广西、福建、云南、海南、台湾等地种植木薯较多。此外，贵州、湖南、江西等地也有少量种植。木薯不仅是杂粮作物，而且也是良好的饲料作物，其块根用于能量饲料，叶片还可喂蚕。

（一）木薯的营养特点

木薯中养分含量如表 2-21 所示。

① 木薯干（脱水木薯）中无氮浸出物含量高，可达 80%，因此其有效能较多，如消化能（猪）为 13.10MJ/kg，代谢能（鸡）为 12.38MJ/kg，产奶净能（奶牛）为 6.90MJ/kg。

② 粗蛋白质含量很低，以风干物质计，仅为 2.5%。另外，木薯中矿物质贫乏，维生素含量几乎为零。

③ 含有毒物氢氰酸，其含量随品种、气候、土壤、加工条件等不同而异。脱皮、加热、水煮、干燥可除去或减少木薯中的氢氰酸。

（二）饲料用木薯的质量标准

中国农业行业标准《饲料用木薯干》以粗纤维、粗灰分为质量控制指标，以 87% 干物质为基础计算，两项指标必须全部符合标准才为合格，详见表 2-23。另外，中国国家标准《饲料卫生标准》规定，饲料用木薯干中氢氰酸允许量在 100mg/kg 以内。

表 2-23　　我国饲料用木薯的质量标准　　　　　　　单位：%

项目	含量	说明
粗纤维	<4.0	中国农业行业标准 NY/T 120—1989
粗灰分	<6.0	

（三）木薯的饲用方法

木薯在饲用前，最好要测定其中氢氰酸含量，符合卫生标准方能饲用，若超标，要对其进行脱毒处理。

在家禽饲粮中木薯干用量一般控制在 10% 以下为宜，但有资料报道，在蛋鸡饲粮中可酌情增加木薯干的用量，而无明显不良效果。若木薯的适口性较好，在肉猪饲粮中用量可达 30%。在肉牛饲粮中，也可用 30% 的木薯干。

四、甜菜渣

甜菜（beet，*Beta vulgaris* L.）为藜科甜菜属二年生植物。甜菜原产于欧洲中南部，现在欧洲各国以及美国、中国等地均有栽培。甜菜在我国南北各地都有栽培，其中以东北、华北、西北等地种植较多。甜菜主要是制糖原料，同时也是饲料作物。

（一）甜菜渣的来源与品质判定

将洗净并除茎叶的甜菜萃取制得砂糖后剩下的副产品即为甜菜渣。甜菜渣为淡灰色或灰色，略具甜味，干燥后呈粉状、粒状或丝状。在选购或使用甜菜渣时应注意：①若甜菜渣有烤焦味，则表示加热过度，其利用效率降低；②若甜菜渣有过长纤维丝或过粗料，则应加以粉碎；③甜菜渣含水量多时，不易储存，应充分制干。

（二）甜菜渣的营养特点

甜菜渣养分含量如表 2-24 所示。

表 2-24　　甜菜渣和糖蜜养分含量　　　　　　　单位：%

项目	干物质	粗蛋白质	粗脂肪	无氮浸出物	粗纤维	粗灰分	钙	磷
干甜菜渣	90.0	8.7	0.5	8.4	18.2	4.8	0.68	0.09
甘蔗糖蜜	93.5	10.0	—	66.8	—	13.4	1.15	0.14
甜菜糖蜜	78.7	7.8	—	62.1	十	8.8	0.11	0.02

① 主要成分是无氮浸出物，以干物质计，达 60％以上，因而其消化能值较高，达 12MJ/kg 以上。

② 粗蛋白质较少，且品质差，乃因必需氨基酸少，特别是蛋氨酸极少。

③ Ca、Mg、Fe 等矿物元素含量较多，但磷、锌等元素很少。

④ 维生素较贫乏，但胆碱、烟酸含量较多。

(三) 甜菜渣的饲用方法

干甜菜渣因含较多的粗纤维，所以主要适于反刍动物的饲料，一般可取代混合精料中 1/2 以上的谷实类饲料。用干甜菜渣作为马的饲料时，应控制其用量，一般应少于日粮的 30％。由于甜菜渣粗纤维多，体积大，故不宜作为仔猪、鸡的饲料，但可用于母猪和育肥猪的饲料，用量可占日粮的 20％。

新鲜甜菜渣有甜味，适口性好，可直接喂给动物，而且对母畜有催乳作用。但因甜菜渣含有游离酸，大量饲喂易引起动物腹泻，故应控制鲜甜菜渣的喂量。

五、糖蜜

糖蜜为制糖工业的副产品，根据制糖原料不同，可将糖蜜分为甘蔗糖蜜、甜菜糖蜜、玉米葡萄糖蜜、柑橘糖蜜、木糖蜜、高粱糖蜜等。糖蜜一般呈黄色或褐色液体，大多数糖蜜具甜味，但柑橘糖蜜略有苦味。

(一) 糖蜜的成分及其影响因素

糖蜜中养分含量如表 2-24 所示。

① 原料不同，所产生的糖蜜的颜色、味道、黏度和化学成分也有很大差异。即使是同一种糖蜜，产地、制糖工艺等不同，糖蜜的成分也有异。因此，用糖蜜作为饲料时，应先对其成分实测。

② 主要成分是糖类，如甘蔗糖蜜含蔗糖 24％～36％，甜菜糖蜜含蔗糖 47％左右。含有少量的粗蛋白质，其中多数属非蛋白质氮，如氨、硝酸盐和酰胺等。矿物元素含量较多，其中，钾含量最高。

③ 有效能量较多。例如，甘蔗糖蜜含消化能（猪）12.54MJ/kg，代谢能（鸡）9.82MJ/kg。甜菜糖蜜在猪、牛、绵羊中消化能分别为 10.62MJ/kg、12.12MJ/kg、11.70MJ/kg。

(二) 饲料用糖蜜的质量标准

现今，我国对饲料用糖蜜尚未颁布国家标准，但我国台湾制定了饲料用糖蜜的质量标准（参见表 2-25）。

表 2-25　我国台湾饲料用糖蜜的质量标准

性状	夹杂物	粗灰分/%	盐酸不溶物/%	总糖分/%
黏稠液体,色泽一致,白利糖度不低于80°	不掺糖蜜以外的物质	≤15	≤2	≥45

(三) 糖蜜的饲用价值

① 糖蜜由于有甜味，故能掩盖饲粮中其他成分的不良味道，提高饲料的适口性。

② 糖蜜由于有黏稠性，故能减少饲料加工过程中产生的粉尘，并能作为颗粒饲料的优质黏结剂。

③ 由于糖蜜富含糖分，从而为动物提供了易利用的能源。

④ 糖蜜可为反刍动物瘤胃微生物提供充足的速效能源，因而提高了微生物的活性。

(四) 糖蜜的饲用方法

① 糖蜜适口性好，动物喜食，但喂量过多，易引起鸡、猪软便，故不宜用糖蜜作为雏

鸡、仔猪的饲料。糖蜜在蛋鸡、肉鸡饲粮中用量应少于 5%，在生长育肥猪饲粮中用量以
10%～20%为宜。

② 糖蜜在反刍动物混合精料中适宜用量为：乳牛 5%～10%、肉牛 10%～20%、肉羊
10%以下。

第四节　其他能量饲料

一、油脂

畜、禽由于生产性能的不断提高，对日粮养分浓度尤其是日粮能量浓度的要求愈来愈
高。要配制高能量日粮，有时用常规的饲料原料难以做到。另外，对高产奶牛，常通过增加
精饲料用量、减少粗饲料用量来配制高能量日粮，但往往会引起瘤胃酸中毒等营养代谢性疾
病，并导致乳脂率下降。鉴于这些原因，近几年来，油脂作为能量饲料在畜、禽日粮中的应
用愈来愈普遍。

（一）油脂的分类
油脂种类较多，按来源可将其分为以下 4 类。

1. 动物油脂

动物油脂是指用畜、禽和鱼体组织（含内脏）提取的一类油脂。其成分以甘油三酯为
主，另含少量的不皂化物和不溶物等。

2. 植物油脂

植物油脂是从植物种子中提取而得，主要成分为甘油三酯，另含少量的植物固醇与蜡质
成分。大豆油、菜籽油、米糠油、棕榈油等是这类油脂的代表。

3. 饲料级水解油脂

饲料级水解油脂是指制取食用油或生产肥皂过程中所得的副产品，其主要成分为脂
肪酸。

4. 粉末状油脂

粉末状油脂是对油脂进行特殊处理，使其成为粉末状。这类油脂便于包装、运输、储存
和应用。

（二）油脂的制作工艺
1. 动物油脂制作工艺

动物油脂制作工艺如图 2-3 所示。

收集动物屠宰加工废弃物（肉屑、内脏、骨块、脂肪组织碎块等）→剁碎→加适量水蒸煮→冷却→

分离(上层为固态脂肪，下层为残渣和水)→　固态脂肪→加热蒸发水汽→油脂成品
　　　　　　　　　　　　　　　　　　　　→残渣和水→过滤→干燥→粉碎→副产品→饲料

图 2-3　动物油脂制作工艺

2. 粉末状油脂制作工艺

（1）欧美、日本等地制作粉末状油脂的方法如下：将油脂与水、乳化剂在一起搅拌，制
成乳浊液，再加入酪蛋白、乳糖、糊精等赋形物，搅拌均匀后、喷雾干燥、制成内层为油
脂、外层为赋形物的粉末状油脂颗粒。

该法加入了 10%以上的酪蛋白、乳糖，大大地提高了粉末状油脂的生产成本。由于该
法成本太高，故难以推广应用。

（2）我国科研人员研究建立了油脂粉末化技术（高剪切均质乳化油粉制作工艺）。制作

工艺如图2-4所示。

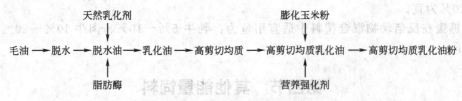

图2-4 高剪切均质乳化油粉制作工艺

(三) 油脂类别的鉴定

1. 动、植物油脂的鉴别

动物油脂不皂化物中含有胆固醇，植物油脂不皂化物中含有植物固醇。根据其不皂化物中固醇的类别，即可区分动、植物油脂。

2. 鱼油与亚麻油的鉴别

鱼油含高度不饱和脂肪酸，经溴化反应可产生溴化物，该溴化物不溶于热苯。而亚麻油中的亚麻酸所产生的溴化物可溶于热苯。据此可区分鱼油和亚麻油。

3. 矿物油的鉴定

矿物油比重为0.84～0.93，碘价6～12，折射率1.490～1.507，且溶于酒精。

4. 石油羟的鉴定

石油羟为提炼石油抽出的废弃碳氢化合物。其鉴定方法如下：称取1.43g样品加入长15cm、内径10mm、具0.1mL刻度的专用刻度试管中，加入甘油α-二氯醇7mL和水1.2mL，于65℃下加热振荡后静置10min，测量其不溶分的容积，即可判定有无石油羟存在。一般地，不溶部分0.1mL，表示有大约5%的石油羟存在。

(四) 饲料用油脂的质量标准

现将我国台湾和日本对饲用油脂的质量要求列于表2-26、表2-27。

表2-26 我国台湾对饲料用动物油脂的质量要求 单位：%

项目	总脂肪	总脂肪酸	游离脂肪酸	水分	杂质
含量	≥90	≥90	≤0.5	≤0.5	≤2.5

表2-27 日本对饲料用油脂的质量要求

项目	酸价	皂化价	碘价	过氧化物/(mg/kg)	羧基价/(mg/kg)
含量	≤30	≥190	≥70	≤5	≤30

在生产中，对饲料用油脂的质量一般规定为以下几方面。

(1) 动物油脂中脂肪含量为91%～95%为合格产品，90%为最低标准，85%为皂脚 (油渣) 的最低标准，低于85%为劣质产品。

(2) 动物油脂中游离脂肪酸在10%以下者，为中、优质产品；20%～50%者，为劣质产品。

(3) 油脂中含水量在1.5%以下者，为合格产品；大于1.5%者，为劣质产品。

(4) 油脂中不溶性杂质在0.5%以下者，为优质产品；大于0.5%者，为劣质产品。

(五) 油脂饲用价值总论

(1) 油脂的能值高，其总能和有效能远比一般的能量饲料高。例如，猪脂总能为玉米总能的2.14倍，大豆油代谢能为玉米代谢能的2.87倍，棕榈酸钙泌乳净能为玉米泌乳净能的3.33倍。因此，油脂是配制高能量饲粮的首选原料。

（2）油脂是供给动物必需脂肪酸的基本原料。植物油、鱼油等富含动物所需的必需脂肪酸，它们是动物必需脂肪酸的最好来源。

（3）油脂在动物消化道内作为溶剂，促进脂溶性维生素的吸收，另在血液中，有助于脂溶性维生素的运输。

（4）油脂可延长饲料在消化道内停留的时间，从而能提高饲料养分的消化率和吸收率。

（5）油脂的热增耗值比糖类化合物、蛋白质的热增耗值都低。因而，一方面，脂肪的利用率一般比蛋白质、糖类化合物高；另一方面，在高温季节给动物饲喂油脂，还能减轻动物的热负担。

（6）添加油脂，能增强饲粮风味，改善饲粮外观，防止饲粮中原料分级。在饲料加工过程中，若加有油脂，则产生的粉尘少，使得饲料养分损失少，加工车间空气污染程度也低。另外，饲料中加有油脂，加工机械磨损程度降低，因而可延长机器寿命。

1. 油脂对奶牛的饲用价值

（1）给奶牛补饲油脂的优缺点。现今，多数高产奶牛存在着能量不平衡。为此，在奶牛日粮中加适量油脂，或用高脂饲料，可使奶牛摄入较多能量，满足其需要；油脂用于泌乳的效率高；油脂由于热增耗少，故给热应激牛补饲油脂有良好作用；用油脂给奶牛补充能量的同时，还能保证粗纤维摄入量、提高繁殖机能、维持较长泌乳高峰期、降低瘤胃酸中毒和酮病的发生率。

但是，给奶牛补饲油脂不当时，亦会出现不良后果。

① 一些脂肪酸（尤其是在瘤胃内可溶的脂肪酸，如 $C_8 \sim C_{14}$ 脂肪酸和较长碳链不饱和脂肪酸）能抑制瘤胃微生物。这种抑制作用降低纤维素消化率，改变瘤胃液中挥发性脂肪酸比例，并能降低乳脂率。

② 奶牛总采食量可能下降。

③ 乳中蛋白质含量也可能下降。因此，一种新型的饲料产品——包被（瘤胃保护）油脂应运而生。

（2）包被（瘤胃保护）油脂的生产。近几年来，都在寻找生产包被油脂的方法，以免其被瘤胃降解。一种天然的包被油脂就是富含油脂的籽粒（如棉籽粒和大豆粒等）。给牛日喂 4kg 这种整粒料，能取得良好饲养效果；但若将其磨碎，则效果显著降低。生产包被油脂的方法有以下几种。

① 用蛋白质包裹油脂并用甲醛处理，以形成包被的颗粒油脂。

② 对油脂加氢硬化处理，以提高其熔点，因而其硬度提高，在瘤胃中降解性下降。

③ 用碱土金属（主要是钙）皂化脂肪酸，以形成脂肪酸盐。该脂肪酸盐在正常瘤胃酸度下是不溶性的，故不影响瘤胃正常机能。脂肪酸钙在皱胃酸性条件下，钙与脂肪酸分离，以便被胃肠消化、吸收。许多试验都证明，给奶牛饲喂脂肪酸钙，可提高产乳量，并能延缓泌乳曲线的下降。

（3）油脂在奶牛日粮中的适宜用量。Chalupp（1991）认为，饲用脂的适宜用量是：在含谷粒与粗料的奶牛日粮中可用 3% 的脂肪酸，也可在上述日粮中加 3% 的脂肪酸与 3% 的瘤胃保护性脂肪（瘤胃旁脂肪）。

（4）油脂在奶牛中的应用效果。

① 油脂对产奶量和乳成分的影响：Chalupa（1991）总结了用棕榈酸钙做的 10 个试验结果。平均效应是：奶牛每天多产乳 2.4kg，多产校正乳（乳脂率 3.5%）2.64kg，乳脂率提高 5%，但乳蛋白含量下降 0.16%。

② 油脂对减轻奶牛代谢病的作用：减少脂肪组织中脂肪酸动员量。减少脂肪酸前体储量，以供乳腺中甘油三酯合成之需。围产期母牛一般要从体储中动用脂肪，以供其需要。若

动员量多时，就可能出现代谢病。日粮加脂是预防母牛代谢病的一种措施。日粮高脂，必然引起血液脂肪酸的浓度升高，因而通过内分泌调节，脂肪组织动员脂肪酸量就减少，故酮血症和脂肪肝发病率也可能下降。

③ 油脂对母牛繁殖机能的影响：Ferguson 等（1987）给 201 头牛日喂 0.45kg 颗粒化长碳链脂肪酸后发现，补饲油脂的母牛妊娠率为未补饲油脂的 2.22 倍。Schneider 等（1988）给 108 头牛喂棕榈酸钙（占日粮 2.4%），母牛的受胎率以及牛群妊娠率都极显著地提高。

2. 油脂对猪、鸡的饲用价值

（1）猪：油脂在断奶仔猪日粮中的应用，可有助于其生产性能的发挥。Dove（1993）在 25 日龄断奶仔猪日粮中加 5% 油脂，日增重提高（$P < 0.01$）。Verland（1995）发现，断奶仔猪日粮加 6% 动物脂肪，断奶后 5 周内日增重提高了 21.4%（$P < 0.01$）。

在生长肥育猪日粮中加脂，可持续地提高日增重和饲料转化率，并减少自由采食量。Pettigre 等（1991）报道，补饲油脂的猪日增重增加 40g，日耗料量减少 100g，饲料转化率提高 4%，但背膘厚增加了 0.17cm。

给母猪补饲油脂有重要意义。Coffey 等（1994）报道，给哺乳母猪补饲油脂（占日粮 9%），可使仔猪断奶重提高 8%。Thacker（1997）报道，给哺乳母猪补饲油脂，可使其日产奶量增加 8.9%，乳脂率提高 4.1%，仔猪存活力也显著提高。并且，他认为，哺乳母猪日粮脂肪适宜添加量为 7.5%。

（2）鸡：在蛋鸡饲粮中添加油脂（2%～5%），尤其是加富含不饱和性脂肪酸油脂，可增加蛋重，在炎热夏季，效果尤为明显。李素芬等（1998）报道，在蛋鸡日粮中加亚麻酸，可提高其产蛋性能。于会民等（1998）报道，日粮添加油脂，可提高肉仔鸡对干物质和粗蛋白质的表观消化率。

3. 油脂对鱼类的饲用价值

给鱼类补饲油脂，可节省鱼类对蛋白质的需要量。Takeuchi 等（1978）发现，虹鳟饲粮中，若油脂从 10% 提高到 15%～20%，则饲粮蛋白质需要量可由 48% 降到 35%；进而还发现在脂肪 18%，蛋白质 35% 时，蛋白质利用效率最大。Garling 等（1976）对美洲鲶研究后认为，若饲粮脂肪由 5% 提高到 15%，则蛋白质需要量可由 48% 降至 35%，且日增重还提高 5%。有学者对鳗鱼研究后认为，若饲粮脂肪由 7% 增至 16%，则蛋白质需要量可由 52% 降至 41%，其日增重也有所提高。

另外，给鱼类补饲油脂，还能提供必需脂肪酸和磷脂等。油脂在不同鱼类饲粮中的适宜添加量如下：罗非鱼 10%，鲤鱼 5%～10%，青鱼 4.5%～6.0%，草鱼 4.5%，团头鲂 3.6%，长吻鮠、虹鳟、斑点叉尾鮰约 12%。

（六）油脂的储存

（1）油脂应储存于非铜质的密闭容器中，储存期间应防止水分混入和气温过高。

（2）为了防止油脂酸败，可向油脂中加占油脂 0.01% 的抗氧化剂。常用的抗氧化剂为丁羟甲氧基苯（BHA）和丁羟甲苯（BHT）。抗氧化剂加到油脂中的方法是：若是液态油脂，直接将抗氧化剂加入并混匀；若是固态油脂，将油脂加热熔化，再加入抗氧化剂并混匀。

二、乳清粉

近几年来，用乳清粉（whey meal）作为仔猪等动物的饲料较为普遍。

（一）乳清粉的营养组成

用牛乳生产工业酪蛋白和酸凝乳干酪的副产物即为乳清，将其脱水干燥便成乳清粉。由于牛乳成分受奶牛品种、季节、饲粮等因素影响及制作乳酪的种类不同，所以乳清粉的成分含量有较大差异。表2-28列述了乳清及其干物质中养分含量。

乳清粉中乳糖含量很高，一般高达70%以上，至少也在65%以上。正因为如此，乳清粉常被看成是一种糖类物质。乳清粉中含有一定量的蛋白质，主要是 β-乳球蛋白质，且营养价值很高。乳清粉中钙、磷含量较多，且比例合适（表2-29）。乳清粉中缺乏脂溶性维生素，但富含水溶性维生素。乳清中含生物素30.4～34.6mg/kg，泛酸3.7～4.0mg/kg，维生素 B_{12} 2.3～2.6µg/kg。乳清粉中食盐含量高，若动物多量采食乳清粉，往往会引起食盐中毒。乳糖和食盐等矿物质的高含量常是限制乳清粉在动物饲粮中用量的主要因素。

表2-28 乳清及乳清粉中养分含量 单位：%

指标	养分含量	
	乳清中	乳清粉中
干物质	6.6	100
乳糖	4.9	74.5
粗蛋白质	0.9	13.5
粗脂肪	0.2	3.4
赖氨酸	0.06	0.95
蛋氨酸+半胱氨酸	0.03	0.45
粗灰分	0.6	9.0
钙	0.06	0.90
磷	0.05	0.75
钠	0.06	0.90
可消化粗蛋白质(猪)/(g/kg)	8.6	130.0
消化能(猪)/(MJ/kg)	1.1	16.0
代谢能(牛)/(MJ/kg)	—	14.5
代谢能(鸡)/(MJ/kg)	0.86	13.0

表2-29 乳清的营养价值 单位：g/kg

乳清类别	可消化蛋白质	钙	磷
酸乳清	9	0.5	0.4
甜乳清	9	0.5	0.4
脱脂乳清	9	0.5	0.4
干乳清	119	11.8	6.6

（二）乳清粉的饲用方法

（1）乳清粉主要被用于仔猪的能量、蛋白质补充饲料。在仔猪开始饮水时，就可投喂乳清。在仔猪玉米型补料中加30%脱脂乳和10%乳清粉，饲养效果好。

（2）还可用乳清或乳清粉喂犊牛。6周龄犊牛，可日喂4～6L乳清或与其相当的乳清粉。

三、玉米胚芽粕

在生产玉米淀粉之前，先将玉米浸泡、破碎、分离胚芽，以胚芽为原料，经压榨或浸提取油后的副产品就是玉米胚芽粕。

玉米胚芽粕不耐储存，易氧化。玉米胚芽粕中霉菌毒素含量一般为原料玉米的1～3倍。

玉米胚芽粕含粗蛋白质18%～20%，粗脂肪1%～2%，粗纤维11%～10%，消化能（猪）11.8～13.7MJ/kg，代谢能（鸡）约8.6MJ/kg，大多数玉米胚芽粕属于能量饲料。玉米胚芽粕中赖氨酸、蛋氨酸、色氨酸、苏氨酸、缬氨酸、亮氨酸、异亮氨酸、苯丙氨酸、酪氨酸、组氨酸含量分别为0.90%～1.10%、0.40%、0.20%～0.25%、0.43%～0.60%、

0.90％、1.30％～1.70％、0.60％～0.70％、1.30％～1.40％、0.60％～0.70％、0.90％～1.10％。玉米胚芽粕中钙、磷、钠、钾、镁、硫含量分别为 0.03％～0.06％、0.50％～0.75％、0.01％～0.04％、0.30％～0.69％、0.16％、0.32％，铁、铜、锰、锌、硒含量分别为 214～320mg/kg、7.7～13.0mg/kg、17.0～23.3mg/kg、26.6～75.0mg/kg、0.03mg/kg。用玉米胚芽粕作为饲料时，应注意：不能用发霉变质的玉米胚芽粕，对其中成分要实测，玉米胚芽粕含粗纤维多，要控制其用量。玉米胚芽粕在仔猪饲粮中用量可达5％～8％，效果良好。但由于玉米胚芽粕品质不稳定，必须谨慎使用。

（周　明）

思 考 题

1. 简述能量饲料的含义。
2. 试分析比较玉米、大麦和小麦对猪、鸡的饲用价值。
3. 哪种饲料含有单宁？其抗营养作用有哪些？
4. 如何饲用米糠？
5. 砻糠是什么？能否作为猪、鸡的饲料？
6. 小麦麸的特性有哪些？
7. 为什么乳清粉常被作为断奶仔猪的饲料？
8. 简述油脂的主要饲用价值。
9. 地沟油的危害性有哪些？

10. 现今，常在动物饲粮中添加一种或多种酶制剂，如淀粉酶、脂肪酶、蛋白酶、β-葡聚糖酶、纤维素酶、果胶酶、植酸酶等。这种条件下，我国饲料数据库中饲料原料的消化能值有否必要更新？

第三章　蛋白质补充饲料

以干物质计，粗纤维含量在 18% 以下，粗蛋白质含量等于或高于 20% 的一类饲料就称为蛋白质补充饲料（protein supplement feed）。这类饲料包括动物性蛋白质饲料、植物性蛋白质饲料、微生物性蛋白质饲料和非蛋白质含氮化合物。

不论是什么类型的蛋白质饲料，它们都含有氮这种标志性元素。自然界中氮素的转化和循环可用图 3-1 表示。

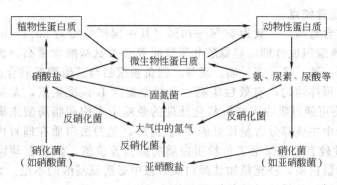

图 3-1　自然界中氮素的转化和循环

蛋白质饲料属于再生性饲料资源，其最初生产者是植物和部分微生物，它们能直接利用自然界中无机氮合成蛋白质。人们认识到这点，在开发蛋白质饲料资源时就有了正确的方向。

第一节　动物性蛋白质饲料

动物性蛋白质饲料主要包括鱼粉、血粉、肉骨粉、蚕蛹粉、羽毛粉、蚯蚓粉和虾粉等。

一、鱼粉

鱼粉（fish meal）是指由整鱼或鱼类产品加工下脚料制成的粉状物。全世界每年鱼粉产量约为 500 万吨。生产鱼粉的主要国家有智利、日本、秘鲁、美国、丹麦、挪威、泰国、冰岛、厄瓜多尔等。

（一）鱼粉的生产工艺

在 24h 内快速加工或在低温条件下储存，是防止鲜鱼变质的主要方法。将剁碎的鲜鱼在 90～100℃ 的高温下蒸煮 20min，可使其蛋白质凝固，随后通过压榨机挤掉油和水，并把鱼油分离出来。将压榨残留物集中到蒸发器中加以干燥，粉碎即得鱼粉。鱼粉生产工艺有干法工艺和湿法工艺。由于干法工艺会导致鱼粉中脂肪快速氧化和蛋白质的焦灼，降低鱼粉的消化率，故近年来用湿法工艺生产的鱼粉量正在增多。

（二）鱼粉的来源与分类

目前，在我国市场上将鱼粉分为国产鱼粉和进口鱼粉。其中，进口鱼粉占我国鱼粉市场份额 80% 左右。我国生产鱼粉的鱼种主要是鳀鱼，加工方法绝大多数已由以前的干法工艺转为湿法工艺。我国生产鱼粉的工厂有200～300家，主要集中在山东、浙江、广东、广西、辽宁等沿海地区。主要进口国为秘鲁、智利、美国、俄罗斯、印尼、新西兰、厄瓜多尔等。进口的鱼粉主要品种有红鱼粉（秘鲁、智利等国生产）和白鱼粉（美国、俄罗斯、新西兰等国生产）。红鱼粉是指以红鱼肉，如鳀鱼、沙丁鱼、鲭鱼等加工的鱼粉。白鱼粉是指以白鱼肉，如鳕鱼、鲽鱼等加工的鱼粉。

（三）鱼粉的储存

某些鱼粉中含有能在空气中氧化的油类，如鳗油、沙丁油等，它们具有很强的活性。鱼粉所产生的热量很易破坏其本身的养分。为了防止氧化，须用抗氧化剂。一般都用乙氧基喹啉，用量为：每千克鱼粉加100～400mg。把大量鱼粉堆积到不高于2.5m，或在充足空间内捆绑堆积，可防止温度升高，延缓油类的氧化速度。

鱼粉不能散装运输，常需用塑料薄膜袋、麻袋或纸袋包装。

储存鱼粉宜保持低温，并防止苍蝇、昆虫、老鼠、鸟类的侵害。

（四）鱼粉的营养特点

鱼粉中蛋白质含量高，一般为50%～70%（其中国产鱼粉为50%～60%，进口鱼粉为60%～70%），氨基酸组成合理，赖氨酸和蛋氨酸等必需氨基酸含量高。鱼粉中含有丰富的矿物质，如钙、磷、铁、锌、铜、碘、硒等。因鱼粉很易与其他饲料混合在一起，故它所提供的矿物元素极易搅拌均匀，有效性很高。鱼粉中富含B族维生素，尤其是胆碱、生物素和维生素B_2。动物可通过吸收未经抗氧化处理的鱼粉中不饱和脂肪酸来满足其对必需脂肪酸的需要量。鱼粉中主要养分含量详见表3-1。另外，鱼粉蛋白质在瘤胃内降解率较低，约为30%，这种特性较有效地保全了鱼粉蛋白质的高营养价值。鱼粉在动物日粮中的主要作用是提供高质量的蛋白质，补充植物性蛋白质日粮中必需氨基酸的不足。大量试验证明，添加鱼粉的日粮比未添加鱼粉的日粮的饲用价值高。

表3-1　鱼粉（秘鲁产）中养分含量

干物质	消化能	粗蛋白质	可消化蛋白质	钙	磷
92.4	14.1	61.0	51.0	3.43	3.08

赖氨酸	蛋氨酸	色氨酸	苏氨酸	缬氨酸	亮氨酸	异亮氨酸	苯丙氨酸	精氨酸	组氨酸	半胱氨酸
4.20	1.80	0.74	2.42	2.91	4.36	2.56	2.42	3.25	1.40	0.55

镁	钾	钠	氯	铁	铜	钴	锰	锌
0.16	0.80	0.37	0.34	500	12.0	0.215	37.3	164.7

维生素B_1	维生素B_2	烟酸	泛酸	胆碱	叶酸	维生素C
0.7	1.5	46.4	8.6	2110	0.22	65.1

注：消化能的衡量单位为MJ/kg；铁、铜、钴、锰、锌和维生素的衡量单位为mg/kg；其余成分的衡量单位为%。

（五）鱼粉质量的检验方法

鱼粉（包括国产鱼粉和进口鱼粉）在被饲用前，一般都需质量检验，需检测的项目较多。应本着先物理定性，后化学定量的原则，以确保快捷、准确、经济。具体顺序如下。

1. 感观检查

（1）颜色：同一批鱼粉，色泽应基本一致。色泽受鱼品种、加工工艺与储存时间等的影响。一般有红褐色、青灰色、黄棕色或黄褐色等。不掺假的鱼粉，浅色的质量要优于深色的。但由于掺假可大幅度地改变外观颜色，故鱼粉颜色只作为其质量好坏的一个参考指标。

（2）细度：优质鱼粉，细度应均匀，95%～100%通过12目标准筛。用鱼杂制得的鱼粉，筛上物会偏多。掺入过量的羽毛粉，筛上物呈絮状。

（3）气味：优质的鱼粉是咸腥味，劣质鱼粉可用鱼腥香添加剂来掩蔽，故鱼粉的气味也只能作为参考指标。

（4）质地感：用手捻鱼粉，其柔软而呈肉松状，是优质鱼粉的特征，若有沙感或沉重感，应小心灰分超标。

2. 水选

（1）水淘法：将500g鱼粉样品放入2kg水中，轻轻搅动，让水充分浸润后，小心淘去悬浮物，最后看剩下沙石、贝壳碎片等的多少。优质鱼粉应该是极少或者没有杂质的。另外，若鱼粉浸液极度混浊，灰分会偏高。

（2）水漂法：将100g鱼粉样品浸入25～80℃水中，轻轻搅动，让水充分浸润鱼粉。若掺入羽毛粉，会上浮水面，此时停留时间不宜过长，用40～60目铜网，将上浮物捞出，淋净水后，连铜网一起，在105℃下烘30min，取出回潮1h，称重，计算，可求得羽毛粉的粗略掺入量。若是高温水解彻底的羽毛粉，部分羽干及羽枝将焦化成松香状晶体而沉入水底，应淘出，烘干，过筛，分离后称重，再与漂浮羽毛粉相加，即是整个羽毛粉掺入量。

3. 镜检

鱼粉中可能被掺入血粉、羽毛粉、蹄角粉、皮革粉、棉籽粕、菜籽粕、锯末、肉骨粉、鱼内脏粉等，为了能快速准确直观鉴别出这些掺入物，平时应练好基本功。方法是，收集生产鱼粉用的各种原鱼，自制鱼粉，记住真鱼粉的特征。再通过各种途径，收集上述各掺入物样品，在镜下反复观察，牢记其形态与颜色等特征，这将作为镜检判别的主要依据。例如，在鱼粉中看到一些0.1～2mm黄褐色小颗粒，可做下列判断。

（1）若呈片状，质地明亮，有透明感，则是蹄角粉或羽毛高温后所成焦化物之特征。结合水漂时是否发现羽毛粉，可把二者区别开来。

（2）若是不规则的小颗粒，透明感差，是鱼肉焦化（鱼粉加热过度）或肉骨粉的特征，结合鱼粉整体颜色，钙、磷含量及比例等，可加以区分。

4. 粗蛋白质、粗灰分、水分、钙、磷、盐分析

（1）粗蛋白质：国产鱼粉粗蛋白质含量一般为53%～64%。过低，可能是下杂鱼所制；过高，有掺假之嫌；鱼粉粗蛋白质的高低并不代表鱼粉品质的优劣。

（2）粗灰分、钙、磷：粗灰分高于20%，表明非全鱼所制（特殊情况除外）。钙、磷比例应稳定，接近2:1。国产鱼粉大都偏低。

（3）水分：应越低越好，但在7%以下时，可能过热，鱼肉焦化，消化率低，并引起鸡肌胃糜烂。

（4）盐分：盐分不应高于4%，国产鱼粉盐分不稳定。

5. 氨基酸分析

从各种氨基酸的含量，可做以下判断。

（1）优质鱼粉，赖氨酸应在4.7%以上，蛋氨酸在1.5%以上，其他必需氨基酸也应较高。

（2）各种氨基酸含量总值与粗蛋白质值越接近，鱼粉品质越好。国产鱼粉，前者应占后者的75%以上，若太低，有掺入非蛋白氮之嫌，需测真蛋白值，加以证实。

（3）其中的氨值，若过高，表明新鲜度差，或掺入非蛋白氮。

（4）组氨酸含量过低，也是新鲜度差的一个标志。或组氨酸含量过高，镜下也能发现与血粉样品相同的小颗粒，则可定为该鱼粉中掺有血粉。

（5）谷氨酸含量应是较高的。

总之，根据多项指标综合评定，才能确定鱼粉质量的优劣。

(六) 鱼粉的质量标准

2003 年，我国在 1996 年部颁标准的基础上制定了鱼粉质量的国家标准（表 3-2）。本标准适用于以鱼、虾、蟹类等水产动物及其加工的废弃物为原料，经蒸煮、压榨、烘干、粉碎等工序制成的饲料用鱼粉。

表 3-2　饲料用鱼粉的质量标准（GB/T 19164—2003）

项目	特级品	一级品	二级品	三级品
色泽	红鱼粉呈黄棕色、黄褐色等正常颜色；白鱼粉呈黄白色			
气味	有鱼香味，无焦灼味和油脂酸败味		具有鱼粉正常气味，无异臭、无焦灼味和明显油脂酸败味	
粉碎粒度	至少 96％通过筛孔孔径为 2.80mm 的标准筛			
组织	膨松、纤维状组织明显，无结块、无霉变	较膨松、纤维状组织较明显，无结块、无霉变		松软粉状物，无结块、无霉变
杂质	不含非鱼粉原料的含氮物质（植物油饼粕、皮革粉、羽毛粉、尿素、血粉、肉骨粉等）			
粗蛋白质/%	≥65	≥60	≥55	≥50
粗脂肪/%	≤11（红鱼粉）	≤12（红鱼粉）	≤13	≤14
	≤9（白鱼粉）	≤10（白鱼粉）		
水分/%	≤10	≤10	≤10	≤10
盐分（以 NaCl 计）/%	≤2	≤3	≤3	≤4
灰分/%	≤16（红鱼粉）	≤18（红鱼粉）	≤20	≤23
	≤18（白鱼粉）	≤20（白鱼粉）		
沙分/%	≤1.5	≤2	≤3	≤3
赖氨酸	≥4.6（红鱼粉）	≥4.4（红鱼粉）	≥4.2	≥3.8
	≥3.6（白鱼粉）	≥3.4（白鱼粉）		
蛋氨酸	≥1.7（红鱼粉）	≥1.5（红鱼粉）	≥1.3	≥1.3
	≥1.5（白鱼粉）	≥1.3（白鱼粉）		
胃蛋白酶 消化率/%	≥90（红鱼粉） ≥88（白鱼粉）	≥88（红鱼粉） ≥86（白鱼粉）	≥85	≥85
挥发性盐基氮/(mg/100g)	≤110	≤130	≤150	≤150
油脂酸价(KOH)/(mg/g)	≤3	≤5	≤7	≤7
尿素/%	≤0.3	≤0.7	≤0.7	≤0.7
组胺/(mg/kg)	≤300（红鱼粉）	≤500（红鱼粉）	≤1000（红鱼粉）	≤1500（红鱼粉）
铬（以 Cr^{6+} 计）/(mg/kg)	≤40（白鱼粉） ≤8	≤40（白鱼粉） ≤8	≤40（白鱼粉） ≤8	≤40（白鱼粉） ≤8

(七) 鱼粉的饲用方法

因鱼粉中不饱和脂肪酸含量较高并具有鱼腥味，故在动物饲粮中用量不可过多，否则引起动物产品异味。一般来说，鱼粉在家禽饲粮中的用量应控制在 8％以下；鱼粉在猪饲粮中的用量应控制在 6％以下。

(八) 鱼粉中的肌胃糜烂素

对鱼粉加工温度过高、加工时间过长或运输、储存过程中发生自然氧化，都会使鱼粉中的组胺和赖氨酸结合，生成肌胃糜烂素（gizzerosine）。这种物质活性很高，可使胃酸分泌亢进，胃内酸度增强，严重损害胃黏膜。用这种鱼粉喂鸡，使其嗉囊肿大、肌胃糜烂、溃疡、穿孔，最后吐血而亡。

二、血粉

据统计，全国仅食品部门每年屠宰各类畜、禽所获得的血液就有 15 万余吨。若以 20％

计其干物质，又以绝干物质的90%计粗蛋白质含量，则从这部分血液中能获得2.7万吨粗蛋白质。这是一个相当大的蛋白质饲料资源。

（一）血粉的生产

目前，生产血粉（blood meal）有以下方法。

1. 蒸煮血粉的生产

蒸煮血粉工艺简单，规模可大可小，工艺流程为：蒸煮→脱水→干燥→粉碎→成品。

（1）煮血：煮血时应不断搅拌，以免下部烧焦。但直接在火上煮，部分血被烧焦是难免的。用隔水套加热可避免烧焦，但会大大增大燃料费用。用大径浅盘容器煮血，有助于减少血被炭化。搅拌时可用机械，也可人工进行。另外一种煮血方法是：将高压蒸汽直接通入血中蒸煮，边煮边搅拌，直到血形成松脆团块为止。

为了延长血的保质期，收集原料血液时，可加生石灰（CaO，70%），用量为血重量的0.5%～1.5%，在血凝固前，将其拌匀。若集血时未加生石灰，则可在煮血时加入0.5%～1.0%生石灰，边加边拌。未加生石灰的血，及时干燥后也不能长期储存，且储存不久后会产生一种难闻的气味。

（2）脱水：可用螺旋压榨机，也可用液压压榨机、饼干压制机对血块脱水。若无以上设备时，可将血块装入麻（布）袋，进行人工挤压，将其含水量降到50%以下后干燥。

（3）烘干：工业化干燥法，是将煮过的血放在强制循环的热风炉中干燥，接触温度不应超过60℃。大型血粉厂用血柜煮血，用干燥机干燥。若无设备，也可用自然干燥法：将煮过的血块捣碎，均匀地铺在晒场上晾晒，直至干燥。干后的小血块经粉碎后，即为蒸煮血粉。

2. 喷雾血粉的生产

喷雾血粉的生产适用于集中屠宰的肉联厂，其工艺流程是：鲜血→脱纤→过滤→喷粉→干燥→过磅包装。

（1）脱纤：屠宰的鲜血沿着水泥槽流入圆形铁桶（内装搅拌器），达到一定量时，开动搅拌器脱纤，2min后关闭，然后打开脱纤桶上的阀门，使血流入储血池。

（2）初滤：开泵把脱纤后的血液，从储血池通过2只30目尼龙网筛，并辅以人工振动，加速过滤，除去血中的块状杂质及其他异物，并流入另一水泥池。

（3）复滤：初滤的血液通过泵压至储藏锅，血液在通过管道时要经过管道口设有的40目铜丝筛网复滤后才入锅，以进一步将血内的渣滓除掉。

（4）喷雾干燥：全套喷射和干燥装置主要包括活塞、压力泵、过滤器、输送绞龙、鼓风机、引风机、干燥塔等。

喷雾干燥的原理是：把血液喷成雾状，使之与150～170℃温度的热空气接触，受热后迅速蒸发水分，使血液成为粉末落在干燥器底部，然后收集，即得喷雾血粉。

（5）包装：干燥器内收集的血粉，直接装入袋内，包装袋用塑料薄膜制成，装好将袋封口，以防吸潮。

（二）血粉的营养组成

血粉中养分含量如表3-3所示。血粉中粗蛋白质含量很高（达80%以上），但溶解度较低，消化率仅70%左右；血粉中氨基酸含量也很不平衡，亮氨酸、赖氨酸含量高，而异亮氨酸和蛋氨酸含量却很少；其中钙、磷含量很少，而微量元素铁含量却很高（约0.2%）；血粉的适口性较差。

由于血粉的消化率较低，故现今常用以下方法调制血粉。

1. 血粉发酵处理

其程序为：动物鲜血＋吸附载体混合吸收→微生物接种→发酵→干燥→杀菌→粉碎→成

表 3-3　血粉中养分含量　　　　　　　　　　　　　%

项目	干物质	粗蛋白质	粗纤维	粗脂肪	无氮浸出物	粗灰分
喷雾血粉	88.9	84.7	0.06	0.4	0.5	3.2
蒸煮血粉	87.8	84.6	0.08	0.05	0.55	2.52

项目	赖氨酸	蛋氨酸	色氨酸	苏氨酸	缬氨酸	精氨酸	组氨酸	亮氨酸	异亮氨酸	苯丙氨酸
喷雾血粉	7.79	0.68	1.43	3.51	7.64	4.13	6.01	11.96	0.88	6.05
蒸煮血粉	7.98	0.96	1.33	3.10	8.20	3.29	5.95	12.48	0.47	6.16

项目	钙	磷	钾	钠	镁	铁	铜	锰	锌	钼	硒
喷雾血粉	0.13	0.25	0.62	0.49	0.03	1784	7.5	0.9	20.5	0.7	0.31
蒸煮血粉											

项目	硫胺素	核黄素	烟酸	泛酸	胆碱	叶酸
蒸煮血粉	0.4	2.6	29.0	0.3	695	0.1
喷雾血粉	0.5	1.3	13.0	5.0	280	0.4

注：微量元素和维生素含量的单位为 mg/kg。

品。发酵后的血粉中粗蛋白质消化率可达 94%～97%，能量消化率可达 77%～81%。

2. 血粉酶解处理

用蛋白质消化酶对血粉进行消化处理，可显著地提高其适口性和消化率。

3. 血粉膨化处理

血粉经膨化设备在高温高压下，瞬时爆裂、膨化，形成圆柱状酥脆膨化物，再经粉碎即成，其消化率可达 97.6%。

(三) 血粉的质量标准

中国商业行业标准 (SB/T 10212—1994) 饲料用血粉质量标准参见表 3-4。

表 3-4　饲料用血粉质量标准

项目	一级	二级
性状	干燥粉粒状物	
气味	具有本制品固有气味,无腐败变质气味	
色泽	暗红色或褐色	
粉碎粒度	能通过 2～3mm 孔筛	
杂质	不含沙石等杂质	
粗蛋白质/%	≥80	≥70
粗纤维/%	<1	<1
水分/%	≤10	≤10
粗灰分/%	≤4	≤6

(四) 血粉的饲用方法

由于蒸煮血粉和喷雾血粉的适口性较差，消化率也不高，故用这两种血粉做动物的饲料时仅能少量使用，适宜用量为占饲粮的 3%～4%。发酵血粉、酶解血粉和膨化血粉在饲粮中用量可适当增加。

三、肉骨粉

肉骨粉 (meat and bone meal) 由不适于食用的畜禽躯体、骨头、胚胎、内脏及其他废弃物制成，也可用非传染病死亡的动物胴体制作。但不得用死因不明的动物躯体制作肉骨粉。肉骨粉的加工方法如下。

(1) 将原料洗净甩干后分割成薄片，然后蒸煮严格消毒和脱脂，烘干，粉碎即成。

（2）将洗净的原料放进锅内，加适量水后进行高温蒸煮（一般脏器需 1h，头、蹄需2.5h），然后除去漂浮的油脂并分离出肉汤（肉汤经浓缩干燥后可制成肉汤粉）。把剩余的骨头和瘦肉装进卧爬式干燥机加工 1h（蒸汽压力为 4kg，同时抽气），当干燥机内的粉料手握成团一放就散时可出料过筛。过筛时筛出的大块料可用捶力机粉碎。在干燥一段时间后，若原料的含水量仍高，应继续对其干燥，但要防止烘焦。

因原料中肉、骨的比例不同，故肉骨粉的营养组成有较大的差异，其养分含量大致如下：粗蛋白质 20%～50%、粗脂肪 8%～16%、无氮浸出物 2%～3%、粗灰分 25%～35%、赖氨酸 1%～3%、含硫氨基酸 3%～6%、钙 7%～15%、磷 3%～8%。因此，在饲用前，要对肉骨粉的营养成分进行实测。

GB/T 20193—2006 要求，饲料用肉骨粉为黄色至黄褐色油性粉状物，具肉骨粉固有气味，无腐败气味，不应添加毛发、蹄、角、羽毛、血、皮革、胃肠内容物与非蛋白含氮物质，应符合国家检疫有关规定和卫生标准。并规定，铬含量≤5mg/kg，粗脂肪含量≤12.0%，粗纤维含量≤3.0%，水分含量≤10.0%，总磷含量≥3.5%，钙含量应为总磷含量的 180%～220%。饲料用肉骨粉以粗蛋白质、赖氨酸、胃蛋白酶消化率、酸价、挥发性盐基氮、粗灰分为定等级指标（表 3-5）。

表 3-5　饲料用肉骨粉等级质量指标　　　　　　　　　　单位：%

等级	粗蛋白质	赖氨酸	胃蛋白酶消化率	酸价	挥发性盐基氮	粗灰分
一级	≥50	≥2.4	≥88	≤5	≤130	≤33
二级	≥45	≥2.0	≥86	≤7	≤150	≤38
三级	≥40	≥1.6	≥84	≤9	≤170	≤43

四、肉粉

屠宰场、罐头加工厂及其他肉品加工厂生产的碎肉经过切碎、充分蒸煮、压榨，尽可能分离脂肪，残余物干燥后制成粉末，就是肉粉（meat meal）。含骨量大于 10% 的，就为肉骨粉。

肉粉中粗蛋白质含量一般为 50%～60%，但因原料不同和加工方法的差异，其中养分含量变化较大。表 3-6 列举了肉粉中一些养分含量。在饲用前，要对肉粉的营养成分进行实测，这样才能做到合理饲用。

表 3-6　肉粉中养分含量　　　　　　　　　　单位：%

项目	干物质	粗蛋白质	粗脂肪	无氮浸出物	粗纤维	粗灰分	钙
含量	94.2	54.9	9.4	2.5	2.5	24.9	8.49

项目	磷	钾	钠	镁	氯	硫	铁	铜/(mg/kg)	锰/(mg/kg)
含量	4.18	0.55	1.68	0.27	1.31	0.50	0.044	9.7	9.5

项目	精氨酸	半胱氨酸	甘氨酸	赖氨酸	蛋氨酸	色氨酸
含量	3.90	0.70	8.10	3.80	0.80	0.36

五、蚕蛹粉

蚕蛹（silkworm chrysalis）为缫丝工业的副产品，是一种高蛋白的动物性饲料。新鲜蚕蛹含水分很多，也富含脂肪。若不除去蚕蛹中不饱和脂肪酸，不仅难储存，且会影响动物产品质量。蚕蛹中脂肪含量为 20%～26%，将其脱脂后，可磨制成蚕蛹粉。脱脂蚕蛹粉中一些养分含量如表 3-7 所示。

表 3-7 蚕蛹粉中一些养分含量   单位：%

项目	粗蛋白质	粗脂肪	无氮浸出物	粗灰分	赖氨酸	蛋氨酸	色氨酸
含量	68.9	6.8	9.5	3.6	3.86	1.32	1.43
项目	苏氨酸	缬氨酸	亮氨酸	异亮氨酸	精氨酸	组氨酸	苯丙氨酸
含量	2.54	2.43	3.97	2.54	3.53	1.76	3.20

蚕蛹粉分桑蚕蛹粉和柞蚕蛹粉，其质量标准参见表 3-8、表 3-9。

表 3-8 饲料用桑蚕蛹粉的质量标准（NY/T 218—1992）   单位：%

项目	一级	二级	三级
粗蛋白质	≥50.0	≥45.0	≥40.0
粗纤维	<4.0	<5.0	<6.0
粗灰分	<4.0	<5.0	<6.0

表 3-9 饲料用柞蚕蛹粉的质量标准（NY/T 137—1989）   单位：%

项目	一级	二级	三级
粗蛋白质	≥55.0	≥50.0	≥45.0
粗纤维	<6.0	<6.0	<6.0
粗灰分	<4.0	<5.0	<5.0

用蚕蛹粉作为饲料时，要注意其新鲜度，陈旧的或酸败的蚕蛹粉不能饲用。蚕蛹粉在畜、禽饲粮中适宜用量一般为 2%～3%。

六、羽毛粉

羽毛粉（feather meal）中粗蛋白质含量达 80% 以上，且其中氨基酸组成较合理，但其消化率很低。加工调制可提高羽毛粉的饲用价值。用加工调制的羽毛粉代替饲粮中部分大豆饼（粕）或鱼粉，动物生长不受显著的影响。因此，羽毛粉是一种较为重要的蛋白质饲料资源，应加以开发利用。

（一）羽毛粉的营养特性

羽毛粉中粗蛋白质含量很高，达 80% 以上。其中的蛋白质主要是角蛋白，该蛋白质分子内多肽链间能形成很多的二硫键，致使角蛋白空间结构特别致密坚实。在一般条件下，羽毛粉蛋白质不能被降解，动物很难直接利用它。因此，未降解处理的羽毛粉饲用价值很低。羽毛粉蛋白质相对缺乏蛋氨酸、赖氨酸和组氨酸，但其他氨基酸尤其是半胱氨酸，十分丰富。羽毛粉中也含有较高的能量和较多的 B 族维生素。表 3-10 列举了羽毛粉中养分含量。

（二）羽毛粉的加工调制

对羽毛粉加工调制的方法主要有以下几种。

1. 物理法

物理法是将羽毛粉置于高压罐内，加入适量水，用高温（120～200℃）和高压（4～6Pa）处理 1～2h。处理后的羽毛粉为褐色团块，干燥粉碎后呈粗粉状。

2. 化学法

化学法即用酸、碱处理，可分为以下 3 种。

（1）酸处理：将羽毛置于容器内，加入适量的 2% 盐酸，而后煮沸。在蒸煮过程中，要不断地搅拌。蒸煮到用手轻拉羽毛干就能拉断时止。用稀碱中和残酸，弃去废液，干燥后粉碎。

（2）碱处理：将羽毛置于铁锅等容器中，加入适量的 0.2%～0.5%氢氧化钠，而后蒸煮至用手轻拉羽毛干就能拉断时止。用稀酸中和残碱，弃去废液，干燥后粉碎。

（3）酸、碱处理：齐胜华等（1990）用酸、碱等方法处理羽毛，生产复合饲用氨基酸，其工艺流程为：羽毛→浸泡漂洗→酸水解→去酸浓缩→碱水解→稀酸中和→吸附→减压干燥。据报道，用此法生产的复合饲用氨基酸产品饲用价值较高。

表 3-10　羽毛粉中养分含量（风干物质基础）　　　　　单位：%

项目	干物质	粗蛋白质	粗脂肪	粗灰分	天门冬氨酸	苏氨酸
含量	90.76	80.96	5.14	2.34	5.56	3.62

项目	丝氨酸	谷氨酸	脯氨酸	甘氨酸	丙氨酸	半胱氨酸	组氨酸
含量	8.47	8.95	8.01	5.94	3.82	4.79	1.14

项目	缬氨酸	蛋氨酸	异亮氨酸	亮氨酸	酪氨酸	苯丙氨酸	赖氨酸
含量	6.03	0.52	3.58	6.59	2.28	3.88	1.82

项目	精氨酸	羊毛硫氨酸	烟酸/(mg/kg)	泛酸/(mg/kg)	核黄素/(mg/kg)	钴胺素/(mg/kg)
含量	5.52	1.20	17.3	8.1	1.9	71.0

3. 微生物法

美国学者报道，他们已分离出一种细菌，该细菌在 5d 内就可把羽毛分解，游离出构成羽毛蛋白质的各种氨基酸。他们把这一新产品取名为"羽毛菌溶物（feather lysate）"。羽毛菌溶物能代替家禽日粮中 5% 以上的大豆饼（粕）蛋白。还据报道，费氏链霉菌、细黄链菌和粒状发癣菌（前两种由土壤中分离，第三种菌由人和哺乳动物皮肤中分离）都能产生迅速分解角蛋白的蛋白酶，用该酶可降解羽毛角蛋白。

（三）饲料用羽毛粉的质量标准

目前，我国尚未制定饲料用羽毛粉质量的国家标准。表 3-11 引用了北京市地方标准。

表 3-11　饲料用羽毛粉质量标准（DB/1100B4610—89）　　　　　单位：%

质量指标	百分含量
粗蛋白质	≥80.0
粗灰分	<4.0
胃蛋白酶消化率	≥90.0

（四）羽毛粉的饲用方法

因羽毛来源和加工方法、条件不同，故羽毛粉营养组成和消化利用率有很大差异。所以，对具体的羽毛粉饲料产品，应先掌握其消化试验甚至饲养试验的资料，这样才能做到合理饲用羽毛粉。

七、蚯蚓粉

近几年来，因防治环境污染的需要和解决动物性饲料缺乏的问题，国内外对蚯蚓养殖进行了广泛的研究。蚯蚓粉干物质中养分含量如表 3-12 所示。

表 3-12　蚯蚓粉干物质中养分含量　　　　　单位：%

项目	粗蛋白质	粗脂肪	无氮浸出物	粗灰分	赖氨酸	色氨酸	蛋氨酸	半胱氨酸
含量	66.3	7.9	14.2	11.6	4.67	0.78	1.15	0.69

项目	苏氨酸	异亮氨酸	组氨酸	缬氨酸	亮氨酸	精氨酸	苯丙氨酸	酪氨酸
含量	2.92	3.19	1.79	3.39	5.41	4.09	2.64	2.45

从表 3-12 中可以看出，蚯蚓粉中粗蛋白质含量很高，氨基酸组成也较合理。用蚯蚓粉作为鱼类的饲料，不仅补充其氮源，而且还可做诱食剂。许多试验证实，用蚯蚓粉喂鱼，可使其增产 22%；用蚯蚓粉喂对虾，其产卵率提高 51%，成活率提高 30%。

八、蝇蛆

蝇蛆含水量约为 80%。其干物质中，粗蛋白质含量高（63.1%），脂肪含量也多（25.9%）。蝇蛆中还含有丰富的必需氨基酸，蝇蛆中一些养分含量如表 3-13 所示。用蝇蛆或蝇蛆粉作为动物的饲料，要进行严格的杀菌、杀寄生虫（卵）。

表 3-13　蝇蛆中养分含量（干物质基础）　　　　　　　单位：%

项目	粗蛋白质	粗脂肪	无氮浸出物	粗灰分	赖氨酸	色氨酸	蛋氨酸
蛆粉	63.1	25.9	1.4	—	4.30	0.78	1.49
蝇蛹	63.1	15.5	12.2	5.3	—	—	—

项目	半胱氨酸	苏氨酸	异亮氨酸	缬氨酸	亮氨酸	苯丙氨酸	酪氨酸
蛆粉	0.43	2.30	2.23	2.76	3.57	4.32	4.30

九、虾粉

虾粉是虾的加工副产品，包括虾头、虾壳与少量全虾，经蒸汽处理和日光干燥后制成的。为了防止腐败，常在虾粉中加少量食盐，加盐量一般以不超过 7% 为宜。

虾粉中养分含量随原料、加工方法与鲜度等不同而有较大差异。虾粉中含粗蛋白质 30%～50%，其中 1/2 为几丁质氮，而这种含氮物质对动物的有效性很低；虾粉中粗灰分含量为 20%～30%，钙、磷含量分别为 7%～11%、1.5%～3.0%；虾粉中也含有少量脂肪，其中不饱和脂肪酸较多；虾粉中含较多的胆碱、磷脂和胆固醇；虾粉中富含甲壳素和虾红素。

虾粉对鸡的饲用价值较高，乃因其适口性较好，并具有着色效果，能使肉鸡皮肤、蛋鸡生产的鸡蛋蛋黄美观。虾粉在鸡饲粮中用量不宜超过 3%。虾粉在猪饲粮中适宜用量为 3%～5%。虾粉是水生动物良好的诱食剂与着色剂，还是甲壳类动物良好的营养源。其在虾类饲粮中用量可达 10%～15%，且效果良好，但应注意虾粉的含盐量。

第二节　植物性蛋白质饲料

植物性蛋白质饲料主要有饼粕类、豆实类、糟渣类和玉米加工副产品等。

一、大豆饼（粕）

大豆饼（粕）（soybean cake）是动物一种主要的植物性蛋白质补充饲料，其主要养分含量如表 3-14 所示。

（一）大豆饼（粕）的营养特点

（1）蛋白质含量高，一般为 40%～50%，其中氨基酸组成较合理，但蛋氨酸含量相对不足。大豆饼（粕）蛋白质可利用性好，动物对适度加热处理的大豆饼（粕）中粗蛋白质的消化率约为 90%。

（2）粗纤维主要来自大豆皮，无氮浸出物主要是蔗糖、棉籽糖、水苏糖等，而淀粉少。

（3）矿物质较多，其中钾、磷等含量多，但磷多为植酸磷。大豆饼（粕）中微量元素铁、锌等较多。

（4）胆碱、烟酸等较多。

表 3-14 大豆饼（粕）中养分含量 单位：%

项目	干物质	粗蛋白质	粗脂肪	无氮浸出物	粗纤维	粗灰分
大豆饼	90.6	43.0	5.4	30.6	5.7	5.9
大豆粕	92.4	47.2	1.1	32.6	5.4	6.1

项目	赖氨酸	蛋氨酸	色氨酸	苏氨酸	缬氨酸	亮氨酸	异亮氨酸	精氨酸	组氨酸	苯丙氨酸	半胱氨酸
大豆饼	2.65	0.59	0.40	1.89	2.24	3.68	2.11	3.65	1.11	2.33	0.90
大豆粕											

项目	胡萝卜素	硫胺素	核黄素	烟酸	泛酸	胆碱	叶酸	维生素E
大豆饼	0.3	2.0	3.0	59.8	13.3	2743	0.5	3.0
大豆粕								

项目	钙	磷	钠	钾	镁	硫
大豆饼	0.2	0.6	0.04	1.71	0.25	0.33
大豆粕	0.5	0.6	0.04	1.97	0.27	0.43

项目	锰	铁	铜	锌	硒
大豆饼	32.3	160	18	59	0.1
大豆粕	27.5	120	36.3	60	0.1

注：微量元素和维生素含量的单位为 mg/kg。

（二）大豆饼（粕）中抗营养因子及其消除措施

1. 大豆饼（粕）中抗营养因子

目前，有相当一部分的大豆在榨油前不经热处理，这样生产出来的大豆饼（粕）含有抗营养因子，主要包括抗胰蛋白酶因子、低聚糖、大豆凝集素、植酸、脲酶、大豆抗原蛋白（致敏因子）与致甲状腺肿因子等（表 3-15）。根据对热稳定性不同，可将这些抗营养因子分为两类，即热不稳定性抗营养因子（抗胰蛋白酶因子、脲酶、凝血素、致甲状腺肿因子）与热稳定性抗营养因子（抗原蛋白、低聚糖、植酸）。这些抗营养因子对饲粮中养分的消化、吸收、代谢乃至对动物的健康和生产性能都产生不良的影响。

表 3-15 大豆或大豆饼（粕）中各种抗营养因子

特性	抗营养因子	含量	不良作用	化学本质
热不稳定性抗营养因子	抗胰蛋白酶因子	2%	抑制胰蛋白酶、糜蛋白酶活性，使蛋白质消化率下降；引起胰腺分泌过多的胰蛋白酶，含硫氨基酸内源性损失增多，胰脏肿大；动物腹泻，生产性能下降	蛋白质
	脲酶	0.02～0.35U/g	本身无毒性，适当条件下被激活，分解尿素等含氮化合物，引起氨中毒等	蛋白质
	大豆凝集素	3%	与肠上皮细胞表面特异性受体结合，损坏肠黏膜结构，影响消化酶分泌，抑制养分的消化吸收	糖蛋白
	致甲状腺肿因子	微量	影响甲状腺机能，引起甲状腺肿大	有机小分子
	脂肪氧化酶	约1%	破坏维生素；催化不饱和脂肪酸的氧化，形成挥发性物质，产生豆腥味	酶蛋白
热稳定性抗营养因子	抗原蛋白	约30%	刺激免疫系统产生抗体；导致肠黏膜过敏反应而受损伤，引起消化吸收机能下降、腹泻	糖蛋白
	低聚糖	5%～6%	在小肠不能被消化，进入大肠被产气微生物利用，导致胃肠胀气或腹泻	半乳寡糖
	植酸	2%	降低矿物元素的活性；抑制多种消化酶活性，影响蛋白质、淀粉等养分的消化吸收	肌醇六磷酸

大豆或大豆饼（粕）中最重要的抗营养因子是抗胰蛋白酶因子。对大豆先适当加热，再用压榨法提取油，这样生产出来的饼熟度适宜，其中抗胰蛋白酶因子已失活。但一些土法、冷轧法和溶剂浸提法由于未加热或加热不充分而使得大豆饼（粕）中抗胰蛋白酶因子活性相当强。将生大豆饼（粕）在 pH 4.4 的水中浸泡，所得的浸出液中即含有抗胰蛋白酶因子，它先由 Kunitz 结晶析出，经精制后，发现它有 4 种（两类）蛋白质，分别取名 A_1 和 A_2，B_1 和 B_2。饲粮中含有抗胰蛋白酶因子时，蛋白质消化率就显著下降，动物胰脏肥大。其机理如下：抗胰蛋白酶因子与胰蛋白酶、糜蛋白酶形成复合物而使这两种酶失活。由于这两种酶的损失，胰脏分泌消化酶的机能代偿性亢进而引起胰脏肥大。

很多植物尤其是豆科植物种子中含有能凝集动物和人红细胞的一种蛋白质，称为血细胞凝集素或红细胞凝集素。红细胞凝集素的主要种类有大豆凝集素、野豆凝集素、刀豆凝集素、蓖麻凝集素等。不同豆科植物种子中的凝集素对红细胞的凝集活性不同，若以大豆凝集活性为 100% 计，则豌豆为 10%，蚕豆为 2%，豇豆和羽扇豆几乎为零。

红细胞凝集素是一种对某些糖分子具有高度亲和的蛋白质，其中大多数是糖蛋白，其糖类部分的含量占 4%～10%。凝集素和糖的结合，与酶和底物的结合或抗原和抗体的结合极为相似。大多数凝集素的相对分子质量为 100000～150000。它们多数是由 4 个亚基组合成四聚体，每一个亚基都有一个与糖特异结合的位点。这种多价性的特点是红细胞凝集素能凝集红细胞的原因。如果分子被解离成亚基，这种作用就会消失。大豆凝集素的相对分子质量为 110000，糖类部分占 5%，主要是 D-甘露和 N-乙酰葡萄糖胺。等电点为 6.1，沉降常数为 6.4。

红细胞凝集素在消化道中干扰养分的消化和吸收。大多数红细胞凝集素在肠道中不被蛋白酶降解。因此，它们可和小肠壁上皮细胞表面的特定受体结合，从而损坏小肠壁刷状缘黏膜结构，干扰刷状缘黏膜分泌多种酶（肠激酶、碱性磷酸酶、麦芽糖酶、淀粉酶、蔗糖酶、谷氨酰基和肽基转移酶）的功能，因而影响养分的消化和吸收，动物生长受阻甚至停滞。凝集素的 L-亚单位能与淋巴细胞特异性结合，并对肠道产生的 IgA 有拮抗作用，对免疫系统有破坏作用。

在大豆、豌豆、蚕豆、菜豆和蓖麻种子中含有抗原因子，它们大多是大分子物质，主要是蛋白质或糖蛋白，故常称之为抗原蛋白（antigenic protein）。现在研究较多的是大豆中的抗原蛋白，大豆中的四种球蛋白 Glycinin、α-Conglycinin、β-Conglycinin 和 γ-Conglycinin 是主要的抗原蛋白。它们的相对分子质量分别为 350000、260000、210000、330000。它们能引起肠道急性过敏反应，导致腹泻。

具有尿素酶活性的大豆饼（粕）中含有尿素时，饲料的适口性下降，且食后会发生"氨血症"。

2. 消除有害物质的主要措施

（1）热处理法：一些抗营养因子本质上是蛋白质，利用蛋白质的热不稳定性，通过加热，破坏（生）大豆饼（粕）中一些抗营养因子，如抗胰蛋白酶因子、大豆凝血素、致甲状腺肿因子、脲酶等。

据报道，将（生）大豆或大豆饼（粕）加热到 120℃ 时，约有 93% 抗胰蛋白酶因子失活。当温度达到 129℃ 时，所有的凝血素消失。加热时要注意选择适当的温度、时间。加热不够不能消除抗营养因子。但是，热处理过度，则会破坏饲料中氨基酸（如半胱氨酸）和维生素，过度加热还会引起有些氨基酸和还原性糖反应生成不溶性复合物，导致蛋白质消化率降低，多种必需氨基酸尤其是赖氨酸和精氨酸的有效性下降，从而降低饲料的营养价值。一般认为，抗胰蛋白酶因子失活 75%～85% 时，大豆（饼）粕蛋白的营养价值最高。

热处理法效率高、简单易行，成本也较低，但仅能消除热不稳定性抗营养因子，且能耗大。

（2）化学处理法：化学处理法是指在大豆饼粕中加入化学物质，在一定条件下反应，使抗营养因子失活或钝化。早期一般采用亚硫酸钠和偏重亚硫酸钠钝化抗胰蛋白酶因子。例如，用偏重亚硫酸钠处理豆粕，使抗胰蛋白酶因子活性下降44.5%；用乙醇处理，可使大豆蛋白的结构改变，降低大豆蛋白中抗营养因子活性。用65%～70%的乙醇在70～80℃处理后，大豆抗原蛋白的抗原性明显降低。用乙醇溶剂萃取豆粕中的低聚糖，萃取后的豆粕代谢能提高了20%，氮的消化率提高了5%～50%。

化学处理法节省了设备和能源，对不同的抗营养因子均有一定的效果，但因化学物质残留，既降低了豆粕的营养价值，又可能对动物产生毒副作用，且成本也较高，目前在国内应用较少。

（3）作物育种法：通过育种途径，培育低抗营养因子或无抗营养因子的大豆品种是一种非常有效的方法。国外采用基因工程技术已育成低聚糖含量少的大豆品种，并有望在今后大规模种植。如杜邦公司已培育出低棉籽糖和水苏糖的大豆品种。另外，低植酸含量的大豆品种也在选育当中。

用现代生物技术可培育低抗营养因子的大豆品种，但因抗营养因子是植物用于防御的物质，降低其含量可能对植物本身有不良作用，且育种周期较长、成功率低、成本较高，目前国内研究较少。

（4）酶制剂法：用酶制剂法可降低抗营养因子，提高豆粕的营养价值。抗胰蛋白酶因子是一类蛋白质，它可作为底物而被蛋白酶水解，如胃蛋白酶可使抗胰蛋白酶因子失活。枯草杆菌蛋白酶、木瓜蛋白酶等对抗胰蛋白酶因子都有一定的酶解作用。蛋白酶也可使抗原蛋白在一定程度上降解，形成易被动物吸收的小肽。蛋白质经酶解后，会产生一些具有特殊生理活性的小肽，能直接被动物吸收，参与机体的生理活动，从而促进动物生产。在生长猪日粮中添加少量的小肽后，显著提高了猪的日增重、蛋白质利用率和饲料转化率。

（5）微生物发酵法：微生物发酵法是借鉴于大豆食品发酵的一种处理方法，是目前研究的热点。利用微生物产生的酶降解抗营养因子并积累有益的代谢产物是提高豆粕营养价值的有效方法。试验表明，米曲霉发酵大豆比未发酵大豆饲用价值高（料重比明显降低）。Hong等用米曲霉发酵豆粕48h后发现，豆粕中抗原蛋白几乎全部被降解，相对分子质量小于20000的蛋白质约占86.6%，抗胰蛋白酶因子降低到0.42mg/g，豆粕中最缺少的蛋氨酸也从0.77%提高到0.82%。用少孢根霉发酵豆粕，也提高了其代谢能和氮消化率，且料重比降低。通过控制微生物发酵，使豆粕蛋白质有一定程度的降解而产生小肽，可节省能耗，且对消化道能有保护作用，并能提高机体免疫力。

（三）饲料用大豆饼（粕）的质量标准

我国国家标准《饲料用大豆粕》（GB/T 19541—2004）规定，大豆粕呈浅黄褐色至浅黄色不规则的碎片状或粗粉状；色泽一致，无发酵、霉变、结块、虫蛀与异味、异臭；不得掺入饲料用大豆粕以外的物质。其技术指标与质量分级见表3-16。

表3-16　饲料用大豆粕的质量标准　　　　　　　　　　单位：%

项目	带皮大豆粕		除皮大豆粕	
	一级	二级	一级	二级
水分	≤12.0	≤13.0	≤12.0	≤13.0
粗蛋白质	≥44.0	≥42.0	≥48.0	≥46.0
粗纤维	≤7.0	≤7.0	≤3.5	≤4.5
粗灰分	≤7.0	≤7.0	≤7.0	≤7.0
脲酶活性(以氨态氮计)/[mg/(min·g)]	≤0.3	≤0.3	≤0.3	≤0.3
氢氧化钾蛋白质溶解度	≥70.0	≥70.0	≥70.0	≥70.0

注：粗蛋白质、粗纤维、粗灰分3项指标均以88%或87%干物质为基础计算。

我国农业行业标准《饲料用大豆饼》（NY/T 130—1989）规定，大豆饼呈黄褐色饼状或小片状；色泽一致，无发酵、霉变、结块、虫蛀与异味、异臭；水分含量不得超过13.0%；不得掺入饲料用大豆饼以外的物质；以粗蛋白质、粗纤维、粗灰分、粗脂肪为质量控制指标；脲酶活性不得超过0.4。详见表3-17。

表 3-17　饲料用大豆饼的质量标准　　　　　　　　　　单位：%

项目	一级	二级	三级
粗蛋白质	≥41.0	≥39.0	≥37.0
粗脂肪	<8.0	<8.0	<8.0
粗纤维	<5.0	<6.0	<7.0
粗灰分	<6.0	<7.0	<8.0

（四）大豆饼（粕）生、熟与加热程度的判断

通常，通过测定尿素酶活性，判断大豆饼（粕）的生熟度与加热程度。这是因为大豆饼（粕）中尿素酶活性与抗胰蛋白酶因子活性有一致的关系，即尿素酶活性大，抗胰蛋白酶因子活性也大；反之亦然。

鉴别大豆饼（粕）生熟的方法是：取尿素约0.1g于250mL三角烧瓶中，加待测大豆饼（粕）粉0.1g，蒸馏水100mL，加塞。于45℃的水浴锅中温热1h。取红石蕊试纸一片浸入此溶液中，若试纸变蓝，则说明大豆饼（粕）是生的；若试纸不变色，则说明是熟的。此法的原理是：生大豆饼（粕）中尿素酶具有活性，尿素酶能催化尿素分解为氨和二氧化碳，而氨液能使红石蕊试纸变蓝；而熟大豆饼（粕）中尿素酶已失活了，因而不具有催化尿素分解为氨的作用，故红石蕊试纸不变色。

若要准确判断大豆饼（粕）的加热程度，则需测定其中尿素酶活性。表3-18列出了大豆饼（粕）中尿素酶活性与其加热程度的关系。

表 3-18　大豆饼（粕）尿素酶活性与其加热程度

尿素酶活性	大豆饼（粕）加热程度
0.20	加热适当
0.05	加热过度
1.70	加热不足
1.90	未加热
1.75	生大豆

尿素酶活性（urease activity）采用pH上升法测定。

试剂A：0.05mol/L磷酸缓冲液（3.403g磷酸二氢钾＋4.35g磷酸氢二钾溶于1000mL除离子水中，调节pH为7.00）。试剂B：尿素缓冲液（15g尿素＋500mL A）。

尿酶活性测定操作程序如图3-2所示。

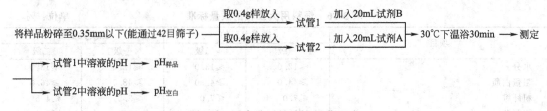

图 3-2　尿素酶活性测定操作程序

尿酶活性测定计算公式如下：

$$尿素酶活性（活化度）＝pH_{样品}－pH_{空白}$$

（五）大豆饼（粕）的饲用价值

熟化适度的大豆饼（粕）是猪、鸡、鱼类、反刍动物等的良好蛋白质补充饲料，饲用价值高。将其作为猪、鸡等单胃动物的主要蛋白质补充饲料时，要注意在饲粮中补添蛋氨酸。大豆饼（粕）蛋白质中各种氨基酸消化率为87%～96%，平均消化率为93%。

二、全脂大豆

全脂大豆的高能、高蛋白质在配制动物高营养浓度饲粮时很有用。因此，越来越多的饲料企业将全脂大豆作为配制动物饲粮的原料。

（一）全脂大豆的营养特点

全脂大豆的养分含量参见表3-19。粗蛋白质含量高，达33%～38%，并且氨基酸组成较合理，但含硫氨基酸相对不足。粗脂肪含量高，达18%。其中亚油酸比例高，占大豆油的50%，占全脂大豆的10%；卵磷脂含量较多，为1.5%～2.0%。磷、硫、铁等矿物元素含量较多。维生素E、胆碱、叶酸、生物素等维生素含量较高。能量高。

表3-19 全脂大豆的养分含量 单位：%

指标	含量	指标	含量	指标	含量	指标	含量
水分	10～11	硫	0.22～0.30	组氨酸	0.87～1.01	维生素B₂	2.6
粗蛋白质	33～38	赖氨酸	1.9～2.4	甘氨酸	1.53～2.00	维生素B₆	10.4
粗脂肪	17.5～18.5	蛋氨酸	0.50～0.58	铁	75～90	生物素	11～16
粗纤维	4.1～6.0	色氨酸	0.32～0.55	铜	15	泛酸	22～23
粗灰分	4.2～4.7	苏氨酸	1.44～1.69	锰	25～30	叶酸	3.5～4.2
钙	0.25	缬氨酸	1.78～2.02	锌	16～40	烟酸	22～33
磷	0.57～0.60	亮氨酸	2.36～2.85	碘	0.55	胆碱	2.0～2.9
钠	0.04～0.12	异亮氨酸	1.64～2.18	硒	0.1～0.5	总能	23.4
氯	0.02～0.03	苯丙氨酸	1.74～2.63	维生素E	31～55	代谢能	16.7
镁	0.21～0.29	精氨酸	1.88～2.80	维生素B₁	6.1～11.0		

注：微量元素和维生素含量的单位为mg/kg，能量含量的单位为MJ/kg。

（二）饲料用大豆的质量标准

我国国家标准《饲料用大豆》（GB/T 20411—2006）规定，大豆色泽、气味正常；杂质含量不超过1.0%；生霉粒含量不超过2.0%；水分含量不超过13%；以不完善粒、粗蛋白质为定等级指标。详见表3-20。另外，我国农业行业标准《饲料用大豆》（NY/T 135—1989）规定，熟化全脂大豆脲酶活性不得超过0.4。

表3-20 饲料用大豆的质量标准（GB/T 20411—2006） 单位：%

等级	不完善粒		粗蛋白质
	合计	其中：热损伤率	
一级	≤5	≤0.5	≥36.0
二级	≤15	≤1.0	≥35.0
三级	≤30	≤3.0	≥34.0

（三）全脂大豆的加工方法（图3-3）

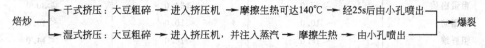

图3-3 全脂大豆的加工方法

（四）全脂大豆的饲用效果

将熟化的全脂大豆作为动物的饲料，效果好，既给动物提供了高能、高蛋白质，又给动物补充了亚油酸等必需脂肪酸。

三、其他豆类

1. 黑大豆

黑大豆（black soybeans），俗称黑豆，在我国陕西、山西等地盛产。黑豆含粗蛋白质34%～39%，粗脂肪约15%，粗纤维5%～6%，无氮浸出物23%～26%，粗灰分4.1%～4.3%，消化能（猪）12.6%～13.4MJ/kg，代谢能（鸡）10.6%～10.9MJ/kg。生黑豆含有脲酶，因此应加热后饲用。

2. 豌豆

豌豆（peas），主要在四川、甘肃、陕西、云南、贵州、湖北、内蒙古、安徽、江苏、青海等地种植。豌豆含粗蛋白质20%～24%，粗脂肪约1.7%，粗纤维7%～8%，无氮浸出物52%左右，粗灰分3.5%～4.0%，消化能（猪）约13MJ/kg，代谢能（鸡）约10MJ/kg。豌豆中含有胰蛋白酶抑制因子、肠胀气因子等，因此不能生喂。豌豆炒熟后具有香味，可作为仔猪的开口料。

3. 蚕豆

蚕豆（broad bean），又名胡豆、佛豆等，主要在云南、四川、江苏、安徽、湖南等地种植。蚕豆含粗蛋白质21%～27%，粗脂肪约1.7%，粗纤维8%～11%（带壳），无氮浸出物约48%，粗灰分约3.0%，消化能（猪）约13MJ/kg，代谢能（鸡）约11MJ/kg。蚕豆含少量的单宁（子叶含0.04%，壳中含0.18%），饲用时应注意。

四、菜籽饼（粕）

我国年产油菜籽约500万吨，油菜籽经提油后，约剩下60%的饼（粕）。因此，我国每年能生产300万吨左右的菜籽饼（粕）。

（一）菜籽饼（粕）的营养组成

菜籽饼（粕）（rapeseed meal, rapeseed cake）中粗蛋白质含量为30%～40%，且其中氨基酸组成较合理，是一种营养价值较高的蛋白质饲料。菜籽饼中氨基酸含量：赖氨酸1.0%～1.8%，色氨酸0.5%～0.8%，蛋氨酸0.4%～0.8%，半胱氨酸0.3%～0.7%。维生素含量：硫胺素1.7～1.9mg/kg，核黄素0.2～3.7mg/kg，烟酸150～170mg/kg，泛酸8～10mg/kg，胆碱6400～6700mg/kg。钙含量0.6%～0.7%，磷含量0.7%～0.9%。

（二）饲料用菜籽饼（粕）的质量标准

我国农业行业标准《饲料用菜籽饼》（NY/T 125—1989）规定，菜籽饼呈褐色、小瓦片状、片状或饼状；具有菜籽油的香味；无发酵、霉变、结块与异臭；水分含量不得超过12.0%；不得掺入饲料用菜籽饼以外的物质。以粗蛋白质、粗纤维、粗灰分、粗脂肪为质量控制指标，详见表3-21。

表3-21　饲料用菜籽饼的质量标准　　　　　　　　　　单位：%

指标	一级	二级	三级
粗蛋白质	≥37.0	≥34.0	≥30.0
粗脂肪	<10.0	<10.0	<10.0
粗纤维	<14.0	<14.0	<14.0
粗灰分	<12.0	<12.0	<12.0

我国国家标准《饲料用菜籽粕》（GB/T 23736—2009）规定，菜籽粕呈褐色、黄褐色或金黄色小碎片或粗粉状，有时夹杂小颗粒，色泽均匀一致，无虫蛀、霉变、结块及异味、异臭；不得掺入饲料用菜籽粕以外的物质（非蛋白氮等）；若加入抗氧化剂、防霉剂、抗结块剂等添加剂时，要具体说明加入的品种和数量。有关成分含量与分级标准详见表 3-22 和表 3-23。

表 3-22　饲料用菜籽粕的质量标准　　　　　　　　　　　　　　　　单位：%

指标	一级	二级	三级	四级
粗蛋白质	≥41.0	≥39.0	≥37.0	≥35.0
粗脂肪	≤3.0	≤3.0	≤3.0	≤3.0
粗纤维	≤10.0	≤12.0	≤12.0	≤14.0
粗灰分	≤8.0	≤8.0	≤9.0	≤9.0
水分	≤12.0	≤12.0	≤12.0	≤12.0

注：除水分指标外，其余指标以 88% 干物质为基础计算。

表 3-23　饲料用菜籽粕中异硫氰酸酯的含量与分级　　　　　　　　单位：mg/kg

项目	分级		
	低异硫氰酸酯菜籽粕	中异硫氰酸酯菜籽粕	高异硫氰酸酯菜籽粕
异硫氰酸酯（ITC）	≤750	750<ITC≤2000	2000<ITC≤4000

注：异硫氰酸酯含量以 88% 干物质为基础计算。

（三）菜籽饼（粕）的毒性成分

菜籽饼（粕）中含有抗营养因子，主要包括硫葡萄糖苷的水解产物、单宁、植酸、异黄酮等。

硫葡萄糖苷（thioglucoside）是一种复杂的烃基硫化葡萄糖苷，广泛含存于十字花科植物中。根据现有文献记载，已有 90 余种硫葡萄糖苷（Pusztai，1989）。其含量因植株部位、品种和种植时间不同而有差异。一般来说，硫葡萄糖苷多存在于种子中，荚壳和秸秆中含量极少。

硫葡萄糖苷本身无毒，但为毒性物质母体。它可被菜籽自身含有的或动物消化道内产生的芥子酶水解为葡萄糖、硫酸根、配糖体。配糖体可进一步转化成异硫氰酸酯（盐）、噁唑烷硫酮、腈等。

1. 异硫氰酸酯（盐）

异硫氰酸酯（盐）（isothiocyanate，ITC）不溶于水，易挥发，味辣酸。低浓度 ITC 主要通过影响适口性而妨碍菜籽饼（粕）的饲用，不产生生理障碍。长期饲喂含一定浓度 ITC 的饲粮，对动物消化道黏膜有刺激和损伤作用，可引起下痢。

2. 噁唑烷硫酮

几乎各种菜籽饼（粕）中都含有噁唑烷硫酮（5-vinyloxazolidine-2-thione，OZT），它是菜籽饼中主要毒素。OZT 既能抑制甲状腺生长，又可致甲状腺肿大。由于饲喂量和持续时间不同，故甲状腺肿大程度不同，可达 1~10 倍。

3. 腈

腈的毒性较 ITC 和 OZT 大，约比 OZT 大 5~10 倍，主要是损伤动物的肝、胰脏。

菜籽饼（粕）中还含有芥子碱，它是芥酸与胆碱形成的衍生物。芥子碱可与硫酸根结合，酶解后生成三甲胺，因而出现鱼腥味。

4. 单宁

单宁味苦涩，因而可降低菜籽饼（粕）的适口性。单宁还可与糖、蛋白质、矿物质结合，因而，这些养分难以被酶消化，其消化率降低。

5. 植酸

（1）化学性质：植酸（phytic acid）或籽酸是肌醇六磷酸的别名，化学名称为环己六醇磷酸酯，分子式为 $C_6H_{18}O_{24}P_6$，相对分子质量为 660.08。植物体内植酸一般不以游离形式存在，几乎都以复盐（与若干种金属离子）或单盐（与一种金属离子）的形式存在，故称为植酸盐（phytate），或称肌醇六磷酸盐。在植物中，较为常见的形式是植酸钙、镁复盐，即植酸钙镁盐或称菲丁（phytin）。植酸为淡黄色或淡褐色的黏稠液体，易溶于水、95％的乙醇、丙酮，几乎不溶于苯、氯仿和己烷。其相对密度为 1.58。

（2）分布与含量：植酸是植物籽实中肌醇和磷酸的基本储存形式，广泛存在于植物体内。其中，禾谷类籽实和油料种子中含量丰富，多集中于籽粒外层。除种子外，根和块茎中也含有植酸，花和茎中一般不含。对植物而言，植酸磷作为储藏性磷，在种子发芽时，逐渐释放而被利用。

在植物性饲料中植酸磷平均占总磷量的 70％。植酸磷不易被猪、禽等利用。在含有植酸盐的植物组织中，同时存在能分解植酸的植酸酶，它是非特异性的酸性磷酸酶，其最适温度为 55℃，最适 pH 为 5.2。当 pH 为 4 或 6 时，酶活性约降低 50％。该酶对热较敏感，加热可使其活性降低或失活。钙对植酸酶活性有抑制作用，国外学者研究认为，日粮中钙含量与植酸磷利用率呈负相关。因此，猪、禽日粮中高钙能降低植酸磷的利用率，而低钙则有促进作用。

植酸酶在小麦、大麦和黑麦中含量较丰富，稻米、玉米与豆类也含有一定量的植酸酶。植酸酶只在成熟的种子中出现，干燥和冬眠的种子中，植酸不发生水解作用。

（3）抗营养特性：植酸磷不仅可利用性差，且是一种抗营养因子，具有较强的螯合能力。它在消化道内能结合二价和三价金属离子如钙、锌、镁、铜、锰、钴和铁等，形成不溶性螯合物，从而影响矿物元素的消化吸收。植酸也影响动物对蛋白质和能量的利用。研究表明，在 pH 低于蛋白质等电点的介质中，植酸与蛋白质形成植酸-蛋白质二元复合物；在 pH 高于蛋白质等电点的介质中，则以金属离子为桥，生成植酸-金属离子-蛋白质三元复合物，从而使蛋白质溶解性大大降低。植酸还能和消化酶如胃蛋白酶、淀粉酶、脂肪酶等结合，使其活性降低，结果使得蛋白质、淀粉与脂类等养分消化率降低。

应用植酸酶，可消除植酸的抗营养作用。

由于菜籽饼（粕）中含有毒性物质，故而限制了它的饲用。因此，现今，一方面，对菜籽饼（粕）脱毒，提高其饲用价值；另一方面，培育低毒品种的油菜。加拿大植物育种学家已选育出双低品种 Canala，它含低芥子酸和低硫葡萄糖甙。此外，还有育成的其他低毒品种，如 Tower、Regent、Candle 和 Altex 等。

（四）菜籽饼（粕）的合理饲用

1. 限量饲用

为保证安全饲用，对菜籽饼（粕）须脱毒处理，脱毒方法详见后面有关章节。对低毒菜籽饼（粕），可不脱毒，但须严格控制用量。一般来说，低毒菜籽饼（粕）在肉猪饲粮中宜占 10％～15％，母猪和生长鸡饲粮中宜占 5％～10％。另外，添加植酸酶、木聚糖酶、β-葡聚糖酶、果胶酶，可提高"双低"菜籽饼（粕）对动物的饲用价值。

2. 动物种类和年龄间差异

不同种类动物，对菜籽饼（粕）中有毒物质的耐受性不同。一般来说，成年反刍动物耐毒力较强，菜籽饼（粕）喂量可稍多；而猪、禽耐毒力弱，其喂量宜少。随着年龄增大，喂量可酌增。但对于种用动物，要慎用菜籽饼（粕）。

3. 适口性问题

脱毒与否的菜籽饼（粕）都含有或多或少的毒素，因而其适口性较差。在畜、禽饲粮中使用菜籽饼（粕）时，应注意饲粮的适口性问题。必要时，可向饲粮中添加增味剂。试验表明，当在含有菜籽饼（粕）的饲粮中加香味剂和甜味剂后，仔猪的采食量和生长率都有明显改善。

4. 使用营养性饲料添加剂

在含菜籽饼（粕）的饲粮中应增加氨基酸（如赖氨酸、蛋氨酸）、微量元素（如锌、碘等）和维生素（如维生素 E、维生素 C 等）用量，这样可减轻菜籽饼（粕）的毒害作用。研究表明，在含有菜籽饼（粕）的饲粮中加微量元素铜、铁、锌、锰和碘，可降低硫苷及其降解产物的有害作用。特别是，添加碘制剂可减轻由硫苷及其降解产物引起的家禽甲状腺肿大等症状。易中华等（1998）在含有 4.5%、9.0% 和 14.5% 菜籽粕的肉仔鸡后期饲粮中加高剂量碘、铜、锌等微量元素及其他物质配制的专用添加剂，可显著降低菜籽粕的有害作用和改善肉鸡的生长性能。Schone 等（1993）报道，在含有"双低"菜籽饼（粕）的饲粮中加碘制剂，可明显减轻由硫苷及其降解产物引起的肉鸡肝重增加和蛋鸡肝出血等的发生。硫氰酸根离子能抑制饲料中碘向鸡蛋转移，而添加碘制剂可阻止硫氰酸根离子的这种不良作用。

五、棉籽饼（粕）

棉籽饼（粕）（cottonseed cake）是棉籽经提油后的副产品。我国棉籽饼（粕）产量每年都在 300 万吨以上。

（一）棉籽饼（粕）的营养组成

棉籽饼（粕）中粗蛋白质含量一般为 30%～40%，其中氨基酸组成也较合理。棉籽饼（粕）中 9 种必需氨基酸含量为：赖氨酸 1.19%、蛋氨酸 0.19%、苏氨酸 1.01%、缬氨酸 1.38%、亮氨酸 1.86%、异亮氨酸 0.85%、精氨酸 3.10%、组氨酸 0.76%、苯丙氨酸 1.79%。棉籽饼（粕）中维生素含量为：硫胺素和核黄素为 4.5～7.5mg/kg、烟酸 39mg/kg、泛酸 10mg/kg、胆碱 2700mg/kg。由此可见，棉籽饼（粕）是一种营养价值较高的植物性蛋白质饲料。棉籽饼（粕）中所含多糖以戊聚糖为主，粗纤维含量因除壳程度不同而异。棉籽饼（粕）中所含灰分中，磷较多，但多以植酸磷形式存在。

（二）饲料用棉籽饼（粕）的质量标准

我国农业行业标准《饲料用棉籽饼》（NY/T 129—1989）规定，棉籽饼为色泽呈新鲜一致的黄褐色、小片状或饼状；无发酵、霉变、虫蛀与异味、异臭；水分含量不得超过 12.0%；不得掺入饲料用棉籽饼（粕）以外的物质。以粗蛋白质、粗纤维、粗灰分为质量控制指标，详见表 3-24。

表 3-24　饲料用棉籽饼的质量标准　　　　单位：%

项目	一级	二级	三级
粗蛋白质	≥40.0	≥36.0	≥32.0
粗纤维	<10.0	<12.0	<14.0
粗灰分	<6.0	<7.0	<8.0

我国国家标准《饲料用棉籽粕》（GB/T 21264—2007）规定，棉籽粕为黄褐色或金黄色小碎片或粗粉状，有时夹杂小颗粒，色泽均匀一致的，无发酵、霉变、结块与异味、异臭；水分含量不超过 12.0%；粗脂肪不超过 2.0%。以粗蛋白质、粗纤维、粗灰分为质量控制指标。详见表 3-25。另根据游离棉酚（FG）含量，将棉籽粕分为低酚棉籽粕

（FG≤300mg/kg）、中酚棉籽粕（300mg/kg＜FG≤750mg/kg）和高酚棉籽粕（750mg/kg＜FG≤1200mg/kg）。

（三）棉籽饼（粕）中的毒性成分

棉籽饼（粕）中含有游离棉酚等毒物，故此限制了棉籽饼（粕）的饲用。现今，世界上栽培的棉花多数仍是有腺体棉花品种。其棉籽（仁）中含有大量色素腺体，这种腺体内含有棉酚。

表 3-25　饲料用棉籽粕的质量标准　　　　　　　　　　单位：%

项目	一级	二级	三级	四级	五级
粗蛋白质	≥50.0	≥47.0	≥44.0	≥41.0	≥38.0
粗纤维	≤9.0	≤12.0	≤14.0	≤14.0	≤16.0
粗灰分	≤8.0	≤8.0	≤9.0	≤9.0	≤9.0

棉酚（gossypol）是一种复杂的多元酚类化合物，分子式为 $C_{30}H_{30}O_8$，相对分子质量为 518.8Da，具有几种异构体。其结构中具有活性醛基与活性羟基的棉酚，一般被称为游离棉酚（free gossypol），它对动物体有毒害作用，化学结构见图 3-4。

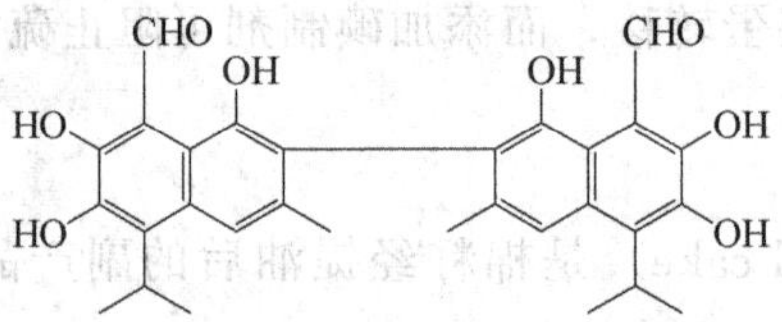

图 3-4　游离棉酚的化学结构

（1）游离棉酚是细胞、血管和神经性毒素。大量棉酚进入消化道后，对胃肠黏膜有刺激作用，引起胃肠炎。进入血液后，能损害心、肝、肾等实质器官。因心脏损害而致的心力衰竭，又会引起肺水肿和全身缺氧性变化。游离棉酚能增强血管壁的通透性，使得血浆和血细胞渗向周围组织，受害组织发生浆液性浸润和出血性炎症，以及体腔积液。游离棉酚的脂溶性使其易积累于神经细胞中，使得神经系统机能发生紊乱而呈现兴奋或抑制。

（2）游离棉酚在体内可与蛋白质、铁结合。游离棉酚在体内可与许多功能蛋白质和一些重要的酶结合，使它们丧失活性。游离棉酚与铁离子结合，可干扰血红蛋白的合成而引起缺铁性贫血。

（3）游离棉酚可影响雄性动物生殖机能。试验表明，游离棉酚能破坏睾丸生精上皮，导致精子畸形、死亡、甚至无精子。因此，棉酚可使动物繁殖力降低，甚至造成公畜不育。

（4）游离棉酚可影响禽蛋品质。产蛋鸡采食棉籽饼（粕）后，产出的蛋经过一段时间储存后，蛋黄变成黄绿色或红褐色，有时出现斑点。这可能是蛋黄中铁离子与游离棉酚结合成复合物。当饲粮中游离棉酚含量达 50mg/kg 时，蛋黄就会变色。

（5）游离棉酚可降低棉籽饼（粕）中赖氨酸的有效性。在棉籽榨油过程中，由于受到湿热，游离棉酚中活性醛基可与棉籽饼（粕）蛋白质中赖氨酸的 ε-氨基结合，发生梅拉德反应，降低了赖氨酸的有效性。

由于棉籽饼（粕）中含有游离棉酚等毒物，故现今人们一方面对棉籽饼（粕）脱毒处理（脱毒方法见后面有关章节）；另一方面推广种植无腺体棉花品种，使用其饼粕。

20世纪50年代以后，一些国家的科技人员就致力于无腺体棉花育种、棉籽及其产品营养价值的研究，他们已育成一些无腺体棉花品种，并进行了无腺体棉籽及其产品的营养成分分析和动物试验。无腺体棉籽仁内不含色素腺体，不含或很少含有棉酚，因此提油后的饼粕可直接作为动物的饲料。

自 20 世纪 70 年代起，中国农科院棉花所、辽宁、湖南、河南等省农业研究单位就引进国外无腺体棉花品种，开始了我国的无腺体棉花育种工作，已育成了适合我国自然条件的无腺体棉花品种，并逐渐在我国推广种植。

（四）棉籽饼（粕）的饲用方法

棉籽饼（粕）的饲用方法与饲用价值很大程度上取决于其中游离棉酚的含量。棉籽饼（粕）在蛋鸡、育成鸡、肉猪饲粮中可分别用至 6％、9％、10％，但在仔猪饲粮中避免使用棉籽饼（粕）。棉籽饼（粕）在反刍动物饲粮中用量可稍多，但对于种用动物要慎用、少用甚至不用，因为游离棉酚对生殖机能有慢性渐进性毒害作用。

六、花生饼（粕）

带壳花生饼（粕）（peanut cake）中粗纤维含量 15％以上，饲用价值较低。国内一般都对花生除壳榨油。花生品种、提油方法、脱壳程度等不同，花生饼（粕）中粗蛋白质含量也不一样，一般为 40％左右。除壳花生饼（粕）中养分含量如表 3-26 所示。

表 3-26　除壳花生饼（粕）中养分含量　　　　　　　单位：％

项目	干物质	总能/(MJ/kg)	粗蛋白质	可消化蛋白(猪)/(g/kg)	粗纤维	钙	磷
除壳花生饼	88.8	17.3	38.0	308	5.8	0.32	0.59
除壳花生粕	100	19.5	42.7	347	6.5	0.36	0.66

花生饼（粕）中氨基酸含量为：赖氨酸 1.5％～2.1％、蛋氨酸 0.4％～0.7％、色氨酸 0.45％～0.51％、半胱氨酸 0.35％～0.65％；维生素含量为：硫胺素和核黄素为 5～7mg/kg、烟酸 170mg/kg、泛酸 50mg/kg、胆碱 1500～2000mg/kg，胡萝卜素和维生素 D 含量极少。

我国农业行业标准《饲料用花生饼》（NY/T 132—1989）与《饲料用花生粕》（NY/T 133—1989）规定，花生饼为小瓦块状或圆扁块状、花生粕为黄褐色或浅褐色不规则碎屑状，色泽新鲜一致；无发酵、霉变、结块与异味、异臭；水分含量不得超过 12.0％。以粗蛋白质、粗纤维、粗灰分为质量控制指标。详见表 3-27。

表 3-27　饲料用花生饼（粕）的质量标准　　　　　　　单位：％

项目	指标	一级	二级	三级
花生饼	粗蛋白质	≥48.0	≥40.0	≥36.0
	粗纤维	＜7.0	＜9.0	＜11.0
	粗灰分	＜6.0	＜7.0	＜8.0
花生粕	粗蛋白质	≥51.0	≥42.0	≥37.0
	粗纤维	＜7.0	＜9.0	＜11.0
	粗灰分	＜6.0	＜7.0	＜8.0

花生饼（粕）本身无毒素，但易感染黄曲霉菌。黄曲霉菌在生长繁殖活动过程中产生黄曲霉毒素，该毒素首先影响动物采食量，然后能侵害动物的心、肝、脾和肾脏。

花生饼（粕）对雏鸡的饲用效果较差，尤其是加热不良的花生饼（粕）还能引起雏鸡胰脏肥大。因此，日本和我国台湾地区规定在雏鸡饲粮中不能使用花生饼（粕）。但在育成鸡和产蛋鸡饲粮中可分别用至 6％、9％的花生饼（粕）。花生饼（粕）对猪的饲用效果较好，在仔猪饲粮中能代替 1/4 的大豆饼（粕），在生长肥育猪饲粮中能代替 1/3～1/2 的大豆饼（粕）。花生饼（粕）是牛、羊、兔、马等草食动物的较好蛋白质饲料，用量一般不受限制。

七、向日葵仁饼（粕）

向日葵仁饼（粕）（sunflower meal）中养分含量受加工方法等因素影响（表 3-28）。向日葵仁饼（粕）中一些维生素含量为：硫胺素 9.7mg/kg、核黄素 4.2mg/kg、烟酸 37.8mg/kg、泛酸 7.7mg/kg、胆碱 2807mg/kg。

表 3-28　加工方法对向日葵仁饼（粕）中养分含量的影响　　　　　单位：%

项目	干物质	粗蛋白质	粗纤维	粗脂肪	灰分	钙	磷	镁	钾	锰/(mg/kg)
挤压	93.0	41.0	13.0	7.6	6.8	0.43	1.08	1.00	1.08	13
浸提	93.0	46.8	11.0	2.9	7.7	0.43	1.08	1.00	1.08	13

项目	精氨酸	组氨酸	异亮氨酸	亮氨酸	赖氨酸	蛋氨酸	苯丙氨酸	苏氨酸	色氨酸
挤压	9.0	2.1	4.0	6.0	3.1	1.6	4.3	3.2	1.0
浸提	8.2	1.7	5.2	6.2	3.8	3.4	3.3	4.0	1.3

我国农业行业标准《饲料用向日葵仁饼》（NY/T 128—1989）与《饲料用向日葵仁粕》（NY/T 127—1989）规定：向日葵仁饼为小片状或块状、向日葵仁粕为黄褐色或浅灰色不规则碎块状、碎片状或粗粉状，色泽新鲜一致；无发酵、霉变、结块与异味、异臭；水分含量不得超过 12.0%。以粗蛋白质、粗纤维、粗灰分为质量控制指标，详见表 3-29。

表 3-29　饲料用向日葵仁饼（粕）的行业标准　　　　　单位：%

项目	指标	一级	二级	三级
向日葵仁饼	粗蛋白质	≥36.0	≥30.0	≥23.0
	粗纤维	<15.0	<21.0	<27.0
	粗灰分	<9.0	<9.0	<9.0
向日葵仁粕	粗蛋白质	≥38.0	≥32.0	≥24.0
	粗纤维	<16.0	<22.0	<28.0
	粗灰分	<10.0	<10.0	<10.0

Mitchell 等（1945）报道，低油品种的向日葵仁饼蛋白质消化率为 94.3%，生物价为 64.5%。用向日葵仁饼可作为动物的蛋白质饲料，与其他蛋白质饲料如鱼粉、豆饼等搭配使用。向日葵仁饼在产蛋鸡饲粮中用量为 10% 以内，脱壳者可增至 20%。向日葵籽饼在肉猪饲粮中可取代 50% 的大豆饼（粕）。向日葵仁饼是牛、羊、兔、马等草食动物较好的蛋白质饲料，用量一般不受限制。

八、亚麻仁饼（粕）

亚麻（部分地区称之为胡麻）在我国西北、东北和华北栽培较多。亚麻种子提油的副产品即为亚麻仁饼（粕），它是亚麻产地的一种主要蛋白质饲料。

亚麻仁饼（粕）含干物质 89.0%～91.1%，总能 16.9～18.4MJ/kg，粗蛋白质 35.9%～36.2%，粗纤维 8.9%～9.2%，钙 0.39%，磷 0.87%。亚麻仁饼（粕）中氨基酸含量为：赖氨酸 1.10%、色氨酸 0.47%、蛋氨酸 0.47%、半胱氨酸 0.56%。其中维生素含量为：胡萝卜素 0.3mg/kg、硫胺素 2.6mg/kg、核黄素 4.1mg/kg、烟酸 39.4mg/kg、泛酸 16.5mg/kg、胆碱 1672mg/kg。

我国农业行业标准《饲料用亚麻仁饼》（NY/T 216—1992）与《饲料用亚麻仁粕》（NY/T 217—1989）规定，亚麻仁饼为褐色大圆饼、厚片或粗粉状，亚麻仁粕为浅褐色或深黄灰色不规则碎块状或粗粉状；具油香味，无发霉、变质、结块与异味；水分含量不得超过 12.0%。以粗蛋白质、粗纤维、粗灰分为质量控制指标，详见表 3-30。

在亚麻仁饼（粕）加工过程中，加热温度不要过高，加热时间不要过长。否则，一些维生素（如硫胺素等）和氨基酸（如赖氨酸、精氨酸、色氨酸和半胱氨酸等）会受到破坏。

然而，亚麻仁饼（粕）中含有较多量的植酸和草酸，使亚麻仁饼（粕）带有点苦味，还能使锌、钙、镁和铁等矿物元素的有效性下降。

表 3-30　饲料用亚麻仁饼（粕）的行业标准　　　　　单位：%

项目	指标	一级	二级	三级
亚麻仁饼	粗蛋白质	≥32.0	≥30.0	≥28.0
	粗纤维	<8.0	<9.0	<10.0
	粗灰分	<6.0	<7.0	<8.0
亚麻仁粕	粗蛋白质	≥35.0	≥32.0	≥29.0
	粗纤维	<9.0	<10.0	<11.0
	粗灰分	<8.0	<8.0	<8.0

未成熟的亚麻籽中含有亚麻苷（linamarin）配糖体与亚麻酶，在 pH 2～8，40～50℃ 的水溶液中可游离出毒性物质氢氰酸。饲用低温处理的亚麻仁饼（粕）能使单胃动物中毒。另外，亚麻仁饼（粕）中还有其他有害因子，火鸡采食含 10% 亚麻仁饼（粕）的饲粮时，就有死亡现象。

由于亚麻仁饼（粕）中含有一些有害因子，故其一般不适于作为鸡的饲料。亚麻仁饼（粕）在肉猪饲粮中可少量使用，一般应控制在 8% 以内。亚麻仁饼（粕）适于作为反刍动物的饲料，用量一般无严格控制。因亚麻仁饼（粕）具有黏性，利于饲粮制粒，所以通常将其作为鱼类的饲料，但应控制在 5% 以内。

九、芝麻饼（粕）

芝麻耐热耐旱抗逆性强，在我国为种植面积较大的一种经济作物。其提油后的饼（粕）粗蛋白质含量达 40% 以上、粗脂肪 3%～9%、粗纤维 5.4%～7.2%、无氮浸出物 25% 左右、粗灰分 5%～10%、钙 2% 左右、磷 0.8%～1.6%，消化能（猪）12～13MJ/kg、代谢能（鸡）9～10MJ/kg。芝麻饼（粕）中一些氨基酸含量大致为：赖氨酸 0.82%、蛋氨酸 0.82%、色氨酸 0.44%、亮氨酸 2.52%、精氨酸 2.38%、缬氨酸 1.84%、异亮氨酸 1.42%、苯丙氨酸 1.68%、苏氨酸 1.29%。但是，芝麻饼（粕）中含草酸（约 350mg/kg）和大量的植酸（约 5%），这两者都降低矿物元素的有效性，因此应控制芝麻饼（粕）在饲粮中的用量。在饲粮中加适量的植酸酶，芝麻饼（粕）的用量可适当增大。

十、其他饼类

其他饼类饲料主要有米糠饼、椰子饼和蓖麻饼等，这些饼类也可作为动物蛋白质饲料，其养分含量如表 3-31 所示。

表 3-31　米糠饼、椰子饼和蓖麻饼中养分含量　　　　　单位：%

类别	干物质	总能/(MJ/kg)	粗蛋白质	粗纤维	钙	磷
米糠饼	91.4	16.8	12.5	7.1	0.20	0.90
椰子饼	91.2	17.1	24.7	12.9	0.04	0.06
蓖麻饼	93.5	18.6	35.3	33.3	—	—

十一、某些加工副产品饲料

在蛋白质饲料范畴内，尚包括一些谷实的加工副产品、糟、渣类，如玉米蛋白粉、各种酒糟与各种渣类等。

这类饲料有一个共同特点，即均为提走糖类物质后的多水残渣物质。这些糖类物质或因发酵酿酒而转化为醇，或直接制成淀粉而被提走。故残存物中，粗纤维、粗蛋白质与粗脂肪含量均相应地较原料籽实大大提高。这类饲料干物质中粗蛋白质含量多为 22%～50%，故将其列入蛋白质饲料范畴。

还有必要强调一点：这类饲料往往真菌类毒素超标。因此，使用这类饲料时要注意这个问题，否则会给动物生产造成损失。

(一) 玉米蛋白粉

玉米蛋白粉（corn gluten meal）是以玉米为原料，经脱胚、粉碎、除渣、提取淀粉后的黄浆水，再经浓缩和干燥得到的富含蛋白质的产品。它包括玉米中除大多数淀粉以外的几乎所有其他物质，可见该饲料中粗蛋白质和粗纤维等成分较原料玉米高得多。因在工艺过程中多次水洗，故其中水溶性物质（如水溶性维生素）含量不多。但因其中蛋白质含量高（可达 50%），故仍是一种较重要的蛋白质饲料。

玉米蛋白粉气味芳香，具有烤玉米的味道，并兼有玉米发酵后的特殊气味，适口性好，可作为鸡、猪、牛等的蛋白质饲料。使用前，应对其成分实测。另外，黄玉米蛋白粉富含黄色素，对鸡皮肤、蛋黄、鱼体等有着色作用。

我国农业行业标准（NY/T 685—2003）规定，玉米蛋白粉应呈粉状或颗粒状，无发霉、结块、虫蛀，无腐败变质气味，黄色至淡黄色、色泽均匀，不含沙石等杂质，不得掺入非蛋白氮等物质。其质量指标与分级见表 3-32。

表 3-32　玉米蛋白粉质量指标与分级（NY/T 685—2003）　　　单位：%

项目	一级	二级	三级
水分	≤12.0	≤12.0	≤12.0
粗蛋白质	≥60.0	≥55.0	≥50.0
粗脂肪	≤5.0	≤8.0	≤10.0
粗纤维	≤3.0	≤4.0	≤5.0
粗灰分	≤2.0	≤3.0	≤4.0

(二) 啤酒糟

大麦是酿造啤酒的主要原料，大麦经温水浸泡 2～3d，充分吸水升温而发芽，发芽后产生大量淀粉酶，麦芽中含水约 42%～45%，经加温干燥，再去掉麦芽根（防止啤酒变苦），经进一步加工制成糖化液，分离出麦芽汁，剩下的大麦皮等不溶混杂物就是鲜啤酒糟，经干燥就为干啤酒糟。啤酒糟（brewer's grain）中养分含量如表 3-33 所示。啤酒糟可用作动物的蛋白质饲料，较适于作为反刍动物和鸭的饲料，但要尽量与其他蛋白质饲料搭配使用。

表 3-33　啤酒糟中养分含量　　　单位：%

项目	干物质	粗蛋白质	粗脂肪	无氮浸出物	粗纤维	粗灰分	钙	磷	钾
鲜啤酒糟	23.8	5.5	2.5	11.8	3.6	1.1	0.07	0.12	0.02
干啤酒糟	100	23.1	6.5	49.6	16.1	4.8	0.30	0.51	0.08

(三) 酒糟

用淀粉含量多的原料（谷实和薯类）酿酒，所得糟渣副产品就是酒糟（grain stillage）。

其营养价值因原料和酿造方法不同而不同。就粮食酒来说，由于酒糟中可溶性糖分发酵成醇被提取，其他养分如粗蛋白质、粗脂肪、粗纤维与粗灰分等含量相应提高。这些养分的消化率与原料相似。酒糟中养分含量如表 3-34 所示。

酒糟的营养价值，除受原料影响外，还受夹杂物的影响。例如，为了多出酒，常在原料中加稻壳，作为疏松通气物质，这就使酒糟的营养价值大大降低。几种酒糟中维生素含量如表 3-35 所示。

表 3-34　几种酒糟中养分含量　　　　单位：%

类别		干物质	粗蛋白质	粗脂肪	无氮浸出物	粗纤维	粗灰分	钙	磷
米酒糟	湿	8.15	2.50	1.25	3.14	0.71	0.55	0.02	0.06
	干	93.10	28.37	27.13	21.41	12.56	3.63	0.23	0.69
高粱酒糟	湿	29.36	6.51	3.03	14.56	3.51	1.75	0.15	0.19
	干	89.45	21.80	6.98	48.82	7.95	3.90	0.28	0.20
黄酒糟	蒸馏前	52.72	21.35	4.32	23.02	2.91	0.67	0.04	0.14
	蒸馏后	53.12	22.27	4.69	22.54	2.82	0.80	0.24	0.19
红酒糟	湿	52.80	18.00	14.20	13.00	7.00	0.60	0.01	0.44

表 3-35　一些酒糟中 B 族维生素含量　　　　单位：mg/kg

酒糟类别	硫胺素	核黄素	烟酸	泛酸	生物素	胆碱
玉米酒糟	1.5	2.9	26.6	5.7	0.57	802
高粱酒糟	1.3	4.9	63.0	10.8	0.31	805
裸麦酒糟	1.3	3.3	16.9	5.3	0.57	802
高粱糟水（干物质）	4.6	15.0	141.0	26.4	0.84	802
玉米糟水（干物质）	6.8	16.9	115.0	20.9	1.49	4820
裸麦糟水（干物质）	3.1	12.7	66.0	28.6	1.49	4820

酒糟中含有酒精，动物食后易醉，故应严格控制喂量。

鲜酒糟若不能及时喂完，就易腐败。对其储存方法有：①与秕谷或其他碾碎粗料混储，混合比例以 3:1 为宜，青贮酒糟在饲用前要加熟石灰，以中和其中的酸（100kg 糟加 100～140g 熟石灰）；②将鲜酒糟置于窖中 2～3d，待上面渗出液体时将清液除去，再加鲜酒糟。这样层层添加，最后一次清液不要排除，留下一层水以隔绝空气，再用木板盖好。用此法沉淀保存的酒糟呈浓厚糊状，气味好，营养价值较鲜酒糟高。

（四）渣类饲料

豆腐渣、酱渣与某些豆制品的粉渣中含较多的蛋白质，在干物质中占 19%～30%。这类饲料在养分含量方面与原料物质相比有所变化（表 3-36），但在质的方面几乎未变。因豆类含有一些有害因子，故这类饲料宜熟喂。

表 3-36　豆浆、豆腐渣中养分含量　　　　单位：%

类别		干物质	粗蛋白质	粗脂肪	粗纤维	无氮浸出物	粗灰分	钙	磷
豆浆		2.90	1.56	0.93	—	0.27	0.14	0.01	0.02
豆腐渣	湿	16.10	4.70	2.10	2.60	6.00	0.70	—	—
	干	82.10	28.30	12.00	13.90	34.10	3.80	0.41	0.34

第三节 微生物性蛋白质饲料

一、微生物性蛋白质饲料的分类

微生物性蛋白质饲料包括饲料酵母、饲料螺旋藻粉、细菌、真菌与某些原生动物等。

1. 饲料酵母

饲料酵母（yeast）指以糖类化合物（淀粉、糖蜜，以及味精、造纸、酒精等高浓度有机废液）为主要原料，经液态通风培养酵母菌，并从其发酵醪中分离酵母菌体（不添加其他物质），酵母菌体经干燥后制得的产品。酵母菌主要指产朊假丝酵母菌（*Candida utilis*）、热带假丝酵母菌（*Candida tropicalis*）、圆拟酵母菌（*Torula utilis*）、球拟酵母菌（*Torulopsis utili*）和酿酒酵母菌（*Saccharomyces cerevisiae*）等。

我国轻工行业标准（QB/T 1940—94）规定，饲料酵母应为褐色至淡黄色，具有酵母的特殊气味，无异臭，粗蛋白质含量不低于40%，每克饲料酵母细胞数不低于150亿个，水分含量不超过9.0%，粗灰分含量不超过10.0%，粗纤维含量不超过1.5%，砷含量（以As计）不超过10mg/kg，重金属含量（以Pb计）不超过10mg/kg，用碘液检查，不得呈蓝色，沙门氏菌不得检出。

2. 饲料螺旋藻粉

饲料螺旋藻粉（spirulina powder）指大规模人工培养的钝顶螺旋藻（*Spirulina platensis*）或极大螺旋藻（*Spirulina maxima*）经瞬时高温喷雾干燥制成的螺旋藻粉。螺旋藻属蓝藻门（Cyanophyta）、颤藻目、颤藻科、螺旋藻属。

我国国家标准（GB/T 17243—1998）规定，螺旋藻粉在显微镜下应为紧密相连的螺旋形或环形和单个细胞或几个细胞相连的短丝体，螺旋藻细胞不少于80%，不得检出有毒藻类（微囊藻）。螺旋藻粉应为均匀粉末，呈蓝绿色或深蓝绿色，略带海藻鲜味、无异味，粗蛋白质含量不低于50%，水分含量不超过7%，粗灰分含量不超过10%，铅、砷、镉、汞含量分别低于6.0mg/kg、1.0mg/kg、0.5mg/kg、0.1mg/kg，每克饲料螺旋藻粉中菌落总数、大肠杆菌、霉菌分别低于5×10^4个、90个、40个，沙门氏菌不得检出。

3. 非病原菌

非病原菌（non-pathogenic bacteria）：如氢极毛杆菌（*Hydrogenomonas*）、甲烷极毛杆菌属（*Methanomonas*）等。

4. 真菌

真菌（fungi）：如曲霉菌（*Aspergillas*）、根霉属（*Khigopns*）等。

二、微生物性蛋白质饲料生产的特点

（1）原料丰富，如有机垃圾、动物粪、工业废气、废液、烃类、纸浆、糖蜜、天然气等都可做原料。

（2）生产设备较简单，规模可大可小。

（3）不与粮食生产争地，也不受气候条件限制。

（4）能起到"变废为宝"，保护环境，减少农田、江河污染的作用。

（5）生产周期短、效率高，在适宜条件下，细菌0.5~1h，酵母1~3h，微型藻2~6h即可增殖1倍（表3-37）。

表3-37　各种生物在最适条件下和繁殖旺盛期间的生物量倍增周期和蛋白质生产速度（理论值）

生物种类	体重或生物量倍增周期	每吨重量每日生产蛋白质数量/kg
肉牛	2个月	$1.0\sim1.5$
肉鸡	$10\sim15d$	$10\sim15$
单细胞藻类	$3\sim6h$	$10^3\sim10^4$
酵母菌	$2\sim4h$	$10^4\sim10^5$
细菌	$0.5\sim1.0h$	$10^{10}\sim10^{14}$

（6）微生物蛋白质含量高（30％～70％），品质较好，并含有较多的维生素、矿物质。一般地，代谢能可达10.5MJ/kg以上。各种干酵母的粗蛋白质消化率较高，如猪对啤酒酵母的消化率可达92％，对木糖酵母可达88％。几种微生物中必需氨基酸含量如表3-38所示。

表3-38　几种微生物蛋白质中必需氨基酸含量　　　　　　　　单位：%

类别	柴油酵母	正烷酵母	啤酒酵母	饲用酵母	面包酵母	酵母属菌	串酵属菌	假丝酵母	螺旋藻	小球藻	牛肉	面粉
亮氨酸	7.8	7.0	7.1	7.6	7.0	6.8	8.3	7.5	8.0	7.7	8.0	5.4
异亮氨酸	5.3	4.5	5.2	5.5	5.9	4.5	5.5	4.7	6.0	5.5	6.0	3.3
缬氨酸	5.8	5.4	5.6	6.1	5.9	5.0	6.4	5.8	6.5	4.9	5.5	3.6
苏氨酸	5.4	4.9	4.9	4.2	5.1	4.3	5.1	4.9	4.6	4.3	5.5	3.3
蛋氨酸	1.6	1.8	1.6	1.7	1.3	1.2	1.62	—	1.4	1.5	3.0	2.0
半胱氨酸	0.9	1.1	1.4	1.0	1.2	—	—	—	—	—	1.2	1.3
赖氨酸	7.8	7.0	7.2	6.8	6.9	5.5	6.84	7.9	4.6	5.7	10.0	2.7
精氨酸	5.0	5.0	4.7	5.4	4.4	—	—	4.4	—	—	7.7	2.8
组氨酸	2.1	2.1	2.1	2.7	2.0	4.8	2.8	1.9	—	—	3.3	1.2
苯丙氨酸	4.8	4.4	4.2	4.4	3.9	3.6	3.6	3.8	5.0	4.1	5.0	5.7
色氨酸	1.3	1.4	1.3	1.3	1.5	1.0	1.63	1.1	1.4	1.1	1.4	1
酪氨酸	4.0	3.5	—	—	—	—	—	—	—	—	—	—

三、利用废物生产微生物性蛋白质饲料

1. 用亚硫酸纸浆废液生产微生物性蛋白质饲料

亚硫酸木浆废液经酒精发酵蒸馏分出酒精后的残废液中，每100mL含还原物约1.4g，大部分成分是五碳糖。我国有十多个亚硫酸纸浆工厂，年产几十万吨浆，排放废液几百万吨。若都用于生产饲料酵母，则可年产数万吨饲料酵母。

2. 用味精废液生产微生物性蛋白质饲料

用3t多淀粉制1t味精，约排出废液25t，全国排放味精废液每年约200万吨。味精废液中含有的成分：固形物3.24％，有机物3.12％，还原物0.6％，总氮0.169％，灰分0.12％，磷0.135％。我国若将味精废液全部用于生产微生物性蛋白质饲料，则每年可得含蛋白质60％的饲料蛋白3万吨左右。

3. 用豆制品厂废水生产白地霉酵母粉

一些豆制品厂用制豆腐的废水生产白地霉酵母粉作为饲料，这种做法值得推广。

4. 用酒精废液生产微生物性蛋白质饲料

生产酒精产生的废液，是国内发酵行业最多的工业废液，其中用糖蜜做原料的约1/4。用糖蜜酒精废液生产饲料蛋白，国内外已有较成熟的经验，即用蒸馏的废液添补糖蜜的澄清液直接培养饲料酵母。

然而，微生物性蛋白质饲料中有时含有有害物质，如重金属与以3,4-苯并芘为代表的芳香烃类，影响其安全使用。据联合国蛋白顾问小组提出3,4-苯并芘[3,4-Benzo(a)pyrene]的最高允许量为0.005mg/kg。另外，酵母一般具有苦味，其适口性不好。其用量一般以不

超过饲粮的 10％为宜。关于石油酵母的生产，在日本、意大利有争议，已几乎停产，原因是认为石油酵母中含有致癌物质（3,4-苯并芘），它可通过畜禽水产品损害人类。但国内许多试验表明，该毒物含量尚未超过联合国卫生组织规定的 0.005mg/kg 的标准。对此问题，有待进一步研究。

第四节　非蛋白氮饲料

一、非蛋白氮饲料的种类

非蛋白氮（non protein nitrogen，NPN）饲料主要被用于反刍动物，主要包括以下两类。

（1）尿素及其衍生物，如缩二脲、羧甲基尿素、磷酸尿素、尿酸、二脲基异丁烷，异丁叉二脲等。

（2）有机与无机铵盐类，如硫酸铵、氯化铵、乙酸铵、碳酸铵、丙酸铵、乳酸铵、丁酸铵、碳酸氢铵、甲酸铵、磷酸一铵、磷酸二铵、多磷酸铵、硝酸铵、亚硝酸铵、氨络化有机酸、磺酸木质铵等。

二、非蛋白氮饲料对反刍动物的营养价值

非蛋白氮饲料须在瘤胃中转化为氨，才对反刍动物具有营养价值。固定在离子键上的氮（如铵盐）能在水中离解，但在共价键上固定有氮的 NPN 化合物（如尿素、缩二脲等），须被酶水解为氨。氨是瘤胃微生物（细菌）合成蛋白质的重要氮源。大部分瘤胃菌种以利用氨态氮为主。Nolan 等（1972）估算，一只日食 800g 苜蓿的绵羊，80％的瘤胃微生物氮来源于氨态氮。对于某些瘤胃菌株，氨是其唯一氮源。而另一些菌株即使有易于利用的氨基酸，也要利用氨态氮。

瘤胃微生物所需的氨态氮浓度变异范围较大，范围为每 100mL 含 0.35～29mg，受饲喂水平、日粮蛋白质溶解度、糖分的可利用性、饲喂次数等因素影响。Hume 等（1970）报道，瘤胃内氨态氮浓度为每 100mL 含 8.8mg 时，微生物蛋白质的浓度最大。氨对反刍动物不仅只是提供瘤胃微生物氮源物质，而且尚具有一些其他功用。首先，氨可作为一种碱基，使瘤胃液 pH 维持在适于纤维性物质分解的范围内。其次，血氨浓度适度升高，交感肾上腺系统活动加强，导致脂肪与糖类化合物代谢加强。再次，肝与网胃黏膜细胞也可直接利用氨，合成谷氨酰胺。

三、影响反刍动物对非蛋白氮饲料利用率的因素

瘤胃微生物用氨态氮合成菌体蛋白的先决条件是，须有充足的碳架和能量，或这些碳架与能量可持续而充分地从日粮糖类化合物或其他碳源中产生。来自于糖类化合物发酵的主要碳源是 CO_2 和 VFA 类。微生物对异丁酸、吲哚-3-乙酸（IAA）、乙-甲基丁酸、异戊酸和苯乙酸等有特别的需要，以合成某些氨基酸。上述支链脂肪酸主要来自日粮蛋白质支链氨基酸的脱氨基反应。当给动物喂无蛋白日粮时，这些酸（尤其是异戊酸和异丁酸）浓度明显下降。另外，微生物细胞的死亡和溶解、瘤胃上皮的脱落等也是瘤胃中支链脂肪酸的来源。日粮糖类化合物在瘤胃分解过程中形成的 ATP 是瘤胃微生物合成蛋白质及其他代谢的主要能源物质。当 NPN 与易于利用的供能底物同时喂给反刍动物时，瘤胃内氨态氮上升量低于同时喂给不易于利用的供能底物状况下的上升量，而且前一种条件下能合成更多的微生物蛋白质。其他一些因素也影响瘤胃微生物对 NPN 的利用，简述如下。

（1）动物机能状态，尤其是瘤胃细菌稀释率或内容物稀释率。有人认为，当瘤胃稀释率等于瘤胃微生物生长率时，对瘤胃微生物生长最有利。还有人认为，瘤胃稀释率越大，对微生物生长越有利。

（2）B族维生素。一些B族维生素为特种瘤胃微生物所需要。若瘤胃液中B族维生素含量不足，则一些菌株就会停止生长。B族维生素除在代谢过程中处于重要地位外，还在调节瘤胃内微生物相互关系中具有重要作用。瘤胃微生物可合成B族维生素。据报道，日粮尿素可刺激瘤胃内B族维生素的合成。

（3）硫。Hunt（1954）发现，瘤胃微生物利用尿素和分解纤维素时需要硫，这种需要可用硫酸盐来满足。硫酸盐经降解为亚硫酸盐后被用于合成半胱氨酸、胱氨酸和蛋氨酸。据报道，绵羊的NPN日粮中氮、硫比10∶1时最适于这些物质的合成。对于牛，则为（12～15）∶1。种类差异可能是产毛的绵羊需含硫氨基酸多。

（4）微量元素。瘤胃微生物对微量元素的需要不会因日粮中NPN替代日粮蛋白质而增加，但当用NPN替代日粮蛋白质，再加上糖类化合物源可能含有比被替代的日粮更低水平的必需微量元素。因此，在动物日粮中使用NPN时，必须考虑NPN日粮中各种养分的平衡。

四、非蛋白氮饲料的饲用方法

目前，用尿素等NPN饲料喂反刍动物主要有以下几种方式。

（1）使用尿素和糖蜜溶液，用机械方式将之喷洒在缺乏蛋白质的牧草上，随后在该牧地上放牧牛羊。这种方法在澳大利亚和南非使用较多。

（2）按特定的配方，将尿素、食盐、钙、微量元素和一定的精料加工成动物可舔食的盐砖，放于放牧地或牛栏内适当的位置，让动物自由舔食。

（3）用尿素和青饲料混合青贮。以玉米为代表的禾本科青刈饲料中蛋白质含量很低，欧美在青贮这类饲料时，常用浓度较高的尿素液喷洒其上，用量为青贮料干物质的0.5%，最多不超过1%。这样的剂量既不影响青贮料对动物的适口性，又大大提高了青贮料的营养价值。

（4）将较高剂量（往往达20%）尿素与某些精料混合，配制成高蛋白质（粗蛋白质含量可达60%）的商品预混合饲料。欧美的糖渣尿素饲料、玉米尿素饲料等就是这类饲料。按商品说明，将这种预混料与缺乏蛋白质的基础饲粮混合，然后喂给动物。

（5）以一定比例，将尿素与日粮直接混合。该法简单易行，但较难混匀，因而易引起动物中毒。

此外，还有饮水法，药丸或胶囊投饲法等，但因其手续烦琐，尿素浪费较大，效果不佳，或成本较高，故很少在生产实践中使用。

五、非蛋白氮饲料中毒的防治

瘤胃内的氨除被微生物利用外，还有一部分被吸收，由门静脉转运到肝。在肝内，氨经鸟氨酸循环变成尿素。大部分内源尿素随唾液或经瘤胃上皮扩散进入瘤胃，供微生物再利用。在一般情况下，瘤胃吸收氨的速度不会很快，因为瘤胃微生物能很快地有效利用氨。但当日粮中含有过量NPN或日粮中易于发酵利用的糖类化合物含量不足时，瘤胃内氨态氮浓度就会迅速上升，通过瘤胃壁扩散进入血液的氨量就增加。当门静脉血液中氨浓度达到一定值，超过肝的解毒能力时，血液中的氨量就急剧增加。

组织中氨的累积会危害正常代谢，血糖浓度升高，改变血液K^+浓度。在细胞内，干扰能量代谢，通过产生L-谷氨酸而降低细胞内α-酮戊二酸；促进谷氨酰胺合成，而消耗细胞内 ATP 量。在脑内，由于 NH_4^+ 与 K^+ 为竞争性底物，通过影响维持细胞膜内外 Na^+ 与 K^+ 浓度梯度的 Na^+-K^+ ATP 酶而改变质膜的静息电位。当绵羊外周血液氨浓度高达 1mg/100mL 时，就会出现典型的临床中毒现象。如运动失调，呼吸困难、流涎与强直等神经性中毒症状，最后导致死亡。对牛氨中毒最常用的治疗方法是灌服 20～42L 凉水。这可使瘤胃液温度下降，从而抑制尿素的降解和使氨浓度下降。若灌服 4L 稀释的醋酸，则瘤胃液就基本上被中和。在中毒初期，为阻断尿素继续分解和中和瘤胃产生的氨，须给成年病牛灌服 4～5L 酸奶或乳清，或 0.5～2.0L 0.5% 的食醋（相当于 1kg 醋）或同浓度的乳酸。能再喂 1～1.5L 含 20%～30% 糖蜜的糖液，效果更好。若用 10% 醋酸钠和葡萄糖混合液（喂量同前），则效果也很理想。

对青年牛和绵羊氨中毒，急救办法与成年牛相同，但剂量应按体重和年龄相应减少。

（胡忠泽，周　明）

思 考 题

1. 简述蛋白质（补充）饲料的含义。
2. 为何说鱼粉是一种优质的蛋白质饲料？
3. 如何保证鱼粉的质量？
4. 虾粉是否虾的好饲料？
5. 简述血粉的营养特性。
6. 简述肉骨粉的生物安全性。
7. 简述生大豆饼（粕）中抗营养因子及其有害作用。如何消除其抗营养因子？
8. 如何提高羽毛粉的饲用价值？
9. 简述大豆饼（粕）生熟与加热程度的检测方法。
10. 如何合理饲用大豆饼（粕）？
11. 简述振兴我国大豆产业的意义。
12. 比较棉、菜籽饼（粕）营养特点以及有毒成分的差异。
13. 简述合理饲用棉、菜籽饼（粕）的原则。
14. 简述一些谷实的加工副产品（如玉米蛋白粉）、糟、渣类等产品的安全性。
15. 简述蛋白质饲料发酵的意义。有否局限性？
16. 尿素作为饲料时，被用于哪类动物？如何提高其应用效果？
17. 目前在实际生产中，人们往往过于注重饲料中蛋白质的数量，而忽视其质量。试想想在此背景下，会出现哪些问题？

第四章　矿物质饲料

动物在维持生命活动和生产等过程中，需要大约 27 种以上矿物元素。许多饲料虽都含有多种矿物元素，但往往不能满足动物的营养需要，须向饲粮中补充富含矿物元素的饲料。该补充物一般就称为矿物质饲料（mineral feed）。本章主要介绍常量矿物元素饲料、微量矿物元素饲料和天然矿物质饲料。

第一节　常量矿物元素饲料

常量矿物元素饲料包括钙源性饲料，磷源性饲料，钙、磷源性饲料，钠、钾源性饲料，硫源性饲料与镁源性饲料等。

一、钙源性饲料

天然饲料中均含有钙，但一般都不能满足动物，特别是产蛋家禽、泌乳奶牛和生长幼畜的营养需要。因此，在动物饲粮中应注意补充钙。常用的钙源性饲料有石灰石粉、贝壳粉、蛋壳粉、碳酸钙与石膏等。

1. 石灰石粉

石灰石粉又称为石粉，为天然的碳酸钙（$CaCO_3$），一般含 $CaCO_3$ 95% 以上，含钙 35% 以上（表 4-1）。石灰石粉中只要铅、汞、砷、氟的含量不超过安全系数，都可用于饲料。石灰石粉为饲粮中应用较普遍、用量较多的钙源性原料，成本低廉，资源丰富。其所含的碳酸钙在畜、禽消化道中可分解成钙和碳酸，其中钙被畜、禽吸收，可促进动物体生长发育，维持正常生理功能；碳酸则可溶解饲料中的盐类，并对血液 pH 值有调节作用。石灰石粉流散性好，不吸水，也可作为微量元素添加剂的载体。石灰石粉在肉鸡、猪、牛、羊饲粮中用量一般为 1%～2%，在奶牛饲粮中稍高些，产蛋鸡饲粮中 7% 左右。用于产蛋家禽饲粮的石粉粉碎粒度宜为 1.5～2mm，而用于其他动物的石粉粉碎粒度宜为 0.5～0.7mm。在饲粮中过量使用石粉，不仅降低养分消化率，而且损害动物肾脏等器官。产蛋家禽饲粮中石粉用量可达 7% 左右，但其他动物饲粮中石粉用量不宜超过 2%。

表 4-1　石灰石粉中成分含量　　　　　　　　　　单位：%

项目	干物质	粗灰分	钙	氯	铁	锰	镁	磷	钾	钠	硫
含量	99.0	96.8	35.84	0.02	0.349	0.027	2.06	0.01	0.11	0.06	0.04

2. 贝壳粉

贝壳粉（oyster shell meal）包括蚌壳粉、牡蛎壳粉、蛤蜊壳粉、螺蛳壳粉等。鲜贝壳须加热消毒、粉碎，以免传播疾病。贝壳粉主要成分为碳酸钙，一般含钙 30% 以上，是良好的钙源。品质好的贝壳粉杂质少，含钙高，呈白色粉状或片状。但市场上少数贝壳粉常掺有沙石、泥土等杂质。贝壳内如果贝肉未除尽，又储存不当，则易发霉、腐臭。若是这种贝壳粉，就不能饲用。

3. 蛋壳粉

冷冻蛋厂、蛋粉厂、蛋制品厂和孵化厂在生产过程中废弃的大量蛋壳，是制成蛋壳粉的原料。蛋壳约占总蛋重的 10%，95% 的蛋壳成分为碳酸钙，另外约有 4% 是磷酸钙和含镁的有机质（表 4-2）。蛋壳经灭菌粉碎，可用于动物的钙源性矿物质饲料。

表 4-2 各种禽蛋蛋壳的成分   单位：%

成分	鸡蛋壳	鸭蛋壳	鹅蛋壳
有机物	4.0	4.3	3.5
碳酸钙	93.0	94.4	95.3
碳酸镁	1.0	0.5	0.7
碳酸钙镁	2.8	0.8	0.5

4. 轻质碳酸钙

将石灰石煅烧成氧化钙，加水调制成石灰乳，再经二氧化碳作用生成碳酸钙，被称为沉淀碳酸钙，也叫轻质碳酸钙。轻质碳酸钙中的钙纯度高，可达 39.2%，是良好补钙剂之一。

5. 石膏

石膏即为硫酸钙（$CaSO_4 \cdot xH_2O$），通常是二水硫酸钙（$CaSO_4 \cdot 2H_2O$），灰色或白色的结晶粉末，有天然石膏粉碎后的产品，也有化学工业产品。若是来自磷酸工业的副产品，则因其含有高量的氟、砷、铝等而品质较差，使用时应加以处理。石膏含钙 20%~23%，含硫 16%~18%，既可提供钙，又是硫的良好来源，生物利用率高。石膏有预防鸡啄羽、啄肛的作用，一般在饲粮中的用量为 1%~2%。

研究表明，贝壳粉对动物的有效性较高，蛋壳粉和方解石粉的有效性次之，而石灰石粉的有效性最差。但当动物缺钙时，石灰石粉作为钙源的有效性增强。

此外，大理石、白云石、白垩石、方解石、熟石灰、石灰水等也可被作为钙源性饲料。葡萄糖酸钙、乳酸钙等有机酸钙中的钙利用率均很高，但由于价格较高，目前主要被用于水产饲料，在畜禽饲料中应用较少。

二、磷源性饲料

磷源性饲料有磷酸钙类、磷酸钠类、磷酸钾类等。在应用这类原料时，除了注意不同磷源有不同的利用率外，还要考虑原料中有害物质如氟、铝、砷等含量是否超标。

1. 磷酸一钙

磷酸一钙又称为磷酸二氢钙或过磷酸钙，纯品为白色结晶粉末，多为一水盐 $[Ca(H_2PO_4)_2 \cdot H_2O]$，含磷 22% 左右，含钙 15% 左右，利用率较磷酸二钙或磷酸三钙好，最适合用于水产动物饲料。由于本品含磷量高，含钙量低，在配制饲粮时易于调整钙磷平衡。

2. 磷酸二钙

磷酸二钙也称为磷酸氢钙，为白色或灰白色的粉末或粒状产品，又分为无水盐（$CaHPO_4$）和二水盐（$CaHPO_4 \cdot 2H_2O$）两种，后者的钙、磷利用率较高。磷酸二钙一般含磷 18% 以上，含钙 21% 以上。

3. 磷酸三钙

磷酸三钙又称为磷酸钙，纯品为白色无臭粉末，分为一水盐 $[Ca_3(PO_4)_2 \cdot H_2O]$ 和无水盐 $[Ca_3(PO_4)_2]$ 两种，而以后者居多。经脱氟处理后，被称为脱氟磷酸钙，为灰白色或茶褐色粉末，含钙 29% 以上，含磷 15% 以上，含氟 0.12% 以下。

4. 磷酸一钾

磷酸一钾又称为磷酸二氢钾，分子式为 KH_2PO_4，为无色四方晶系结晶或白色结晶性粉末，因其有潮解性，宜保存于干燥处。含磷 22% 以上，含钾 28% 以上。其水溶性好，易为动物吸收利用，可同时提供磷和钾，适当使用，有利于动物体内的电解质平衡，促进动物生长发育和生产性能的提高。

5. 磷酸二钾

磷酸二钾又称为磷酸氢二钾，分子式为 $K_2HPO_4 \cdot 3H_2O$，呈白色结晶或无定型粉末。一般含磷量为 13% 以上，含钾量 34% 以上。

6. 磷酸一钠

磷酸一钠又称为磷酸二氢钠，有无水盐（NaH_2PO_4）与二水盐（$NaH_2PO_4 \cdot 2H_2O$）两种，均为白色结晶性粉末，因其有潮解性，宜保存于干燥处。无水盐含磷量约 25%，含钠量约 19%。因其不含钙，在钙要求低的饲料中可充当磷源。

7. 磷酸二钠

磷酸二钠又称为磷酸氢二钠，分子式为 $Na_2HPO_4 \cdot xH_2O$，呈白色无味的细粒状，无水盐一般含磷 18%～22%，含钠 27%～32.5%。

8. 磷酸铵

磷酸铵为饲料级磷酸或湿式处理的脱氟磷酸中和后的产品，含氮 9% 以上，含磷 23% 以上。对于反刍动物，本品可用来补充磷和氮，但氮量换算成粗蛋白质量后，不可超过饲粮的 2%。对于非反刍动物，本品仅能作为磷源使用，且要求其所提供的氮换算成粗蛋白质量，不可超过饲粮的 1.25%。

9. 磷酸液

磷酸液为磷酸的水溶液，一般以 H_3PO_4 表示，具有强酸性，使用不方便，可在青贮时喷加，也可与尿素、糖蜜与微量元素混合制成牛用液体饲料。

10. 磷酸脲

磷酸脲分子式为 $H_3PO_4 \cdot CO(NH_2)_2$，由尿素与磷酸作用生成，呈白色结晶性粉末，易溶于水，其水溶液呈酸性。本品利用率较高，既可为动物供磷又能供非蛋白氮，是反刍动物良好的饲料添加剂。因其可在牛、羊瘤胃和血液中缓慢释氮，故比使用尿素更为安全。

11. 磷矿石粉

磷矿石粉为磷矿石粉碎后的产品，常含有超过允许量的氟，并有其他如砷、铅、汞等杂质。用于饲料时，须脱氟处理，使其符合质量标准。

此外，还有磷酸氢二铵、磷酸氢镁、三聚磷酸钠、次磷酸盐、焦磷酸盐等，但它们一般在饲料中应用较少。一些磷源性饲料的成分如表 4-3 所示。

表 4-3 一些磷源性饲料的成分　　单位：%

类别	磷	钙	钠
磷酸氢二钠（Na_2HPO_4）	21.8	—	32.38
磷酸氢钠（NaH_2PO_4）	25.8	—	19.15
磷酸氢钙（$CaHPO_4$）	18.97	24.32	—
磷酸氢钙（$CaHPO_4$，化学纯）	22.79	29.46	—
一水过磷酸钙[$Ca(H_2PO_4)_2 \cdot H_2O$]	26.45	17.12	—

三、钙、磷源性饲料

这类饲料主要包括磷酸氢钙、各种骨粉与骨制的沉淀磷酸盐等。因原料与加工方法不同，故其中钙、磷含量有异，但这类饲料几乎都是钙多于磷。表 4-4 列举了几种含钙磷源性饲料的钙、磷含量及其比例。

表 4-4 几种含钙磷源性饲料的钙、磷含量   单位：%

饲料	钙含量	磷含量	钙磷比例
磷酸氢钙	29.19	23.35	1:0.8
煮骨粉	24.53	10.95	1:0.446
煮骨粉（脱脂）	25.40	11.65	1:0.456
蒸汽处理骨粉	30.71	12.96	1:0.42
蒸汽处理骨粉（脱脂）	33.59	14.88	1:0.443
骨制沉淀磷酸钙	28.77	11.35	1:0.394

骨粉是以家畜骨骼为原料加工而成的，由于加工方法不同，成分含量与名称各不相同。其化学式大致为 $[3Ca_3(PO_4)_2 \cdot 2Ca(OH)_2]$，是补充家畜钙、磷营养需要的良好来源。

骨粉一般为黄褐色至灰白色的粉末，有肉骨蒸煮过的味道。骨粉的含氟量较低，只要杀菌消毒彻底，就可安全使用。但由于成分变化大，来源不稳定，而且常有异臭，在国外饲料工业上的用量逐渐减少。

按加工方法，可将骨粉分为 4 种。①煮制骨粉：将原料骨经开放式锅炉煮沸，直至附着组织脱落，再经干燥、粉碎制成。用这种方法制得的骨粉色泽发黄，骨胶溶出少，蛋白质和脂肪含量较高，易吸湿腐败，适口性差，不宜久存。一般含钙量 24.5%，含磷 11% 左右。②蒸制骨粉：将原料骨在高压（2.03kPa）蒸汽条件下加热，除去大部分蛋白质与脂肪，使骨骼变脆，加以压榨、干燥、粉碎制成。一般含钙 24%，含磷 10% 左右，含粗蛋白质 10%。③脱胶骨粉：也称特级蒸制骨粉，制法与蒸制骨粉基本相同。用 40.5kPa 压力蒸制处理或利用抽出骨胶的骨骼经蒸制处理而得到，由于骨髓和脂肪几乎全部被除去，故无异臭，色泽洁白，可长期储存。一般含钙量 36.4%，含磷 16.4% 左右。④焙烧骨粉：即骨灰，是将骨骼堆放在金属容器中经烧制而成，这是利用可疑废弃骨骼的可靠方法，充分烧透，既可灭菌又易粉碎。

骨粉的钙、磷比例接近 2:1，是钙、磷比例平衡，利用率高的钙、磷补充饲料，当饲粮同时钙、磷缺乏时为最佳补充物。但有的骨粉含氟量很高，须注意脱氟。

四、钠、钾源性饲料

1. 氯化钠

一般称氯化钠（NaCl）为食盐，地质学上叫石盐，包括海盐、井盐和岩盐 3 种。精制食盐含氯化钠 99% 以上，粗盐含氯化钠为 95%。纯净的食盐含氯 60.3%，含钠 39.7%，此外尚有少量的钙、镁、硫等杂质。食用盐为白色细粒，工业用盐为粗粒结晶。

食盐除了具有维持体液渗透压和酸碱平衡的作用外，还可刺激唾液分泌，提高饲料适口性，增强动物食欲，具有调味剂的作用以及其他功能。

2. 碳酸氢钠

碳酸氢钠又名小苏打，分子式为 $NaHCO_3$，为无色结晶粉末，无味，略具潮解性，其水溶液因水解而呈微碱性，受热易分解放出二氧化碳。碳酸氢钠含钠 27% 以上，生物利用率高，是优质的钠源性饲料之一。

碳酸氢钠不仅可补充钠，更重要的是其具有酸碱缓冲作用，能调节饲粮电解质平衡、胃肠道和体液 pH。在奶牛和肉牛饲粮中添加碳酸氢钠，可调节瘤胃 pH，防止精料型饲粮引起的代谢性疾病，提高增重、产奶量和乳脂率，一般添加量为 0.5%~2%，与氧化镁配合使用效果更佳。夏季在肉鸡和蛋鸡饲粮中添加碳酸氢钠可缓解热应激，防止生产性能下降，添加量一般为 0.5%。

3.硫酸钠

硫酸钠又名芒硝，分子式为 Na_2SO_4，为白色粉末。含钠 32% 以上，含硫 22% 以上，生物利用率高，既可补钠又可补硫，特别是补钠时不会增加氯含量，是优良的钠、硫源性饲料之一。在家禽饲粮中添加硫酸钠，可提高金霉素的效价，同时有利于羽毛的生长发育，防止啄羽癖。

一般多用氯化钾作为钾源性饲料。钠、钾盐对调节动物体内电解质平衡有着重要意义。

饲粮电解质平衡值（dietary electrolytes balance，DEB）计算公式如下：

$$DEB=(Na^++K^++Ca^{2+}+Mg^{2+})mmol-(Cl^-+P^{2-}+S^{2-})mmol/kg$$

此式在实际应用中一般被简化为：

$$DEB=(Na^++K^+-Cl^-)mmol/kg$$

对于家禽来说，最佳的电解质平衡值大约为 250mmol/kg，电解质失衡会导致家禽生长缓慢和腿的异常，如胫骨的软骨发育异常。对于猪来说，最佳的电解质平衡值应保持在 100~200mmol/kg 的范围内。

五、硫源性饲料

传统观点认为，动物所需的硫多为有机硫，如蛋白质中的含硫氨基酸等，因此蛋白质饲料是动物的主要硫源。但近年来认为，无机硫对动物也具有营养意义。同位素试验表明，反刍动物瘤胃中的微生物能有效地利用含硫无机化合物如硫酸钠、硫酸钾、硫酸钙等合成含硫氨基酸和维生素。用雏鸡试验表明，在饲粮中适当地添加无机硫，可减少雏鸡对含硫氨基酸的需要量，并有助于合成牛磺酸，从而促进雏鸡的生长。

硫的来源包括蛋氨酸、胱氨酸、硫酸钠、硫酸钾、硫酸钙、硫酸镁等。就反刍动物而言，蛋氨酸中硫的利用率为 100%，硫酸钠中硫的利用率为 54%，元素硫的利用率为 31%，且硫的补充量不宜超过饲粮干物质的 0.05%。幼雏对硫酸钠、硫酸钾、硫酸镁均可较好地利用，但对硫酸钙的利用性较差。硫酸盐作为猪、成年家禽硫源的效果差，因此须以有机态硫如含硫氨基酸等补给。

六、镁源性饲料

天然饲料中含镁量较多，大多数饲料都在 0.1% 以上，因此一般情况下不必在基础饲粮中另外添加镁。但是，牧草中镁的利用率低，放牧家畜往往会缺镁而出现"草痉挛症"。因此，对放牧的牛、羊以及用玉米作为主要饲料并补加非蛋白氮饲料饲喂的牛，常需要补饲镁。兔对镁的营养需要量大，故须补饲镁。在反刍动物中，一般用氧化镁作为镁源。饲料工业中使用的氧化镁一般为菱镁矿在 800~1000℃ 煅烧的产物，其化学组成为 MgO 85.0%、CaO 7.0%、SiO_2 3.6%、Fe_2O_3 2.5%、Al_2O_3 0.4%，烧失量 1.5%。此外，还可选用硫酸镁、碳酸镁和磷酸镁等作为镁源。

第二节 微量矿物元素饲料

微量矿物元素饲料主要包括铁源性饲料、铜源性饲料、锰源性饲料、锌源性饲料、碘源性饲料、硒源性饲料、钴源性饲料、铬源性饲料等。

一、铁源性饲料

1.硫酸亚铁

硫酸亚铁有两种剂型即一水硫酸亚铁和七水硫酸亚铁。饲料工业中多用一水硫酸亚铁，

化学式为 $FeSO_4 \cdot H_2O$。七水硫酸亚铁别名为绿矾、铁矾，化学式为 $FeSO_4 \cdot 7H_2O$，相对分子质量 278.01，蓝绿色单斜晶系结晶或颗粒，无气味，有腐蚀性。工业品 $FeSO_4 \cdot 7H_2O$ 含 Fe 19.68%，S 11.30%。硫酸亚铁生物利用率高，是重要的补铁添加剂之一。其稳定性较好，但若暴露于空气中，则亚铁离子会被氧化成三价铁离子，其生物学效价降低。

2. 碳酸亚铁

碳酸亚铁化学式为 $FeCO_3$，相对分子质量 115.86，灰白色结晶粉状物，或固体含有极小斜方六面体，在空气中较稳定。其工业品纯度不低于 81%，含 Fe 40% 以上。

3. 氯化亚铁

氯化亚铁化学式为 $FeCl_2 \cdot 4H_2O$，相对分子质量 198.81，蓝绿色单斜系透明结晶，易潮解，易溶于水，其工业品按纯度 97% 计含 Fe 27.23%，是一种良好的补铁剂。

4. 富马酸亚铁

富马酸亚铁化学式为 $C_4H_2FeO_4$，相对分子质量 169.89。本品又名延胡索酸亚铁，为赤黄色或红褐色粉末，无臭，难溶于水，含 $C_4H_2FeO_4$ 96.5% 以上，含铁 34.07%，属于有机酸铁，生物利用率高，但价格昂贵。

5. 葡萄糖酸亚铁

葡萄糖酸亚铁化学式为 $C_{12}H_{22}FeO_{14} \cdot 2H_2O$，相对分子质量 482.1，含铁 11.6%，黄灰色或浅黄绿色晶体颗粒或粉末，微有焦糖气味，易溶于水，几乎不溶于乙醇，5% 水溶液呈酸性，可制成针剂，主要被用于幼畜补铁。

6. 氨基酸螯合铁

金属氨基酸螯合物是由可溶性金属盐的金属离子（1mol/L）与氨基酸（1~3mol/L）螯合而成的配位体共价键化合物。氨基酸螯合铁的产品包括赖氨酸亚铁（Fe-Lys）、蛋氨酸亚铁（Fe-Met）、甘氨酸亚铁（Fe-Gly）、DL-苏氨酸亚铁等。与无机铁比较，氨基酸螯合铁生物活性强，吸收率高，代谢利用好，但生产成本高。

7. 乳铁蛋白

乳铁蛋白（lactoferrin，Lf）是从乳汁中分离出来的一种蛋白质，是一种铁结合性糖蛋白，相对分子质量约为 8 万，其一级结构是一个大约由 700 个氨基酸残基构成的多肽链，二级结构主要由 α-螺旋和 β-折叠构成。多肽链在二级结构基础上可折叠成两个球状叶，一端是氨基末端叶，另一端是羧基末端叶，每一叶状结构都含有一个 Fe^{3+} 和一个碳酸氢根离子结合部位，与铁可逆性地结合。当铁离子缺乏时，叶状结构可曲折，裂缝既能打开又可关闭；但当多肽链与铁离子结合后，裂缝就处于闭锁状态。采用超滤法可从乳汁中提取乳铁蛋白，也可通过基因工程生产基因重组乳铁蛋白。在饲粮中添加乳铁蛋白，可促进动物肠壁对铁，特别是对 Fe^{3+} 的吸收，抑制需铁微生物的繁殖，促进乳酸菌增殖，降低消化道内 pH，从而对有害微生物起到抑制和杀灭作用。乳铁蛋白还有调节免疫功能、抗氧化的作用。

二、铜源性饲料

1. 硫酸铜

硫酸铜又名蓝矾，化学式为 $CuSO_4 \cdot 5H_2O$，相对分子质量 249.68，亮蓝色，不对称三斜系结晶或粉末，有毒性，水溶性好，其工业品按纯度 98.5% 计含 Cu 25.07%、S 12.65%、H_2O 35.51%。生物学效价高，是首选的补铜制剂，也是评价其他补铜制剂生物学效价的基准物质。

2. 碳酸铜

碳酸铜分子式为 $CuCO_3$，相对分子质量 123.55，含铜 51.4%，淡绿色至深绿色的细粉末，有扬尘性，不吸湿。

3. 氯化铜

氯化铜化学式为 $CuCl_2 \cdot 2H_2O$，相对分子质量 170.48。蓝绿色，斜方晶系结晶，相对密度 2.45，在潮湿空气中易潮解，在干燥空气中易风化，加热至 100℃ 失去 2 个结晶水，有毒性。其工业品按纯度 98% 计含 Cu 36.53%、Cl 20.38%、H_2O 56.90%。氯化铜水溶性好，生物学效价较高，属于良好的铜源性饲料添加剂。

许多试验表明，在仔猪饲粮中添加高剂量（≥200mg/kg）的铜（剂型为硫酸铜），可产生营养效应之外的一些特殊作用，包括：①抗微生物的作用。即高铜在消化道中具有相当于抗生素抑制有害微生物的作用，从而可增加仔猪日增重 10%～20%，提高饲料利用效率 5%～10%。②可能促进生长激素的分泌。实验发现，给断奶仔猪静脉注射铜剂，能刺激生长激素的合成和释放，因而具有促生长的作用。③增加采食量。实验证明，静脉注射铜剂，可刺激仔猪体内神经肽 Y 的分泌，从而使采食量增加。④改变排泄物性状。在猪日粮中添加高铜，其粪便呈现灰黑色或黑色。但是，在猪饲粮中长期添加高剂量的铜，一方面对猪体健康有损害，另一方面大量的铜随粪便排泄而造成环境污染。

三、锌源性饲料

1. 硫酸锌

硫酸锌包括一水硫酸锌和七水硫酸锌。七水硫酸锌又名锌矾、皓矾，化学式 $ZnSO_4 \cdot 7H_2O$，相对分子质量 287.54，无色斜方晶系结晶，工业品按纯度 99% 计含 Zn 22.51%、S 11.04%、H_2O 43.38%，水溶性好，吸收率高，生物学效价高，常作为评价其他含锌原料生物学利用率的标准。

2. 碳酸锌

碳酸锌化学式为 $ZnCO_3$，相对分子质量 125.38，含锌 52.1%，为白色粉末，无臭，不溶于水和乙醇，能溶于稀盐酸。

3. 氯化锌

氯化锌化学式为 $ZnCl_2$，相对分子质量 136.29，白色六方晶系粒状结晶或粉末，易溶于水，工业品按纯度 96% 计含 Zn 46.05%、Cl 49.95%，有毒性与腐蚀性，应慎用。

饲粮中含有 80～150mg/kg 的锌能满足猪的营养需要。但一些试验结果表明，在仔猪饲粮中添加高剂量的锌（2000～3000mg/kg）（剂型氧化锌），有助于控制断奶仔猪腹泻。

四、锰源性饲料

1. 硫酸锰

硫酸锰包括一水硫酸锰（$MnSO_4 \cdot H_2O$）和五水硫酸锰（$MnSO_4 \cdot 5H_2O$）。五水硫酸锰相对分子质量 240.94，为近乎透明、很淡的玫瑰色结晶，有苦涩味，易溶于水，室温下稳定，工业品按纯度 98% 计含 Mn 22.3%、S 13.0%、H_2O 36.6%。

2. 碳酸锰

碳酸锰又名锰白，化学式为 $MnCO_3$，相对分子质量 114.95，玫瑰色三角晶系菱形晶体或无定形亮白棕色粉末，几乎不溶于水，微溶于含二氧化碳的水中，工业品按纯度 90% 计含 Mn 43.02%。碳酸锰是动物锰源之一，与硫酸锰比较，其生物学效价分别为 90% 左右（家禽）和 100%（猪）。

3. 氯化锰

氯化锰又名氯化亚锰，化学式为 $MnCl_2 \cdot 4H_2O$，相对分子质量 197.91，玫瑰色单斜晶体，工业品按纯度 99% 计含 Mn 27.48%、Cl 35.47%、H_2O 36%。

五、碘源性饲料

1. 碘化钾

碘化钾化学式为 KI，相对分子质量 166.00，无色或白色立方晶体，无臭，有浓苦咸味，工业品按纯度 99% 计含 I 75.7%、K 23.4%，水溶性好，生物利用率高，是良好的补碘剂，应用广泛。但是，该品不稳定，其游离碘对维生素、抗生素等有破坏作用。

2. 碘酸钾

碘酸钾化学式为 KIO_3，相对分子质量 214.00，无色单斜晶系结晶或白色结晶性粉末，无臭，溶于水，工业品按纯度 98% 计含 I 58.11%、K 17.91%，稳定性好，生物利用率高，是优良的碘源，稳定性强于碘化钾。

3. 碘酸钙

碘酸钙化学式为 $Ca(IO_3)_2 \cdot H_2O$，相对分子质量 407.8，白色至乳黄色粉末或超细结晶，略具碘味，水溶性弱，稳定性强，工业品按纯度 97% 计含 I 60.37%、Ca 9.52%、H_2O 4.28%。碘酸钙与碘化钾生物利用率相似，但碘酸钙稳定性好。

六、硒源性饲料

1. 亚硒酸钠

亚硒酸钠化学式为 Na_2SeO_3，相对分子质量 172.94，白色至粉红色结晶或结晶性粉末，有吸水性，易溶于水。饲料级产品纯度为 98%，含 Se 44.71%、Na 26.06%。亚硒酸钠为良好的补硒剂，生物利用率达 100%，使用广泛、效果理想。由于它在饲粮中添加量很少，为了保证它在饲粮中的混合均匀度，故多将它制成 1% 或 0.1% 的预混剂。亚硒酸钠毒性强，因此，对其应用和保存，要有严格的安全防护措施。

2. 硒酸钠

硒酸钠化学式为 Na_2SeO_4，相对分子质量 188.94，白色结晶粉末，易溶于水，水溶性优于亚硒酸钠，稳定性弱于亚硒酸钠，工业品按 98% 纯度计含 Se 40.92%、Na 23.86%。硒酸钠生物利用率与亚硒酸钠相似。

七、钴源性饲料

1. 氯化钴

氯化钴化学式为 $CoCl_2 \cdot 6H_2O$，相对分子质量 237.93，红色单斜晶系结晶，有毒，工业品按纯度 98% 计含 Co 24.27%、Cl 14.60%、H_2O 44.48%。氯化钴水溶性好，生物利用率高，是良好的补钴制剂，在实际应用中一般将其制成 1% 或 0.1% 的预混剂。

2. 碳酸钴

碳酸钴化学式为 $CoCO_3$，相对分子质量 118.94，红色单斜晶系结晶或粉末，几乎不溶于水，工业品按纯度 98% 计含 Co 48.56%，生物学效价略低于硫酸钴。

八、铬源性饲料

地壳中铬含量约占 0.018%，常呈 +2、+3、+6 化学价态。铬的重要营养生理作用在于其与尼克酸、甘氨酸、谷氨酸、胱氨酸形成葡萄糖耐量因子，具有类似胰岛素的生物学活性，调节糖类化合物、脂类与蛋白质的代谢。近几年来，发现铬有一些特殊的作用，如可降低猪体脂含量和提高胴体瘦肉率，增强母猪繁殖机能，提高动物的抗病、抗应激能力等。

铬的来源包括有机铬和无机铬。有机铬又被分为化学合成品（如吡啶羧酸铬、乙酸铬等）和微生物源性铬（酵母铬）。

1. 吡啶羧酸铬

吡啶羧酸铬由三分子的吡啶酸和一分子的三价铬离子螯合而成，又称三吡啶羧酸铬（chromium tripico linate），化学式为 $Cr(C_7H_4NCO_2)_3$，纯度可达 98%，铬含量达 12.2%，棕红色粉末。在猪等动物饲粮中铬的添加量一般为 $200 \mu g/kg$（吡啶羧酸铬）。

2. 酵母铬

酵母铬是一种新型的有机铬添加剂，与吡啶羧酸铬一样，其中铬吸收率为 $10\%\sim25\%$，而无机铬仅为 $1\%\sim3\%$。营养生理作用同吡啶羧酸铬。

3. 无机铬

无机铬的种类较多，如 $Cr_2(SO_4)_3 \cdot 18H_2O$、$K_2CrO_7$、$Na_2CrO_4$、$CrCl_3 \cdot 6H_2O$ 等。无机铬的生物利用效率远低于有机铬，其营养生理作用也比有机铬差。皮革中含铬较多，因此制革工业的副产物是一种无机铬来源，将其适当加工，可作为无机铬添加剂。

九、氨基酸金属元素螯合物

螯合物是一种由金属离子与多基配位体形成的具有环状结构的物质。微量元素氨基酸螯合物是由可溶性金属元素盐中的一个金属离子与氨基酸按一定摩尔比 $[(1\sim3):1]$，以共价键结合而成的螯合物。水解氨基酸的平均相对分子质量约为 150，生成螯合物的相对分子质量不超过 800。其命名方法是：中心离子名在前，配位体名在后，最后缀以成品的分类性质，如锌蛋氨酸螯合物。

根据其组成氨基酸是否为单体，将氨基酸微量元素螯合物分为两大类。一类是单一氨基酸微量元素螯合物，由某种特定的氨基酸与某种微量元素在一定的 pH 和温度等条件下进行螯合的产品，如蛋氨酸与硫酸锌螯合的蛋氨酸锌螯合物。这类产品组成固定，稳定性好。另一类是混合氨基酸或多肽微量元素螯合物，是由蛋白质水解产生的氨基酸或多肽混合物与某种微量元素螯合而成的。这类产品的组成不固定、稳定性差，相对分子质量较大，溶解度较低，生物学利用率较低，如用羽毛粉酸解形成的氨基酸复合物与硫酸锌螯合的复合氨基酸锌螯合物。根据螯合物中金属离子的种类，可将其分为氨基酸螯合铜、氨基酸螯合锰、氨基酸螯合铁等。根据螯合物中氨基酸的种类，又可将其分为甘氨酸微量元素螯合物、赖氨酸微量元素螯合物、蛋氨酸微量元素螯合物等。氨基酸金属元素螯合物结构模式见图 4-1。

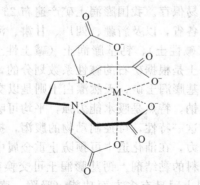

图 4-1 氨基酸金属元素螯合物结构模式

微量元素氨基酸螯合物的特殊功能是：①微量元素离子被封闭在螯合物的环内，较为稳定，降低了对饲粮中其他组分如维生素等的破坏作用。②螯合物保护了微量元素不被植酸夺走而排出。③避开了消化道内大量二价钙离子的拮抗作用。④微量元素氨基酸螯合物具有类似二肽结构，以二肽形式被吸收，减弱了氨基酸吸收和转运的竞争。⑤给牛、羊等反刍动物补饲微量元素氨基酸螯合物，由于氨基酸被配位键锁定，抵抗了微生物对氨基酸的降解，保护了必需氨基酸。

微量元素氨基酸螯合物在动物中应用效果为：①促进动物生长，提高饲料转化效率。②增强母猪繁殖性能，提高受胎率和产活仔数，降低仔猪死亡率。③改善猪的肤色和毛况，给断奶仔猪补饲氨基酸螯合铁，其皮肤红润度增加。④增强抗病力，给仔鸡补饲蛋氨酸螯合锌，可使其死亡率降低 17%～25%，球虫病减少 7%～17%。⑤减少饲粮中矿物质的用量，有利于环境保护。

第三节　天然矿物质饲料

近些年来，许多天然矿物质被用作饲料，主要有沸石粉、膨润土、麦饭石粉、凹凸棒石粉、海泡石粉、稀土等。

一、沸石粉

沸石（zeolite）是沸石族矿物的总称，为碱金属和碱土金属的含水铝硅酸盐类。因它在加热时发泡，好像沸腾了的液体一样，故定名沸石。沸石大都呈三维硅氧四面体与三维铝氧四面晶体格架结构，晶体内部具有许多孔径均匀一致的孔道和内表面积较大的孔穴，孔道和孔穴两者的容积占沸石总体积的 50% 以上。通常情况下，晶体孔道和孔穴中含有金属阳离子和水分子，这些金属阳离子和水分子与阴离子骨架联系较弱，故可被其他极性分子置换，析出营养元素可被动物体利用。沸石粉具有吸附性和离子交换性，能延缓营养物质通过消化道的时间，吸附肠道内 NH_3、CO_2、细菌毒素等有害物质，改善消化机能；同时可供给畜禽多种常量和微量元素（如钙、磷、钾、钠、镁、铜、铁、锰等）。沸石粉可被用作微量元素添加剂的载体和稀释剂，也能作为饲料抗结块剂。沸石粉粒度一般为 80～120 目，在动物饲粮中添加量可达 3%～5%。

二、膨润土

膨润土（bentonite）在地质文献中被称为"斑脱岩"，俗称"白黏土""白土"。膨润土是由凝灰岩或其他岩岩在碱性水的作用下，经许多年代蚀变而成。我国膨润土资源丰富，开采容易，成本低，使用方便，易保存。我国膨润土矿产遍布 23 个省，大型矿床 20 多个，主要集中在东北三省与东部沿海各省，以及新疆、四川、甘肃、河南、广西等地。

膨润土包括钠基膨润土（碱性土）、钙基膨润土（碱土性土）和天然漂白土（酸性土）三种。钙基膨润土和钠基膨润土是根据矿石的碱性系数划分的，碱性系数大于或等于 1 的为钠基膨润土矿，小于 1 的为钙基膨润土矿；天然漂白土则是以交换阳离子为 H^+、Al^{3+} 确定的。钠基膨润土可交换离子是钠，特点是吸水能力强，平均可吸收自身重量 11 倍之多的水。动物生产上应用钠基膨润土的这一特性，可控制动物的腹泻，提高粪的干燥度。钠基膨润土对重金属有较强的吸附束缚能力，在消化道中可预防止重金属中毒。另外，钠基膨润土有较强的黏结能力，可作为颗粒饲料的黏结剂。钙基膨润土可交换离子是钙，吸水能力并不强，在水中无膨胀作用。钠基膨润土因具有多方面功能（吸附、膨胀、置换、塑造、黏合、润滑、悬浮等），故受到各方面重视。在畜牧水产业中，膨润土主要有 3 项用途：一是作为饲料养分补充物，以提高饲料转化效率；二是作为颗粒饲料的黏合剂；三是作为各种微量活性成分的载体和稀释剂，起承载稀释活性成分的作用。

膨润土所含元素至少在 11 种以上，主要有硅、钙、铝、钾、镁、铁、钠等。膨润土产地和来源不同，其成分也有所差异，大致为：硅 30%、钙 10%、铝 8%、钾 6%、镁 4%、铁 4%、钠 2.5%、锰 0.3%、氯 0.3%、锌 0.01%、铜 0.008%、钴 0.004%。其中，大多数元素是动物生长发育必需的常量和微量元素。饲养试验证明，膨润土能促进动物生长，提高饲料转化率，增强一些代谢酶和激素的活性。膨润土在动物饲粮中用量一般为 2%～3%。

三、麦饭石粉

麦饭石（moifanite）产生于中生代末和新生代初期，距今有 5000 万～7000 万年，外观像麦饭团，因此而得名，是一种经过风化、蚀变，具有斑状结构的岩浆岩矿物质，其化学成分主要是二氧化硅和三氧化二铝，两者累计约占麦饭石的 80%。

麦饭石中含有钾、钠、钙、镁、铜、锌、氟、硒等，这些元素溶出性较好，能被动物有效利用。麦饭石粉具有多孔性海绵状结构，溶于水时产生大量的带有负电荷的酸根离子，因而有较强的选择吸附性，在消化道内可吸附有害菌和氨、硫化氢、有机氯、氰化物、杂醇油等有害物质。麦饭石粉可被用作饲料添加剂，也可被用作饲料添加剂的载体和稀释剂。

四、凹凸棒石粉

凹凸棒石（attapalgite）粉是我国近几年来发现的新矿种。美国（1935）是第一个研究凹凸棒石样品的国家，并以美国的佐治亚州凹凸堡命名。凹凸棒石属海泡石族，是一种含水镁铝硅酸盐黏土矿。它具有独特的全链式结构，即三维空间结构与纤维晶体形态，并通过 Si-O-Si 键把各个凹凸棒颗粒连在一起，使颗粒呈不寻常的针形。典型的凹凸棒石长约 $1\mu m$，宽 $0.01\mu m$。它们通常聚集成束，具有阳离子可交换性、吸水性、吸附脱色性、大的比表面积（$9.6～36m^2/g$），因而具有异乎寻常的胶体性质和很强的吸附能力。凹凸棒石的化学成分和微量元素含量分别如表 4-5、表 4-6 所示。

表 4-5　凹凸棒石的化学成分　　　　　　　　　　　　　单位：%

项目	SiO$_2$	Al$_2$O$_3$	TiO$_2$	Fe$_2$O$_3$	FeO	MnO	CaO	MgO	K$_2$O	CO$_2$	H$_2$O
含量	61.73	11.59	1.26	7.04	0.20	0.08	1.35	6.38	1.57	0.70	9.0

凹凸棒石粉中含有动物必需的矿物元素，而有毒元素含量较低，这就有可能将之作为动物的矿物质饲料添加剂。

表 4-6　凹凸棒石中微量元素含量　　　　　　　　　单位：mg/kg

项目	Cu	Zn	Co	Mo	Cr	Mn	F	Li	Pb	As	Hg
含量	21.0	41.0	11.0	0.9	55.6	1382	361	35.5	9.0	0.91	0.03

饲养试验证明，饲用凹凸棒石粉，能促进动物生长，提高抗病力，降低饲料成本。凹凸棒石粉在动物饲粮中用量可为 2%～6%。

五、海泡石粉

海泡石（sepiolite）属特种稀有矿石，呈灰白色，有滑感，具特殊层链状晶体结构，对热稳定。其理论化学分子式为 $Mg(H_2O)_4[Si_6O_{15}]_2(OH)_4 \cdot 8H_2O$。海泡石的化学成分如表 4-7 所示。

表 4-7　海泡石的化学成分　　　　　　　　　　　　单位：%

项目	SiO$_2$	Al$_2$O$_3$	P$_2$O$_5$	Fe$_2$O$_3$	CaO	MgO	K$_2$O	Na$_2$O
含量	57.23	3.95	0.37	1.35	9.56	14.04	0.39	0.085

海泡石粉可被用作饲料添加剂、微量元素的载体和稀释剂、颗粒饲料的黏合剂，用量一

般占饲粮的 2%～4%。

六、稀土元素

化学元素周期表中第 57～71 号镧系元素，即镧（La）、铈（Ce）、镨（Pr）、钕（Nd）、钷（Pm）、钐（Sm）、铕（Eu）、钆（Gd）、铽（Tb）、镝（Dy）、钬（Lu）、铒（Er）、铥（Tm）、镱（Yb）、镥（Lu）等元素，一般被称为稀土（rare earth）元素，简称稀土。

稀土元素最初是从瑞典产的较稀少的矿物中被发现的，"土"是按当时的习惯，被称为不溶于水的物质，故称稀土。根据稀土元素原子电子层结构和理化性质，以及它们在矿物中的共生情况，通常将其分为两组，即轻稀土或铈组（镧、铈、镨、钕、钷、钐、铕、钆）和重稀土或钇组（铽、镝、钬、铒、铥、镱、镥、钪、钇）。之所以被称为铈组或钇组，是因为稀土混合物中铈或钇含量较多。

稀土饲料添加剂分无机稀土和有机稀土两类。无机稀土主要有碳酸稀土、氯化稀土和硝酸稀土，目前常用的是硝酸稀土。有机稀土主要有氨基酸稀土螯合剂、柠檬酸稀土添加剂和维生素 C 稀土等。此外，根据添加剂中稀土元素的种数，还可分为单一稀土饲料添加剂和复合稀土饲料添加剂。

稀土元素进入动物体的途径有口腔、呼吸道和皮肤等。稀土进入动物体后，绝大部分以氢氧化物或磷酸盐的形式进入网状内皮系统，再转运到淋巴结、肝脏和骨骼。各种稀土性质虽相似，但在动物体内的分布却有很大差异。轻稀土主要沉积于肝脏，其次是骨；重稀土沉积于骨骼中。稀土元素的排泄与其他微量元素一样，主要通过尿液、胆汁、胃肠壁排出。

稀土是一种生理激活剂。在饲粮中添加少量稀土，可激活动物体内的生长因子，促进动物生长，增强免疫机能，提高饲料转化率。稀土元素可激活或抑制酶，可调节核酸代谢。能刺激胰岛 β-细胞分泌胰岛素，从而降低血糖，缓解高血糖症。能调节脂类代谢，降低血液胆固醇含量。促进某些必需矿物元素的吸收和利用。

稀土吸附性强，不易与饲料混匀。因此，添加的方法有：①喷施法。将稀土溶入水，再喷到饲料中。②预混法。将稀土先与少量沸石粉、膨润土或骨粉、贝壳粉等混匀制成稀释型稀土，再混入饲料中。

（吕秋凤）

思 考 题

1. 简述矿物质饲料的含义。
2. 简述在动物基础饲料中补充食盐的意义。
3. 试比较分析石粉、贝壳粉与蛋壳粉生物学效价的差异。应用这 3 种物质时各注意哪些问题？
4. 试述磷酸氢钙和骨粉的饲用价值，应用这两种饲料时各注意哪些问题？
5. 在哪些情况下，需要向动物基础饲料中补充镁、钾、硫源性饲料？
6. 氧化锌主要被用作哪类动物的饲料？
7. 简述天然矿物质饲料的主要种类和作用。
8. 试分析有机矿物质饲料安全性较好的原因。
9. 简述当前动物生产中使用矿物质饲料存在的问题。

第五章 饲料添加剂

饲料添加剂（feed additive）是指为了某种目的，向基础饲粮中加入的各种微量物质。饲料添加剂的种类繁多，日新月异。一般将其分为营养性饲料添加剂（nutritive feed additive）和非营养性饲料添加剂（non-nutritive feed additive）。

第一节 营养性饲料添加剂

营养性饲料添加剂包括氨基酸、维生素和微量元素等，它们所起的主要作用是给动物提供营养物质。

一、氨基酸添加剂

现今，在动物生产中，为了满足动物对必需氨基酸的需要，在其饲粮中添加适量的氨基酸，此添加物就是氨基酸添加剂（amino acid additive）。

在饲粮中添加某些必需氨基酸的基本原则是，畜禽缺什么补什么，缺多少补多少。因此，须了解畜禽对必需氨基酸的需要量、饲粮中必需氨基酸含量及其有效量，这样方能确定添加的氨基酸种类及其用量。

（一）在饲粮中添加氨基酸的效用

1. 节省蛋白质

在饲粮中添加氨基酸，可节省蛋白质，提高饲料利用率和动物产品产量。多数饲料蛋白质中，赖氨酸、蛋氨酸等含量较少，不能满足动物需要。若按需要从饲粮中补加，就可节省蛋白质，并能提高畜禽的生产性能。

2. 提高肉质

一般认为，饲粮蛋白质中氨基酸组成平衡，蛋白质在动物体内利用率就高，因而体脂含量相对较低。

3. 防止动物腹泻

仔猪和生长鸡饲粮中蛋白质含量较高时，易发生腹泻。这不仅浪费饲料，且影响生长。解决该问题的较好方法是，在低蛋白质饲粮中添加赖氨酸、蛋氨酸和谷氨酰胺等。谷氨酰胺是动物机体各种生化过程中必需的嘌呤、嘧啶、核苷酸、NAD^+和氨基糖合成的重要前体物质。谷氨酰胺亦为肠道细胞分裂与组织生长所必需。在饲粮中补充谷氨酰胺可防止仔猪断奶应激造成的肠绒毛萎缩。Wu 等（1996）报道，在玉米-豆粕型饲粮中添加 1% 的谷氨酰胺，可显著改善断奶后第 2 周仔猪的饲料转化率。

（二）氨基酸的添加方法

1. 充分发挥饲粮中各种饲料蛋白质的氨基酸互补作用

饲料原料要尽可能多样化，在此基础上添补所缺的必需氨基酸。禾谷类饲料中必需氨基酸含量较少，且不完全。饼粕类饲料中必需氨基酸含量虽较多，但其组成不够平衡。动物性蛋白质饲料中必需氨基酸含量多，且较平衡，但偶有个别氨基酸含量相对不足。因此，要使所配制的饲粮蛋白质中氨基酸组成平衡，就须选择种类尽可能多的饲料原料，根据其中必需氨基酸的种类有无和数量多少而合理配制，以期做到饲粮蛋白质中氨基酸组成平衡。但使用天然饲料，一般难以做到使饲粮蛋白质中氨基酸组成平衡，可能尚有个别氨基酸含量不足，此时就要考虑添加所缺的氨基酸。

2. 注意氨基酸的添加次序

一般来说，谷实类饲料（如玉米、大麦、高粱、糠麸等）蛋白质中的第一限制性氨基酸是赖氨酸；多数饼粕类（如棉籽饼、花生饼、葵籽饼、菜籽饼等）饲料蛋白质中第一限制性氨基酸也是赖氨酸，但大豆饼（粕）中第一限制性氨基酸则是蛋氨酸；鱼粉中赖氨酸、蛋氨酸均较丰富，但相对来说第一限制性氨基酸是色氨酸。在向饲粮添加氨基酸时，首先添加第一限制性氨基酸，然后再添加第二、第三限制性氨基酸。这样，方能取得较好的饲养效果。

3. 氨基酸的添加量

目前，饲料成分表上的氨基酸数值，都是指其含量。一般地，将饲料蛋白质中氨基酸利用率计为90%。如果将饲粮中某氨基酸含量乘以90%，所得出的数值，仍能满足动物的需要，则说明饲粮中该氨基酸含量一般能满足动物需要，无需再加额外的氨基酸。如果根据饲粮中氨基酸含量按90%计算所得到的数值不能达到畜禽的需要量，则需添加该氨基酸，其添加量原则上为两者的差值。为安全起见，有时酌情增加安全裕量。

（三）主要氨基酸添加剂简介

1. 赖氨酸

赖氨酸（lysine），又名2,6-二氨基己酸（2,6-diaminocaproicacid），分子式$C_6H_{14}N_2O_2$，相对分子质量146.19，由2个氨基和1个羧基组成的碱性氨基酸，仅L型有生物学活性。由于动物体内没有将D-赖氨酸转化为L-赖氨酸的酶，所以D-赖氨酸不能被动物利用。

① L-赖氨酸：L-赖氨酸是白色结晶或结晶性粉末，210℃变黑，224.5℃分解，比旋度为+25.9°，极易溶于水，微溶于乙醇，不溶于乙醚；易与还原糖类的醛基结合，发生美拉得反应，生成氨基糖复合物，使赖氨酸失活，尤其是受热和长期储存时活性会很快降低。美国饲料控制官方委员会（AAFCO）规定：L-赖氨酸产品中的L-2,6-二氨基己酸含量不得低于95%。

② 赖氨酸盐酸盐（L-lysine monohydrochloride）：目前被用作饲料添加剂的，大部分是该品。其生产方法有发酵法和化学合成-酶法两种。

发酵法是以玉米淀粉或糖蜜为原料，用硫酸铵等培养微生物菌种，经多级接种、发酵而得L-赖氨酸初产品，用离子交换法并加入氨水提取、脱氨、浓缩，再加入盐酸中和，析出赖氨酸盐酸盐，经干燥、粉碎得成品。

化学合成-酶法是采用环己烯为原料与亚硝酰氯聚合反应，用液氨肟化，与硫酸作用得到DL-α-氨基己内酰胺，再用水解酶和消旋酶反应，加盐酸即得L-赖氨酸盐酸盐初级产品，精制后得成品。

L-赖氨酸盐酸盐含赖氨酸79.24%，盐酸19.76%。

2. 蛋氨酸

蛋氨酸（methionine），是由1个氨基和1个羧基组成的中性氨基酸，又名甲硫氨酸、甲硫基丁氨酸，2-氨基-4-甲硫基-丁酸或甲硫基丁氨酸。分子式$C_5H_{11}NO_2S$，相对分子质量149.21。

① L-蛋氨酸呈白色片状或粉状结晶，有特异臭味，稍有甜味；熔点280～282℃，比旋度为-8.2°；可溶于水与温热的乙醇中，但不溶于无水乙醇、乙醚、苯等有机溶剂中。

② DL-蛋氨酸：用甲硫醇和丙烯醛（由甲醇和丙烯制得）作为原料，经甲硫基丙醛而制取DL-蛋氨酸。产品为白色至淡黄色结晶，可溶于稀酸、稀碱，难溶于95%的乙醇，不溶于乙醚。

③ DL-蛋氨酸羟基类似物（DL-methionine hydroxy analogue，MHA）：又名2-羟基-4-甲硫基丁酸，分子式$C_5H_{10}O_3S$，相对分子质量150.19。

羟基蛋氨酸是L-蛋氨酸的前体，虽不含氨基，但在动物体内酶作用下可转化为蛋氨酸，故具有蛋氨酸的生物学活性。

MHA含水量约12%，呈深褐色黏稠状液体，有硫化物特殊气味，pH 1~2，密度（20℃）1.23kg/m³，可溶于水，凝固点-40℃，黏度随温度下降而增加，38℃时为35cst❶，20℃时为105cst。它是以单体、二聚体和三聚体组成的平衡混合物，比例分别为65%、20%和3%，主要由于羟基和羧基间的酯化作用而成，在动物体内可水解成单体。合成MHA的原料与蛋氨酸相同，但合成路线短，且整个生产过程都是液态，因此能耗低，省原料，对环境污染少。由于合成条件不同，所以产品生学活性也不同，其变动范围为40%~100%。

④ DL-蛋氨酸羟基类似物钙盐：又名蛋氨酸羟基钙（MHA-Ca），分子式为（$C_5H_9O_3S$）$_2$Ca，相对分子质量为338.4，是用液态羟基蛋氨酸与氢氧化钙或氧化钙发生中和反应，经干燥、粉碎和筛分后制得，为了减少粉尘还加入少量矿物油。为浅褐色粉末或颗粒，有特殊臭味。

⑤ N-羟甲基蛋氨酸钙：分子式为（$C_6H_{12}NO_3S$）$_2$Ca，相对分子质量为396.53，是以DL-蛋氨酸为起始原料制成的一种流动性白色粉末，有硫化物的特殊臭味。该品在反刍动物瘤胃中不被降解，从而可提高反刍动物对蛋氨酸的利用率。

另还有DL-蛋氨酸钠（DL-methionine sodium），分子式为$C_5H_{10}O_2SNa$，相对分子质量为171.20。

许多试验表明，用于促进动物生长，MHA的效果与DL-蛋氨酸的效果相近。用于提高饲料转化率，各试验结果相差甚大，但在多数试验结果中，MHA与蛋氨酸效果相近。从分子结构计算，MHA=0.83 DL-蛋氨酸。现在一般认为，MHA至少有80%以上的DL-蛋氨酸活性。按折合量计算，1.2g MHA相当于1.0g DL-蛋氨酸的效价。在鸡中试验结果还表明，若以DL-蛋氨酸的效果为100%，则DL-MHACa的效果为84%~87%。

3. 色氨酸

色氨酸（tryptophan），又名α-氨基-3-吲哚丙酸，分子式为$C_{11}H_{12}N_2O_2$，相对分子质量为204.22，呈白色或淡黄色粉末，无臭或略有异味，289℃分解，难溶于水［0.23g/L（0℃）、11.4g/L（25℃）、27.9g/L（75℃）、49.9g/L（100℃）］，可溶于热乙醇，比旋度+2.4°（0.5mol/L HCl中）。DL-色氨酸在285~289℃分解，25℃时2.5g溶于1L水中。

DL-色氨酸的相对活性在猪中为L-色氨酸的80%，在鸡中为50%~60%。

生产色氨酸的方法如下：吲哚与二甲胺、甲醛作用，生成3-二甲基氨甲基吲哚，与乙酰氨基丙二酸二乙酯反应，生成α-羧酸乙酯-β-（3-吲哚）-N-乙酰基-α-丙氨基酸乙酯，而后水解，形成β-（3-吲哚）-N-乙酰基-α-羧酸-α-丙氨酸二钠，脱羧后生成β-（3-吲哚）-N-乙酰基-α-丙氨酸钠，再水解，生成DL-色氨酸，在消旋酶作用下，生成L-色氨酸。

4. 苏氨酸

L-苏氨酸（threonine），又名L-2-氨基-3-羟基丁酸，分子式为$C_4H_9NO_3$，相对分子质量为119.12，无色至白色结晶体，255~257℃分解，旋光性-28.3°，易溶于水，不溶于无水乙醇、乙醚和氯仿。

从燕麦蛋白质和酪蛋白中可分离到苏氨酸；以小麦、大麦等谷物为主的饲粮中苏氨酸含量往往不能满足动物的营养需要。

生产苏氨酸的方法有：①蛋白水解法。用酸、碱或酶直接水解苏氨酸含量多的蛋白质（如燕麦蛋白质和酪蛋白），然后用离子交换树脂分离、精制便可获得苏氨酸。②微生物发酵法。以葡萄糖、氨、高丝氨酸为原料，以黄色短杆菌为主要发酵菌种发酵后精制而成苏氨酸。

5. 甘氨酸

甘氨酸（glycine），又名氨基乙酸，分子式为$C_2H_5NO_2$，相对分子质量为75.07，是化学结

---

❶ 1cst（厘斯）＝10^{-6}m²/s，运动黏度单位。

构最简单的氨基酸,有甜味。在快长的雏鸡低蛋白质饲粮中添加适量甘氨酸,有一定的效果。

6. 精氨酸

精氨酸(arginine),又名 2-氨基-5-胍基戊酸,分子式为 $C_6H_{14}N_4O_2$,相对分子质量为 174.20。

水解蛋白质可得到具有生理活性的 L-精氨酸。L-精氨酸也可在 $Ba(OH)_2$ 存在下,由 L-鸟氨酸(1,4-二氨基戊酸)和氨基氰的水溶液制取。从水中结晶出来的 L-精氨酸含 2 个分子水,为无色棱晶;从 66%乙醇中结晶出来的为无水单斜片晶体。前者在 105℃时变成无水物,在 230℃变棕色,熔点 238℃,到 244℃分解,旋光性为+26°,可溶于水,微溶于乙醇,不溶于乙醚。

7. 谷氨酸

谷氨酸(glutaminic acid, Glu),又名 2-氨基戊二酸,分子式为 $C_5H_9NO_4$,相对分子质量为 147.13,分子内有 1 个氨基和 2 个羧基,为无色或白色柱状结晶或白色结晶性粉末,有异味。L-谷氨酸在 247～249℃分解,200℃升华,密度 1.538kg/L(20℃)。

谷氨酸虽对猪、禽不是必需氨基酸,但对雏鸡、高产蛋鸡与仔猪有积极作用。市售"味精"为谷氨酸的钠盐。将谷氨酸钠按 0.1%的量添加于饲粮中,可增强动物食欲和促进生长。在犊牛的人工乳中添加谷氨酸钠,可促进其生长。将谷氨酸钠添加于蚕的饲料中,可提高其结茧率和茧层重量。

8. 谷氨酰胺

谷氨酰胺(glutamine),是动物体各种生化过程中必需的嘌呤、嘧啶、核苷酸、NAD^+ 和氨基糖合成的重要前体物质,亦为肠道细胞分裂与组织生长所必需。谷氨酰胺是肠黏膜的主要代谢燃料。大量研究表明,肠黏膜需要谷氨酰胺支持其黏膜代谢,维持小肠的结构和功能。仔猪断奶后,来自肌肉和血液中的谷氨酰胺不足以维持肠绒毛的完整性。在饲粮中补充谷氨酰胺可防止仔猪断奶应激造成的肠绒毛萎缩。Wu 等(1996)报道,在玉米-豆粕型饲粮中加 1%的谷氨酰胺,可显著改善断奶后第 2 周仔猪的饲料转化率。因此,近几年来,一些人将谷氨酰胺作为仔猪的营养性饲料添加剂。

二、其他含氮物质添加剂

1. 尿素

1773 年,Rorelle 首次在尿中发现尿素(urea)。1824 年,Proust 确定其结构。1928 年,Wohler 合成了尿素,是世界上人工合成的第一种有机化合物。将原料氨和二氧化碳在高温、高压下,经催化合成氨基甲酸铵,然后脱水生成尿素。

尿素又名脲、碳酰二胺,分子式为 CH_4N_2O,相对分子质量为 60.06,含氮量 46.65%,无色、无臭的结晶体,易溶于水(1g 可溶于 1mL 水)、乙醇、甲醇,几乎不溶于乙醚和氯仿。

早期,尿素被用于肥料,20 世纪 30 年代中期,欧美国家开始研究用尿素作为反刍动物的非蛋白态氮源。美国规定饲料用尿素的含氮量不低于 45%(相当于 281%粗蛋白质)。在实际应用中可与谷实细粉或其他富含糖类化合物的原料,经加温、加压制成浆状或凝胶状产品,如胶状淀粉-尿素和浆状淀粉-尿素。

中国正在制订饲用尿素的质量标准,主要指标为:尿素含量在 97%以上,水分在 0.5%以下,缩二脲小于 1.0%,重金属小于 1mg/kg。

2. 缩二脲

缩二脲,又名双缩脲、氨基甲酰脲,分子式为 $C_2H_5N_3O_2$,相对分子质量为 103.09,含氮量为 40.77%,白色结晶,常温下 2g 缩二脲可溶解于 100mL 水中,可溶于乙醇,微溶于醚。储存时不结块，不潮解。

生产缩二脲的工艺为：以中间脲液为原料，在高温下热缩，经分离、干燥而制得。缩二脲的适口性优于尿素，由于其难溶于水，且在瘤胃中可缓慢地释放氨，因而饲用比尿素安全。

3. 磷酸脲

磷酸脲（urea phosphate），又名尿素磷酸酯，分子式为 $CO(NH_2)_2 \cdot H_3PO_4$，相对分子质量为 158.06，无色或白色结晶体，易溶于水，水溶液呈酸性。

用热法使磷酸和尿素反应后，脱水、结晶、分离和干燥而制得磷酸脲。

磷酸脲有助于青贮饲料的保存，安全性好，且可提供磷源。

4. 异丁叉二脲

异丁叉二脲，又名亚异丁基脲、双酰脲异五烷，分子式为 $C_6H_{14}N_4O_2$，相对分子质量为 174.20，含氮量 32.1%，白色颗粒状粉末，略有异味，难溶于水，全无吸湿性。

使尿素和异丁醛在酸性介质中反应，或在碱性介质中加乳化剂而合成异丁叉二脲。异丁叉二脲释放氨较慢，因而其安全性比尿素高。

5. 铵盐

（1）硫酸铵（ammonium sulfate）：又名硫铵，用氨中和硫酸可制得，化学式为 $(NH_4)_2SO_4$，相对分子质量为 132.4，含氮量 21.20%，无色或白色结晶，易溶于水，不溶于乙醇、丙酮，在潮湿空气中吸水结块。毒性小，大鼠（口服）LD_{50} 每千克体重为 3～4g。

硫和氮对瘤胃中厌氧菌的生长有积极作用，并有协同性。英国 ARC 建议，绵羊日粮中适宜氮、硫比为 14∶1。因此，给绵羊饲喂尿素时，应按每克尿素氮补充 0.07g 的硫。当日粮中硫含量不足时，应以硫酸钠等作为硫源补充。如果用硫酸铵补充硫，那么应将硫酸铵中的氮、日粮氮与尿素氮等综合考虑。

（2）氯化铵（ammonium chloride）：又名卤砂、盐卤，分子式为 NH_4Cl，相对分子质量为 53.50，含氮量 26.18%，无色或白色等轴或正方晶体，350℃时升华，易潮解，易溶于水、甲醇和乙醇，几乎不溶于醚。

生产氯化铵的工艺是：将氨通入盐酸，中和至 pH 为 8 时，过滤冷却，结晶、分离而得。

氯化铵易结块，不便存放，且对容器有一定的腐蚀性，对大鼠的 LD_{50}（肌内注射）每千克体重为 30mg。

（3）磷酸氢二铵（ammonium monoacid phosphate）：将氨通至磷酸溶液中，调节 pH 为 5.6～6.8 而制得，分子式为 $(NH_4)_2HPO_4$，相对分子质量为 132.07，含氮量 21.21%，白色或无色结晶，有氨味，易溶于水，不溶于乙醇、丙酮。

（4）磷酸二氢铵（ammonium phosphate monobasic）：分子式为 $(NH_4)H_2PO_4$，相对分子质量为 115.03，含氮量 12.18%。

三、维生素添加剂

畜禽对维生素需要量很少，可是维生素在机体内作用很大。在家庭饲养条件下，因供给大量青饲料，故畜禽一般对维生素不感缺乏。近 20 年来，我国舍饲的畜禽数量越来越多，它们采食配合饲料，对维生素常感不足。因此，需要向畜禽饲粮中添加维生素，该添加物就叫维生素添加剂（vitamin additive）。

（一）维生素添加剂的种类与用量

对于成年反刍动物，需要补充的只有维生素 A、维生素 D、维生素 E，这是因为成年牛、羊等反刍动物瘤胃内可合成足量的 B 族维生素和维生素 K；但对于幼年反刍动物，仍需要补充维生素 A、维生素 D、维生素 E、维生素 K 和 B 族维生素。

对于猪、禽等单胃动物，需从饲粮中添加的维生素有：维生素 A、维生素 D、维生素 E、维生素 K、硫胺素(维生素 B_1)、核黄素(维生素 B_2)、吡哆醇(维生素 B_6)、维生素 B_{12}、胆碱、烟酸(尼克酸)、泛酸、叶酸、生物素等；对于人类、灵长类动物(猴、猩、猿)、豚鼠等，除从食物中添加上述 13 种维生素外，尚要补充维生素 C；对于某些鱼类(如虹鳟、香鱼、鳗鲡、真鲷、罗非鱼等)，除从饲粮中添加上述 13 种维生素外，尚要补充肌醇和维生素 C。

虽然大多数动物体内能合成维生素 C，一般无需从饲粮中添加，但若添加了适量的维生素 C，可增强动物的抗逆能力。

维生素的添加量，除考虑畜禽的营养需要外，尚应考虑饲粮组成、饲养方式、环境条件、畜禽体质和健康条件、饲料产品储存时间以及饲料中维生素的利用率等。在 20 世纪 80 年代初，我国动物营养科技工作者曾建议，将基础饲粮中维生素含量作为安全裕量，再按畜禽的营养需要量，从饲粮中补加各种维生素。有些专家还建议，一般在大规模饲养和有各种逆境因子影响的情况下，配合饲料或饲粮中维生素的补给量，应高出标准需要量的 1 倍左右。

(二) 各种维生素添加剂简介

1. 维生素 A

维生素 A，又名视黄醇 (retinol)，抗干眼醇，分子式为 $C_2H_{30}O$，相对分子质量为 286.44。

(1) 维生素 A 油：又名鱼肝油 (cod liver oil)，大多数是由鱼肝中提取的，但是淡水鱼肝中为维生素 A_2 (脱氢视黄醇 dehydroretinol，在六元环的 3，4 位上多 1 个双键，分子式为 $C_2H_{28}O$)，其活性仅为维生素 A_1 的 30%～40%。一般地，在鱼肝油中加入抗氧化剂，制成微囊。

(2) 维生素 A 乙酸酯 (vitamin A acetate)：以紫罗兰酮为原料化学合成制得，分子式为 $C_{22}H_{32}O_2$，相对分子质量为 328.49，黄色菱形结晶，不溶于水，易容于乙醇、油、氯仿和乙醚，熔点 57～60℃。

(3) 维生素 A 棕榈酸酯 (vitamin A palmitate)：分子式为 $C_{36}H_{60}O_2$，相对分子质量为 524.90，这种物质在肝脏中含有，也可由化学法合成，呈黄色油状或结晶团块，不溶于水，可溶于乙醇，易溶于油，熔点 28～29℃。将维生素 A 棕榈酸酯和明胶一起并加入抗氧化剂制成微粒。

(4) 维生素 A 丙酸酯 (vitamin A propionate)：分子式为 $C_{23}H_{34}O_2$，相对分子质量为 342.52，各剂型的维生素 A 活性单位换算关系如下。

$$1IU \text{ 维生素 A} = 0.300\mu g \text{ 维生素 A(结晶视黄醇)}$$
$$= 0.344\mu g \text{ 维生素 A 乙酸酯}$$
$$= 0.550\mu g \text{ 维生素 A 棕榈酸酯}$$
$$= 0.358\mu g \text{ 维生素 A 丙酸酯}$$

维生素 A 棕榈酸酯稳定性好，作为饲料添加剂应用较普遍，也有使用维生素 A 乙酸酯的。

2. 胡萝卜素

胡萝卜素 (carotene)，又名维生素 A 原或维生素 A 前体 (provitamin A)。分子式为 $C_{40}H_{56}$，相对分子质量为 536.85，深红色至深紫色六角形结晶或结晶粉末，可溶于苯和氯仿中，微溶于乙醚、石油醚和油脂中，不溶于水、酸、碱和甘油，熔点为 183℃，对光和氧敏感，被氧化后，生物活性降低，并形成无色的氧化物。

根据化学结构的差异，可将胡萝卜素分为 α-胡萝卜素、β-胡萝卜素、γ-胡萝卜素等，其中以 β-胡萝卜素的活性最强。被用作饲料添加的主要是 β-胡萝卜素。饲料行业多用含量为 10% 的 β-胡萝卜素预混剂，其外观呈红色至红棕色，流动性好。

3. 维生素 D

维生素 D，又名抗佝偻病维生素（antirachitic vitamin），是指一组具有维生素 D 活性的甾醇类化合物，其中作为饲料添加剂的主要是维生素 D_3 和维生素 D_2。

（1）维生素 D_2：又名麦角钙化醇（ergocalciferol）、钙化甾醇（calciferol）、麦角钙化甾醇，分子式为 $C_{28}H_{44}O$，相对分子质量为 396.63，白色至浅黄色结晶粉末，熔点 115～118℃，遇光后易分解。维生素 D_2 主要来源于植物，另可从酵母中提取麦角固醇，经紫外线照射转化而制得。哺乳动物对维生素 D_2 和维生素 D_3 的利用率是相同的，而家禽对维生素 D_2 的利用率仅是维生素 D_3 的 1%～2%，因此对于禽类，只用维生素 D_3 作为添加剂。

（2）维生素 D_3：又名胆钙化醇（cholecalciferol）、胆钙化甾醇等，分子式为 $C_{27}H_{44}O$，相对分子质量为 384.62，白色至黄色的结晶粉末，熔点为 82～88℃，遇热、见光或吸潮后易分解，活性下降。维生素 D_3 主要来源于动物，也可由 7-脱氢胆固醇经紫外线照射转化而制取，其原料胆固醇是从羊毛脂中分离而得，经酯化、溴化、脱溴和水解即得 7-脱氢胆固醇，再经紫外线照射得维生素 D_3。

$$1IU\ 维生素\ D_3 = 0.025\mu g\ 结晶维生素\ D_3$$

4. 维生素 E

天然存在的维生素 E 约有 8 种，其中最重要的维生素 E 是 α-生育酚，主要剂型是乙酸酯油剂或加有吸附剂的粉剂，维生素 E 乙酸酯分子式为 $C_{31}H_{52}O_3$，相对分子质量为 472.75。

生产维生素 E 的方法有两种：一是从天然物（如大豆油）中分离，采用溶剂萃取、酯化、分子蒸馏以及吸附分离等工艺精制而得，一般为右旋体；二是化学合成法，由异植物醇与三甲基氢醌缩合而得，一般为消旋体。各种维生素 E 剂型生物效价规定为：

$1IU\ 维生素\ E = 1mg\ dl\text{-}\alpha$-生育酚乙酸酯 $= 0.909mg\ dl\text{-}\alpha$-生育酚 $= 0.735mg\ d\text{-}\alpha$-生育酚乙酸酯 $= 0.671mg\ d\text{-}\alpha$-生育酚。

5. 维生素 K

维生素 K，又名抗出血维生素或抗出血因子，是一系列甲萘醌（menadione）类衍生物的总称，主要有维生素 K_1、维生素 K_2、维生素 K_3。绿色多叶植物，如苜蓿中富含维生素 K_1；维生素 K_2 是细菌的代谢产物，动物消化道内的细菌可合成维生素 K_2；维生素 K_3 为人工合成品，专指甲萘醌或由亚硫酸氢钠和甲萘醌反应而生成的亚硫酸氢钠甲萘醌（MSB）等，生产上主要用维生素 K_3 作为饲料添加剂。通常用甲萘醌的毫克数计量维生素 K_3。但对动物不宜大量使用维生素 K_3。例如，每天若以 5mg 的量供给大鼠，它就会中毒。

6. 维生素 B_1

维生素 B_1，又名硫胺素（thiamine）、抗脚气病维生素、抗神经炎素等，作为饲料添加剂有以下两种剂型。

（1）维生素 B_1 盐酸盐（thiamine hydrochloride），又名盐酸硫胺，分子式为 $C_{12}H_{17}ClN_4OS\cdot HCl$，相对分子质量为 337.27，白色结晶或结晶性粉末，味苦，易溶于水，微溶于乙醇，不溶于乙醚。

化学合成维生素 B_1 的大致过程为：丙烯腈在甲醇、苯等作用下，合成甲氧基丙腈，进行缩合、甲基化等，生成 X-二甲氧基甲基-β-甲氧基丙腈，在盐酸乙脒、甲醇钠等作用下，生成 2-甲基-4-氨基-5-乙酰胺甲基嘧啶，在 γ-氯代-乙酰基丙醇乙酸酯作用下，生成 3-（2，5-二甲基-4-氨基嘧啶）-4-甲基-5-羧乙基乙酰-2-硫代噻唑，水解并被氢氧化钠中和生成硫羧硫胺，在过氧化氢和氯化钙作用下，最终生成盐酸维生素 B_1。

（2）维生素 B_1 硝酸盐，又名硝酸硫胺（thiamine mononitrate），化学式为 $C_{12}H_{16}N_4OS \cdot HNO_3$，相对分子质量为 327.36，白色或微黄色结晶或结晶性粉末。

盐酸硫胺和硝酸硫胺换算硫胺素的系数分别为 0.892 和 0.811。盐酸硫胺的水溶性比硝酸硫胺好，但稳定性差。若与氯化胆碱混合，盐酸硫胺在室温下储存 16 周可损失 38%，而硝酸硫胺只损失 9%；若室温升高，前者损失更多，因此在较热的天气宜选用硝酸硫胺。

7. 维生素 B_2

维生素 B_2，又名核黄素（riboflavin），广泛存在于肉、蛋、奶、酵母与绿色植物组织中，化学式为 $C_{17}H_{20}N_4O_6$，相对分子质量为 376.37，黄色至橙黄色的结晶性粉末，微臭，味微苦，溶液易变质，在碱性溶液中或遇光时变质加快，微溶于水，在乙醇、氯仿或乙醚中几乎不溶，在稀碱溶液中溶解。

生产维生素 B_2 的方法有发酵法和化学合成法，这里仅介绍前者。菌种：乙酪酸梭状芽孢杆菌或假丝酵母等。培养基：米糠油 4%、玉米浆 1.5%、骨胶 1.8%、KH_2PO_4 0.1%、NaCl 0.2%、$CaCl_2$ 0.1%、$(NH_4)_2SO_4$ 0.02%。主要工艺流程：培养基→接种→菌种培养→菌种液→扩培→二级菌种液→发酵→发酵液→在发酵液内加 3-羟基-2-萘甲酸钠→3-羟基-2-萘甲酸钠维生素 B_2→加 HCl，酸化生成 3-羟基-2-萘甲酸维生素 B_2→氧化、结晶，形成维生素 B_2 粗品→精制→维生素 B_2 成品。

8. 烟酸和烟酰胺

烟酸是吡啶-3-羧酸及其衍生物的总称，烟酰胺是烟酸在动物体内存在的主要形式。在所有维生素中，烟酸是化学结构最简单、理化性质最稳定的维生素之一。

烟酸，又名尼克酸（nicotinic acid）、维生素 PP、尼古丁酸、维生素 B_5 等，白色至微黄色结晶性粉末，无臭或微臭，味微酸，水溶液呈微酸性反应，在沸水或沸乙醇中溶解，在水中略溶，在乙醇中微溶，在乙醚中几乎不溶，在碳酸盐溶液易溶。

生产烟酸的方法为：将 2-甲基 5-乙基吡啶和硝酸混合，送入反应器，反应后产物经膨胀分成两相，液相经脱水后进入结晶器，从结晶器出来的粗烟酸硝酸盐通过离心与水分开，其固体经溶解、中和后制成烟酸，再经结晶、离心、干燥、过筛即得烟酸产品。

9. 泛酸及其钙盐

泛酸（pantothenic acid），又名遍多酸、抗皮炎因子，分子式为 $C_9H_{17}NO_5$，相对分子质量 219.23，是一种不稳定、吸湿性极强的黏性液体，易溶于水和乙醇，不溶于苯和氯仿，在中性溶液中对湿热稳定，在酸、碱、光与热等条件下均不稳定。泛酸分子具有旋光性，有右旋（d-）和消旋（dl）两种形式，消旋式泛酸的生物学活性为右旋的 1/2。泛酸的常用剂型为泛酸钙（d-泛酸钙或 dl-泛酸钙），是无色粉状晶体，微苦，可溶于水，在光与空气中较稳定。

dl-泛酸钙主要是以 γ-丁内酯和 β-羟基丙酸钙为原料制得 L-泛酸钙，再经消旋而得。若以消旋 α-羟基-二甲基-γ-丁内酯为原料，也可制得。

10. 维生素 B_6

维生素 B_6 是吡哆醇（pyridoxine）、吡哆醛（pyridoxal）和吡哆胺（pyridoxamine）的总称，三者的分子式分别为 $C_8H_{11}O_3N$、$C_8H_9O_3N$ 和 $C_8H_{12}O_2N_2$，在植物中存在的多为吡哆醇，而在人和动物体内多为吡多醛和吡哆胺，这三种吡啶衍生物在动物体内可相互转换，都具有维生素 B_6 的活性。

在饲料工业中使用的维生素 B_6 一般为盐酸吡哆醇（pyridoxine hydrochloride），化学式为 $C_8H_{11}NO_3 \cdot HCl$，相对分子质量为 205.64，白色至微黄色结晶性粉末，无臭，味酸苦，遇光渐变质，在水中易溶，在乙醇中微溶，在氯仿或乙醚中不溶。

生产维生素 B_6 的主要工艺流程为：氯乙酸与甲醇反应，生成氯乙酸甲酯，与甲醇钠反应，生成甲氧基乙酸甲酯，与丙酮缩合，生成甲氧基乙酸丙酮，与氰乙酸乙酯、氨水等制剂反应，生成甲氧基-5-氨基-6-羟基吡啶，与二甲基甲酰胺、氢气等物质反应，生成 2-甲基-3-氨基-4-甲氧基-5-氨甲基吡啶，再氧化为 2-甲基-3-羟基-4-甲氧基-5-羟甲基吡啶，最后水解为维生素 B_6。

11. 生物素

生物素（biotin），又名维生素 B_7、维生素 H，是一种含硫的维生素，其结构可视为由尿素与硫戊烷环结合，并连接有一个五碳酸支链。

生物素分子式为 $C_{10}H_{16}N_2O_3S$，相对分子质量为 244.31，白色晶体，易溶于热水，在常温下不易被酸、碱、光破坏，但高温与氧化剂存在时可使其丧失活性。

12. 叶酸

叶酸（folic acid, folacin），曾被称为维生素 B_{11}，是由喋啶、对氨基苯甲酸和 L-谷氨酸所构成，分子式为 $C_{19}H_{19}N_7O_6$，相对分子质量为 441.40，黄色晶体，不溶于冷水与乙醇，在水溶液中易被光破坏，热、光线和酸均能破坏叶酸。

生产叶酸的方法为：对硝基苯甲酸与 $SOCl_2$ 反应，生成对硝基苯甲酰氯，在谷氨酸等物质作用下，生成 N-对硝基苯甲酸谷氨酸，与 $(NH_4)_2S$ 反应，生成 N-对硝基苯甲酰谷氨酸，再与 2,4,5-三氨基-6-羟嘧啶反应，生成叶酸。

13. 维生素 B_{12}

维生素 B_{12} 含有钴，因此又被称为钴胺素（cobalamin）、抗恶性坏血病因子，是唯一含有金属元素的维生素。维生素 B_{12} 有多种形式，包括氰钴胺素、羟钴胺素、硝钴胺素、甲钴胺素等。一般所称的维生素 B_{12} 是指氰钴胺素。

维生素 B_{12} 为红色晶体，易溶于水和乙醇，在强酸、强碱和光照下极易分解。重金属、强氧化剂和还原剂可破坏维生素 B_{12}，大量的维生素 C 也可破坏维生素 B_{12}。因此，多种维生素预混料中，维生素 B_{12} 会因维生素 C 等抗氧化剂的存在而受损失。

主要用发酵法生产维生素 B_{12}。在生产链霉素或庆大霉素时从灰色链丝菌（strepto-myces griseus）的发酵液中可提取到维生素 B_{12}。专门生产维生素 B_{12} 时，一般用黄色杆菌属的 *Flavobacterium devorans* 为菌种，在含钴和磷的培养基中通气、发酵、过滤、吸附反复提取而制得维生素 B_{12}。钴若带—CN 基者，称为氰钴胺素（cyanocobalamin）；钴若带—OH 基者，称为羟钴胺素（hydroxycobalamin）；钴若带有—NO$_2$ 基者，称为硝钴胺素（nitrocobalamin）。

14. 胆碱

胆碱（choline），是卵磷脂（lecithin）的组分，为白色浆液，味苦，有很强的吸湿性，能溶于水，在酸性和强碱条件下稳定，耐热性强。在饲粮中添加的胆碱是氯化胆碱，分子式为 $C_5H_{14}ClNO$，相对分子质量为 139.63。

氯化胆碱对其他维生素有破坏作用，特别是有金属元素时对维生素 A、维生素 D_3、维生素 K_3 的破坏较大，因此不宜与其他维生素一起制成预混料。

可用三甲胺、盐酸水溶液和气态环氧乙烷进行反应制得氯化胆碱。

15. 维生素 C

维生素 C，又名抗坏血酸（ascorbic acid），是酸性己糖衍生物，有 L 型和 D 型两种异构体，仅 L 型对动物有生理功效。维生素 C 分子式为 $C_6H_8O_6$，相对分子质量为 176.12，无色晶体，久置色渐变微黄，极易溶于水，微溶于丙酮和低级醇类，不溶于脂肪与非极性有机溶剂，在弱酸中稳定，在碱中极易被分解破坏，具有强还原性，故其易被氧化剂氧化。

合成维生素 C 的方法如下：D-葡萄糖与 H_2 反应，生成 D-山梨醇，经转化后生成 L-山梨糖，在硫酸、丙酮作用下，生成双丙酮-L-山梨酮，在 $KMnO_4$、$NaOH$、O_2 作用下，生成双丙酮-L-古洛糖酸，在 HCl 作用下，生成 2-酮-L-古洛糖酸，再转化为维生素 C。

维生素 C 是一种不稳定的维生素，易被破坏。因此，现有许多稳定型维生素 C 产品，这些产品的共同特点是在不影响维生素 C 效力的条件下，改变其化学结构，从分子水平上保护维生素 C，从而使维生素 C 的稳定性大大增强。这些稳定型维生素 C 新产品目前主要有以下几种。

（1）抗坏血酸-2-聚磷酸盐：将维生素 C 和磷酸盐结合起来制得了 L-抗坏血酸-2-聚磷酸盐（ASPP）。这种化合物在加工储存过程中不被破坏，而动物食入后又能消化，分解为维生素 C 和磷酸盐。ASPP 的抗氧化性比一般形态的维生素 C 大 20～1300 倍。在 25℃或 40℃下，颗粒料中 ASPP 的稳定性比非磷酸化维生素 C 大到 83 倍或 45 倍。

（2）抗坏血酸单磷酸盐：抗坏血酸单磷酸镁（AMP-Mg）、抗坏血酸单磷酸钠（AMP-Na）和抗坏血酸单磷酸钙（AMP-Ca）等也已被生产。研究证明，这三种化合物在较热和潮湿的环境中非常稳定，且易被动物吸收利用。

（3）抗坏血酸硫酸盐：这类产品主要有抗坏血酸硫酸钾和抗坏血酸硫酸镁等。

（4）乙基纤维包被维生素 C：20 世纪 80 年代就有乙基纤维包被维生素 C 产品，这种产品的维生素 C 稳定性比普通维生素 C 稳定性有所提高，但仍不太理想。脂肪包被维生素 C 产品的脂肪层有助于隔绝水分以防止其中维生素 C 被氧化。当水生动物食入该物质后，脂肪层就被脂肪酶分解，其中的维生素 C 就释放出来而被水生动物吸收。在饲料常规的膨化和制粒过程中，脂肪包被维生素 C 产品中维生素 C 损失率低于 20%。

16. 肌醇

肌醇（inositol），又名肌糖（muscle sugar）、肉糖（meat sugar）、环己六醇（cyclo-hexanehexol），分子式为 $C_6H_{12}O_6$，相对分子质量为 180.16，广泛分布于动植物体内。

鱼类缺乏肌醇时，会发生生长缓慢、贫血、鱼鳍腐烂等现象。因此，一般需要在水生动物饲料中添加肌醇。糠麸类饲料富含肌醇，可从米糠中提取肌醇。

四、微量元素添加剂

动物饲粮中常易缺乏微量元素，因此有必要补加微量元素，以保证动物的营养需要。微量元素添加剂（trace element additive）主要包括铁、铜、锰、锌、硒、碘和钴等。

（一）微量元素化合物的选择

选作添加剂的微量元素化合物须具备吸收率高和物理性质稳定的特点。例如，碘化钾或碘化钠是碘的常用添加剂，虽然其吸收率高，但是物理性质却很不稳定。二碘百里酚、碘酸钾和碘酸钙的吸收率与碘化钾、碘化钠相似，但其物理性质却比碘化钾、碘化钠稳定得多，故选用二碘百里酚、碘酸钾和碘酸钙作为添加剂更为适宜。又如，用亚硒酸钠和亚硒酸钙作为硒源饲料添加剂时，它们的生物学效价相似，但亚硒酸钙的毒性比亚硒酸钠的毒性低得多。因此，在其他条件相似的情况下，宜选用亚硒酸钙作为硒源饲料添加剂。此外，还须考虑不同的畜、禽对各种微量元素原料的反应。例如，雏鸡对柠檬酸铵铁、延胡索酸铁与氯化铁中铁的吸收率较高，而对磷酸铁、碳酸铁等的吸收率较低。仔猪对硫酸亚铁吸收较好，而对氧化铁不能吸收。反刍动物对硫酸亚铁和氯化铁吸收率最高，碳酸铁次之，而氧化铁最低。又如，猪对硫酸锌利用率较高，蛋鸡对碳酸锌利用率较高，奶牛对乙酸锌利用率较高。因此，生产不同动物含锌预混料时，宜选用不同的锌盐作为原料。

（二）微量元素化合物的粒度与在预混料中的混合均匀度

在生产添加剂时，微量元素化合物的粒度要适宜，既不能磨得太粗，但也不宜过细。此外，应选用适宜的载体，促使微量元素化合物与载体相互结合而改善其流动性。微量元素化合物的粒度视具体元素而定。铁、锌、锰等的化合物的粒度可稍粗，一般要求能全部通过

60 目筛；铜、钴等的化合物的粒度宜细，一般要求能全部通过 80～100 目筛；碘、硒等的化合物的粒度应更细，粒径务必要在 10μm 以下。

多种微量元素化合物在载体（或稀释剂）物料中是否分散均匀，对它们在配合饲料中的分散均匀度和安全性具有决定作用，因此应对每批产品混合均匀度进行检测。检测方法是：用原子吸收分光光度计，分别测出在不同位置取得的 10～12 个样本中铁、铜、锰和锌含量，然后按变异系数公式，求出变异系数。要求变异系数不超过 5% 为合格。

（三）微量元素的用量

微量元素预混料的作用是弥补基础饲粮中微量元素的不足。因此，微量元素在预混料中的用量取决于基础饲粮和预混料的添加比例。我国幅员辽阔，地形复杂，土壤类型繁多，不同地区土壤的化学组成如微量元素组成差异较大或很大，这就必然导致不同地区生产的植物性饲料中化学组成如微量元素组成不同。另外，我国不同地区的气候差异很大，气候也会影响饲料作物对土壤微量元素的吸收利用。可见，由不同地区生产的饲料原料配合而成的基础饲粮中微量元素组成是不同的。因此，应针对当地具体的基础饲粮，即应检测分析当地畜、禽常用的基础饲粮中各种微量元素含量，确定预混料中各种微量元素的用量。

五、其他营养性饲料添加剂

（一）牛磺酸

1. 牛磺酸的化学组成

牛磺酸（taurine），又名 2-氨基乙磺酸，是一种含硫氨基酸，属于非蛋白质氨基酸，结构式为 $NH_2—CH_2—CH_2—SO_3H$，白色粉末状结晶，可溶于水。在动物体内，它与胆汁酸形成复合物，或以游离态形式存在。

2. 牛磺酸的来源

牛磺酸最初由牛胆汁中分离而得，故得名。牛磺酸在海产品蛤蜊（0.52%）、牡蛎（0.40%）等以及火鸡肉（0.31%）、乌鸡肉（0.17%）中含量较高。

3. 牛磺酸的作用

（1）猫若缺乏牛磺酸，很快就会失明。其原因是猫体内不能合成牛磺酸，而牛磺酸能维持视网膜结构与功能。并且，牛磺酸是母猫妊娠、分娩、仔猫成活和发育的必需物质。因此，认为牛磺酸是猫的一种必需氨基酸。

（2）牛磺酸参与胆汁酸合成，促进脂类物质的消化与吸收。

（3）牛磺酸可增强机体免疫力。血液白细胞、嗜中性粒细胞、淋巴细胞、单核细胞中牛磺酸含量为血浆中含量的 10～30 倍。牛磺酸缺乏时，这些细胞的免疫机能下降。

（4）牛磺酸可维持神经系统正常功能，防止异常兴奋。牛磺酸可促进人、动物脑神经细胞增殖、突触形成，加速神经细胞的分化成熟。

（5）牛磺酸对细胞有保护作用，表现为维持细胞内外渗透压的平衡，对细胞膜有稳定作用，清除自由基和抗脂质过氧化损伤。

4. 牛磺酸在动物饲粮中适宜用量与应用效果

一般认为，牛磺酸在猪、鸡饲粮中适宜用量为 0.10%～0.15%。使用这种饲料添加剂，可促进动物生长、提高饲料转化率。

（二）核苷酸

近几年来，有学者认为，核苷酸（nucleotide）是"半必需养分"。其依据是：尽管动物体内能合成核苷酸，但动物在快长或处于应激状态时，对核苷酸需要量增多，体内合成量不能满足需要，需要外源补充。

动物试验表明，饲粮添加核苷酸，可增强机体免疫功能、促进消化器官发育和肠道损伤修复、保护肝功能、提高抗应激能力。因此，近几年来，有人将核苷酸作为营养性饲料添加剂。

（三）甜菜碱

甜菜碱（betaine），是最早从甜菜糖蜜中分离出来的一种生物碱，学名为甘氨酸三甲基内酯，是一种季铵型生物碱，分子式为 $C_5H_{11}NO_2$，可溶于水和醇。甜菜碱味甜，与甘氨酸味道相似。

甜菜碱含有三个甲基，是一种高效活性甲基供体，可部分取代蛋氨酸和胆碱。甜菜碱能促进脂肪代谢、抑制脂肪沉积、提高瘦肉率。甜菜碱是渗透压激变的缓冲物质。当细胞渗透压发生变化时，甜菜碱能被细胞吸收，防止水分流失与盐类进入，调节机体渗透压，稳定酶等生物大分子的活性和功能，减轻应激。甜菜碱有甜味和鱼、虾等动物敏感的鲜味，对动物尤其是水生动物有诱食作用。

甜菜碱在动物饲粮中适宜的添加量分别为：断奶仔猪 $0.2\sim2.0g/kg$、肥育猪 $1.0\sim2.0g/kg$、妊娠母猪 $0.5\sim1.5g/kg$、肉鸡 $0.5\sim2.0g/kg$、蛋鸡 $0.5\sim1.0g/kg$、鲤鱼 $1.0\sim5.0g/kg$、河蟹 $1.5g/kg$。

（四）肉碱

肉碱（carnitine），又名肉毒碱，也叫维生素 Bt，学名为 3-羟基-三甲基铵丁酸，分子式为 $C_7H_{15}NO_3$，无色晶体。鱼粉、肉粉、血粉中肉碱含量较多，可达 $100\sim160mg/kg$。但植物性饲料中肉碱含量很少，如玉米、大麦、小麦、高粱、大豆、豌豆中肉碱含量都低于 $10mg/kg$。

肉碱作为唯一载体，能携带长碳链脂肪酸通过线粒体膜而促进脂肪酸在线粒体内进行 β 氧化，从而改善能量代谢。在维生素 C、维生素 PP、维生素 B_6 和 Fe^{2+} 等参与下，1 分子赖氨酸与 3 分子蛋氨酸可合成 1 分子肉碱。虽然，动物机体能合成肉碱，但幼龄动物，特别是断奶仔猪，其饲粮若主要由植物性饲料组成，往往易缺乏肉碱。饲粮添加肉碱，能节省赖氨酸、蛋氨酸的用量。研究证实，肉碱可促进犊牛、羔羊、肉仔鸡和肥育猪的生长，提高饲料转化率，尤其能提高胴体的瘦肉率。

（五）几丁质

几丁质（chitin），又名甲壳质、甲壳素、壳多糖等，在自然界中分布广泛，主要存在于节肢动物的外壳中，在虾、蟹壳中含量可达 $10\%\sim30\%$。几丁质是由 N-乙酰氨基葡萄糖、碳酸钙聚合的高分子化合物，并带有正电荷。

几丁质的生物学作用为：①增强动物免疫力。几丁质为阳性趋化剂，吸引单核细胞从血管中游出，聚集在组织中形成吞噬细胞，从而提高免疫功能。②抗病抑菌作用。大多数致病菌都呈阴离子性状，几丁质可与病菌表面鞭毛吸附凝聚，从而干扰细菌代谢，抑制病原菌生长和繁殖。同时，促进肠道内双歧杆菌、乳酸菌等有益菌的增殖，保持小肠内健康环境。③降低血脂，减少体脂沉积量。几丁质成分中的葡萄糖胺链 4 价铵离子，具有较高的阴离子交换能力，可黏合胆汁酸，阻止胆汁酸循环。这样可使食物中的脂肪不被乳化，减少脂肪的消化吸收，从而减少体脂的沉积量。

几丁质在水产养殖中应用较广泛，主要效果为：①净化养殖水体。几丁质可吸附水中悬浮物，也能螯合有害金属离子。②促进虾、蟹等水生动物的生长。

（吕秋凤，周　明）

第二节　非营养性饲料添加剂

非营养性饲料添加剂包括保健促生长剂（如抗生素、人工合成抗菌药物、中药与植物提取物、酶制剂、高铜制剂、高锌制剂、微生态调节剂等）、饲料保存剂（如抗氧化剂、防霉剂、青贮料添加剂等）、动物产品品质改进剂（如增色剂、风味剂、抗氧化剂等）、饲料质量提高剂（如食欲增进剂、抗结块剂、吸附剂、黏结剂等）。

非营养性饲料添加剂种类繁多，所起的作用千差万别，下面择其主要的作用加以简介。

一、保健促生长剂

保健促生长剂属于非营养性饲料添加剂，其主要作用是保障健康，刺激畜禽生长和提高饲料利用效率。保健促生长剂主要包括抗生素、人工合成抗菌药物、中药与植物提取物、酶制剂、高铜制剂、高锌制剂、微生态调节剂等。

（一）抗生素添加剂

抗生素是细菌、放线菌、真菌等微生物的一些代谢产物，或是用化学半合成法制造的相同或类似物质。抗生素对特定微生物（包括细菌、真菌、立克次氏体、支原体、衣原体等）的生长有抑制或杀灭作用。

1. 抗生素添加剂的作用机理

关于其作用机理，解释较多，较为一致的看法有以下几点。

（1）抗生素可削弱消化道（小肠、盲肠等）内有害微生物的作用。特别在卫生不佳、管理不善的情况下，其效果尤为明显。有害微生物被抑制或杀死，就会减少动物体对抗有害微生物的消耗，从而节省了维生素、蛋白质等养分。

（2）抗生素对某些病原菌有抑制杀灭作用，可增强畜禽抵抗力，防治疾病，恢复健康。

（3）畜禽服用抗生素，能使肠壁变薄，从而有利于养分的渗透和吸收。

（4）抗生素有增进食欲，增加采食量的作用；同时，抗生素可刺激脑下垂体分泌激素，促进生长发育。

2. 抗生素添加剂的分类

用作饲料添加剂的抗生素一般可被分为两类：一类是人、畜共用的抗生素，如土霉素、链霉素、金霉素、青霉素和卡那霉素等；另一类是畜禽专用的抗生素，如杆菌肽锌、维吉尼亚霉素、竹桃霉素、泰乐霉素、黄霉素、盐霉素和灰霉素等。

3. 抗生素添加剂的使用效果

抗生素的饲用效果，随抗生素的种类、动物类别与生长阶段不同而有所差异。一般地，抗生素添加剂对成年动物的效果较差；而对幼龄动物如仔猪、幼雏的效果较好，用抗生素喂犊牛，可减少腹泻和传染病的发生，促进其生长发育，尤以6月龄前的犊牛饲喂效果较佳，用抗生素喂仔猪，可使其增重提高10%～15%，饲料利用率提高5%左右。用抗生素喂幼雏，可使其增重提高10%～15%，饲料利用率也提高。

4. 抗生素添加剂的毒副作用

（1）使病原微生物产生耐药性。大多数抗生素在抑制或杀灭病原微生物的同时，也会使某些病原微生物产生基因突变而成为耐药菌株，耐药菌株可将耐药因子向敏感菌传递，逐渐使整个病原微生物菌群产生耐药性。耐药性的产生，将使抗生素对人和动物某些疾病的防治作用下降或消失。

（2）抗生素在动物产品中残留，从而使人体产生过敏反应。抗生素通过饲粮进入动物体内，不同程度地残留于动物产品中。一些抗生素较稳定，能耐加热等加工方法，如巴氏消毒不能破坏乳中抗生素，人食用了这种乳，会出现荨麻疹或过敏性休克。肉类等动物产品中若残留有链霉素，加热对其降解作用很弱。若残留的是四环素，则加热产生的四环素降解产物比四环素本身有更强的溶血作用和肝毒作用。

（3）人和动物长期摄入微量抗生素，免疫系统受到影响，抗病力下降。

（4）抗生素对人、动物肠道天然菌群有杀灭、抑制作用。食物中长期含有抗生素，可抑制肠道中有益微生物增殖，从而使得肠道菌群组成失衡，沙门氏菌易于增殖，引起消化不良乃至腹泻等。

5. 合理使用抗生素添加剂

（1）选用畜禽专用的、残留量少的、不产生耐药性的抗生素。例如，以杆菌肽锌为代表的多肽类抗生素吸收性差，几乎不产生耐药性，使用效果好。又如，瘤胃素（莫能菌素）既是牛、羊的生长促进剂，又可用作家禽的防球虫药。

（2）不能连续长期使用抗生素添加剂，应间断性短期使用。

（3）确定合理用量：抗生素用量过少不起作用，过多也不利。具体用量除与抗生素种类、饲用对象等有关外，还因饲用目的而异，如用于防治疾病则用量要比用于保健促生长剂的多。例如，土霉素、金霉素在饲粮中的用量，一般是用于治疗的量为 100～200g/t，用于预防的量为 50～100g/t，作为促生长剂则为 10～50g/t。

（4）应有停药期：对抗生素添加剂的使用期限要做具体规定。研究证实，抗生素停喂后，体内残留的抗生素量逐渐减少。多数抗生素的消退时间为 3～6d，故一般规定，在动物屠宰前 7d 甚至更长时间停止使用抗生素。

（二）驱虫保健剂

驱虫保健剂是指添加于饲粮，能防治动物寄生虫病、促进动物生产和提高饲料利用率的饲料添加剂。驱虫保健剂种类较多。按防治寄生虫的类型可将其分为驱虫药（主要指驱蠕虫药）、抗原虫药（主要指抗球虫药）和杀虫剂。目前，世界各国批准作为饲料添加剂使用的驱虫保健剂只有两类：一类是驱虫性添加剂，另一类是抗球虫性添加剂。

1. 驱蠕虫药

驱蠕虫药的种类较多，按驱虫谱可将其分为驱线虫药、抗吸虫药和抗绦虫药，目前世界各国批准使用的驱蠕虫类药物仅有两种，即越霉素 A、潮霉素 B。

（1）越霉素 A

理化特性：为白色粉末，易溶于水和低级醇，不溶于一般有机溶剂，具有高度的稳定性，在密封、防潮、室温下稳定性好。

作用：越霉素 A 驱虫的机理是使寄生虫的体壁、生殖管壁和消化道管壁变薄，使虫体活性降低而被排出体外。越霉素 A 还能阻碍雌虫子宫内卵的卵膜形成，使虫卵变成异常卵而不能成熟，截断寄生虫的生命周期从而达到驱虫的目的。越霉素 A 对猪蛔虫、猪类线虫、猪鞭虫、鸡蛔虫、鸡盲肠虫和鸡毛细线虫都有良好的驱虫效果。越霉素 A 可用于 4 月龄的猪、肉鸡与产蛋前母鸡。

优缺点：越霉素 A 不易被肠壁吸收，在动物组织中残留量几乎为零。越霉素 A 是动物专用抗生素，不会与人用抗生素产生交叉耐药性，对畜禽无副作用，因此是一种安全性高的驱虫药。

用量：每吨饲料添加 5～10g，连用 8 周。

休药期：猪 15d，鸡 3d；蛋鸡产蛋期禁用。

（2）潮霉素 B

理化特性：为无定形淡黄褐色粉末，熔点 160～180℃，易溶于水和乙醇，难溶或不溶于乙醚、苯和三氯甲烷，易与有机酸和无机酸生成盐，耐热，稳定性高。

作用：潮霉素 B 的作用机理是阻止成虫排卵，破坏寄生虫的生活周期，阻止幼虫的生长，使之不能成熟，从而使动物免受寄生虫的侵害。潮霉素 B 可有效地杀死猪体内的蛔虫、结节虫和鞭虫，对鸡体内的寄生虫同样有效。与球痢灵或氨丙啉合用可预防和控制鸡的球虫病。

优缺点：潮霉素 B 在动物体内的吸收量少，残留量低，且不易产生耐药性。饲喂后很快随粪排出，加到饲粮中不影响饲粮的适口性，驱虫时也不会发生应激反应，因此安全性较高。

用量：每吨猪饲料添加 10～13g，育成猪连用 8 周，母猪产前 8 周至分娩；每吨鸡饲料添加 8～12g，连用 8 周。

注意事项：蛋鸡产蛋期禁用；避免与人皮肤、眼睛接触；休药期：猪 15d，鸡 3d。

2. 抗球虫药

（1）作用机理：第一，影响虫体的正常功能。例如，莫能菌素能与碱金属离子相互作用，特别是抑制钾离子向肝细胞线粒体内转移，导致球虫的正常生理功能紊乱，使某些物质代谢和三磷酸腺苷水解受阻，使虫体因供能不足而附着无力，从而被排出体外。第二，竞争性对抗虫体代谢。例如，磺胺类药物的结构和原虫体的对氨基苯甲酸相似，可竞争性地抑制对氨基苯甲酸的利用，干扰叶酸的合成代谢，最终影响蛋白质的合成而发挥抗球虫作用。第三，抑制核酸合成。如二甲氧甲基嘧啶、乙胺嘧啶等药物是二氢叶酸还原酶的抑制剂，该酶被抑制后二氢叶酸不能被还原为四氢叶酸，从而阻碍了合成嘌呤、嘧啶核苷酸，最终使核酸合成减少，虫体的繁殖受到抑制。这些药物与磺胺类药物分别作用叶酸合成的不同环节，二者合用有增效作用。

（2）种类：抗球虫药的种类主要有莫能菌素（瘤胃素、欲可胖）、盐霉素、拉沙里菌素、马杜拉霉素、盐酸氨丙啉、尼卡巴嗪、氯羟吡啶、常山酮、二硝托胺等。

（三）高铜制剂

1. 属性

仔猪和生长育肥猪对铜的营养需要量为 3.5～6.0mg/kg（取决于猪的生理阶段）。然而，在猪生产上，很多人在猪饲粮中添加铜 125～250mg/kg（剂型主要为 $CuSO_4 \cdot 5H_2O$），甚至高达 375mg/kg，如此高剂量的铜不是作为营养物质，而是作为促生长剂。

2. 作用机理

在猪饲粮中使用高铜制剂，可能的作用机理为：①减少消化道内有害微生物的数量，猪对肠寄生虫感染的抵抗力增强，因而高铜制剂既对猪有保健作用，又可使饲料养分在消化道内损失量降低。②使肠壁变薄，故养分吸收率和利用率提高。③使消化道内有害气体如 H_2S 等减少。④使猪的生长性能提高，其可能原因是铜促进了生长激素的分泌。⑤使体蛋白沉积量增多，体脂沉积量减少。

3. 应用效果

高铜制剂对 10～40kg 体重的猪促生长作用有一定效果。一些资料报道，饲粮添加铜 125～250mg/kg，可使仔猪日增重增加 3%～6%，饲料利用率提高 4%～8%。但须有前提条件，即饲粮营养要平衡，尤其是铁、锌、维生素 E 等养分供应量充裕。随着猪体重的增大，其效果下降。高铜制剂对 50kg 以上体重的猪促生长作用一般是没有效果的。

4. 毒副作用

给猪全期饲喂高铜饲粮，可引起铜在猪组织蓄积，影响猪产品的可食性。王建明等（1999）研究认为，日粮铜含量低于需要量时，肝铜含量随日粮铜变化不大；日粮铜含量接近需要量时，肝铜随日粮铜而呈线性增加。肝铜与饲粮铜水平呈线性增长关系，因此肝铜是反映饲粮铜水平及体内铜代谢状况的良好指标。日粮铜大于需要量（高铜）但不中毒时，肝铜成倍增加。于炎湖（2002）报道，使用高铜制剂，可使猪肝中铜含量高达 750～6000mg/kg，人食用这种猪肝，可造成铜在人体内大量蓄积，从而损害人体健康。

关受江等（1995）试验表明，给猪饲喂 150mg/kg、200mg/kg、250mg/kg 和 300mg/kg 的高铜日粮时，猪随粪每日排出铜分别为对照组的 339.8％、495.1％、321.9％和 733.2％，分别占摄入量的 98.95％、97.86％、87.30％、96.06％，造成资源浪费、环境污染。当大量铜进入土壤，使土壤和植被中铜含量大量增加。据日本土壤肥料学会的报告，土壤中铜含量应不大于 80mg/kg。将高铜的粪肥施入土壤，土壤中铜含量很容易达到上述限量标准。土壤的铜污染可破坏土壤的物理、化学和生物学功能，引起土壤的肥力降低，影响作物产量和养分含量。

鉴于高铜制剂的毒副作用，农业部在 2009 年 6 月 18 日颁布了《1224 公告》，明确规定了高铜制剂在猪用饲料产品中的使用阶段和使用剂量。

（四）高锌制剂

丹麦学者 Poulsen 在 1989 年试验发现：在断奶仔猪饲粮中加 2500～4000mg/kg 锌（氧化锌），可降低仔猪腹泻率，并能促进其生长。由此诞生了高锌制剂的应用。美国 10 所大学合作试验研究表明，以氧化锌剂型在饲粮中添加药理效应水平（3000mg/kg）的锌，能提高仔猪日增重 13％，提高饲料采食量 8％，提高饲料效率 4％。此作用对早期断奶（<14d）和传统断奶（>21d）的仔猪同样有效，且使用该药理水平的锌应在断奶后持续 2 周。

1. 高锌制剂的作用

① 对采食量的作用：锌是味觉素（一种含两个锌离子的唾液蛋白）的组分，味觉素对口腔黏膜上皮细胞的结构、功能、代谢有重要作用，进而影响舌乳头中味蕾小孔的形态和功能。因此，在饲粮中添加锌，可增强味蕾对滋味的敏感性，产生增食的效果。Hahn 等（1993）报道，在早期断奶仔猪饲粮中添加高锌，血浆锌水平大约在 1.5mg/L 时，可刺激仔猪的随意采食量，并认为其生长性能的提高直接得益于采食量的增加。

② 对消化管结构和功能的作用：锌能改善消化管上皮细胞的结构和功能。Carlson（1998）报道，补饲高剂量氧化锌能改善肠道形态。用感染传染性胃肠炎的断乳仔猪做试验，发现高锌可促进受病毒损害的肠道组织的恢复。饲粮中锌水平的变化，可以影响小肠 MT-mRNA 的表达，高锌可刺激肠黏膜细胞金属硫蛋白（MT）的合成，而 MT 可调节锌的吸收。因此，有人认为，肠组织 MT 的生成可能是高锌制剂促进仔猪生长的机理之一。肠组织细胞通过 MT 储留锌的增多，可能促进蛋白质合成和细胞增殖，从而有助于改善肠道健康。

③ 对消化酶的作用：锌能增强各种含锌消化酶的活性，提高仔猪的消化功能。在饲粮中添加高剂量氧化锌，可使饲料干物质、粗蛋白质的表观消化率分别提高 4.32％和 4.52％。这可能与羧肽酶 A 和羧肽酶 B 的活性增强有关，但尚需进一步研究证实。

④ 对肠道微生物的作用：锌具有抑制肠道一些有害微生物增殖的作用。腹泻常与病原性大肠杆菌有关，锌离子对大肠杆菌的呼吸链有抑制作用，这可能是高锌制剂抗腹泻的机理之一。

2. 影响高锌制剂作用的因素

计峰等（2003）统计了 33 次以氧化锌剂型添加高水平锌对仔猪促生长作用的试验，其中 27 次试验结果表明添加 2000～4000mg/kg 的锌对断奶仔猪有促生长作用，但 6 次试验结果表明断奶仔猪饲粮添加 3000mg/kg 的锌没有促生长作用。

目前，大多数试验研究资料表明，仅氧化锌来源的高锌具有防仔猪腹泻和促生长作用。据报道，各种锌源中，氧化锌的生物学利用率最低。氧化锌中的锌大部分随粪排出，未被利用（Hoover 等，1997）。对于这种现象的解释，可能是因为氧化锌本身具有弱抗菌和收敛作用，以及由于氧化锌的生物学利用率低于其他锌源，较高剂量的氧化锌不会使动物发生不良反应。一些研究者认为，由于氧化锌生物学利用率较低，使猪对多余氧化锌较其他锌源如硫酸锌有更强的耐受性。

饲粮中添加超过正常需要量 20～30 倍的高剂量锌，可能打破原有各种元素之间的平衡。因此，在使用高锌制剂的同时，要考虑与其他元素的平衡，主要考虑的是铜、铁、钙等。Smith 等（1997）和 Hill 等（1996）报道，高锌和高铜（250mg/kg）混合添加，对仔猪生产性能的提高不具有可加性。Hill 等（1996）在混合添加高锌（3000mg/kg）和高铜（250mg/kg）时，尽管血清锌和铜的浓度都升高，但不改变血清铁的浓度。

在生产上，一些饲料厂或养猪场放大高锌制剂的作用，不仅是在断奶仔猪饲粮中加氧化锌，在非断奶仔猪饲粮中也加氧化锌，加锌水平达 2000～2500mg/kg，甚至 3000mg/kg 以上。虽然用这样剂量的氧化锌能在一定程度上防止仔猪腹泻，但绝大多数锌随粪肥进入土壤。长期使用高锌制剂，造成对土壤的锌污染。有学者报道，土壤中锌含量为 10mg/kg、150mg/kg、200mg/kg 时，会抑制水稻、小麦和萝卜的生长。

总之，高锌制剂对猪特定时段可能有一定效果，但不能长期使用，否则不仅损害人和猪的健康，浪费锌资源，而且对环境造成越来越严重的污染。鉴于此，国家农业部在第 1224 号公告中，明确规定仔猪断奶后 2 周内饲粮锌（氧化锌）水平不得高于 2250mg/kg。

（五）砷制剂

Anke 等（1973—1977）证明，砷是动物的必需微量元素。由自然饲料配制的饲粮中砷含量一般能满足动物的营养需要，无需额外补充。但是，一些资料报道，在饲粮中添加有机砷制剂，能促进动物的生长，提高饲料利用效率。因此，近几年来，在动物生产上，较多的人用对氨基苯胂酸（商品名：阿散酸）和 3-硝基-4-羟基-苯胂酸（商品名：洛克沙生）作为促生长添加剂。一般认为，有机砷制剂在动物消化道内有抑菌作用，能使肠壁变薄；另能扩张体表血管，使其充血，因而皮肤红亮，富有光泽。

目前，有机砷制剂在动物饲粮中用量为 50～100mg/kg，其中绝大多数砷随畜禽粪、尿排出而进入土壤中。长此下去，土壤、水源、空气中砷含量将逐渐上升。因此，这种危害将越来越大。人类长期食入、吸入或接触砷，可引起砷中毒或慢性中毒。鉴于此，越来越多的学者建议，我国应尽早禁止有机砷制剂在动物饲粮中的使用。

（六）酶制剂

在畜禽饲粮中应用酶制剂的历史虽较长，但不普遍，使用效果也不稳定。直到 20 世纪 80 年代初，酶制剂用量才逐渐多起来，且使用效果较明显而稳定。

1. 酶制剂的种类

（1）淀粉酶：包括 α-淀粉酶、β-淀粉酶等。前者作用于 α-1,4-糖苷键，将淀粉水解为二糖、寡糖和糊精；后者作用于 β-1,6-糖苷键，将淀粉水解为二糖、寡糖和糊精。饲粮中添加的主要是 β-淀粉酶。

（2）半纤维素酶、木聚糖酶、阿拉伯聚糖酶、甘露聚糖酶、半乳聚糖酶等。这类酶可将聚合糖中的五碳糖、六碳糖释放出来。

（3）纤维素酶：包括 C_1、C_x 酶和 β-葡聚糖酶。C_1 酶将结晶纤维素分解为活性纤维素，降低结晶度。C_x 酶将活性纤维素分解为纤维二糖和纤维寡糖。β-葡聚糖酶可将纤维二糖和纤维寡糖分解为葡萄糖。

（4）果胶酶：可分解包裹在植物表皮的果胶，促使植物组织分解。

（5）蛋白酶：可将蛋白质分解为氨基酸。

（6）脂肪酶：可将脂肪分解为脂肪酸和单甘油酯等。

（7）植酸酶：可将植酸磷复合物中的磷释放出来，供动物利用。

2. 酶制剂的作用

（1）补充动物内源酶的不足，促进饲料养分的消化。幼龄动物尤其是初生动物，因消化系统尚未发育完全，各种消化酶的分泌量不足，活性也不强，对谷物与其他植物性饲料的消化能力较弱，故若在幼龄动物饲粮中加适量酶制剂，则有利于饲粮中养分的消化吸收。

（2）降低食糜黏度，预防消化道疾病。非淀粉多糖如 β-葡聚糖、阿拉伯木聚糖等与水结合，使食糜黏度增强，从而导致饲料养分消化率降低，还使动物产生黏粪现象。

（3）消除抗营养因子。构成植物细胞壁的纤维素、半纤维素等成分不仅不能被动物内源酶消化，而且还阻碍细胞内容物养分的消化。植酸影响多种矿物元素的效价。使用相应的酶制剂，可消除抗营养因子的有害作用。

（4）扩大饲料资源。例如，小麦因含一定量的 β-葡聚糖、阿拉伯木聚糖等成分，饲用效果较差，但 β-葡聚糖酶、阿拉伯木聚糖酶，可显著提高小麦的饲用价值。

（5）减少粪中氮、磷等物质对环境的污染。

3. 酶制剂的应用效果

哺乳仔猪饲粮中加适量的酶制剂，可提高饲料中养分的消化率，氮、钙和磷的吸收量均有所增多。据报道，哺乳仔猪饲料加 0.01% 淀粉酶和糊精酶，其增重可提高 10%，饲料耗量能减少 10%。断乳仔猪饲粮中加 0.2% 淀粉酶，其增重可较对照组提高 13.8%。据试验，给雏鸡每只每日加 1g 淀粉酶，其增重可较对照组高 24.7%，而加 2g 糊精酶，其增重可较对照组高 9%。综合其他试验结果表明，在雏鸡饲粮中加不同数量或不同种类的酶制剂，其平均日增重可提高 7%～15%，每增重 1kg 可降低饲料消耗 5%～7%。在母鸡饲粮中加酶制剂也获得了良好的效果。研究表明，在乳牛的干草＋精料饲粮中，按每千克饲粮加糊精酶 7g，结果是乳牛的产乳量要比未补饲酶制剂的对照乳牛高 15%～18%。在犊牛饲粮中加酶制剂后，其增重和饲料利用率分别较对照组高 11.4% 和 13%。

酶制剂还可用于饲料青贮。豆科牧草与水生饲料作物因其中含糖量低而不易青贮。若将其青贮，则难以获得优质青贮料。在上述饲料青贮时，可加含有淀粉酶、糊精酶、纤维素酶和半纤维素酶的酶制剂，以加速饲料中糖的分解，促使部分多糖加快转化为单糖，从而有利于青贮过程中乳酸的生成。试验研究表明，青贮原料中加 0.5%～1.0% 酶制剂，可使青贮料 pH 从 4.51 降到 4.20，乳酸含量从 12% 增加到 16%，从而提高了青贮料品质。

应该强调的是，酶制剂的应用效果受饲粮组成等因素影响。例如，在含有较多比例（50%～70%）大麦的饲粮中加酶制剂，并将之喂鸡，能显著提高增重和降低饲料消耗。但若在由玉米、小麦、燕麦等组成的饲粮中加酶制剂，则效果不明显。大麦对家禽而言，其营养价值较低，因其中含有较多的 β-葡聚糖。所以，在大麦饲粮中加 β-葡聚糖酶，可大大提高饲料消化率，并减轻大麦对雏鸡的不良影响。

4. 使用酶制剂时应注意的问题

（1）酶制剂的活性：酶是蛋白质，易受热、酸、碱、重金属和抗氧化剂等因素影响，长期储存，也易丧失其活性。使用的酶制剂应有相当强的活性，否则不能取得对养分消化的催化作用。

（2）酶制剂中是否含素毒：在生产酶制剂时，虽对产酶菌种要进行严格选择，确认为无毒菌株才用于生产，但可能在生产过程中有杂菌污染，使酶制剂带毒。因此，在使用酶制剂前，要进行毒性试验，确认酶制剂无毒时方可投入使用。

（3）酶制剂用量的确定：应根据酶制剂的种类、纯度、酶活等方面决定酶制剂在畜禽饲粮中的用量。

（4）酶制剂的添加方法：因酶制剂在饲粮中用量很少（常为千分之几以下），故须先将酶制剂制成预混料，再将此预混料混入饲粮中，以保证其混合均匀。

（七）益生素

益生素（probiotic），还被译为竞生素或促生素，又名生菌剂、饲用微生物、有益微生物等，这里主要是指参与动物肠道内微生物平衡的微生物。人们知道，抗生素作为饲料添加剂长期大量使用，能使畜禽胃肠道正常的微生物菌群平衡失调，内环境紊乱，不仅不能提高畜禽生产性能，而且使致病菌对抗生素产生耐药性。一些抗生素还能通过动物性食品（肉、蛋、乳等）向人体转移，致敏、致畸、致癌。作用性质与抗生素完全相反的益生素，正越来越被重视。

1. 益生素的作用机理

任何动物的生存、生产都须以健全的消化机能为基础。健全的消化功能以消化道内环境相对稳定、微生物区系平衡为特征。动物生活条件改变（如饲料变化、应激、断乳等）常可引起动物消化道内环境、正常微生物区系发生变化。当变化超过其生理限度时，则发生消化机能紊乱，从而不能有效地利用饲料。健康的肠道功能是以产乳酸的细菌，如乳酸杆菌、链球菌及其他厌氧菌占优势的，有一定的 pH 与氧化还原电位。一旦这个平衡失调时，则条件性病原菌（如大肠埃希菌）大量繁殖。有人证实，健康犊牛十二指肠中大肠埃希菌数为每毫升不足 100 个，而在腹泻犊牛体内此菌数量却高出数百万倍。动物体内大肠杆菌和乳酸杆菌的比例很关键，患病畜禽体内大肠杆菌数大大高于乳酸杆菌数。这样，就使消化道正常微生物区系平衡失调、内环境紊乱，而益生素就可调节并预防这种失调和紊乱，从而使畜禽消化吸收功能处于健康状态。

2. 益生素的作用方式

现在应用最多的是乳酸杆菌与双歧杆菌，还有从土壤中分离出来的蜡样芽孢杆菌等。这些菌进入动物消化道后，会产生大量的乳酸，使一些纤维性物质发酵，增加肠道内挥发性脂肪酸的比例，降低 pH；通过生成一些氧化还原物质如过氧化氢，大量消耗氧气来降低肠道内氧化还原电位；合成 B 族维生素，分泌一些微生物消化酶；抑制条件性病原菌的生长繁殖，也通过竞争性抑制病原体吸附、不定植肠道或阻止它们直接吸附到肠细胞上；并防止有毒物质如胺和氨的生成。也有人证明，仔猪乳酸杆菌以某种免疫调节因子的形式起作用，刺激肠道某种局部型免疫反应。

3. 益生素（生菌剂）的主要种类

（1）乳酸杆菌：宜用于猪，既可用于饲粮添加，也可用作医药品。此菌能增加血液中蛋白态氮，改善蛋白质代谢，还可增加血液中钙和镁的含量，减少血中的钾。

（2）双歧杆菌：此菌无孢子，宜用于猪和牛。既可用于饲粮添加，也可用作医药品。此菌能防止肠内细菌产生氨。

（3）Toyoi 菌剂：这是从日本静冈县土壤中分离出来的有孢子杆菌。猪、牛和鸡均宜用。既可用于饲粮添加，也可用作医药品。此菌在肠道内、粪便和门脉血（指肝脏门静脉中血）中，有使氨产生量减少的作用。还有增加瘤胃液中丙酸等挥发性脂肪酸（VFA）、维持胃液正常 pH 和瘤胃正常功能的作用，还能产生淀粉酶和蛋白酶。

（4）Miyairi 菌剂：这是有孢子的酪酸菌。猪、牛、鸡均宜用。既可用于饲粮添加，也可用作医药品。此菌可预防和治疗肠道内菌丛区系的紊乱，对淀粉有糖化作用，并能合成 B 族维生素。

（5）枯草杆菌：此菌有孢子，宜用于猪、牛、鸡，仅可用作饲料添加。此菌能产生淀粉酶和蛋白酶，也能合成 B 族维生素。

4. 益生素的应用效果

据国外报道，乳酸杆菌、双歧杆菌及其发酵产物作为饲料添加剂，能大大提高畜禽的生长速度，减少消化道疾病。有人将肽和乳酸杆菌联合用作饲料添加剂，在降低腹泻猪的死亡率、防治消化道疾病和提高生长速度等方面都取得了很好的效果。据国内研究报道，在断奶仔猪饲粮中加益生素，可显著降低仔猪黄痢与白痢的发病率，试验组比对照组下降 23.4%，生长速度提高 17%。给兔饲粮加益生素，也降低了兔的腹泻，促进了生长（$P<0.01$）。另据报道，将成年鸡的肠道内容物经过处理，制成益生素，加在小鸡饲料或饮水中，试验组鸡白痢的发生率较对照组降低了 30%，生长速度提高了 15%。

综上所述，益生素作为饲料添加剂，在防止幼龄动物消化道疾病、促进生长和提高饲料利用率等方面都有显著的效果。但须强调，益生素是活的微生物，其活性受各种各样因素影响。活性大小直接与益生素的应用效果相关。

益生素在畜禽饲粮中用量一般为 0.02%～0.2%。

（八）寡聚糖

寡聚糖是指由 2～10 个单糖经脱水缩合，以糖苷键连接而成的低聚糖，可分为普通寡聚糖（如蔗糖、麦芽糖等）和功能性寡聚糖，这里仅谈功能性寡聚糖。

1. 常用的功能性寡聚糖

（1）甘露寡糖（MOS）：是由几个甘露糖分子或甘露糖与葡萄糖通过 α-1,2、α-1,3、α-1,6 糖苷键构成的寡糖。

（2）果寡糖（FOS）：由蔗糖分子以 β-1,2 糖苷键与若干个 D-果糖构成的寡糖。

（3）α-寡葡萄糖（α-GOS）：也称异麦芽寡糖，是由一个或几个异麦芽糖分子与葡萄糖可通过 α-1,2、α-1,3、α-1,4 糖苷键构成的寡糖。

（4）寡乳糖（GAS）：是由蔗糖中的葡萄糖与几个半乳糖通过 α-1,6 糖苷键构成的寡糖。

（5）寡木糖（XOS）：是由几个 D-木糖或其他五碳糖、六碳糖与 D-木糖通过第四位羟基缩合而成的寡糖。

（6）β-寡葡萄糖（β-GOS）：是由几个葡萄糖通过 β-1,6 或 β-1,4 糖苷键构成的寡糖。

（7）反式半乳寡糖（TOS）：是由几个半乳糖通过 β-1,6、β-1,4、β-1,3 糖苷键构成的寡糖。

（8）大豆寡糖：为大豆中寡聚糖的总称，主要有棉籽糖、水苏糖、蔗糖等。

2. 功能性寡聚糖的作用及其机理

（1）选择性促进有益菌的增殖。大多数寡聚糖可作为双歧杆菌、乳酸杆菌等有益菌的能源，这是因为有益菌能产生消化寡聚糖的酶。而大肠杆菌等有害菌不能产生消化寡聚糖的酶或这种酶的活性很低。

（2）阻止病原菌定植，促进其随粪排出。大多数肠道病原菌具有外源凝集素，寡聚糖可与其特异性结合，从而阻止病原菌在肠道定植，促进其随粪排出。

（3）增强免疫功能。寡聚糖可作为佐剂增强细胞和体液免疫机能。

（4）供作能源。双歧杆菌、乳酸杆菌等有益菌消化利用寡聚糖后生成挥发性脂肪酸，后者被宿主吸收利用。

3. 功能性寡聚糖的应用效果

功能性寡聚糖的应用效果参见表 5-1。

表 5-1　功能性寡聚糖的应用效果

研究者	寡聚糖	用量	日增重/%	料重比/%
Fukuyan 等,1988	果寡糖	0.25%	+35.8	—
Nakamula,1988	果寡糖	0.30%	+4～13	—
Alltee,1993	甘露寡糖	0.5～1.0g/kg	+5.2	—10
Bolden,1993	寡乳糖	1.0～2.0g/kg	+6～8	—1～2
Canda,1993	甘露寡糖	1.8g/kg	+13.54	—11.4

（九）中药与植物提取物

中药饲料添加剂是以天然中药的物性、物味、物间关系的传统理论为主导，辅以动物营养和饲料等学科理论和技术，通过一定的工艺而制成的饲料添加剂。其中的化学成分及其作用机理极为复杂，具有营养和防治疾病等多重功效。

1. 中药饲料添加剂研究与应用简史

中药的使用在我国具有悠久的历史。将中药加到畜禽饲粮中，用以促进动物生长发育和防病治病，在我国由来已久，许多的验方一直沿用至今，促进了畜牧业的发展。《神农本草经》（约公元前三世纪出书）是最早记录用一味药作为猪饲料添加剂的文献，书中记载"桐叶饲猪，肥大三倍""梓叶饲猪，肥大三倍"。中药复方饲料添加剂最早出现在《淮南万毕术》（东汉，刘安）中，书中说"取麻子三升，捣千余杵，煮为羹，以盐一升，著中，和以糠三斛，饲豚即肥也"。后来的《齐民要术》（后魏，贾思勰），《农政全书》（明，徐光启）等书中对此都有详细的记载。鸡用中药饲料添加剂最早见于《齐民要术》卷六"养鸡"篇，即"秫粥洒之，刈生茅覆上，自生白虫"。此后各个时期、朝代都有对中药作为饲料添加剂的研究和应用的论著。20世纪70年代，日本从大蒜中提取有效成分作为动物促生长剂。美国、加拿大、德国、新加坡等许多国家，近些年对中药及其作为饲料添加剂的研究也越来越重视。我国已在中药饲料添加剂的研究、开发、应用上取得了一定的进展。但从总体情况来看，许多研究还处于起步阶段，尚未形成完整的理论体系，许多问题还需要做深入探讨。

2. 中药饲料添加剂的分类

目前在生产中应用的中药饲料添加剂种类很多，但还没有一个完全统一的分类方法。根据动物的生产特点、中药的性能等，将其分为抗应激剂、抗微生物剂、促生殖剂、催肥剂、免疫增强剂、增食剂、驱虫剂、饲料保存剂等；根据中药饲料添加剂的配方，将其分为三类：单味饲料添加剂、复方饲料添加剂和中西结合饲料添加剂。除了上面两种，还有其他的一些分类方法。随着这方面研究的不断深入，将会出现更加系统、细致的科学分类方法。

3. 中药饲料添加剂的特点

(1) 天然性和安全可靠性：中药来源于动物、植物、矿物及其产品，本身是天然的有机物或无机矿物，并保持了各种成分的自然状态和生物活性，以及与动物体和人体的和谐性。与抗生素相比，绝大多数中药饲料添加剂长期使用时，较少产生细菌耐药性，不易出现残留、耐药性、毒副作用等问题，具有安全性和可靠性，而且经过几千年的实践检验，这些是其他任何添加剂都无法比拟的优势。

(2) 多功能性：中药饲料添加剂在动物体内具有多种功能。其多种营养成分（如糖、脂、氨基酸、维生素、微量元素等），可起到一定的营养作用；含有的生物活性物质（生物碱类、苷类、挥发油类、色素等）具有强免疫、抗应激、调节新陈代谢、改善肉质等作用。一种中药通常含有几种甚至几十种活性成分，乃是中药饲料添加剂的多功能性之所在。

(3) 药源广泛：我国中药资源丰富，据1995年的调查，植物药有12807种，还有海洋植物2万多种，动物18万多种。但目前在动物生产中使用的陆地中药大概只有1000多种，常用的也就200多种，海洋动植物已研究应用的有1500多种，所以开发具有我国特色的中药饲料添加剂前景广阔。

4. 中药饲料添加剂的作用机理

中药的成分极为复杂，除含有营养成分外，还含有生物活性物质，具有营养和抗菌、增强免疫等多重作用。

(1) 营养作用：中药含有多种营养成分，在一定程度上可弥补日粮中营养成分的不足，从而提高动物的生产性能。如松针粉中含有18种氨基酸、维生素 B_1、维生素 B_2、维生素 C、维生素 E、维生素 K 和多种微量元素；而海藻粉含有多种氨基酸和必需微量元素，尤其富含碘。

(2) 增强免疫作用：天然中药中的有机酸类、生物碱类、苷类、挥发油类等都具有增强免疫的作用。有的对免疫器官（如胸腺、脾脏、肾上腺、淋巴、法氏囊等）的发育有一定的促进作用，有的可调节淋巴细胞的功能，还有的通过神经-内分泌-免疫系统的调节发挥其免疫功能。例如，芦荟汁可使免疫器官的重量显著增加；大蒜浸提液能使小鼠胸腺和脾脏重量与脏器系数增加；由苦豆草中分离出来的总生物碱能明显增强体液与细胞免疫功能，刺激巨噬细胞吞噬功能；黄芪中含有的成分可刺激细胞产生干扰素；党参可增加白细胞数，使其吞噬能力增强；有些中药饲料添加剂还具有抑制病原体的作用，如黄连、丹皮、五味子等对猪大肠埃希氏杆菌有不同程度的体外抑制作用。

5. 中药饲料添加剂在动物中的应用

(1) 提高动物生产性能。

① 在猪中的应用。魏传德等（1991）在猪饲粮中添加0.5%的中药饲料添加剂，小猪增重速度提高21.36%，饲料利用率提高16%，每千克增重成本降低14.3%；中猪增重速度提高17.05%，饲料利用率提高10.88%，每千克增重成本降低8.75%。王文学（1999）和绍禹（2002）等关于复合中药饲料添加剂对肥育猪生长性能研究的结果也表明，中药饲料添加剂能明显改善生长育肥猪的生长性能和饲料利用效率。对于生长育肥猪的促生长效果，与添加抗生素和（或）化学合成药物的相当，经济效益明显。

② 在鸡中的应用。中药饲料添加剂在促进肉鸡增重、改善肉质、提高蛋鸡产蛋率和蛋品质方面均取得了良好的效果。陈国胜等（1996）以2%的橘皮粉加到肉仔鸡日粮中，试验组鸡出栏成活率（97.3%）较对照组提高4.6%（$P<0.05$），出栏平均体重（1.81kg）较对照组高0.14kg（$P<0.05$）；试验组料重比（1.85∶1）较对照组（1.97∶1）显著降低（$P<0.05$）。周克勇等（2001）将陈皮、苍术、芒硝等组成的复方中药添加剂加到川牧乌肉鸡基础饲粮中，进行饲养试验，取得了显著的经济效益。王权等（1996）用侧柏籽、首乌、黄精等8种中药按一定比例配制的复合添加剂，可提高艾维茵肉鸡肌肉中蛋白质含量，改善脂肪酸组成和提高氨基酸与矿物质含量，对肉质和汤味口感有明显改善作用。李翠香（1995）和杨向乐（1995）将复合中药饲料添加剂按一定比例加到蛋鸡日粮中，不仅可提高产蛋率，降低死亡率，且可明显减少破蛋和软蛋的数量，降低蛋壳破损率，并可使蛋黄颜色明显加深。

③ 在草食动物中的应用。孟昭聚等（1994）将苍术、黄芪、陈皮、大青叶等组成的中药饲料添加剂加到安哥拉长毛兔的饲粮中，幼年长毛兔增重提高19%，成年兔产毛量也提高了15.6%。孙凤俊等（2001）将中药复方饲料添加剂加入奶牛日粮中，试验组牛头均日产奶量达到26kg，比对照组多4.5kg，产奶量提高20.39%。且在试验期间，所有奶牛均未发生不良反应，毛色、精神状态都好于对照组牛。

(2) 改善胴体品质与肉质。张先勤等（2002）的试验结果证实，中药饲料添加剂能明显改善生长育肥猪的胴体品质与肉质，与西药组、对照组相比，中药组猪胴体瘦肉率分别提高5.79%（$P<0.05$）和6.51%（$P<0.05$），板油重（腹脂）分别减少了22.16%（$P<0.05$）和38.87%（$P<0.05$），眼肌面积分别增加了10.92%（$P<0.05$）和11.92%（$P<0.05$），平均背膘厚分别下降了28.21%（$P<0.05$）和29.34%（$P<0.05$）；肉的失水率分别降低5.05%（$P<0.05$）和9.69%（$P<0.05$），肉品风味改善，具有肉质细嫩、肉味郁香、汤味鲜浓的特点。

(3) 防病治病。梁眷衡等（2000）将用中药配制成的咳喘消进行人工诱发鸡传染性喉气管炎防治效果的试验，结果表明，高、中剂量组咳喘消处理的鸡痊愈率极显著高于对照组（$P<0.01$），高、中剂量组的鸡增重极显著高于对照组（$P<0.01$）。吴立夫等（1998）对

苦参、多头风轮菜和水蓼的抗腹泻作用进行研究，苦参、多头风轮菜极显著地（$P<0.01$）、水蓼显著地（$P<0.05$）降低了番泻叶所致小鼠大肠性腹泻率；水蓼极显著地（$P<0.01$）降低了蓖麻油所致小鼠小肠性腹泻的发生率。

6. 中药饲料添加剂的研究开发趋势和应用前景

随着对抗生素、激素等药物危害性认识的逐步深入，越来越多的人呼唤回归自然，追求绿色食品。作为食品重要组成部分的畜、禽产品（肉、蛋、奶等）的质量取决于生产环节中的各种要素，而饲料更是关键因素。只有使用安全的饲料才可能生产出安全的动物性产品。饲料添加剂的安全是饲料（饲粮）安全的重要组成部分。因此，开发绿色饲料添加剂既是为了动物的安全，最终也是为了人类自身的安全。中药饲料添加剂以其具有的多种优势和独特功效，日益受到青睐。通过深入研究，中药饲料添加剂必将有着广阔的应用前景。

7. 中药饲料添加剂目前存在的问题

目前，中药饲料添加剂虽备受重视，但其研究和应用在总体上仍处于起步阶段，还存在着不少亟待解决的问题。

第一，关于中药饲料添加剂的作用机理有待深入研究。目前中药饲料添加剂的研究主要集中在临床和一些有效成分的研究上，缺乏整体性和系统性研究，因此有必要从药理学、病理学、免疫学、微生态学等各个方面和层次，对其作用方式和作用机理深入研究，为其合理使用和新品种的开发提供科学依据。

第二，缺乏可供参考的统一的中药饲料添加剂使用标准。适当剂量的中药饲料添加剂会对动物生长产生有益作用，但如果大剂量则可能产生毒副作用，所以在使用时一定要掌握剂量；另外，有的中药在动物体内会起到好的作用，但是对人则可能有毒害作用，如断肠草这种植物主要含有钩吻碱，对畜、禽有消食、杀虫、健胃的作用，并有显著的促生长作用；但它对人体有剧毒，如果人类进食了饲用断肠草的畜禽肉制品会产生什么后果，还不清楚。因此，亟须制订统一的中药饲料添加剂允许使用种类与使用标准以指导生产。

第三，制作工艺落后。由于考虑到生产成本等问题，所以从事中药饲料添加剂加工的生产者对新方法、新工艺研究得较少，或在生产中不加以采用，仍沿用传统的较落后的方法进行加工，因而产品较粗糙，质量难以保证，也无法满足大规模、集约化动物生产的需求。因此，要适应现代化生产的要求，就须用先进的生产和加工方法。但是，目前在这一方面的研究还很少。

第四，产品剂型有待于进一步改进。目前在市场上使用的中药饲料添加剂以粉剂为主，使用时直接加到饲料中，这样往往造成添加量偏大、适口性较差，作用效果也不稳定。用什么样的剂型能保证这类饲料添加剂在使用上安全、效果好而稳定，以及在储存和运输上方便，这些都是需要研究的问题。

第五，提取富集中药有效成分，用其有效成分作为饲料添加剂。目前，大多数人将中药粉碎，直接用作饲料添加剂。这样做，虽成本低，但往往不能取得预期效果；且添加量大，稀释了日粮中其他成分的浓度；更重要的是，有些中药除含有效成分外，还含有对动物体无益甚至有害成分，若直接用这类中草药，则难以避免其毒副作用。因此，提取、富集中药有效成分，研制新一代中药饲料添加剂（即中药或植物提取物饲料添加剂）是现代添加剂饲料工业中一件重要的工作。可喜的是，一类新型的保健性饲料添加剂如紫苏-月见草复合提取物、黄芪-金银花复合提取物、姜黄素、肉桂醛制剂等在猪中应用结果证明，它们不仅可显著（$P<0.05$）或极显著（$P<0.01$）地提高猪的抗病功能、生长速度、肉质和饲料转化率，而且在饲粮中用量少。

总之，中药饲料添加剂的应用尚处在起步阶段，还存在着各种各样的问题。相信随着科技的不断进步，对其研究也会不断地深入，中药饲料添加剂一定会在畜牧业中发挥更大的作用。

（十）大蒜素

1. 来源与化学组成

用水蒸气蒸馏法、有机溶剂萃取法从大蒜中提取天然大蒜油，天然大蒜油的化学成分主要是丙基二硫化丙烯（约占60%）、二硫化二丙烯（达23%以上）、三硫化二丙烯（达13%以上）、甲基二硫化丙烯等的混合物。大蒜油和载体结合就是大蒜素（allitridum）。人工合成的大蒜素主要由二丙烯基一硫醚、二丙烯基二硫醚、二丙烯基三硫醚、二丙烯基四硫醚组成。

2. 作用

①增强机体免疫力，防治疾病。大蒜素中的二硫醚、三硫醚能透过病菌的细胞膜进入细胞质，抑制一些酶的活性，从而阻碍病原菌细胞代谢。大蒜素可有效地抑制痢疾杆菌、伤寒杆菌、霍乱弧菌、葡萄球菌、肺炎球菌、链球菌、黄曲霉菌、结核杆菌等。大蒜素能促进动物体大量释放溶菌酶，增强非特异性免疫功能，起到抗肿瘤的作用。大蒜素能促进淋巴细胞、巨噬细胞增殖，刺激淋巴细胞分泌干扰素、肿瘤坏死因子、白细胞介素等，提高机体的免疫力。②诱食作用。大蒜油是一种香味物质，许多动物都喜欢这种气味，对动物有强烈的诱食性，从而使动物的采食量增加。③掩盖饲粮中不良气味。④改善动物产品的风味。在鸡饲粮中加适量的大蒜素，可增强鸡蛋、鸡肉的香味。⑤改善环境卫生状况。大蒜素中的挥发性含硫化合物及其降解产物，可驱赶蚊、蝇、虫对动物、饲料和粪便的叮吸。

3. 应用效果

能显著地提高动物生产性能和饲料转化率。例如，黄瑞化等（2002）在仔猪饲粮中添加大蒜素200g/t，可使其日增重提高16.5%，料重比下降13%；郑诚等（1998）在肉鸡饲粮中添加大蒜素，可使其增重提高8.7%，耗料减少5%；黄玉德（1996）在蛋鸡饲粮中添加大蒜素，可使其产蛋率提高11.36%，料蛋比下降6.91%。

4. 适宜用量

大蒜素的适宜用量见表5-2。

表5-2　大蒜素在饲粮中适宜用量　　　　　　　单位：mg/kg

动物	诱食用	生长用	代替抗生素
家禽	50	100～150	200～300
猪、牛	50	100～150	150～250
鱼、虾	50	100～200	250～350

5. 应用大蒜素时应注意的问题

大蒜素稳定性较差，易分解产生蒜臭味物质。现已开发的碘化改性大蒜素的稳定性有所提高，但尚需进一步研究提高其稳定性。在动物饲粮中长期高剂量地添加大蒜素，会使其肉出现蒜酸性。因此，不宜长期大量使用大蒜素。

（十一）腐殖酸钠

1. 来源

腐殖酸钠以风化煤、泥炭、褐煤为原料，经特殊工艺加工而成。

2. 作用

①具有消炎作用。通过促进肾上腺皮质激素分泌而发挥作用。②促进动物生长发育。通过促进甲状腺素分泌而发挥作用。③增加血小板数量，从而具有止血、促进伤口愈合的作用。④具有收敛止泻作用。⑤能激活吞噬细胞，从而增强免疫功能。

3. 添加量

一般在饲粮中添加量为 0.1%～0.3%。

（十二）二氢吡啶

二氢吡啶（diludin）的化学名称为 2,6-二甲基-3,5-二乙酯基-1,4-二氢吡啶，是一种新型的抗氧化剂与促生长剂，具有天然抗氧化剂维生素 E 的一些作用。它是最早被应用于动、植物油的抗氧化剂，是医学上用作防治心血管疾病的保健药物。我国对二氢吡啶的研究始于20 世纪 80 年代初，现在有几家公司开始批量生产，并投入了使用，取得较好的效果。

二氢吡啶具有抗氧化、提高免疫力、调节内分泌、提高生产性能的作用：①抗氧化作用：二氢吡啶能抑制体内生物膜的氧化、阻碍脂类化合物的过氧化过程、提高生物膜中6-磷酸葡萄糖酶的活性、稳定组织细胞，与天然抗氧化剂维生素 E 的一些功能类似。许多研究表明，二氢吡啶能显著提高血清超氧化物歧化酶（SOD）活性，抑制脂类化合物的过氧化过程，保护细胞表面受体和细胞器，有效清除体内自由基。②提高免疫作用：试验表明，在饲粮中加二氢吡啶（150mg/kg），可提高动物体的免疫功能，血清抗体水平极显著升高，T 淋巴细胞百分比呈上升趋势。③调节动物内分泌：研究发现，在雏鸡饲粮中加二氢吡啶，可使其血清中 T_3 含量升高，T_4 含量下降，二者呈反向变化，皮质醇含量降低。并促进蛋鸡腺垂体 FSH 和 LH 的分泌，从而促进卵泡的生长和发育，抑制卵泡萎缩，提高产蛋率。④提高动物生产性能：一系列的试验研究表明，在饲粮中添加二氢吡啶 50～150mg/kg，对猪、鸡、肉牛、羊、鱼类生长有明显的促进作用，并显著地增加奶牛的产奶量，还能不同程度地改善动物产品的品质。

（十三）辣椒素

辣椒素（capsaicin），又名辣椒碱、辣椒辣素，是辣椒中主要辣味成分，最早由 Thres（1876）从辣椒中分离出来。其化学名称为 8-甲基-6-癸烯香草基胺，是香草基胺的酰胺衍生物，分子式为 $C_{18}H_{27}NO_3$，化学式为 $H_3CO(HO)-C_6H_3-CH_2-NH-CO-(CH_2)_4$ $CH=CHCH(CH_3)_2$。纯品辣椒素为无色单斜长方形片状结晶，熔点 65℃，沸点 210～220℃，易溶于乙醇、乙醚、苯与氯仿等有机溶剂，微溶于二硫化碳。辣椒素可被水解为香草基胺和癸烯酸，水解后呈弱酸性，并可与斐林试剂发生呈色反应。

辣椒素可促进肾上腺分泌儿茶酚，具有抗病毒、抗肿瘤和镇痛消炎作用；还可作为健胃剂，具有促进食欲、改善消化功能等作用；并有驱虫、发汗等功效，可用于动物腹泻、炎症等疾病防治。

（十四）乳铁蛋白

乳铁蛋白（lactoferrin，LF）由 Groves 在 1960 年首次从牛乳中分离获得，因与铁结合而呈红色，故称之为"红蛋白"。在发现之初，LF 被认为是一种与铁的转运和存储有关的蛋白质，故又称为乳转铁蛋白。进一步研究发现，LF 是一种分子质量为 70～80kD 的糖蛋白，广泛存在于乳汁、唾液、泪液等外分泌液或血浆、中性粒细胞中。它在人类初乳中含量最高，可达 6g/L，在常乳中浓度为 1～2g/L，在牛乳中含量比人乳中少得多，牛泌乳中期乳中 LF 含量仅为 0.7g/L，犬乳不含 LF。LF 是一种具有多种生物学功能的蛋白质，它不仅参与铁的转运，而且具有抗微生物、抗氧化、抗癌、调节免疫等功能，被认为是一种新型的抗菌抗癌药物和具有开发潜力的食品和饲料添加剂。

1. 乳铁蛋白的结构

人和牛 LF 的一级结构具有高度的相似性，二者同源性高达 69%。人的 LF 一级结构是由 703 个氨基酸残基组成的。由已确定的人 LF 完整高级结构和牛 LF 的部分高级结构比较可见，LF 的二级结构是由 α-螺旋和 β-折叠交替排列组成的。LF 是糖蛋白，每个 LF 可结合两个 Fe^{3+} 和两个 CO_3^{2-}。

2. 乳铁蛋白的功能

(1) 结合功能：LF不但可结合铁离子，而且可与许多过渡金属如 Cu^{2+}、Ca^{2+}、Al^{3+} 等结合。LF也可与许多蛋白质（如酪蛋白、白蛋白、免疫球蛋白A和溶菌酶以及 β-乳球蛋白等）和DNA结合。LF可从血清中进入细胞，再进入细胞核结合在DNA、RNA的特定序列上，从而活化转录。LF还可与细胞结合，从而发挥其抗癌、抗微生物的作用。

(2) 抗病毒和抗微生物功能：肝细胞病毒C（HCV）是一种有囊膜的单链RNA病毒，它可引起慢性肝炎、肝硬化、肝癌。LF可通过结合于肝病毒C的囊膜蛋白上阻止病毒与靶细胞结合。轮状病毒感染最易引起婴幼儿非细菌性胃肠炎，全世界每年平均有一百万儿童死于轮状病毒感染。轮状病毒基因组是包裹在3层衣壳内的10段不同的RNA片段。Superti等（1997）研究发现，LF可阻止病毒吸附于靶细胞上，从而防止感染。而且，在病毒进入靶细胞后，LF仍有抗病毒效果。LF对HIV病毒也有抑制作用。艾滋病患者的血浆、唾液中LF水平明显下降，故他们更易感染其他疾病。Viani等（1999）报道，LF与叠氮磷基结合后，可增强LF抗HIV的效果。

铁离子是几乎所有细菌生长必需的物质（是细菌生物氧化酶所必需的），而LF能夺取细菌生长所需的 Fe^{3+}。嗜中性粒细胞是含LF最多的细胞。LF在进入血液前，未结合铁离子，在进入血液后，有较强的结合铁离子的能力，因而具有较强的抑菌作用。也有研究者认为，LF通过与细菌竞争结合位点来抑制细菌。LF还具有直接的杀菌能力。LF可黏附于细菌胞膜通过改变膜的通透性而使细菌死亡。LF可导致革兰阴性菌外膜中脂多糖的释放，从而改变胞膜的通透性。LF经酸性蛋白酶降解后，其抗菌活性要比LF高出20倍，从其降解物中可分离出比LF的抗菌活性高400倍的多肽，这说明LF可在胃肠道消化过程中继续发挥作用，而且作用更强。乳铁多肽素（LFcin）对革兰阴性和阳性病原菌如大肠杆菌、肠炎沙门菌、肺炎克氏杆菌、普通变形菌、结肠炎耶尔森氏菌、铜绿假单胞菌、弯曲杆菌、金黄色葡萄球菌、白喉杆菌、单核细胞增生李斯特氏菌、产气荚膜梭菌等都有作用。但它对有益菌双歧杆菌不但没有损害反而有益生作用。LF还具有杀真菌的能力。然而，LF和LFcin的杀菌作用会因为 Ca^{2+}、Mg^{2+} 等阳离子的存在而降低或消失；Na^+、K^+ 也能使LFcin活性减弱或丧失。

(3) 免疫调节功能：LF可增强中性白细胞或巨噬细胞的杀菌作用和吞噬作用，对NK细胞的活性和淋巴细胞、中性白细胞的繁殖具有调节作用。在一般情况下，血清中含有LF $0.30\sim0.5\mu g/mL$，但一旦发生感染，LF将从活化的嗜中性粒细胞中释放到血液中，而且释出量可增加到平时的20倍，因此LF可被视为抗炎因子。

(4) 乳铁蛋白的抗氧化功能：人和牛LF都有抑制脂质过氧化的作用，因此它被用作食品和饲料添加剂，可起到抗氧化剂的作用。

(5) 其他功能：LF还有抗癌细胞、抑制胆固醇积累的作用；最近的研究还发现，LF可作为基因转移的活化剂和动物细胞促生长因子。

3. 展望

LF可耐受较高温度，因而在饲料加工过程中不易变性失活。乳铁蛋白具有广泛的生物学功能，如它能促进铁的转运和吸收，可治疗仔猪贫血；有广谱的抗菌、抗病毒作用，可用来预防和治疗仔猪腹泻；激活免疫系统，增强动物对疾病的抵抗力；具有抗真菌和抗脂质氧化作用，可用作防霉剂和抗氧化剂。因此，LF在饲料工业中应用前景广阔。但是，由于LF价格昂贵，目前它在饲料工业中应用还很少。

二、酸碱缓冲剂

酸碱缓冲剂（buffer）具有抵制溶液酸碱度发生变化的作用。用它作为饲料添加剂，可使动物体内环境维持适宜的酸碱度（pH）。

（一）酸碱缓冲剂的种类

1. 碳酸氢钠

碳酸氢钠，俗称小苏打，为白色结晶性粉末，1%溶液的 pH 为 8.4。现今，碳酸氢钠是最常用的酸碱缓冲剂。

2. 倍半碳酸钠

倍半碳酸钠，是一种新产品，其中含 27%碳酸氢钠、47%碳酸钠和 16%结合水。1%溶液的 pH 为 9.0%，为白色针状晶体。

3. 天然碱

天然碱，是倍半碳酸钠（85%～95%）与白云石灰岩、页岩、碳酸钠钙石、泥岩及其他矿物质的混合物。1%溶液的 pH 为 10.1，为褐色、白色颗粒。

4. 其他酸碱缓冲剂

氧化镁中含有 54%的镁，可提高瘤胃 pH，并促进乳腺对乳脂前体的吸收；钠基膨润土是一种黏土矿物质，其体积在瘤胃中可膨胀到原来的 5～20 倍。它可吸收矿物质和氨，延长它们在瘤胃中被利用的时间，并能增加饲粮的体积。

（二）酸碱缓冲剂在反刍动物中的应用效果

酸碱缓冲剂可作用于瘤胃、肠道和其他组织。

1. 对瘤胃的作用

①使 pH 保持在 6 以下，这对消化纤维性物质的细菌生长是十分有益的。②促进可溶性养分通过瘤胃，避免微生物过度降解。③提高有机物质消化率。④改变瘤胃挥发性脂肪酸中乙酸与丙酸的比例。

2. 对肠道的作用

维持适宜的 pH，促进消化酶对小肠中多糖的分解。

3. 对组织的作用

①促进乳腺对乳脂前体的吸收。②维持适宜的血液 pH 和血液缓冲能力。

宾夕法尼亚州立大学的试验表明，在分娩后的乳牛饲粮中加 0.7%碳酸氢钠（以干物质计），其采食量和产乳量分别较对照组高 9%和 10%。肯塔基州的研究表明，利用碳酸氢钠-氧化镁，可使饲料成本降低，且体况和繁殖性能也有所改善。一系列的研究发现，在下列情况下使用酸碱缓冲剂效果较好：①泌乳初期干物质摄入量减少。②泌乳初期母牛表现厌食。③牧草在整个饲粮中的比例低于 45%。④饲草的主要来源为玉米青贮。⑤饲草过短（小于 12.7mm）或呈粒状。⑥干草采食量少于 2.27kg/（头·d）。⑦每次的精料喂量多于 3.18kg。⑧精料喂量多于体重的 2.5%。⑨饲粮干物质含量少于 50%。⑩乳蛋白含量正常，但乳脂率低。⑪采食量变化较大。⑫母牛处于热应激下。⑬饲粮中酸性洗涤纤维含量少于 19%。⑭母牛有亚临床酸中毒症状。

碳酸氢钠在乳牛中的用量为 0.11～0.23kg/（头·d）。一般可在谷物混合料中加 1%～1.5%碳酸氢钠，也可在饲粮中加 0.75%。饲喂碳酸氢钠同时加喂氧化镁，其效果比单独喂碳酸氢钠好。一般认为，2 份或 3 份碳酸氢钠与 1 份氧化镁混合效果较好。氧化镁含量过高，会减少饲料采食量。

（三）酸碱缓冲剂在鸡、猪中的应用效果

试验证实，蛋鸡饲粮中加碳酸氢钠有三个作用：①增强蛋壳硬度，减少次品蛋。②增加产蛋量。③提高饲粮蛋白质的利用率。

每吨蛋鸡饲粮中加 1～5kg 碳酸氢钠可使次品蛋减少 1%～2%。当环境温度升高时，蛋鸡通过喘气呼出二氧化碳，血液中碳酸氢盐含量减少。因此，饲粮中若不加碳酸氢钠，便会影响蛋壳的形成。有试验证实，饲粮中加 $0.1\%\sim1.0\%$ 碳酸氢钠，饲喂 8 个月，随着碳酸氢钠含量的提高，产蛋量明显增加，蛋壳厚度增加 8%。当以碳酸氢钠作为主要来源且饲粮中磷含量为 0.30% 和 0.75% 时，均能使蛋白质利用率提高 3% 以上。有研究发现，肉鸡每吨饲粮中加 $1\sim5kg$ 碳酸氢钠，其增重加快。肉质提高。肉鸡饲粮中钠、钾、氯的最适含量为：Na^+，$0.15\%\sim0.20\%$；K^+，0.8%；Cl^-，$0.12\%\sim0.15\%$。用碳酸氢钠代替氯化钠使饲粮中钠含量为 $0.13\%\sim0.19\%$，每只肉鸡每天饮水量减少 $0.2L$，垫料质量提高 20%。添加碳酸氢钠使饲粮钠浓度达到 $0.2\%\sim0.28\%$ 时，肉鸡 4 周龄体重达到 $889g$，而添加氯化钠的，体重只达到 $861g$，差异显著。

一些养猪者也习惯用碳酸氢钠作为仔猪的饲料添加剂。添加量以 1% 左右为宜，一般每头仔猪每天喂 5g 左右。喂前先将碳酸氢钠放在热水中溶解，然后与饲料拌匀，再将之喂猪。饲养结果是：猪采食量增加，增重明显加快，被毛光亮。母猪产前 15d 起，每天喂以少量碳酸氢钠，有益于母猪健康，提高仔猪的成活率。

三、饲料调味剂

（一）动物嗅觉和味觉生理机制

采食量是影响动物生产性能发挥的重要因素，嗅觉和味觉（在视觉帮助下）是识别和决定摄食的主要感觉系统。动物通过分布于鼻腔表面嗅觉上皮的嗅纤毛上的受体与气味物质结合，产生信号并传入大脑，实现对气味的识别。动物的舌、腭、咽与会厌上分布着味觉乳头，味蕾分布在味觉乳头上，动物通过味蕾绒毛上的受体蛋白与味觉物质结合，实现对味道的识别。

哺乳动物的鼻腔表面是嗅觉上皮，嗅觉神经细胞分布于嗅觉上皮的深层。每个嗅觉神经细胞投射 $20\sim30$ 个嗅觉纤毛穿过嗅觉上皮，伸至鼻腔的表面，构成感觉传导装置。挥发性物质与嗅觉神经细胞纤毛膜层上的受体蛋白结合。哺乳动物有 $100\sim1000$ 个不同的受体蛋白。同一个嗅觉神经细胞仅存在一个或几个同类型的受体蛋白，可与气味分子发生反应。一个嗅觉神经细胞能与多种气味分子反应，某一气味分子能被多种嗅觉神经细胞识别，多种气味分子能通过几种嗅觉神经细胞共同作用而被识别。因此，实际上哺乳动物能识别无数种气味。在嗅觉上皮的另一边，从嗅觉神经细胞近极伸出的 $10\sim100$ 轴突构成一束，穿过筛板的筛孔到达大脑与嗅泡细胞构成的轴突结构（称为嗅小球），而嗅小球汇聚于冠状细胞。大量的嗅觉神经细胞的轴突汇聚于单个冠状细胞。例如兔子，26000 个轴突束汇聚到 200 个嗅小球，此后以 $25:1$ 的比例汇聚到各个冠状细胞，冠状细胞直接与大脑皮质的高级中枢沟通。因此，每个冠状细胞接受 $500\sim1000$ 个嗅觉细胞的信息，这种汇聚提高了到达大脑的嗅觉信号的强度（图 5-1～图 5-3）。

在味觉方面，每个味蕾由 $50\sim150$ 个味觉细胞组成，味蕾顶部有微绒毛投射到舌头黏膜表面。可溶的味觉物质与微绒毛上的味觉受体蛋白结合。每个味蕾至少包含对酸、甜、苦、咸、鲜五种味道中的一种味道敏感的味觉细胞，每个味蕾对一种以上的味道敏感。因此，味觉反应是个复杂的过程（图 5-4）。每个味觉细胞通过神经突触与感觉神经连接，从而通达大脑。

基于上述的动物嗅觉和味觉生理基础，实际生产中改善饲料风味以满足动物嗅觉和味觉嗜好。通常将饲料香味剂和味觉调整剂合称为饲料调味剂。

饲料调味剂可中和或掩盖饲料不良味道并减少由于原料变化而带来的适口性问题。在给畜、禽以不爽口的药物或在饲粮中加入适口性较差的饲料时，通常使用调味剂。

（二）饲料调味剂种类

1. 甜味剂

按来源可将甜味剂分为天然甜味剂和人工合成甜味剂，按化学结构和性质可分为糖类甜

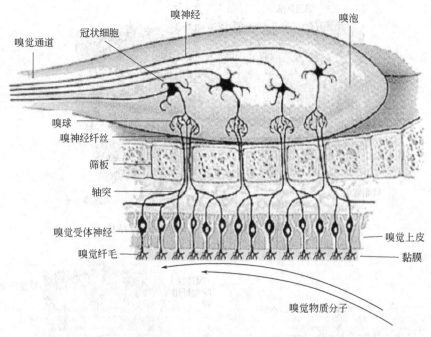

嗅觉通道
冠状细胞
嗅神经
嗅泡

嗅球
嗅神经纤丝
筛板
轴突

嗅觉受体神经
嗅觉纤毛

嗅觉上皮
黏膜

嗅觉物质分子

图 5-1 动物嗅觉组织解剖模式

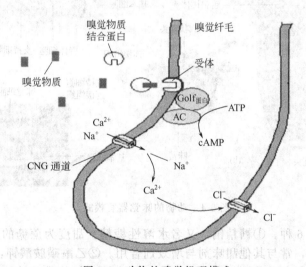

嗅觉物质结合蛋白
嗅觉纤毛
嗅觉物质
受体
Golf蛋白
ATP
AC
cAMP
Ca^{2+}
Na^+
Na^+
CNG 通道
Ca^{2+}
Cl^-
Cl^-

图 5-2 动物的嗅觉机理模式

味剂和非糖类甜味剂,按营养特性可分为营养性甜味剂和非营养性甜味剂。常用的天然甜味剂主要有蔗糖、麦芽糖、果糖、半乳糖、甘草、甘草酸二钠等。人工合成甜味剂主要有糖精、糖精钠、甜蜜素、甜菊糖苷等。蔗糖、糊精、果糖和乳糖等是最早的饲用甜味剂。

甜味剂主要由高甜度物质、增效剂、味觉促进剂和催化剂以及稀释剂等构成。常见的甜味剂产品有两类:一类为高甜度物质,如糖精钠,能快速产生甜味,但不持久,故又称短效强化甜味剂;另一类是被称为增效剂或增强剂的强化甜味剂的浓缩物,这类物质常以很低的量与第一类甜味剂混合使用,产生更甜、持续时间更长的甜味,也称长效强化甜味剂。此外,还有两类物质可产生增效作用:一是氨基酸类,可改善甜味剂的甜味质量;二是落叶松皮素,能提高糖的甜度。

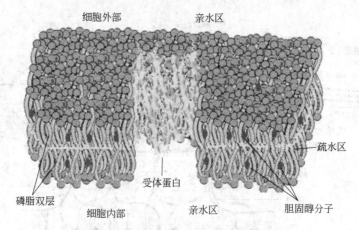

图 5-3 嗅觉 G-蛋白偶联受体跨膜螺旋结构

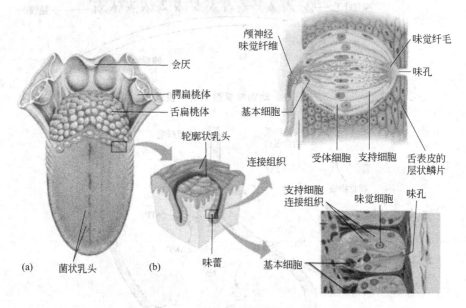

图 5-4 动物的味觉器官模式

常用甜味物质有 6 种。①糖精钠：又名水溶性糖精。甜度为蔗糖的 200～300 倍，是目前常用的甜味剂成分，常与其他甜味剂与增效剂合用。②乙酰磺胺酸钾：又名安赛蜜，可单独添加于饲料中。与天冬酰苯丙氨酸甲酯（1：4）或环己氨基磺酸钠（1：5）混合使用时，有增效作用。③环己氨基磺酸钠：又名甜蜜素，甜度为蔗糖的 30～50 倍，与天冬酰苯丙氨酸甲酯混合使用，有增强甜度、改善味质的效果。④三氯蔗糖：又名三氯半乳蔗糖，甜味与蔗糖相似，甜度为蔗糖的 400～800 倍，本品为蔗糖的衍生物，稳定性高，不被机体利用，风味近似蔗糖，因此是较理想的甜味剂。⑤甘草末：有微弱的特异臭味，味甜稍后带有苦味，甜味的主要成分为甘草苷。⑥甜味菊苷：又名甜菊糖，甜味似蔗糖，甜度为蔗糖的 200 倍。⑦托马丁多肽：甜度是蔗糖的 1500～2500 倍，还具有很强的风味强化作用，延长甜味，掩盖其他甜味剂的不良余味。

以前，人们常将人对甜味物质感觉的研究结果简单搬到猪等动物上，忽视了种属特异性导致的感觉差异。近些年来，随着甜味受体基因研究的进展以及猪和人在基因序列上差异的发现，人们渐渐从误解中改变过来，认识到不同种属的动物对甜味剂感受存在很大的差异。

Glaser 等（2000）研究发现，一些糖类化合物甜源对猪的甜味强度排列顺序（与等摩尔蔗糖比较）与对人类排列顺序相似。然而，12 种对人很甜的人工或天然化合物对猪的效果却存在很大差异：5 种化合物，也就是安赛蜜、阿力甜、甘草素、糖精钠和三氯蔗糖能引发猪的偏好；另外 7 种化合物，即索马甜、阿斯巴甜、甜蜜素、莫内林、新橙皮苷二氢查耳酮、P-4000型甜味剂、紫苏葶（Perillartine）不能引起猪的反应，即使其水溶液浓度是引起人反应几十倍的浓度也没有作用。安赛蜜和糖精钠分子结构相似，均为猪所喜好，显示甜味物质分子结构对于其与甜味受体结合起到重要作用。通过 Richter 双瓶偏好方法测试，也表明猪对蔗糖、葡萄糖、乳糖和糖精钠溶液表现明显喜好，而对甜蜜素没有反应。

通过电生理测定也发现，其他几种对人很甜的化合物，例如莫内林、索马甜、阿斯巴甜或超阿斯巴甜，没有引起猪的鼓索神经明显反应。认为这些物质对猪没有甜味。因此，以蔗糖为参照，猪与人对糖类化合物甜味感觉相似；而对非糖类化合物甜源感觉存在明显的差异，阿斯巴甜、甜蜜素、新橙皮苷二氢查耳酮和索马甜对人甜度远高于蔗糖，但对猪可能没有作用。因此，关于动物甜味剂方面，还有待进一步研究。

2. 鲜味剂

目前应用最广的鲜味剂是谷氨酸钠。谷氨酸钠为无色至白色结晶性粉末，无臭，味鲜。常作为鱼和仔猪饲料的风味促进剂，可增进动物食欲从而促进生长。本品无残留，毒性很小，安全性较高。

在国外，已将谷氨酸钠作为饲料添加剂使用。谷氨酸虽不是动物的必需氨基酸，但它是机体蛋白和产品蛋白的组分。它对猪、鸡较重要，尤其对蛋鸡和发育旺盛期的雏鸡作用明显。试验研究表明，在饲粮中加 0.1% 谷氨酸钠，可显著地增进猪的食欲，并有效地加快生长。在人工乳中添加这类物质，效果更好。

发酵法生产谷氨酸钠（味精）产生的残渣，经适当的化学处理，可代替谷氨酸钠作为饲料添加剂使用。此残渣中除含有一定量的谷氨酸外，还有大量的菌丝蛋白以及其他有利于动物生长的物质。

3. 饲用香料

在畜禽饲粮中所用的香料称为饲用香料。它是一种特殊的、起调味作用的饲料添加剂。

（1）饲用香料的作用：①饲用香料以刺激动物食欲为主要目的，可增加动物的采食量，缩短畜禽的存栏期，取得较高的经济效益。②可淡化青绿饲料的季节性，改变动物对某种单一饲料的偏爱习性。③可开发新的饲料资源，拓宽农林副产品的综合利用范围，缓解人、畜争粮的矛盾。

（2）饲用香料的形态和种类：饲用香料可由各种天然香料或合成香料组成。其形态因使用目的不同而异，可分为液体饲用香料和固体饲用香料两大类，用喷雾法将脂溶性液体香料洒在颗粒饲料中时，香气就散发出来，以增强饲料的芳香性，但须设法防止饲料在储存过程中香气的挥发损失。粉状香料有吸附型和喷雾干燥型。吸附型，是把液体香料吸附在阿拉伯树胶、糊精、纤维素等基本材料上，然后制成粉末；喷雾干燥型，是将香料用胶体物质制成乳液后，再用喷雾干燥机将其制成粉末。吸附型固体香料主要被用于粥状饲料中；喷雾干燥型固体香料因有胶层包裹，故易保存，挥发性小，可用于伴有加热过程的粒状饲料中。

① 牛用香料：牛乳的风味、颜色能随饲料发生变化。饲料中香气成分可转入牛乳中。当强迫犊牛断乳时，常因一时不习惯而不爱采食。通常，犊牛生下后用母乳哺育 10d 左右开始用代用乳饲养。在代用乳中加有牛奶味香料，直到犊牛长到 5~6 周龄时才逐渐改用人工乳饲养。人工乳中所含香料仍以牛奶味香料为主。除牛奶味香料外，还可用茴香油。牛对乳酸酯、香兰素、柠檬酸、丁二酮、砂糖等也有嗜好性。

② 猪用香料：在人工乳中加有母乳香的香料，可增强仔猪的食欲。仔猪生后先用母

乳喂养 1～2 周，后渐以饲料代替母乳。在仔猪饲料中用的香料主要是带甜味的牛奶味香料，以使仔猪联想起母乳的香气。饲料中加香料，可使仔猪消化酶分泌量增多，促进饲料消化。由于猪的嗅觉灵敏，所以香料在饲粮中用量不宜太多。猪对砂糖和谷氨酸钠也有嗜好性。

③ 鸡用香料：Kare 等曾用 4000 只小鸡对 32 种香料的选择性进行了试验。结果表明，小鸡对加了香料的水和没加香料的水是有选择性的。但是，香气对鸡嗜好性的影响没有饲料的形态、颜色等对鸡嗜好性的影响大。鸡用香料可分为产蛋鸡用和肉鸡用两种。在鸡用香料中，大蒜很有实用价值。大蒜可增进鸡的食欲、杀死肠内细菌、防止下痢，从而防止产蛋率降低。

④ 玩赏动物用香料：在欧美等国，玩赏动物饲料工业已很发达。玩赏动物饲料主要有犬饲料、猫饲料、鱼饲料、鸟饲料等。若按饲料水分含量分类，可分为干型（粒状、饼干状，水分含量在 12% 以下）、湿型（罐头、香肠，水分含量在 70%～75%）、半湿型（水分含量为 20%～40%）。在这些制品中，犬饲料占大部分。从嗜好性来看，湿型比干型好。犬和猫饲料中，使用的香料有牛肉味香料、乳酪味香料、鸡肉味香料、牛奶味香料、黄油味香料、鱼味香料等。

四、诱食剂

诱食剂（feed inducing agent）主要被用于鱼类，能将鱼类吸引到饵料周围，引起其食欲，增强饵料适口性，促进鱼类采食饵料，增加其采食量。

（一）鱼类对诱食剂的响应特点

鱼类对某种饵料的嗜好程度，是由饵料中含有的诱食剂决定的。诱食剂对鱼类的作用是通过鱼类视觉和化学感受器（嗅觉和味觉）来实现的。栖息于水中的大部分鱼类视觉能感受颜色刺激，可根据光的明暗度和颜色来区别物体，亦能看到岸上的物体。嗅觉能接受水中低浓度物质的刺激，有感受气味的能力，能灵敏地区别化学物质。嗅囊内的褶皱还能增加其与外界水环境的接触面积，以提高嗅觉的灵敏度，因此鱼类利用嗅觉辨别食物的能力很强。味觉通过味蕾而司感觉作用。鱼类的味蕾遍布体内外，口、唇、舌、咽、鳃腔、食管、头、体侧、尾、触须等均有分布。鱼类的味蕾靠完善的构造辨别食物的甜、苦、咸或酸以及蚯蚓、蚕蛹、牛奶、氨基酸等的味道。鱼类在水中索饵时，当其接受某种饵料物质刺激时，视觉和化学感受器均立即产生响应并相互配合，决定是否接近乃至最后的取舍。

总之，鱼类在水中，通过视觉、嗅觉和味觉的密切配合，能迅速而准确地完成从觅饵到摄食的一系列活动。

（二）诱食剂的种类与作用

作为鱼类的诱食剂，其作用是多方面的。有的既是诱食剂，又为营养源。

1. 蚯蚓

干蚯蚓含粗蛋白质 50.4%～66.6%，且氨基酸种类齐全；无氮浸出物、粗脂肪与粗灰分含量也较高；还含有丰富的维生素。可见，蚯蚓是鱼类的一种优质蛋白质饲料。蚯蚓肉能散发出特殊气味，易引诱和刺激鱼类的食欲。掺入饵料中的蚯蚓既是鱼类的良好摄饵引诱物质和摄饵刺激物质，又是鱼类的优质动物性蛋白源，因而可增强鱼类的摄食强度和饵料利用率。

2. 氨基酸

某些氨基酸能使食物具有独特味道。研究证实：雪蟹肉所特有的味道主要是由于所含 7 种化合物的特殊比例，其中三种是甘氨酸、L-丙氨酸、L-精氨酸。已知以下氨基酸的基本味道为：L-组氨酸、L-精氨酸和 L-苯丙氨酸为苦味；L-丙氨酸、L-脯氨酸和 L-苏氨酸为甜味；

L-天冬氨酸和天冬氨酰胺为酸味；L-谷氨酸盐具有淡味；大部分 D-氨基酸，譬如 D-色氨酸、D-苯丙氨酸、D-组氨酸和 D-亮氨酸为甜味。

氨基酸对鱼类嗅觉与味觉都具有很强的刺激作用。谭玉钧等（1988）在青鱼饵料中分别添加 2％、5％、6％、15％和 20％的复合氨基酸，结果增长率分别较对照组提高 62％、35％、139％、57％和 36％。竹田正彦等（1997）在日本鳗鲡饵料中添加 0.28％的氨基丙酸培育仔鱼，添加 0.51％的氨基乙酸培育稚鱼，添加 0.04％的组氨酸养殖成鱼，增重率分别较对照组提高了 80％、71.4％和 143％。

3. 含硫有机化合物

二甲基-β-丙酸噻亭（DMPT）对鱼类具有引诱摄食作用。中岛谦二等（1992）在配合饵料、半天然饵料及天然饵料中掺入 DMPT，对鲫、鲤等的摄食行为均有很强的引诱力。

4. 生物碱

各国学者都研究证实，甜菜碱对鲤、鲢、鳟、鲷、鳗等鱼类具有极显著的味觉刺激和诱食效果。如果将其与某些氨基酸一起使用，还具有协同增效作用。应用甜菜碱引诱剂养鱼，能使虹鳟增重速度与饵料转换率提高 10％～30％，大西洋鲑则可提高到 44％。近年来的研究表明，鱼类食性不同，其诱食剂的种类也应不同。一般来说，肉食性鱼类对碱性和中性物质，如丙氨酸、脯氨酸、牛磺酸、缬氨酸和甜菜碱敏感，其诱食效果好；草食性鱼类对酸性物质，如天门冬氨酸和谷氨酸等敏感。

五、饲料保存添加剂

饲料保存不善会变质，影响饲料的适口性，降低营养价值，甚至产生有毒有害物质，直接危害动物健康。在饲料保存过程中，空气中的氧对饲料组分的氧化和霉菌在饲料中的繁殖是饲料变质的主要原因。为使饲料在储存期间质量不受影响，可用饲料保存添加剂。其中，一种是抗氧化剂，另一种是防霉剂。

（一）抗氧化剂

饲料中一些成分，尤其是油脂、脂溶性维生素（维生素 A、维生素 D、维生素 E 等）在空气中易被氧化，进而受理化因素作用而引起分解。饲料中加抗氧化剂，可防止上述过程发生，保证饲料质量。饲料中常用的抗氧化剂有：丁羟甲苯（butyl hydroxy toluene，BHT）、丁羟甲氧基苯（butyl hydroxy anisol，BHA）、乙氧基喹啉（ethoxyquin，又名山道喹、衣索金）、柠檬酸、磷酸、维生素 E 等。几种抗氧化剂在饲料中的用量如表 5-3 所示。

表 5-3　几种抗氧化剂在饲料中的用量

名称	化学式	用量
丁羟甲苯（BHT）	$C_{15}H_{24}O$	所含油脂的 0.02％以下
丁羟甲氧基苯（BHA）	$C_{11}H_{16}O_2$	所含油脂的 0.02％以下
乙氧基喹啉	$C_{14}H_{19}NO$	饲料的 0.015％以下
磷酸	H_3PO_4	无严格限制
维生素 E	$C_{31}H_{52}O_3$	无严格限制

一般地，配合饲料中抗氧化剂的用量为 0.01％～0.05％。若配合饲料中脂肪含量超过6％或维生素 E 严重缺乏时，则应增加用量。

抗氧化剂中，山道喹有较好的抗氧化作用。每吨苜蓿干草粉中加入 200g 山道喹，保存1 年，仅损失 30％胡萝卜素和 20％叶黄素，而未加抗氧化剂的干草粉中胡萝卜素和叶黄素损失量分别为 70％和 30％。

选择人工合成的抗氧化剂时，须考虑其对动物无害，剂量低，活性高，成本少，使用方便，且不影响动物产品品质。

人工合成的抗氧化剂一般较天然抗氧化剂从体内排出得快，基本上不在组织中蓄积。据测定，BHT 在育肥阉仔鸡体内残留量很少，在停药后 2d，就有约 90％的 BHT 从体内排出。

（二）防霉剂

饲料一旦染了霉菌，其饲用价值就会降低，这是因为霉菌生长繁殖要消耗最易利用的养分。若霉菌生长已很明显，其饲用价值至少降低了 10％。发霉特别严重的饲料，其饲用价值不仅会等于零，且可能为负值，致使动物霉菌毒素中毒，甚至死亡。

饲料防霉的方法有 2 种：一是要加强对饲料的管理（干燥、低温和通风），不使饲料霉变。二是预先加防霉剂，降低霉变的可能性。

饲料防霉剂主要有 3 类。

1. 有机酸

有机酸包括丙酸、山梨酸、苯甲酸、乙酸、脱氢醋酸和富马酸等。它们主要以未电离的形式破坏微生物细胞及细胞膜或细胞内的酶，使酶蛋白失活而不能参与催化。例如，苯甲酸能抑制微生物细胞内呼吸酶的活性以及阻碍乙酰辅酶的缩合反应而使三羧循环受阻，代谢受影响，并可降低细胞膜的通透性。山梨酸可与微生物酶系统中的巯基结合，从而破坏许多酶系统，达到抑菌作用。上述有机酸中，丙酸最常用，乃因其最有效，价格低。但又因其腐蚀性和刺激性强，故其应用受到一定的限制。

2. 有机酸盐或酯

有机酸盐或酯主要有丙酸钙、山梨酸钠、苯甲酸钠、富马酸二甲酯等。这些盐或酯只有转化为相应的有机酸时才有抑菌作用，其防霉效果较相应的有机酸差，但它们腐蚀性小，使用安全，故得到较为广泛的应用。其中，丙酸钙最为常用。丙酸钠在饲料中的用量为0.1％，丙酸钙的用量则为 0.2％。

3. 复合防霉剂

国外有"Monoprop""Mold-x""Agrosil"和"Adofeed"等复合防霉剂。这类防霉剂是由一种或多种有机酸与某种载体结合而成，故它们保持甚至增强了有机酸原有的抑菌功效，但消除或降低了有机酸的腐蚀性与刺激性。"Monoprop"由 50％丙酸和 50％载体Verxite 组成，其特点是 Verxite 较常用载体有更强的能力使二聚体丙酸变为单体丙酸，从而增强抑菌作用。其原因可能是：游离羧基有杀菌作用，而单体有游离羧基，二聚体却没有。"Mold-x"由丙酸、乙酸、山梨酸和苯甲酸均匀地分布在硅酸钙载体上而制成。由于各有机酸协同作用，使它具有较好的抗真菌活性。"Adofeed"呈悬浊液形态，丙酸包含于油悬浊液的液滴之中，悬浊液由于油相而具有的亲脂性使得该产品易于分散于饲料中。丙酸较水溶剂优先迁移至油相而起作用，所以其抑制真菌活性明显高于相应的粉状防霉剂。国内也相继研制了"克霉灵""克霉净"等复合防霉剂。

六、动物产品与饲料品质改良剂

（一）增色剂

增色剂是用于增深畜禽与水生动物产品颜色的非营养性饲料添加剂。用这类添加剂可使牛奶中黄油、禽蛋卵黄和禽皮肤以及水生动物（如青鱼、鲫鱼、白鲢鱼、鲑鱼和对虾等）肉质的颜色鲜艳美观，提高消费者对其喜爱程度。

1. 增色剂种类

（1）天然色素：如胡萝卜素和叶黄素等。胡萝卜、苜蓿草粉、黄玉米、甜薯、南瓜和松针粉等植物性饲料中富含这类色素。

（2）人工合成的类胡萝卜素衍生物：如胡萝卜素醇、辣椒红（$C_{40}H_{56}O_3$）、斑螯黄（$C_{40}H_{52}O_2$）、虾红质（$C_{40}H_{52}O_4$）、辣椒玉红素（$C_{40}H_{56}O_4$）、β-阿朴-8-胡萝卜醛（$C_{30}H_{40}O$）、β-阿朴-8-胡萝卜酸（$C_{32}H_{44}O$）和柠檬黄质（$C_{33}H_{44}O$）等。

2. 增色剂的使用效果

用含充裕的类胡萝卜素饲粮喂蛋鸡，经 4～5d 后，其卵黄的颜色就开始变深，经 2 周后，其颜色达到最深。一般地，当蛋鸡饲粮含 20mg/kg 叶黄素时，其卵黄呈现黄色；当蛋鸡饲粮含 50mg/kg 或 75mg/kg 时，其卵黄颜色为橙色。若在蛋鸡饲粮中加虾壳粉或蟹壳粉 10%（其中含虾红素）时，其卵黄呈现红色。在实际生产中，使用有色饲料如黄玉米、玉米皮粉、苜蓿粉、万寿菊粉、松针叶粉和红辣椒粉，同样可使畜禽产品着色。

3. 增色剂的用量

一般地，蛋鸡饲粮中增色物质的适宜含量为 10～20mg/kg。如果饲粮中含 20%～30% 黄玉米（每千克含 16mg 叶黄素）和 4% 小麦麸（每千克含 170mg 叶黄素），就可满足增色需要。

4. 使用稳定态增色剂

胡萝卜素衍生物因化学结构特点，其抗氧化性差很不稳定，极易被氧化而降解变质，从而失去着色作用。如苜蓿粉、万寿菊粉与其他草粉，原来含有相当丰富的着色物质，但经不恰当的加工干燥和储藏，其所含有效着色物质被相继破坏。因此，为了保持增色剂的良好增色性能，须先经预处理。在增色剂中加抗氧化剂，应用喷雾法或复凝聚法制成稳定的流动性强的增色剂胶囊。

5. 使用增色剂的相关规定

欧共体规定，饲粮中加类胡萝卜素作为增色剂时，须在标签上注明"含有批准的着色剂"或注明着色剂名称。并规定，玉米粉或干草粉作为营养成分加入饲粮时，只能被认为是具有辅助着色效果的物质，而不是主要的或技术上的着色物质。

6. 一些天然增色剂及其在鸡饲养中的应用效果

在鸡饲粮中添加一定量的富含类胡萝卜素（叶黄素）的天然饲料，可使鸡产品增色，提高其商用价值。

（1）万寿菊：将风干的万寿菊花瓣研成细末，在鸡饲粮中加 0.3%，可使蛋鸡产出深橙色蛋黄的蛋，肉鸡皮肤呈金黄色。

（2）聚合草：将聚合草收割风干后，粉碎，在鸡饲粮中加 5%，可使蛋黄颜色从 1 级提高到 6 级，鸡皮肤及脂肪呈金黄色。

（3）三叶草：将鲜三叶草切碎，在鸡饲粮中加 5%～10%，可节省部分饲料，蛋黄增色显著。

（4）海带或其他海藻：它们含有较多的类胡萝卜素和碘，在鸡饲粮中加 2%～6%，蛋黄色泽增加 2～3 等级，且可产下高碘蛋。

（5）松针叶粉：将松树嫩枝叶晾干粉碎成细颗粒，在鸡饲粮中加 3%～5%，对鸡产品具有良好的增色效果。

（6）栀子：将栀子研成粉末，在鸡饲粮中加 0.5%～1%，可使蛋黄呈深黄色，提高产蛋率 6%～7%。

（7）橘皮粉或橘叶粉：橘皮晾干磨粉，在鸡饲粮中加 2%～5%，可使蛋黄颜色加深。

（8）苋菜：将苋菜切碎，在鸡饲粮中加 8%～10%，可使蛋黄呈橘黄色，且能节省饲料和提高产蛋量 8%～15%。

（9）南瓜：将老南瓜剁碎，在鸡饲粮中加 10%，可使鸡皮肤、蛋黄增色。

（10）红辣椒：在鸡饲粮中加 0.3%～0.6%，可加深蛋黄、皮肤和皮下脂肪的色泽，并能增进蛋鸡食欲。

（11）金盏菊：在鸡饲粮中加适量（0.2％）金盏菊花瓣粉，可使蛋鸡产出深橙色蛋黄的鸡蛋，且可使鸡皮肤呈现令人喜爱的金黄色。

（12）孔雀草：将孔雀草收割风干后粉碎，在鸡饲粮中加0.3％，可使蛋黄的颜色从1级提高到6.5级，鸡皮肤及脂肪呈金黄色。

（13）蜂蜜：每日给每只蛋鸡喂1g蜂蜜，可使蛋黄颜色加深，鸡蛋的营养价值也有所提高，乃因蜂蜜是天然保健食品，含有多种营养成分。

（14）黄玉米：用60％的黄玉米配制饲粮喂蛋鸡10d，蛋黄颜色从1级提高到8级，并可使肉鸡的皮肤变为理想的杏黄色。

（15）槐树叶粉：洋槐树叶粉适口性好，其干粉含有多种养分，尤其是胡萝卜素和维生素 B_2 含量多。在蛋鸡日粮中加5％，可使蛋黄的颜色加深。

（16）胡萝卜：在蛋鸡日粮中加20％～30％时，可增加蛋黄的色泽。

（17）苜蓿草粉：在蛋鸡日粮中加5％，可使蛋黄颜色加深。

（18）银合欢叶粉：银合欢叶粉中含有大量的胡萝卜素，在蛋鸡日粮中加10％～15％，可使蛋黄颜色加深，同时提高产蛋率15％～20％。

（19）胡枝子叶粉：胡枝子叶含有较多的维生素和叶黄素，在蛋鸡日粮中加12％的胡枝子叶粉，可使蛋黄呈深黄色，还能提高产蛋率2％左右。

在自然界中，还有许多天然增色剂，如紫菜粉等。

（二）乳化剂

为了使犊牛代用乳呈液状饲料，以便更好地与水混合乳化，可添加乳化剂。乳化剂分子是介于油和水之间的具有亲水基和亲油基的物质，能使油与水相互分散而形成稳定的乳浊液。下列四种乳化剂均可作为饲料添加剂。

1. 脂肪酸甘油酯

本品为无臭也无特殊气味的白色至淡黄色粉末、薄片、颗粒、蜡状块，或为半流动的黏稠液体。其化学结构为单酯和二酯的混合物。脂肪酸甘油酯习惯被称为单硬脂酸甘油酯，1910年前后开始将其作为乳化剂。由于本品广泛用于食品、化妆品和饲料中，故需要量剧增，目前全世界年用量约为10万吨。欧美国家均认为，脂肪酸甘油酯是食品和饲料的安全添加剂。一般地，犊牛和仔猪的代用乳含有80％脱脂奶粉和20％油脂。生产鱼类的多孔颗粒饲料时，若向油脂部分加5％脂肪酸甘油酯或其他乳化剂，则产品的乳化状态良好。

2. 脂肪酸山梨醇酯

本品为白色至黄褐色的液状、粉末、薄片、颗粒或蜡状物。其化学结构为脂肪酸山梨醇酯、脂肪酸-1,4-山梨糖醇酯、脂肪酸-1,5-山梨糖醇酯和脂肪酸山梨糖醇酐酯的混合物。脂肪酸山梨醇酯首先被用于生产代用乳的粉末油脂或对饲料油脂进行乳化，添加量达到1％～5％即可满足需要。其次被用于增强代用乳粉末的流动性和在水中的分散性，形成稳定的乳浊液。

3. 脂肪酸蔗糖酯

本品为无味或稍有特殊气味的白色至黄褐色的粉末、块状或无色至微黄色黏性树脂状。本品在许多国家和地区作为食品添加剂。作为乳化剂时既可单独使用，也可与其他乳化剂合用，添加量1％～5％即可获得稳定的乳化效果。其次用于制造代用乳粉时，可使油脂颗粒分散得细而匀，当加水时易于溶解并形成稳定的乳浊液。

4. 聚氧乙烯脂肪酸山梨糖醇酯

本品为黄色或褐色的液体、半流体或蜡状块。当前，欧美和澳大利亚等国将之作为食品和饲料添加剂。日本也将其作为脂溶性维生素的乳化剂。

（三）黏结剂

制作颗粒饲料时，需要黏结剂，以使饲料颗粒坚固。日本于 1985 年指定海藻酸钠、酪朊酸钠、羧甲基纤维素钠和聚丙烯酸钠作为饲料的黏结剂。

海藻酸钠为海藻酸的钠盐，从海藻中提取制成，为白色至淡黄色粉末状物质。海藻酸钠溶于水后可形成多价负离子的亲水性高分子，进而与钙反应形成胶冻。利用能形成此种胶冻的特点，将它用于鱼的湿性颗粒饲料中。

酪朊酸钠为水溶性的酪朊酸盐，可用脱脂奶作为制造原料，主要用作鳗鱼饲料和饲用粉末油脂的黏结剂。

羧甲基纤维素钠是以纤维素为原料制造的，吸湿含水性好，主要用于鱼的湿性颗粒饲料中，它还能加快鱼的生长。

聚丙烯酸钠是以丙烯酸或丙烯酸酯为原料制成的水溶性物质，其黏度在这四种黏结剂中最高，为鲜饵料不可缺少的黏结剂。将其加到猪饲粮中，可延长饲料在胃内滞留时间，从而使饲料充分消化，提高其消化率。聚丙烯酸钠对猪还有促生长作用。

（汪海峰，王　翀，茅慧玲，周　明）

第三节　添加剂预混合饲料

一、添加剂预混合饲料的概念

现今，在畜禽基础饲粮中，常要加几十种微量成分。而每种用量很少，多是以百万分之几计算。若把这些微量成分直接加入基础饲粮中，则不仅配料麻烦，且很难保证混合均匀和计量准确，从而易引起不好的效果或中毒事故。为此，将微量成分在加入基础饲粮前，预先加入合适的载体和稀释剂，进行稀释混合，制成各种不同浓度、不同要求的混合物。这种由一种或多种微量成分，加上载体与稀释剂，经充分混合后的均匀混合物就称为添加剂预混合饲料，简称预混料（premix）。根据微量成分的类别和性质，又可将其分为单项添加剂预混合饲料和综合性添加剂预混合饲料。单项添加剂预混合饲料有维生素预混合料和微量元素预混合料等。综合性添加剂预混料是指将两类以上的微量添加剂，如维生素、微量元素以及其他成分混合在一起的添加剂预混合饲料。

二、载体

（一）载体的概念

载体（carrier）是指能接受和承载微量活性成分的可饲物质。它不但能对微量活性成分起承载作用，且还能提高微量活性成分的散落性，使微量活性成分更易于分布到饲料中去。脱脂稻壳粉、玉米芯粉、脱脂米糠、玉米粉、小麦麸、小麦粉、大豆粉、大豆饼、碳酸钙、沸石粉、膨润土、麦饭石粉、凹凸棒石粉、海泡石粉等可作为载体。

（二）载体的基本要求

（1）化学稳定性强。载体应是不易发生化学反应的惰性物质，不具有任何药理作用。

（2）含水量少。载体中含水量多，活性成分变性反应就快。一般要求，无机载体含水量控制在 5% 以内，有机载体含水量控制在 8% 以内。

（3）酸碱度。一般要求，载体应近中性，最好具有缓冲酸碱度的作用，以保持预混料为中性。表 5-4 列述了一些载体与稀释剂的 pH 与容重。

表 5-4　一些载体与稀释剂的 pH 与容重

名称	pH	容重/(g/cm³)	名称	pH	容重/(g/cm³)
玉米粉	5.0	0.76	脱脂米糠	6~7	0.31~0.48
玉米芯粉	4.8	0.40	大豆粕	6.4~6.8	0.60
玉米秸秆粉	4.7	0.26~0.28	沸石粉	7.0	0.5~0.7
小麦麸	6.4	0.31~0.40	石灰石粉	8.1	0.93
稻壳粉	5~6	0.32~0.40			

（4）容重。载体容重应和微量活性成分的容重一致或相近。否则，不能保证微量活性成分在预混料中的均匀度。一般要求，无机载体如沸石粉等适于作为微量元素等无机活性成分的载体，有机载体如玉米芯粉等适于作为维生素等有机活性成分的载体。

（5）粒度。载体承载微量活性成分的能力取决于载体的粒度。一般要求，载体的粒度比承载的微量活性成分大 2~3 倍，粒径控制在 0.2mm 左右。

（6）表面特性。载体应有粗糙的表面或表面有小孔，这样有利于承载活性物质。

三、稀释剂

（一）稀释剂的概念

稀释剂（diluent）与载体是有区别的。稀释剂虽也是被掺入到一种或多种微量活性成分中去，但它不起承载微量活性成分的作用，而是主要起着稀释微量活性成分浓度的作用。从粒度上说，它较载体细得多。在预混料中，能稀释微量活性成分浓度的可饲物质就称为稀释剂。可作为稀释剂的物质有：脱胚玉米粉、葡萄糖、石灰石粉、高岭土、贝壳粉、炒大豆粉、次麦粉等。

（二）稀释剂的基本要求

对稀释剂在化学稳定性、含水量、酸碱度、容重方面的要求与载体相同。但稀释剂的粒度应比载体的粒度小得多，且要求粒度大小一致，粒径一般控制在 0.05mm 左右。因不要求稀释剂具有承载性能，所以其表面应光滑，流动性强。

四、吸附剂

吸附剂（adsorbent）是指具有吸附液体性能的可饲物质。其作用是使液体添加剂变成固态预混料。一些饲料添加剂是液态的，如液体蛋氨酸、抗氧化剂乙氧喹等。使用微量元素硒作为饲料添加剂时，往往先将其溶解于水中制成溶液，后用吸附剂制成固态，再经烘干制成含硒预混料。可用作吸附剂的物质有蛭石、硅酸钙、玉米芯粉、沸石粉、麦饭石粉等。

五、生产添加剂预混合饲料时应注意的问题

（一）明确预混料的作用

动物在维持生命和生产活动过程中，需要各种各样的营养因子。在满足动物能量、蛋白质等"大量"养分的条件下，维生素（维生素 A、维生素 D、维生素 E、维生素 K、维生素 B_1、维生素 B_2、维生素 B_6、维生素 B_{12}、维生素 C、尼克酸、泛酸、生物素、叶酸、胆碱、肌醇等）、矿物元素（钙、磷、镁、钠、钾、氯、硫、铁、锌、铜、锰、碘、硒、钴、铬等）、必需氨基酸（赖氨酸、蛋氨酸、色氨酸、苯丙氨酸、亮氨酸、异亮氨酸、苏氨酸、缬氨酸等）、多不饱和脂肪酸（亚油酸、亚麻酸）等"微量"或"少量"养分的供给状况可能就是动物生产性能发挥的限制因子。这些"微量"或"少量"养分的合理供给既是动物生产性能发挥的基础条件，又是充分挖掘动物生产潜力的技术措施。预混料中的营养物质正好能弥补动物基础饲粮中养分的不足。

动物所需养分种类达 60 余种，要求其饲粮中养分种类齐全、含量足够、配比恰当。在这样的条件下，预混料中的非营养性饲料添加剂才有可能取得一定的效果。

（二）优选原料

要生产出优质添加剂预混合饲料产品，首先要有优质原料。优质原料的基本要求是原料的纯度要高，即其中有效成分或活性成分含量应高；不含有毒有害物质或其含量应控制在允许范围内。根据具体预混合饲料以及该产品应用于具体动物对象，从优质的添加剂原料中选择最佳原料，如微量元素添加剂原料应是生物学效价高、物理性质稳定、有毒有害物质少的微量元素化合物原料（参见微量元素添加剂内容部分）；维生素添加剂原料应是生物学效价高和物理性质稳定的维生素剂型。载体与稀释剂是预混料的辅料，也是原料。要使预混料中维生素达到最大程度的稳定，最好选用玉米芯粉等近惰性有机物作为载体或稀释剂。

（三）合理配伍

预混料都是由两种或两种以上的原料构成，因而就产生了原料的配伍问题。预混料中各种原料往往并非孤立地发挥作用，而是常存在着互作：协同、制约或拮抗。例如，为了尽可能地减少维生素的损失，应选用粒度合适、密度恰当、脂肪和水含量少且不易参与化学反应的物质作为维生素添加剂的载体和稀释剂。某些微量元素如铜、铁能催化维生素的降解反应。因此，维生素添加剂中不宜加入矿物质。另外，液态胆碱不要与其他维生素混合，可直接加入配合饲料中。如果选用固体氯化胆碱，可减少预混料中维生素的损失。又如，益生菌、抗生素、寡聚糖、高铜制剂、砷制剂等均为保健促长类饲料添加剂。在生产这类预混料时，必须了解这些原料的相互关系，即要认识它们的配伍性问题。基本原则是：作用互补或协同的原料（如益生菌和寡聚糖）可组合（配伍）；作用拮抗的原料（如益生菌和抗生素）一般不能组合（禁忌配伍）；作用方式相似的原料（如抗生素和高铜制剂）一般只用其中的一种。酸化剂（如柠檬酸、延胡索酸）和酸碱缓冲剂（如碳酸氢钠）都是常用的饲料添加剂。很明显，这两者就不能组合（配伍）在一起。

（四）科学组方

预混料的质量好坏不仅仅是其中含有或不含有某种营养素，而更重要的是其中所含的营养素含量是否适宜、营养素之间的配比是否合理等。现以以下三个方面来说明。

1. 预混料中各种微量元素的配比问题

各种微量元素在动物体内具有各自的功能，但它们并非孤立地发挥作用，而往往是互作，多数情况下表现为拮抗。这种相互影响可能发生于消化吸收过程，也可能发生于中间代谢过程。例如，在生产猪用微量元素预混料时，往往使用高铜制剂，使得预混料中铜含量超出正常含量几十倍，而预混料中其他微量元素如铁、锌等仍是正常含量，铜与其他微量元素的比例与动物营养所需的比例相距甚远。生产实践已证明，使用这种预混料往往使猪产生条件性缺铁、缺锌等症状。试验研究证明，在猪用高铜微量元素预混料中适当增加铁、锌等微量元素的用量能防止猪出现缺铁、缺锌等症状。

2. 预混料中相关活性成分的配比问题

预混料中若含有必需脂肪酸时，则维生素 E 的用量要显著增多，必需脂肪酸由于含有不饱和双键，极易被过氧化物或其他形式的活性氧破坏，维生素 E 能很好地预防这种现象发生。Weiser 等（1997）报道，各种动物每食入 1g 多不饱和脂肪酸，需要 0.5～3.0mg 维生素 E。因此，在生产预混料时，应按必需脂肪酸用量，酌量使用维生素 E。又如，预混料中微量元素、维生素 A 用量多时，维生素 E 用量也相应增多。这是因为维生素 E 能预防微量元素铁、锌、铜等的过多或中毒症，维生素 E 能保护对氧敏感的维生素 A 和胡萝卜素免受氧化破坏而失效，维生素 E 还可预防过量添加维生素 A 所产生的毒害作用。

3. 预混料中有效成分与稀释剂的比例问题

试验研究证明，预混料中维生素损失量随稀释剂的用量增多而减少。其可能原因是：预混料中维生素暴露在空气中的面积减小，因而受大气的侵蚀程度降低；稀释比例增大，维生素与其他潜在破坏因子的物理距离拉大，因而维生素受不良影响减少。但又要注意另一个问题：预混料中载体与稀释剂用量过大，则预混料在动物饲粮中用量就增大，于是可能显著地降低饲粮中其他养分的浓度。因此，预混料中有效成分与辅料（载体与稀释剂）的比例应合适。

（吕秋凤，周　明）

思　考　题

1. 简述饲料添加剂的含义。
2. 如何合理使用氨基酸添加剂？
3. 在中低产成年反刍动物基础饲粮中一般需要添加哪几种维生素？
4. 在动物基础饲粮中一般需要添加哪几种微量元素？
5. 牛磺酸是否为猫的必需氨基酸？
6. 近些年来，常将谷氨酰胺作为断奶仔猪的饲料添加剂。这是为什么？
7. 简述抗生素饲料添加剂的应用前景。
8. 向仔猪基础饲粮中加 800mg/kg 的五水硫酸铜制剂，该制剂中的铜是否被作为营养物质使用？
9. 向断奶仔猪基础饲粮中加 2500mg/kg 的氧化锌制剂，该制剂中的锌是否被作为营养物质使用？
10. 高铜制剂和益生菌能否配伍使用？
11. 简述风味饲料添加剂的作用。
12. 简述肟制剂的安全性评价。
13. 举例说明哪些饲料添加剂有安全隐患。
14. 举例说明哪些是绿色饲料添加剂，并说明其用途和作用方式。
15. 简述预混合饲料的含义。
16. 简述载体与稀释剂的区别。
17. 如何合理使用预混合饲料？

第六章 青绿多汁饲料

青绿多汁饲料是指颜色青绿和（或）含水量多（一般在60％以上）的一类植物性饲料，主要包括青饲料、多汁饲料和青贮饲料。

第一节 青 饲 料

青饲料（green feed）因富含叶绿素而得名，种类多，包括牧草、叶菜、枝叶和水生植物等。

一、青饲料的营养特点

（1）含水量均很高，一般为60％～85％，其中水生饲料作物含水量可达90％～95％。因此，这类饲料的绝对营养价值较低。

（2）粗蛋白含量一般较高。禾本科牧草和叶菜中粗蛋白质含量多为1.5％～3.0％；豆科青饲料多为3.2％～4.4％。以干物质计，前者粗蛋白含量为13％～15％；后者达18％～24％。并且，青饲料中粗蛋白质营养价值较高，其中各种必需氨基酸，尤其是赖氨酸、蛋氨酸和色氨酸含量较多。蛋白质的生物价可达80％。但是，青饲料粗蛋白质中非蛋白氮（如硝酸盐等）的比例也较高。

（3）是维生素的良好供源。其中富含胡萝卜素，维生素C、维生素E、维生素K和大多数B族维生素。但青饲料缺乏维生素D和维生素B_{12}。

（4）矿物质含量较高，如豆科青饲料中含较多的钙，而禾本科青饲料中含较多的磷。大多数青饲料中都含有较高量的微量元素。

（5）青饲料鲜嫩多汁，适口性好，也较易被消化。一般地，其中有机物消化率在60％以上。

二、青饲料的分类

牧草是青饲料中一大类，将在第二节介绍。枝叶主要是指树的嫩枝和绿叶，用作饲料不是很多，因此这里从略。本节着重介绍叶菜和水生植物两类饲料。

（一）叶菜类青饲料

常用的叶菜类青饲料主要有苦荬菜、甘蓝、牛皮菜、猪苋菜、蕹菜、大白菜、小白菜、菠菜等。

1. 苦荬菜

苦荬菜（图6-1），学名 *Lactuca indica*，别名山莴苣、苦麻菜、苦菜、鸭子食、鹅菜等。

（1）起源与分布：苦荬菜原产于我国，经多年驯化选育，现已成为被广泛栽培的优质高产饲料作物。粤、桂、滇、川、湘、苏、浙、鄂、赣、皖等地都有大面积种植；近几年来在华北、东北等地也引种成功。

（2）生物学特性：苦荬菜喜温湿气候，既耐寒又抗热。轻霜对它危害不大，能耐-4～-3℃的低温。夏季高温期，能正常生长。它对土壤要求不严，各种土壤均可栽培，但以排水良好的肥沃土壤生长最好。怕旱、耐涝，久旱生长不好，根部淹水也易死亡。

（3）栽培技术与收获：苦荬菜的播种期，南方 2 月下旬至 3 月下旬，北方 4 月上、中旬。播种方式有直播和育苗移栽。直播方式包括条播、穴播和撒播，每公顷播种量约7.5kg。育苗移栽者，每公顷大田只需种子 1.5～2.2kg，每公顷育苗地可移栽 50hm² 大田。苦荬菜在生长期需要充裕的氮、磷、钾肥。它生长快，再生力强，在南方 1 年可刈割 5～8次，北方 1 年可刈割 3～5 次，留茬 5～8cm，以利再生。

（4）饲用：粗蛋白质含量较高，粗纤维较少（见表 6-1），鲜嫩多汁，味虽微苦，但能刺激食欲，助消化，防便秘。主要是鲜喂，常切碎或打浆后拌糠麸喂猪，其采食量高，消化率高。

表 6-1　苦荬菜中养分含量　　　　　　　　　　　　　　　单位：%

样本	水分	粗蛋白质	粗脂肪	粗纤维	无氮浸出物	灰分
鲜样	89.00	2.6	1.70	1.60	3.20	1.90
干样	0	23.63	15.53	14.53	29.01	17.30

2. 聚合草

聚合草（common comfrey）（图 6-2），学名 *S. pezegrinum*，别名饲用紫草、紫草根、友谊草等。

图 6-1　苦荬菜及其种子

图 6-2　聚合草

（1）起源与分布：聚合草原产于俄罗斯北高加索，我国 1972 年引种，现已遍及全国各地。

（2）生物学特性：聚合草喜温暖湿润气候，耐寒性较强。7～10℃开始发芽生长；22～28℃生长最快；低于 7℃，生长缓慢；低于 5℃，停止生长。

（3）栽培技术与收获：聚合草开花不结实或结实很少，目前主要进行营养体繁殖。常用的栽培方法有分株、切根、根茎纵切、茎秆扦插等方法。聚合草的饲用部分是叶和茎枝，一年内可刈割多次，刈割时间应在停止生长的前 30d。

（4）饲用：聚合草中粗蛋白质含量较高，维生素含量较多，故营养较丰富（表 6-2），消化率也较高。

表 6-2　不同刈割期聚合草中养分含量　　　　　　　　　　单位：%

刈割期	水分	粗蛋白质	粗脂肪	粗纤维	无氮浸出物	钙	磷
盛花期(第二茬)	93.33	1.23	0.09	0.98	2.79	0.10	0.08
莲座期(第三茬)	92.34	1.85	0.22	0.92	3.00	0.11	0.09
莲座期(第四茬)	90.05	2.33	0.13	1.29	4.22	0.13	0.11
莲座期(第五茬)	84.94	3.98	0.44	1.27	6.60	0.26	0.12

聚合草表面含粗硬刚毛，不宜直接饲用，应打浆后喂用。聚合草中含有紫草素（symphytine）、向阳紫草碱（lasiocarpine）、阿茹明（asperumine）等 10 余种生物碱，这些物质

在化学结构上都属于双稠吡咯啶类生物碱（pyrrolizidine alkaloids，PA）。PA 有蓄积作用，在体内经烷基化生成代谢产物——吡咯（pyrrole）而呈现肝毒作用，对肾、肺也有损害，还可麻痹中枢神经和出现巨红细胞血症。

3. 甘蓝

甘蓝（wild cabbage）（图 6-3），学名 *Brassica olercea*，别名包菜、卷心菜、结球甘蓝、莲花白、洋白菜、圆白菜等。

（1）起源与分布：甘蓝原产于欧洲地中海沿岸。它在我国已有很长的栽培历史，全国各地都有栽培。

（2）生物学特性：甘蓝属十字花科芸薹属二年生植物。第一年形成营养器官，第二年抽薹开花。甘蓝耐寒力较强，能忍受 -12～-10℃ 的短期寒冻。种子在 4～8℃ 就能发芽，幼苗在 5℃ 时开始生长，生长适宜温度为 25℃。甘蓝要求肥沃的黏壤土和冲积土，需水量大但忌积水，故宜生长于能灌能排的土地。

（3）收获：饲用甘蓝不一定要包紧，只要植株长到相当大时，就可根据需要随时收获。但为了增加产量，还是等叶球包紧再收为好，这样对储藏或运输也较方便。收获时用刀自茎基部砍断，连同外叶一起收回。

（4）饲用：甘蓝蛋白质含量较多，粗纤维较少，但成分含量随品种、部位不同而异。例如，外叶中粗纤维含量几乎为叶球中粗纤维含量的 3 倍（表 6-3）。

表 6-3 甘蓝中养分含量 单位：%

类型		干物质	粗蛋白质	粗脂肪	粗纤维	无氮浸出物	灰分
结球甘蓝	全株	9.4	2.2	0.3	1.0	5.0	0.9
	叶球	7.6	1.4	0.2	0.9	4.4	0.7
	外叶	15.8	2.6	0.4	2.7	7.1	3.0
饲料甘蓝		11.8	2.4	0.5	1.6	5.5	1.8

甘蓝柔嫩多汁，适口性好，畜、禽均喜食。喂牛时，宜在挤奶后喂给，以免牛乳有芥子气味；喂猪、禽时，可切碎或打浆混合精料喂给。甘蓝产量大而集中，可直接青贮。含水 85% 的外叶可与含水较少的玉米秸等混合青贮，效果更好。

4. 牛皮菜

牛皮菜（leaf beet，chard beet）（图 6-4），学名 *Beta vulgaris* var. *cicla* L，别名莙荙菜、厚皮菜、叶用甜菜。

图 6-3 甘蓝

图 6-4 牛皮菜

（1）起源与分布：牛皮菜原产于欧洲南部。我国栽培历史很久，华南、西南、华北、西北等地均有种植。

（2）生物学特性：牛皮菜为喜温作物，生长适温为 15～25℃，耐寒性较强，但不耐高温。牛皮菜喜肥沃、潮湿、排水良好的黏壤土与沙壤土，对氮肥、水分需要量较多。

饲料学导论

（3）收获：当牛皮菜长到封行时，即可采收外叶。采收时从根基部折断，每株采收3～4片，留下心叶继续生长。

（4）饲用：牛皮菜柔嫩多汁，适口性好，营养丰富。其中养分含量如表6-4所示。

表6-4 牛皮菜中养分含量 单位：%

料 样	干物质	粗蛋白质	粗脂肪	粗纤维	无氮浸出物	灰分
牛皮菜	5.6	1.1	0.2	0.5	2.9	0.9
四季牛皮菜	7.9	1.3	0.4	1.0	3.8	1.4

牛皮菜适于喂猪，宜生喂，切碎或打浆后拌入糠麸投喂。要控量饲用，否则易引起拉稀。对成年猪，可先喂2.5～3.0kg，后渐增至5～10kg。牛皮菜中草酸较多，多喂也会影响钙等矿物元素的有效性。幼嫩的牛皮菜也可喂肉鸡，老化后可喂牛，但喂量都不能过多。

5. 猪苋菜

猪苋菜（图6-5），学名 *Amaranthus paniculatus* L，别名天星苋、千穗谷等。

（1）分布：猪苋菜在我国南北各地都有种植，其中以华中、华南、华北、东北为最多。

（2）生物学特性：猪苋菜为喜温作物，其种子在5～8℃时缓慢发芽，10～12℃发芽较快。耐寒力较弱。猪苋菜适于排水良好、肥沃的沙壤土生长。

（3）收获：猪苋菜的采收方法视播种面积和利用要求而变化。对小面积密植猪苋菜，可采用分批间苗采收法，即间大留小，间密留稀，逐渐留成单棵，最后一次割完。对大面积密植的猪苋菜，可采用全拔收获法，即在猪苋菜株高50cm左右，分批分片拔收，到现蕾开花时全部拔完，拔完一片种一片。

（4）饲用：猪苋菜的茎、叶较柔软，营养价值较高。现蕾期猪苋菜养分含量如表6-5所示。

表6-5 现蕾期猪苋菜养分含量（风干基础） 单位：%

部位	水分	粗蛋白质	粗脂肪	粗纤维	无氮浸出物	粗灰分	钙	磷
茎	5.70	8.50	1.80	38.70	35.30	10.00	3.58	0.17
叶	9.90	23.70	4.70	11.70	32.40	17.60	2.31	0.30
全株	6.85	12.68	2.60	31.28	34.50	12.09	3.24	0.22

猪苋菜是猪的优良青饲料，宜生喂，切碎或打浆后，拌入糠麸投喂。猪苋菜还可用来喂鸡、兔等，老化后可用作牛的饲料，切碎后投喂，效果更佳。

6. 蕹菜

蕹菜（图6-6），学名 *Ipomoea aguatica*，别名竹叶菜、空心菜。

图6-5 猪苋菜

图6-6 蕹菜

（1）起源与分布：蕹菜原产于我国，是南方各地较普遍栽培的一种蔬菜和饲料作物。

·126·

（2）生物学特性：蕹菜喜温暖湿润气候，耐炎热，怕霜冻。在长江流域各省，当气温上升到13℃（4月上旬）时就可播种。蕹菜对土壤适应性强，既耐肥，又耐瘠，以富有机质的黏壤土和沙壤土为最好。

（3）收获：蕹菜栽插后的40～50d，蔓长40cm左右即可分片轮流刈割。其再生力强，每隔1个月左右即可刈割1次。

（4）饲用：蕹菜的营养价值较高，其养分含量如表6-6所示。蕹菜是猪、牛、兔、鸡等动物的良好青饲料，可洗净直接投喂，也可切碎、打浆与糠麸等混合后饲喂。

表6-6　蕹菜中养分含量　　　　　　　　　　　　　　单位：%

项目	水分	粗蛋白质	粗脂肪	粗纤维	无氮浸出物	粗灰分
鲜样	88.29	1.85	0.60	1.20	5.10	2.96
干样	0	15.80	5.12	10.25	43.55	25.28

7. 其他叶菜类饲料

大白菜、小白菜、菠菜、苔菜等食用蔬菜均可被作为饲料，或者其中不能食用部分被用作饲料。这些叶菜中养分含量如表6-7所示。

可将这些叶菜洗净后直接投喂，也可切碎或打浆后投喂，还可与其他饲料混合后饲用。

表6-7　一些食用蔬菜中养分含量　　　　　　　　　　单位：%

类别	干物质	总能/(MJ/kg)	消化能/(MJ/kg)	代谢能/(MJ/kg)	粗蛋白质	可消化粗蛋白质/(g/kg)	粗纤维	钙	磷
大白菜	6.0	0.25	0.19	0.15	1.4	9.0	0.5	0.03	0.04
小白菜	4.0	0.16	0.12	0.09	1.1	9.0	0.4	0.09	0.03
菠菜	10.0	0.36	0.29	—	1.6	11.0	1.7	0.13	0.06
芥菜	15.0	0.52	0.46	0.35	3.2	22.0	1.6	—	0.14
韭菜	8.0	0.39	0.27	0.21	2.3	17.0	0.9	0.06	0.05

（二）水生植物饲料

作为饲料的水生植物主要有水浮莲、水葫芦、水花生、水竹叶、水芹菜、绿萍、紫萍等。一些水生植物中养分含量见表6-8。

表6-8　一些水生植物中养分含量　　　　　　　　　　单位：%

类别	干物质	总能/(MJ/kg)	粗蛋白质	可消化粗蛋白质/(g/kg)	粗纤维	钙	磷
水浮莲	7.10	0.26	1.30	8.00	1.40	0.10	0.02
水葫芦	7.30	0.29	1.40	10.00	1.30	0.11	0.03
水花生	9.20	0.35	1.30	8.00	2.00	—	—
水竹叶	4.70	0.17	0.60	4.00	0.90	—	—
水芹菜	10.00	0.40	1.10	7.00	1.10	0.12	0.05

1. 水浮莲

水浮莲，学名 *Pistia stratiotes*，别名水莲花、大浮萍、大叶莲、水白菜等。

（1）生物学特性：水浮莲喜温热湿润气候，天气闷热，空气湿润或多雨，生长繁殖最快，喜肥沃静止水面，喜光照。

（2）饲用：水浮莲含水多，干物质少，故绝对营养价值低，不能单独作为青饲料饲用。为减少病虫害感染，最好煮熟后饲用。

2. 水葫芦

水葫芦，学名 *Eichhornia crassipes*，别名凤眼莲、水仙花、水绣花。

（1）生物学特性：水葫芦喜高温湿润气候。水葫芦在河沟、坑塘或湖泊中均可养殖，水肥充足，可促进其生长。

（2）饲用：当水葫芦长出水面时，即可采收。丛密高大或发育较老的植株先捞。其饲用方法如下。

① 生喂：可除掉一部分根后整株投喂，或切碎混合糠麸后投喂，或打浆后混合其他饲料投喂。

② 发酵：将其切短或打浆后混合糠麸并发酵 1～2d，产生酸香味后投喂。

③ 青贮：将水葫芦晾晒 1～2d，切碎混合糠麸后青贮，备用。

3. 水花生

水花生，学名 *Alternanthera philoxeroides*，别名水苋菜、莲子草、革命草。

（1）生物学特性：水花生喜温喜肥，适应性较强，水陆均能生长，从水田、浅水沟渠到广阔深河湖泊均可放养。

（2）饲用：水花生生长速度快，茎叶茂盛，应及时收割，以免造成郁闭腐烂。水花生茎叶柔软，是猪、牛、羊等较好的饲料。用水花生喂猪时，应切碎或打浆后，与精料、食盐混合饲喂。用 1％石灰水浸泡 1 夜，洗净喂猪，效果更好。用水花生喂牛、羊时，可整株投喂。

4. 水竹叶

水竹叶，学名 *M.keisak*，别名肉草、水霸根、虾子草。

（1）生物学特性：水竹叶喜温暖湿润气候，生长最适温度 18～25℃。水竹叶不耐霜冻，经霜可致死。水竹叶喜在土层深厚肥沃的水田中生长，耐荫力强。

（2）饲用：水竹叶柔嫩多汁，可生饲、青贮或发酵。用作牛、羊、兔的饲料，宜晾干后再喂。用作家禽的饲料，可切碎后与精料混合投喂。

5. 水芹菜

水芹菜，学名 *Oenanthe stolonifera*，别名富菜、芹菜、水芹。水芹菜在我国东北至华南都有分布。

（1）生物学特性：水芹菜耐寒性较强，在南方冬季或早春都能生长，生长适宜温度为 15～25℃。

（2）饲用：水芹菜在株高 30～40cm 时即可被采收，留茬高度为 6～10cm，每刈割 1 次追肥 1 次。水芹菜全株都可作为饲料，不论生喂、熟喂或调制成发酵饲料，动物都喜食。

6. 绿萍

绿萍，学名 *Azolla imbricata*（*Roxb*），别名红萍、满江红。

（1）生物学特性：绿萍叶间有特殊的共生腔，内有共生的固氮蓝藻，将空气中氮气固定下来，供萍体需要。绿萍的生长繁殖最适温度为 20～25℃。

（2）饲用：绿萍中养分含量如表 6-9 所示。绿萍是猪、鸡、鸭、鹅、鱼类较好的饲料。绿萍可鲜喂，也可被干制粉碎，作为配合饲料的原料。

表 6-9　绿萍中养分含量　　　　　　　　　　　　　单位：％

样本	水分	粗蛋白质	粗脂肪	粗纤维	无氮浸出物	粗灰分
鲜样	91.9	1.5	0.2	1.8	2.8	1.8
干样	0	18.5	2.5	22.2	34.6	22.2

7. 紫萍

紫萍亦名浮萍、水萍,学名 *L. folsrhiza* 或 *Spirodcla polyrhiza*。紫萍是猪、鸡、鸭、鹅较好的青饲料,可鲜喂,最好将其切碎与糠麸等饲料混合后投喂。

值得强调的是,上述的"五水二萍"虽是动物较好的青饲料,但饲用时应注意以下问题。

① 这类饲料水多,干物质少,养分微,只能作为动物的辅料。

② 这类饲料生长于水中或低洼的地方,多染有或多或少的病原菌、寄生虫(卵)以及有害物质等,所以使用这类饲料时务须注意卫生问题。

③ 将这类饲料煮熟是杀灭其中病原菌、虫(卵)的最好方法,但同时也破坏了维生素等养分,生成较多量的亚硝酸盐。鉴于这些问题,许多学者提醒人们慎用水生饲料。

(周 明)

第二节 牧 草

牧草是动物尤其是草食动物的主要青饲料。由于其资源丰富、产量大、抗逆性强、生态效益高,因而愈来愈被重视。

一、概述

(一) 基本概念

所谓牧草是指一切可供饲用的细茎草本植物,包括人工栽培的草类和野生的草类。人工栽培的草类主要是豆科牧草和禾本科牧草,野生的草类主要有藜科、菊科、莎草科、蓼科、十字花科等植物。在实际应用时,"牧草"几乎与"饲用植物"为同义词。

欧美学者认为,供动物利用的一切植物群落的着生地就叫草地。我国一些学者则认为,多年生草本植物生长的陆地地区就称草地。一般简单地认为,广大的天然草地就是草原。GB/T 21439—2008 对草原的定义如下:大面积的天然植物群落着生的土地,其植物或植物的部分可直接用于放牧或刈割后饲喂家畜。草原的原生植被(顶级群落或自然条件下的潜在顶级群落)不是乔木,而主要是禾本科、豆科、莎草科、杂类草等草本植物或家畜可采食嫩枝叶的灌木。

以草地(草原)为基础,利用太阳能生产牧草,牧草再通过动物,并通过化工、机械等手段创造物质财富的产业就是草业。

(二) 我国草地资源情况

天然草地是我国最重要的饲草资源。我国北方、西南等地区的天然草地面积为 3.94 亿公顷,约占国土面积的 42%,是我国陆地最大的生态系统,其中可利用草地 3.31 亿公顷。农区还有分散的草地,面积约有 0.13 亿公顷。这些牧草资源为发展草食畜牧业奠定了物质基础。另外,我国人工草地面积约为 0.16 亿公顷,相当于全国天然草地面积的 4%,种植的主要牧草包括苜蓿、白三叶、红三叶、草木樨、羊草、黑麦草、沙打旺、老芒麦、披碱草、象草、无芒雀麦等。由于人工草地的牧草品质较好,产草量比天然草地高 3~5 倍以上,因此在保障动物饲草供给和畜牧业生产稳定发展中发挥了重要作用。

(三) 发展草业的意义

1. 种草可显著地增加单位面积土地产出养分产量

表 6-10 充分证明了这点。另据估计,在等面积的土地上,各种苜蓿比诸禾本科牧草多产 1 倍的总可消化养分(TDN)、1.5 倍的可消化粗蛋白质(DCP)和 5 倍的矿物质(王栋原著,任继周等修订,1989)。再据东北公主岭试验场研究结果证明,同等条件下的等面积

土地上，苜蓿产蛋白质为大豆的 2.32 倍，苜蓿产可溶性糖量为大豆的 2.33 倍，苜蓿产矿物质量为大豆的 3.54 倍。

表 6-10　两种牧草与几种谷类作物单位面积产出养分含量的比较

植物	DM /(kg/hm²)	GE /(MJ/hm²)	CP /(kg/hm²)	DCP /(kg/hm²)	DE /(MJ/kg)	黑麦草所含养分为玉米的倍数	
黑麦草	12300	215186	1584.3	1206.9	8285	DM	4.77
苏丹草	13875	244530	1425.0	900.0	8569	GE	4.41
早稻	4710	83596	428.6	227.1	3637	CP	6.31
晚稻	4875	85397	422.7	247.1	3917	DCP	7.01
大麦	2730	50912	431.4	315.6	—	DE	3.56
小麦	2250	41319	296.6	230.4	1990		
玉米	2580	48781	251.1	172.2	2329		

注：根据汤镜秋等（1992）的研究资料整理。

2. 种草是解决我国饲料短缺的有效措施

据统计，我国 1996 年猪存栏数 4.522 亿头，鸡 28.02 亿只（国外畜牧科技，1998，2）。如以每头猪耗精料 300kg（汤镜秋等，1992），每只鸡耗精料 5kg 计算，需 1.5 亿吨精饲料，就相当于每年以近 2000 万公顷的耕地用去生产猪、鸡的饲料。如果用其中的 1000 万公顷来生产豆科牧草和禾本科牧草，则消化能（猪）净增 2.55～5.11 倍，粗蛋白质产量净增 5～12.5 倍，可消化粗蛋白质产量（猪）净增 6～15 倍。由此可见，合理地规划粮食用地和饲料（牧草）用地，是解决我国粮食和饲料短缺的有效措施。

3. 种草可改善土壤结构，提高土壤肥力

周寿英（1985）报道，土壤种苜蓿后，深 30cm 耕层中的有机质含量比种一般作物后增加 4.4 倍。赵强基等（1982）报道，种植黑麦草留存于土壤中的有机质要比水稻、小麦、大麦多得多。给土壤补充有机质是土壤保持良好结构（团粒结构）的必备条件，且种植牧草为土壤形成团粒结构提供了成型动力。种过两三年混合牧草后，每公顷田地增加的有机质相当于施 20～30t 厩肥，且这些有机质分布均匀，每公顷土壤中含氮 215kg、磷 34kg、钾 80kg（王栋原著，任继周等修订，1989）。周寿英（1985）测定，每公顷种豆科牧草的固氮量为：苜蓿 330～375kg，箭舌豌豆 90kg，普通豌豆 75kg。

4. 种草可保持水土

据美国多年试验的结果，种狗牙根的土壤较种玉米的土壤保水力增加 1027 倍，保土力增加 272 倍。种草地早熟禾的土壤较种小麦的土壤保水力增加 670～800 倍，保土力增加 230 倍。李科云（1990）报道，种植牧草后的泥沙冲刷量仅为对照组的 1/15。

5. 种草可提高农作物产量和品质

据西北农业大学的试验结果，在一年生作物地种小麦每公顷产量为 1125kg，在种过苜蓿后的地上种小麦每公顷产量为 3187.5kg，且品质较好，色带紫，粒圆大，富含蛋白质。又据苏北上海农场的试验，在种一年苜蓿后种棉花，其产量提高 33.6%。

（四）牧草的营养特性

（1）粗蛋白质：豆科牧草粗蛋白质含量高，一般为 15%～20%，有些豆科牧草中粗蛋白质含量在 20% 以上。

（2）无氮浸出物：禾本科牧草含有较多量的糖分，如葡萄糖、果糖、蔗糖、聚果糖，故具甜味。

（3）维生素：各类牧草都含有丰富的维生素，如胡萝卜素、维生素 B_1、维生素 B_2、维生素 C、维生素 E、维生素 K 等。

（4）矿物质：牧草中矿物质含量较多，如豆科牧草中含较多的钙，禾本科牧草中含较多的磷。大多数牧草中都含有较多量的微量元素。

（5）粗纤维：幼嫩牧草中粗纤维含量少，适于做任何动物饲料。但老熟的牧草中粗纤维含量多，因此要对其适时收获利用。

（6）适口性：牧草有清香味，柔嫩多汁，因此适口性好，并易消化，为各种动物所喜食。

（五）牧草的饲用方式

（1）鲜喂。幼嫩新鲜的牧草是各种动物的良好青饲料，一般将其切短或切碎后饲用。

（2）制成青贮料。具体方法参见第四节。青贮料可供动物全年饲用。

（3）制成干草。将鲜草脱水干燥，制成干草，可供动物全年饲用。

（4）制成草粉。将鲜草脱水干燥并粉碎，便成草粉。优质草粉可和精饲料相媲美，在动物饲粮中使用适量的草粉，不仅能等量代替精饲料，而且可提高动物产品的质量。

（5）打浆后与其他干料混合制成颗粒料。该法既可减少青料的养分损失和保持其清香风味，又能提高颗粒料的营养价值，适口性和黏结性好。

（6）制成青料块。将牧草洗净除杂，切短，最好多种牧草混合（含豆科和禾本科牧草），再用打浆机或石碾制成浆体，装入模子（一般长 20cm，宽 15cm，厚 2cm），用手压实刮平，脱除模子，在阳光下暴晒 6～7h 后，各 3～4h 翻转 1 次，3d 后可干透，最后移至通风阴凉的室内保存。用水泡开或粉碎青料块后饲用动物。该法能保持牧草固有的香味和养分，适口性好且制作简便。

（7）制成叶蛋白。具体方法参见青饲料加工。

二、禾本科牧草

禾本科植物是种子植物中大科之一，共有 620 属，约 1000 种。在草原地带，禾本科植物是重要的组成部分。禾本科牧草生活力较强，适应性较广，大多为多年生，也有一年生或越年生，除靠种子繁殖外，亦能无性繁殖，许多禾本科牧草还可借根茎或匍匐茎蔓延，因而分布很广。从热带到寒带，从酸性土壤到碱性土壤，从高山到平原乃至低洼地，从干旱的漠原到湿润乃至积水的湿地，都各有其适宜的禾本科牧草生长。

禾本科牧草的饲用价值大多较高，其中蛋白质和钙质虽较豆科牧草少，但可溶性糖分比豆科牧草多。一般禾本科牧草都具有较强的耐牧性，虽经践踏，仍不易受损。而在调制干草和青贮时，禾草也较豆科牧草适宜。禾本科牧草在改善土壤结构，提高土壤肥力、防止冲刷、保持水土、绿化城乡、美化环境以及整治国土等方面具有很大的作用。

（一）黑麦草

黑麦草属原分类 10 余种，新近分类有 8 种，主要分布于世界温带湿润地区。多年生黑麦草（图 6-7）与多花黑麦草两种最为重要，是具有世界栽培意义的禾本科牧草。

多年生黑麦草，又名英国黑麦草、宿根黑麦草，学名 *Lolium perence*，英文名 perennial ryegrass 或 English ryegrass；多花黑麦草，又名意大利黑麦草，学名 *Lolium multiflorum*，英文名 Italian ryegrass 或 annual ryegrass，为一年生黑麦草。

图 6-7 黑麦草

(1) 起源与分布：多年生黑麦草原产于南欧、北非和亚洲西南部。1677年英国首先栽培。现在，英国、西欧各国、新西兰、澳大利亚、美国和日本已广泛栽培。我国南方、华北、西南地区大面积栽种。

多花黑麦草也原产于南欧等地。13世纪已在意大利北部生长，改名意大利黑麦草，现分布世界温带与亚热带地区。我国长江流域以南、江苏省以及沿海各地均有大面积栽种。

(2) 生物学特性：多年生黑麦与多花黑麦草的生物学特性相似，均喜湿润海洋性气候，宜在夏凉爽、冬温暖地区栽培。10℃时，生长较好；27℃较适宜；35℃时，生长不良。光照强，日照短，温度较低对分蘖有利。最适于排灌良好、肥沃湿润的黏土或黏壤土生长，略能耐酸，在干旱瘠薄沙土中生长不佳。施用氮肥，黑麦草增产显著。

(3) 栽种：多年生黑麦草春、秋均可播种，而以早秋播种为最适。单播时每公顷播种量15.0～22.5kg，种用的可略少，宜条播，行距15～20cm，播深2cm。

多花黑麦草在长江以南各地适于秋播，宜单播，每公顷播种量15kg，行距15～30cm，播深2cm。

(4) 饲用：黑麦草品质好，柔嫩多汁，适口性好，为各种家畜所喜食，也是鱼类的好饲料。黑麦草各生育期的养分含量如表6-11所示。

表6-11　黑麦草各生育期的养分含量（DM基础）　　　　　单位：%

生育期	粗蛋白质	粗脂肪	粗灰分	粗纤维	无氮浸出物
分蘖期	18.6	3.8	8.1	21.1	48.3
抽穗期	15.3	3.1	8.5	24.8	48.3
开花期	13.8	3.0	7.8	25.8	49.6
结实期	9.7	2.5	5.7	31.2	50.9

注：引自王成章等，2011。

黑麦草刈割期视动物种类不同而不同：喂猪，应在抽穗前刈割；喂牛、羊，可稍迟。留茬高度为不低于5cm。

黑麦草分枝多，丛生，生长快，耐牧，因而是很好的耐牧牧草。将黑麦草制成干草或干草粉，再与精料配合，作为牛、羊育肥饲料，效果很好。黑麦草用于调制干草时，宜在抽穗后刈割。

(二) 羊草

羊草（图6-8），又名碱草，学名 *Leymus chinensis*，英文名 Chinese wild-rye。

(1) 分布：羊草是我国北方草原地区分布很广的一种优良牧草，目前已在东北、西北、内蒙古等地大面积栽种。

(2) 生物学特性：羊草耐寒，其幼苗能耐受−10℃，其种子在10℃时发芽出苗。羊草耐盐耐碱，在平岗地、山下平地、排水良好的江河滩地等生长良好，耐旱，不耐淹，在排水不良、潮湿的低洼地生长较差。

(3) 栽种：羊草播种春秋季均可，如播前除草，夏季也可。宜单播，每公顷播种量30～45kg，行距30cm，播深2～3cm。

图6-8　羊草

(4) 饲用：羊草茎秆细嫩、叶片多，营养丰富，适口性好，是牛、羊、马的好饲料。羊草中养分含量如表 6-12 所示。

表 6-12　不同刈割期羊草干草中养分含量　　　　　单位：%

生长期	干物质	粗蛋白质	粗脂肪	粗纤维	无氮浸出物	粗灰分	钙	磷
分蘖期	91.04	18.53	3.68	32.43	30.00	6.40	0.39	1.02
拔节期	89.88	16.17	2.76	42.25	22.64	6.06	0.40	0.38
抽穗期	90.06	13.35	2.58	31.45	37.49	5.19	0.43	0.34
结实期	85.47	4.25	2.53	28.68	44.49	5.52	0.53	0.14

羊草可鲜饲、制成干草、青贮和放牧。鲜饲时，可整株喂给牛、羊；可将幼嫩羊草打浆喂猪；制成干草后，可供牛、羊、马饲用；也可制成草粉喂猪。

（三）鸡脚草

鸡脚草，又名鸭茅、果园草，学名为 *Dactylis glomerata*，英文名 cocksfoot 或 orchard grass。

（1）起源与分布：鸡脚草原产于欧洲，现分布于世界各地的温暖地方。我国湖北、贵州、四川、云南、新疆等地均有分布，但尚无大面积栽种，是适于在长江流域以南推广的一种牧草。

（2）生物学特性：鸡脚草喜温暖和湿润气候，生长适宜温度为昼温 22℃，夜温 12℃。鸡脚草能在排水较差的土壤中生长，但以湿润肥沃黏壤土或沙壤土为最好。略能耐酸，不能耐碱；能耐荫，尚能耐瘠；需水量较多，对氮肥反应极为敏感。

（3）栽种：鸡脚草春、秋播种均可。秋播宜早，长江以南各地秋播不应迟于 9 月中下旬。宜条播，每公顷播种量 11.3～15.0kg。行距 15～30cm，覆土宜浅，以 1～2cm 为宜。

（4）饲用：不同生长期鸡脚草中养分含量如表 6-13 所示。

表 6-13　不同生长期鸡脚草中养分含量　　　　　单位：%

生长阶段	干物质	粗蛋白质	粗脂肪	粗纤维	无氮浸出物	粗灰分
营养生长期	23.9	4.4	1.2	5.6	10.0	2.7
抽穗期	27.5	3.5	1.3	8.1	12.4	2.2
开花期	30.5	2.6	1.0	10.7	13.9	2.3

图 6-9　苏丹草

鸡脚草可青刈饲用、放牧、制作干草。在刚抽穗时刈割最好，迟割影响草的品质和再生草的产量。鸡脚草中钾、磷、钙、镁等的含量随生长期的延长而下降，铜在整个生长期变化不大。给鸡脚草施大量氮肥，可引起其过量吸收氮和钾，而减少对镁的吸收。采食缺镁鸡脚草的牛、羊往往发生缺镁症。

（四）苏丹草

苏丹草（图 6-9），又名野高粱，学名 *Sorghum sudanense*，英文名 Sudan grass。

（1）起源与分布：苏丹草原产于北非苏丹，是当前世界各国最普遍栽培的一年生禾本科牧草。我国南至海南岛，北到内蒙古均能栽培成功。

（2）生物学特性：苏丹草喜温暖，不耐寒，种子发芽的最低温度为 8～10℃。生长最适温度为 20～30℃。肥沃的黏质黑土最适于苏丹草生长。苏丹草抗旱力强，也能耐瘠，在沙壤土、重黏土、微酸性土或盐碱土等均可种植。

（3）栽种：当地表土 10cm 处温度达 12～14℃时，苏丹草即可播种，分期播种，每期相隔 20～25d，这样可保证青料较长时间供应。苏丹草宜条播，撒播也可，每公顷播种量为 22.5kg（条播）或 30.0～37.5kg（撒播），播种深度为 3～4cm。

（4）饲用：苏丹草产量高，在长江流域，一年可每公顷产 150t 以上。不同生长期苏丹草中养分含量如表 6-14 所示。苏丹草可用作牛、羊、马、兔、猪、鱼等动物的青饲料。用作草食动物的饲料，宜在抽穗期到盛花期收割；用于喂猪、鱼类时，要适当提前收割。幼嫩的苏丹草含有少量的氢氰酸，饲用时应注意。

表 6-14　不同生长期苏丹草中养分含量　　　　单位：%

生长阶段		干物质	粗蛋白质	粗脂肪	粗纤维	无氮浸出物	灰分
抽穗期	鲜草	21.6	3.3	0.6	5.6	10.2	1.9
	干草	100.0	15.3	0.8	25.9	47.2	8.8
开花期	鲜草	23.4	1.9	0.4	8.4	10.3	2.4
	干草	100.0	8.1	1.7	35.9	44.0	10.3
结实期	干草	28.5	1.7	0.5	9.6	14.6	2.1
	干草	100.0	6.0	1.6	33.7	51.2	7.5

（五）无芒雀麦

无芒雀麦，又名禾萱草，学名 *Bromus inermis*，英文名 brome grass、smooth brome、awnless brome 等。

（1）起源与分布：无芒雀麦原产于欧洲和亚洲，为世界范围最重要的禾本科牧草之一。我国东北、西北、华北等地均有分布。

（2）生物学特性：无芒雀麦适应性强。无芒雀麦生长最适温度为 20～26℃，宜肥沃而排水良好的土壤。无芒雀麦能耐寒、耐瘠、耐湿、耐旱和耐碱。

（3）栽种：东北以 5～7 月播种无芒雀麦为最好，南方各地春秋均可播种，而以 9 月份播种最好。单播时每公顷播种量 22.5～30.0kg，播深不宜超过 2～3cm。

（4）饲用：无芒雀麦叶多茎少，营养价值高，不同生长期无芒雀麦中养分含量如表 6-15 所示。无芒雀麦利用年限长，产量高，品质好，味道优美，各种动物都喜食。无芒雀麦可青饲、青贮和调制干草，收割期以开花期为宜。无芒雀麦的再生力和耐牧性都较强，适于放牧。

表 6-15　不同生长期无芒雀麦中养分含量　　　　单位：%

生长阶段		干物质	粗蛋白质	粗脂肪	粗纤维	无氮浸出物	粗灰分
营养生长期	鲜草	25.0	5.1	1.0	5.8	10.7	2.4
	干草	100.0	20.4	4.0	23.2	42.8	9.6
抽穗期	鲜草	30.0	4.2	1.3	9.0	13.4	2.1
	干草	100.0	14.0	4.3	30.0	44.7	7.0
开花期	鲜草	53.0	2.8	1.2	19.3	26.1	3.6
	干草	100.0	5.3	2.3	36.4	49.2	6.8

（六）象草

象草，又名紫狼尾草，学名 *Pennisetum purpureum*，英文名 elephant grass。

（1）起源与分布：象草原产于非洲，是热带、亚热带普遍栽培的高产优良牧草，象草在广东、广西、云南、贵州、四川、江西、湖南和福建等地均有大面积栽培，在河北、陕西、北京等地也引种成功。

(2) 生物学特性：象草喜温暖湿润气候，气温 12～14℃ 时开始生长，25～35℃ 时生长迅速，8℃ 以下时生长受抑制，严寒酷暑均有碍生长。象草喜水肥，对氮肥特别敏感。象草需长日照。象草对土壤要求不严，在沙土、壤土、微碱性土壤以及酸性的贫瘠红壤土均能种植，而以深厚肥沃的土壤生长最佳。象草根系发达，故耐旱性较强。

(3) 栽种：象草结籽少，种子成熟不一致，发芽率低，故常采用无性繁殖。应选择粗壮的茎，切成小段后扦插，植后 2.5～3 个月，株高 100～130cm 时即可刈割。留茬高度 6～10cm，每隔 25～30d 即可刈割 1 次。

(4) 饲用：象草不仅产量高（每公顷产可达 150t），且营养价值较高，其养分含量如表 6-16 所示。适时收割的象草，柔嫩多汁，适口性好，牛、羊、马均很喜食，亦可养鱼。一般多青饲，也可青贮，制成干草或干草粉。

表 6-16　象草中养分含量　　　　　　　　　　　　　　　　单位：%

类别	干物质	粗蛋白质	粗脂肪	粗纤维	无氮浸出物	粗灰分
鲜草	12.9	1.29	0.24	4.04	5.45	1.17
干草	88.5	6.70	1.60	30.6	34.2	15.3

(七) 牛尾草

牛尾草，又名草地羊茅、草地狐茅，学名 *Festuca pratensis*，英文名 meadow fescue。

(1) 起源与分布：牛尾草原产于亚欧和美国等地，在我国多为引种栽培牧草，也有野生种分布。

(2) 生物学特性：牛尾草耐寒，适于冷凉气候生长，也耐热，以肥沃湿润黏壤土最宜，耐盐碱，也耐旱。因此，牛尾草的适应性很强，我国南北各地均可种植。

(3) 栽种：牛尾草在长江流域春、秋季播种均可，而以 9 月份最好，春播不迟于 3 月中旬；北方宜春播或夏播，宜密集条播，单播时每公顷播种量 15.0～22.5kg，播种深度 1～2cm。

(4) 饲用：牛尾草茎叶较坚厚粗糙，叶缘尖利，易老化，天热与干旱时草质更易粗老，适口性较差，应尽早饲用。牛尾草应在抽穗前刈割。适时收割，其品质较好（见表 6-17）。牛尾草适于作为草食动物牛、羊、马、兔等的饲料。

表 6-17　不同生长期牛尾草中养分含量　　　　　　　　　　单位：%

生长阶段		干物质	粗蛋白质	粗脂肪	粗纤维	无氮浸出物	粗灰分
营养生长期	鲜草	25.0	4.4	1.3	5.9	11.3	2.1
	干草	100.0	17.6	5.2	23.6	45.2	8.4
抽穗期	鲜草	30.0	3.7	1.6	7.7	14.3	2.7
	干草	100.0	12.3	5.3	25.7	47.7	9.0

三、豆科牧草

豆科（fabaceae 或 leguminosae）是种子植物中的一个大科，共 500 余属，12000 种。我国目前有 131 属，1130 种。在自然界中，豆科植物遍布各地，豆科牧草种类仅次于禾本科。

豆科牧草富含蛋白质和钙质，其中胡萝卜素含量较禾本科牧草多。大多数豆科牧草的适口性都很好。豆科牧草根部有根瘤菌，借根瘤菌的固氮作用，不仅其本身可利用空气中的氮，而且能增加土壤中的氮素，供其他科植物利用。

豆科牧草的耐牧性一般不如禾本科。另外，豆科牧草在调制干草时，最为困难的是干燥不均匀，且叶片易脱落。在调制青贮料时，常因豆科牧草含蛋白质较多，而糖分较少，产生的乳酸少而难以青贮，须和含糖分多的禾本科牧草混合青贮。还有，用豆科牧草饲喂动物时，较禾本科牧草易发生臌胀病，应特别注意防止。

（一）苜蓿

苜蓿（图 6-10），又称紫花苜蓿（因其开紫花）或紫苜蓿，学名为 *Medicago sativa*，英文名为 alfalfa 或 lucerne。

（1）起源与分布：苜蓿原产于古代的波斯，即现今的伊朗。因苜蓿产量高，品质好，适应性广且经济价值高，现在世界各国都有栽种，是分布最广的一种牧草，故有"牧草之王"之美誉。

估计目前全世界种植苜蓿面积达 3300 万公顷。其中以美国种植面积最大，占总面积 1/3 以上；其次为阿根廷，种植面积在 666 万公顷以上；再次为加拿大，占总种植面积的 8%；中国第五，约占种植总面积的 4.5%。

图 6-10 苜蓿

在我国汉朝时，张骞出使西域带回苜蓿种子，自那时（公元前 126 年）起，苜蓿就开始在我国种植。苜蓿主要分布于我国西北、华北、东北、内蒙古等地，我国南方各地（如江苏、湖南、湖北等省）也栽种苜蓿。

2011 年我国苜蓿种植面积为 377.5 万公顷，以甘肃、内蒙古、新疆、宁夏和陕西为主要产区，约占全国苜蓿种植面积的 2/3。2011 年我国苜蓿产量约为 2400 万吨，但商品草仅为 107 万吨，产值仅为 21 亿元。我国每年流通约 400 万吨商品草产品中，近 1/3 为人工种植的苜蓿草产品，但仍然无法满足国内需求，2013 年我国进口苜蓿 75.6 万吨。

（2）生物学特性：苜蓿喜温暖半干燥气候，生长最适温度为 25～30℃。晚间喜凉爽，忌潮热。苜蓿需水量较多，但也耐干旱。苜蓿在从粗沙土到轻黏土中均能生长，而以深厚疏松且富含钙质的土壤最为适宜。苜蓿不耐潮，更忌积水，连续淹水 1～2d 即死亡，宜在地势高燥的地方生长。

（3）栽种：

① 整地。对土地要深耕细耙、上松下实，以利出苗。

② 种子处理。将苜蓿种子和沙子一起适度研磨，以破坏种皮，利于出苗。

③ 播种期。在长江流域 3～10 月份均可播种，而以 9～10 月份播种为最宜。此时播种，出苗快、整齐，成活率高，可安全过冬。

④ 播种方法与播种量。苜蓿单播为宜，播种深度为 1.5～2.0cm（湿润土壤）或 2～3cm（干旱土壤）。播种量 11.25～18.75kg/hm²。

（4）收获：

① 收获青料。苜蓿开第一朵花至开 1/10 的花，根茎又长出大量新芽阶段最适于收割，一年可刈割多次，留茬高度 4～5cm 为宜。

② 收获种子。种用苜蓿不应刈割，让其生长到下部荚果变成黑色、中部变成褐色、上部变成黄色时就可采收。

（5）饲用：苜蓿富含蛋白质和矿物质，胡萝卜素和维生素 K 的含量也较高。据估计，在等面积的土地上，各种苜蓿与禾本科牧草比较，能产 2 倍的总消化养分（TDN）、2.5 倍的可消化粗蛋白质（DCP）和 6 倍的矿物质。苜蓿的营养组成如表 6-18 所示。

① 青饲。刈割的苜蓿青料可喂各种动物，动物很喜食，宜切短后饲喂。

② 放牧。在苜蓿地放牧的反刍动物喜食该牧草，但易发生臌胀病，其原因是苜蓿中含有皂角素，反刍动物采食大量鲜嫩苜蓿后，可在胃内形成大量泡沫样物质，不能排出，因而

表 6-18 不同生育期苜蓿的养分含量（DM 基础） 单位：%

生育期	干物质	粗蛋白质	粗脂肪	粗纤维	无氮浸出物	粗灰分
营养生长	18.0	26.1	4.5	17.2	42.2	10.0
花前期	19.9	22.1	3.5	23.6	41.2	9.6
初花期	22.5	20.5	3.1	25.8	41.3	9.3
盛花期	25.3	18.2	3.6	28.5	41.5	8.2
花后期	29.3	12.3	2.4	40.6	37.2	7.5

注：引自董宽虎等，2003。

产生膨胀病。可采取预防措施：放牧前给动物喂以干草，露水干后放牧，在牧地上豆科牧草与禾本科牧草混种。

③ 制成苜蓿干草。将苜蓿制成干草是最有价值的粗饲料，能和精饲料相媲美。在盛花期刈割苜蓿，而后天然地或人工地脱水干燥以制成干草。

④ 制成苜蓿草粉。欧美国家每年大量地生产苜蓿草粉，并将其以 10%～15% 的比例加入动物饲粮中，饲养效果良好。

⑤ 将鲜苜蓿打浆，然后与其他料混合以制成颗粒料，或以鲜苜蓿为原料生产叶蛋白产品。

（二）金花菜

金花菜（图 6-11），又名黄花苜蓿、南苜蓿等，学名为 *Medicago deuticulata*，英文名为 toothed burclover。

（1）起源与分布：金花菜原产地为印度。我国江苏、浙江沿海、沿江地区栽培甚多；四川、江西、湖北、福建等省也有栽培。

（2）生物学特性：金花菜喜温暖湿润气候，幼苗在 −3～+5℃ 就受冻或部分死亡，在 −6℃ 就大部分死亡。喜较肥沃的土壤，最适于沙壤土至中壤土中生长。土壤适宜 pH 为 5.0～8.6，耐湿性较差。

图 6-11 金花菜

（3）栽种：播前应将种子浸水 1～2d，在水、旱田中均可播种。每公顷播种量为 75.0～112.5kg 带荚种子，行距 20～30cm，播深约 3cm，每年 9～10 月份播种，播后每 667m² 施 50～100kg 草木灰。

（4）饲用：金花菜全株都可做青饲料和干草，宜在盛花期收割，结实后不仅粗纤维剧增，且荚上有刺，不能饲用。牛采食单一金花菜鲜料易得膨胀病。金花菜干草中养分含量如表 6-19 所示。

表 6-19 金花菜干草中养分含量 单位：%

收获期	干物质	粗蛋白质	粗脂肪	粗纤维	无氮浸出物	粗灰分
现蕾	93.12	26.10	4.83	14.81	38.46	8.92
初花	91.79	25.16	4.39	16.96	35.11	10.17
盛花	92.77	23.25	3.85	16.99	38.43	9.94

（三）三叶草属牧草

三叶草属共有 300 多种，分布在温带地区，少数为重要牧草，多数为野生种。目前栽培较多的有红三叶（图 6-12）、白三叶（图 6-13）和绛三叶等。

图 6-12 红三叶

图 6-13 白三叶

1. 红三叶

红三叶，学名为 *Trifolium pratense*，英文名为 red clover。

（1）分布：红三叶为欧洲各国、美国、新西兰等海洋性气候国家的最重要牧草之一。红三叶在我国江淮流域、华南、西南、新疆各地栽种情况良好，产量高，结实好，病虫害少，是我国长江流域以南地区较有前途的豆科牧草。

（2）生物学特性：红三叶喜凉爽湿润气候，生长适宜温度为 15～25℃，能耐寒，但不耐热。红三叶耐湿性强，在土壤水饱和时，仍能生长较好，但不耐旱。红三叶喜中性与微酸性土壤，但耐碱性差。

（3）栽种：在长江流域各地，红三叶在 3～10 月份均可播种而以 9 月份播种为最好。宜条播，行距 20～40cm，播深 1～2cm，每公顷播种量 11.25～15.0kg。

（4）饲用：红三叶的适宜收割期一般为初花期至盛花期。适时收获的红三叶草质柔嫩，品质较好，其中养分含量如表 6-20 所示。

表 6-20 红三叶、白三叶、绛三叶和杂三叶中养分含量 单位：%

类别	干物质	可消化粗蛋白质	总消化养分	粗蛋白质	粗脂肪	粗纤维	无氮浸出物	粗灰分	钙	磷
红三叶	27.5	3.0	19.1	4.1	1.1	8.2	12.1	2.0	0.46	0.07
白三叶	17.8	3.8	12.3	5.1	0.6	2.8	7.2	2.1	0.25	0.09
绛三叶	17.4	2.3	11.3	3.0	0.6	4.7	7.4	1.7	0.24	0.05
杂三叶	22.2	2.7	14.5	3.8	0.6	5.8	9.7	2.3	0.29	0.06

红三叶用以青饲、放牧、制干草或做青贮料都很适宜。放牧牛羊时发生臌胀病较苜蓿的少，但仍须防止。用以调制干草，叶片不易脱落，可制成优良的干草。红三叶与禾本科牧草混合青贮，效果好。红三叶干草所含可消化蛋白质低于苜蓿，所含净能比苜蓿高。红三叶干草是乳牛、肉牛和绵羊的好饲料，但须补充一些蛋白质饲料。优质红三叶草粉也可代替苜蓿草粉作为育肥猪和种猪等配合饲料的原料。

2. 白三叶

白三叶，学名为 *Trifolium repens*，英文名为 white clover。

（1）起源与分布：白三叶原产于欧洲，16 世纪后期荷兰首先栽培，白三叶在新西兰、欧洲西北部、北美东部等海洋性气候区，生长尤为适宜。我国黑龙江、吉林、辽宁、新疆、四川、云南、贵州、湖南、湖北、江西、江苏、浙江等地均有分布，在长江以南各省大面积栽培。

（2）生物学特性：白三叶喜温凉气候，生长适宜温度19～24℃，较能耐寒和耐热；宜湿润环境，能耐湿，可耐受40多天的积水；耐荫，在园林下也可生长。白三叶对土壤要求不严，在各种土壤中均能生长，但最喜富含钙质和腐殖质的黏土壤。白三叶能耐瘠、耐酸，但耐盐碱能力差。

红三叶与白三叶植物学特征的区别列于表6-21。

表6-21 红三叶与白三叶植物学特征的区别

植物组织	红三叶	白三叶
茎	圆而中空，直立或斜上	实心，光滑，匍匐生，能节节生根
叶	卵形或长椭圆形	倒卵形或倒心形，叶缘具细锯齿形
茸毛	茎叶均着生茸毛	无茸毛，光滑
花	红色或紫色	白色或带有粉红色

（3）栽种：白三叶种子细小，因此整地务宜精细。南京地区白三叶秋播不宜迟于9月中下旬，否则易受冻害，春播宜在3月上中旬。单播时每公顷播种量7.5kg。白三叶最宜与红三叶、黑麦草、鸡脚草、牛尾草等牧草混种以供放牧用，混播时每公顷播种量1.5～3.75kg。

（4）饲用：白三叶茎叶细软，叶量特多，营养丰富，尤富含蛋白质（表6-20）。白三叶茎枝匍匐，再生力强，耐践踏，最适于放牧。用来放牧猪时，宜单播；用来放牧反刍动物时，宜与禾本科牧草混种。

（四）草木樨

草木樨属约有20种，中国有8种，较为重要的栽培较多者为白花草木樨和黄花草木樨，两者统称草木樨。草木樨（图6-14），又名野苜蓿，马苜蓿、甜三叶等。白花草木樨，学名为 *Melilotus alba*，英文名为 white sweet clover；黄花草木樨，学名为 *M. officinalis*，英文名为 yellow sweet clover。

（1）分布：草木樨最早被用作药物和香料。我国1922年就开始栽培草木樨，现主要分布于西北、华北、东北、内蒙古、新疆、四川和江淮地区等。

（2）生物学特性：草木樨能耐寒，种子发芽最低温度为8～10℃，生长适温为18～20℃。草木樨抗旱性强，能耐瘠薄，但不耐湿。从重黏土到沙质土壤，草木樨均可生长，但最喜钙质土壤。草木樨耐盐碱，但不耐酸。

图6-14 草木樨

（3）栽种：为促进发芽，出苗整齐起见，草木樨播前须擦破种皮，或用10%酸液浸种0.5～1h。在南方，草木樨春秋均可播种，秋播以9月下旬为宜。在北方宜春播或夏播，播期尽可能提前。草木樨可单播或混种。单播时，每公顷播种量为7.5～15.0kg（收种的）或11.25～22.5kg（收草的），行距为20～30cm（收草的）或45～50cm（收种的）。播深为2～3cm。

（4）饲用：草木樨的适宜收获期为花前期或孕蕾初期。此时收割，不仅再生草产量高，且茎秆柔软，质优。白花草木樨的养分含量见表6-22。

表 6-22   白花草木樨的养分含量　　　　　　　　　　　　单位：%

部位	干物质	粗蛋白质	粗脂肪	粗纤维	无氮浸出物	粗灰分
叶	88.00	28.50	4.40	9.60	36.50	9.00
茎	94.30	8.80	2.20	48.80	31.00	5.50
全株	92.63	17.51	3.17	30.35	34.55	7.05

草木樨可用于鲜饲、调制干草和青贮等。鲜喂时，不宜给牛、羊喂量过多，以防其胀气，宜混喂些干草。在幼嫩草木樨地放牧时，牛、羊易发生臌胀病和腹泻，应予防止。草木樨较适于调制青贮料，最好与禾本科牧草混合青贮。

草木樨含香豆素（cumarin），有苦味，适口性较差，起初动物不喜食，开始时少喂，或与其他适口性好的草料混喂。

草木樨储藏不当，可形成大量的双香豆素。该物质为维生素 K 的拮抗剂，降低维生素 K 的效用。动物采食这种草木樨后，一旦有伤口，血液不易凝固，动物往往因出血过多而死亡，尤以小牛、马、绵羊常见。切不可饲用霉烂的草木樨。据报道，新鲜草木樨也含双香豆素。草木樨在营养期双香豆素含量为 3.74mg/kg，开花期 2.8mg/kg，收割期 1.8mg/kg。当双香豆素含量在 5mg/kg 以上，即可引起动物中毒。

（五）毛苕子

毛苕子（图 6-15），又名长柔毛野豌豆，毛野豌豆等，学名为 *Vicia villosa*，英文名为 hairy vetch。

（1）起源与分布：毛苕子原产欧洲北部，现于温带地区广泛栽培。毛苕子在我国江苏、安徽、河南、四川、陕西、甘肃等省栽培较多，在东北、华北也有栽培。

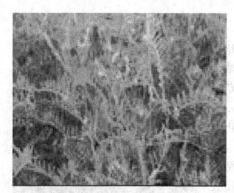

（2）生物学特性：毛苕子耐寒性较强，能耐受 −30℃的低温，其生长适温 20℃左右。毛苕子耐旱性较强，年降雨量在 450mm 以上就可栽种。毛苕子喜沙质壤土，忌潮湿或低洼积水土壤。毛苕子需基肥，施磷肥，增产显著。

毛苕子可春、秋播种。在江淮流域以 9 月中、下旬为宜，在西北、华北、内蒙古等地多为春播，以 3 月中旬至 5 月初为宜。单播时可撒播、条播、点播，其中以条播或点播较好，条播行距 20～30cm，点播穴距 25cm，播深 4～5cm，每公顷播种量 45～60kg。毛苕子匍匐生长，宜与禾本科牧草混种。

图 6-15   毛苕子

毛苕子在草层高度达 40～50cm 时即应刈割，以免茎叶微黄，影响草料品质和再生能力，留茬高度约 10cm。毛苕子茎叶较细，营养价值较高（表 6-23）。毛苕子是良好的青饲料，可用于喂牛、羊、马、兔、猪等。

表 6-23   毛苕子的营养成分含量　　　　　　　　　　　　单位：%

生长阶段	干物质	粗蛋白质	粗脂肪	粗纤维	无氮浸出物	粗灰分
盛花期（干重）	93.70	21.37	3.97	26.04	31.62	10.70
开花期（鲜重）	14.80	3.46	0.86	3.26	6.12	1.10

（六）普通苕子

普通苕子（图 6-16），又名普通野豌豆、野豌豆、光叶苕子、野绿豆等，学名为 *Vicia sativa*，英文名为 common vetch。

图 6-16　普通苕子

（1）分布：普通苕子在欧洲和美国南部都有栽培。在我国，主要分布于云南、四川、江西、江苏等地；西北、华北近年也种植较多的普通苕子。

（2）生物学特性：普通苕子喜温暖湿润气候，耐寒性较差，在 0℃ 时即易遭冻害；耐旱性强；喜轻沙质壤土，对红壤、石灰性紫土和冲积土也能适应；耐盐性较差。

（3）栽种：普通苕子在北方宜春播和夏播，在南方宜于 9 月中下旬播种，普通苕子种子大，每公顷播种量 60～75kg。

（4）饲用：普通苕子茎枝柔软、叶量多，营养价值高（表 6-24），适口性好，是牛、羊、马、兔、猪、鱼等动物的优良饲料。

表 6-24　普通苕子的营养成分含量　　　　　　　　单位：%

类别	干物质	粗蛋白质	粗脂肪	无氮浸出物	粗纤维	矿物质	钙	磷	总可消化养分（TDN）	粗蛋白质（DCP）
鲜料	20.4	3.8	0.5	8.5	5.5	2.1	0.27	0.07	12.1	2.8
干草	89.0	13.3	1.1	43.2	25.5	6.2	1.18	0.32	55.3	10.1
青贮料	30.1	3.5	1.0	13.4	9.8	2.4	—	—	18.9	2.0

普通苕子用作青饲料，宜在盛花期刈割；用于调制干草，宜在盛花期或始荚时收割；用于调制青贮料，亦以始荚时刈割为宜。

图 6-17　紫云英

普通苕子种子大，产量高，粉碎后可做食品或饲料用。但其籽实中含有生物碱（0.1%～0.5%）和氰甙，氰甙经水解后释放出氢氰酸（每千克籽实可达 30mg 氢氰酸）。因此，饲用或食用普通苕子籽实前须浸泡、淘洗、蒸煮等，并避免连续大量使用，以免中毒。

（七）紫云英

紫云英（图 6-17），又名红花草、连花草等，学名为 *Astragalus sinicus*，英文名为 astrragalus chinese milkvetch。

（1）起源与分布：紫云英原产于中国，在日本也有分布。我国长江流域及长江以南各地均广泛栽培，而以长江下游各省栽培最多，川西平原栽培历史亦甚悠久。近年已推广到陕西、河南等地。

（2）生物学特性：紫云英喜温暖湿润气候，生长适温 15～20℃，幼苗在 −5℃ 就受冻，在高温区生长也不良好。紫云英喜沙壤土或黏壤土，较能耐酸，但耐碱性差，适宜 pH 5.5～7.5。紫云英能耐湿，在整个生育期不能缺水。紫云英需肥量大，不能耐瘠薄。

（3）栽种：紫云英含硬籽较多，播前要沙磨或碾轧，或用酸液处理，将清洗好的种子浸入比重为 1.03～1.10 的盐水中，可提高种子发芽率。未种过紫云英的土地，要进行根瘤菌接种。南京、合肥等地区宜在 9 月份播种，四川盆地宜在 9—10 月份播种，多采用撒播，每公顷播种量 30～45kg。

（4）饲用：紫云英鲜嫩多汁，干物质中蛋白质含量丰富，营养价值高（表 6-25）。一般来说，在紫云英盛花期刈割为佳。若是幼畜或猪、禽、鱼，可稍微提前。紫云英是猪的好饲料，用紫云英先喂猪后肥田，是"以田养猪，以粪肥田"，增产增收的最好方法。反刍动物采食大量的紫云英，易发生膨胀病（乃因紫云英中含有较多量的皂苷），因此宜少喂或与干草混合饲喂。紫云英为富集微量元素硒的植物。据研究，紫云英含硒量为土壤含硒量的几百倍。

表 6-25　不同生长期紫云英的养分含量　　　　单位：%

生长阶段	干物质	粗蛋白质	粗脂肪	粗纤维	无氮浸出物	粗灰分
现蕾期(50%见蕾)	6.77	2.15	0.28	0.80	3.07	0.53
初花期(25%分枝开花)	9.81	2.79	0.50	1.28	4.42	0.82
盛花期(75%分枝开花)	9.93	2.51	0.54	2.20	3.80	0.88
见荚期(部分结荚)	11.05	2.36	0.61	2.94	4.18	0.96

皂苷（sapogenin）是一类较复杂的甙类，一般可溶于水，其水溶液振摇后可生成胶体溶液，并具有持久的肥皂液样泡沫，故名为皂苷。皂苷由皂苷元和糖、糖醛酸或其他有机酸组成，在至少 80 个科 400 种植物中都含有，其中以豆科、五加科、蔷薇科、菊科、葫芦科和苋科植物中含量较多。

① 分类和理化性质。皂苷按照水解后生成的皂苷元化学结构，可被分为三萜皂苷（triterpenoid saponin）和甾体皂苷（steroidal saponin）两大类。大豆皂苷、苜蓿皂苷、油茶皂苷和三叶皂苷均为三萜皂苷。上述皂苷不论加工、罐藏、蒸煮等都不能被破坏，不减少其毒性。同时皂苷多具苦味和辛辣味，影响饲料的适口性。

② 毒害作用。

a. 抑制动物生长：皂苷对组织和血液中胆固醇和酶有影响，在家禽饲粮中，如果苜蓿粉的用量达 20%（约 0.3%皂苷），则抑制禽生长，降低产蛋率。皂苷在肠道中与胆汁中胆固醇结合成不溶性复合物，在体内影响代谢酶活性，使养分不能被有效利用而影响生长；皂苷可减少瘤胃中原虫数量、减少进入小肠的微生物蛋白数量、降低饲料消化率。皂苷使原虫数量减少的原因，是皂苷与原虫细胞膜上的胆固醇结合，导致细胞膜破裂，使原虫死亡。但如果原虫或细菌的外膜上不存在胆固醇，则不受皂苷的侵害。

b. 膨胀作用：皂苷具有降低水溶液表面张力的作用，当反刍动物大量采食新鲜紫云英、苜蓿时，其中含有的皂苷与可溶性蛋白质等物质在瘤胃内发酵，形成大量的泡沫，从而引起瘤胃膨胀病。

c. 溶血作用：皂苷水溶液能使红细胞破裂而溶血。即使用很低浓度的皂苷水溶液静脉注射，也能引起溶血，但经口摄入时无溶血毒性。

d. 对鱼类毒害作用：皂苷对鱼类等用鳃呼吸的动物有很强的毒性，致死量为每千克体重 100mg，毒害机理尚不完全清楚。

（八）红豆草

红豆草（图 6-18），英文名 sainfoin。

（1）起源与分布：红豆草原产于欧洲，在欧洲、非洲和亚洲都有大面积的栽培，已有 400

多年的栽培历史，是动物的优质饲草，饲用价值可与苜蓿相媲美。我国在内蒙古、新疆、陕西、宁夏、青海等地种植红豆草较多，主要种植原产于法国的普通红豆草和原产于俄罗斯的高加索红豆草。它是我国北方干旱、半干旱地区具有良好栽培价值的牧草。

图 6-18　红豆草

（2）生物学特性：红豆草为多年生草本植物，适应性强，与苜蓿相比，耐旱性强而耐寒性稍弱；对土壤要求不严，最适宜生长在富含石灰质土壤中，但不宜栽种在酸性土、碱性土和地下水位高的地区，也不宜在重黏土中生长。

（3）刈割：适宜的刈割期为盛花期，此时单位面积的蛋白质产量最高。每年可刈割 2～3 次，以第 1 茬产量最高，第 2 茬产量只有第 1 茬草的 1/2。留茬高度为 5～6 厘米。红豆草产量较高，每公顷可产干草 12～15t，但再生性差，再生草仅占总产量的 30%～35%。红豆草寿命一般为 7～8 年，产量最高年份为第 2～4 年，5～6 年以后则逐渐衰退，产量逐年下降。

（4）饲用：红豆草有青饲、调制干草和加工成草粉、调制青贮等利用方式。红豆草不论是青草还是干草，适口性均良好，是优质饲草，各类动物都喜食，尤为兔喜食。红豆草营养丰富而全面，含有较多的维生素和矿物质（表 6-26）。调制青干草时，易晒干、叶片不易脱落；收获种子后的秸秆，鲜绿柔软，是马、牛、羊的良好粗饲料。红豆草的干物质消化率高于苜蓿、低于三叶草，在开花至结荚期一直保持在 75% 以上，进入成熟期之后消化率才降至 65% 以下。

表 6-26　红豆草各生育期的营养成分含量（DM 基础）　　　　　　　单位：%

生育期	水分	粗蛋白质	粗脂肪	粗纤维	无氮浸出物	粗灰分	钙	磷
营养期	8.49	27.05	2.82	17.59	50.28	11.54	1.87	0.25
孕蕾期	5.40	15.27	1.69	32.01	46.23	10.52	2.36	0.25
开花期	6.02	6.09	2.11	33.52	45.72	8.97	2.08	0.24
结荚期	6.95	19.68	1.56	35.98	42.11	8.15	1.63	0.16
成熟期	8.03	14.77	2.34	38.87	44.47	8.30	1.80	0.12

注：引自董宽虎等，2003。

红豆草的最大优点是不会引起反刍动物臌胀病，这是因为红豆草在各个生长阶段均含有较多的浓缩单宁，可沉淀在瘤胃中能形成泡沫的可溶性蛋白质。

（九）柠条

柠条（图 6-19），英文名 korshinsk peashrub，是豆科锦鸡儿属植物的俗称，全世界约有 100 余种。

（1）分布：主要分布于亚洲和欧洲的干旱和半干旱地区。我国有 66 种，分布于内蒙古西部、陕西北部、山西北部与甘肃、宁夏等省区的沙地，适应性广，抗逆性强，是干旱草原、荒漠草原地带的旱生灌丛。目前，柠条是中国西北、华北、东北西部防风固沙和水土保持的重要植物之一，属于优良的固沙和绿化荒山植物，也是良好的牧草。

（2）生物学特性：柠条为喜沙的旱生灌木，株高 1.5～3m，根系发达，极耐干旱，耐酷热（地温达到 55℃时也能正常生长），也耐严寒（在 －32℃ 的低温下也能安全越冬），抗逆

图 6-19 柠条

性极强，抗风蚀、耐沙埋。

（3）栽种：柠条的寿命较长，一般可生长几十年，有的可达百年以上，可一次种植，多年利用。播种当年的柠条，地上部分生长缓慢，第二年生长加快。柠条的萌发力很强，平茬后每个株丛又生出 60～100 个枝条，形成茂密的株丛，平茬当年株高可达 1m 以上。根据产量、营养成分含量等指标综合分析，多年生柠条播种后 3～4 年是最佳利用期，每年在开花期刈割，其营养价值最高。

（4）饲用：柠条枝叶繁茂，产草量高，营养丰富，适口性好，是良好的饲用灌木。柠条蛋白质含量较高，特别是叶片中粗蛋白质可达 20％以上（表 6-27）。生长 5 年以上的人工种植柠条草地，每公顷能产可饲枝叶风干物达 2～3t。放牧是利用柠条的主要方式，对柠条草地可全年放牧利用，特别是在冬春季节与干旱年份，可发挥"抗灾保畜"的独特作用。绵羊、山羊与骆驼均喜食其幼嫩枝叶和花。柠条的荚果及种子也是很好的饲料，种子中含粗蛋白质 27.4％、粗脂肪 12.8％和无氮浸出物 31.6％。将种子加工处理后饲喂绵羊，其效果不亚于大豆。

表 6-27　柠条不同部位中养分含量　　　　　　　单位：%

部位	水分	粗蛋白质	粗脂肪	粗灰分	粗纤维	无氮浸出物	钙	磷
枝条	4.82	9.75	2.52	4.76	42.2	35.9	1.01	0.51
叶片	6.31	24.8	4.51	9.52	18.6	36.3	1.34	0.71
花	7.42	21.4	4.21	6.63	26.9	33.4	1.21	0.60
平均	6.18	18.7	3.75	6.97	29.2	35.2	1.19	0.61

注：引自现代肉羊产业技术体系营养与饲料功能研究室，2013。

柠条的营养价值与生育期、生长年限有关。柠条的粗蛋白质含量通常以每年 5 月初为最高，从 7 月底到 10 月初呈下降趋势；无氮浸出物、粗纤维、粗灰分、钙含量则从每年 5 月初到 10 月初逐渐增加；二年生柠条的粗脂肪含量 10 月初达到峰值，而多年生柠条的粗脂肪含量则以 5 月初为最高。因此，从营养成分的角度考虑，5 月初开花期是柠条的最佳利用时节，此时可进行平茬饲用或青贮。柠条的粗蛋白质、粗脂肪、无氮浸出物、钙和磷的含量，随着生长年限的延长而逐年下降，粗纤维、粗灰分含量则逐年增加，质地变硬，适口性下降。从饲料化角度分析，生长第二年和第三年是柠条的最佳利用时期。因此，以 2 年或 3 年为一个平茬周期，可获得营养价值较高的柠条。

柠条粗老枝条经粉碎加工成草粉，可作为绵羊、山羊冬春的饲料。但是，柠条茎秆粗硬，粗纤维和木质素含量高，且含有单宁等抗营养因子，适口性差，限制了其饲料化利用。通过物理方法（切碎、膨化）、化学方法（氨化）和微生物方法（青贮、微贮）处理后，可改善其适口性、提高养分的利用率，并可作为全混合日粮的原料组分。

（邓凯东，周　明）

第三节　多 汁 饲 料

多汁饲料（succulent feed）主要包括块根（root）、块茎（tuber）和瓜果类等饲料。这类饲料特点是水多，干物质少。干物质中主要是无氮浸出物，而蛋白质、脂肪、粗纤维和钙、磷均贫乏。多汁饲料中一般富含维生素 C。黄色和红色多汁饲料（如胡萝卜和南瓜等）

中含大量胡萝卜素。

常用的多汁饲料有甘薯、马铃薯、木薯、甜菜、胡萝卜、萝卜和南瓜等。

图 6-20　甘薯

一、甘薯

甘薯（图 6-20），学名 *Ipomoea batatas* Pair，英文名 sweet potato，别名山芋、红薯、红苕等。

（1）分布：甘薯在我国山东、河北、河南、江苏、安徽和四川等省栽种较多，其他地区也有种植。

（2）生物学特性：甘薯喜温暖，不耐寒，在 26～30℃时生长良好，15℃时停止生长，6℃时藤叶枯萎；在生长期需要充足的水分；适于在富含有机质的土壤中生长，但若收获其藤叶，则以肥沃的黏壤土为宜；生育期一般为 110～160d，其中早熟种 80～90d。

（3）饲用：甘薯既是粮食作物，又为饲料作物。薯块富含淀粉，是动物较好的能量饲料；藤叶青绿多汁，适口性好，为优良的青绿多汁饲料。薯块和藤叶中养分含量如表 6-28 所示。

表 6-28　甘薯中养分含量　　　　　　　　　　　　　　　　　单位：%

样本	水分	粗蛋白质	粗脂肪	粗纤维	无氮浸出物	粗灰分
鲜薯块	75.40	1.10	0.20	0.80	21.70	0.80
干薯块	0	4.47	0.81	3.25	88.21	3.26
鲜薯藤	86.30	2.20	0.85	1.90	6.80	2.00
干薯藤	0	16.00	6.20	13.80	49.50	14.50

藤叶鲜喂或青贮，其饲用效果都好。对于猪，将其切碎或打浆，拌入糠麸后投喂。对于牛、羊，整喂或切短喂均可。动物采食过多的藤叶往往出现拉稀，故应注意控量饲用。

薯块不论是生喂或熟喂，动物都爱吃。给育肥动物和泌乳动物饲用薯块，能促进其育肥和泌乳。动物对生、熟薯块的消化率有差异，熟薯块的消化率高于生薯块的消化率，见表 6-29。

表 6-29　猪对生、熟甘薯块的消化率　　　　　　　　　　　　单位：%

养分	生甘薯块	熟甘薯块
干物质	90.4±1.6	93.5±1.5
能量	89.3±2.4	93.0±3.1
蛋白质	27.6±4.4	52.8±8.0

甘薯不论是生喂还是熟喂，都应将其切碎或切成小块，以免牛、羊、猪等动物食道梗塞。将薯块脱水干燥，并粉碎，作为能量饲料，加入动物饲粮中，也是对甘薯的一种有效利用方法。甘薯块储藏不当时，会发生黑斑病，由真菌囊子菌或病毒引起的，黑斑病甘薯不能作为动物的饲料。

图 6-21　马铃薯

二、马铃薯

马铃薯（图 6-21），英文名 potato。

（1）分布：马铃薯主要在我国东北、内蒙古与西北黄土高原栽种，其他地方（如西南山地、华北平原与南方各地）也有栽种。

（2）饲用：马铃薯既为粮食、蔬菜和工业原料，又是一种重要的饲料。马铃薯块茎含干物质 17%～26%，其中 80%～85% 为无氮浸出物，粗纤维含量少，粗蛋白质约占干物质9%，主要是球蛋白，生物学价值高。马铃薯中养分含量如表6-30所示。

表 6-30　马铃薯中养分含量　　　　　　　单位：%

样本	水分	粗蛋白质	粗脂肪	粗纤维	无氮浸出物	粗灰分
马铃薯块茎	28.4	4.6	0.5	5.9	11.5	5.9
马铃薯秧禾	20.5	2.3	0.1	0.9	15.9	1.3
干马铃薯渣	86.5	3.9	1.0	8.7	71.4	1.5

马铃薯块给动物可生喂，也可熟喂，但最好是熟喂。生喂时宜切碎后投喂。熟喂能显著地提高动物对马铃薯的消化率。这是因为：马铃薯含有蛋白质消化酶抑制因子，马铃薯淀粉多（约75%）为粒性结构。熟喂处理可破坏蛋白质消化酶抑制因子，也能松散淀粉的粒性结构，使马铃薯有机物消化率由 83.1% 上升到 95.6%。马铃薯秧禾由于含有较多量的毒素（龙葵素）不能直接饲用，经脱毒后可饲用。

三、胡萝卜

胡萝卜（图 6-22），英文名 carrot。在我国各地均有栽种，既是根菜作物，又为优良的多汁饲料。其营养特点为：①含有大量无氮浸出物，其中含较多的果糖和蔗糖，故有甜味。②胡萝卜素含量很高。并且，胡萝卜的颜色愈深，其中胡萝卜素含量愈多。一般地，红色胡萝卜中胡萝卜素含量较黄色胡萝卜的多，而黄色胡萝卜又较白色胡萝卜的多。由于胡萝卜中富含胡萝卜素，所以动物采食较多胡萝卜后，其产

图 6-22　胡萝卜

品（肉、蛋等）颜色美观，深受消费者欢迎。③含有多量的钾、磷、和铁盐等。④胡萝卜鲜嫩多汁，有甜味，适口性好，各种动物均喜食。胡萝卜缨和胡萝卜中养分含量分别如表6-31和表 6-32 所示。

表 6-31　胡萝卜缨（叶）中养分含量　　　　　　　单位：%

样本	水分	粗蛋白质	粗脂肪	粗纤维	无氮浸出物	粗灰分
鲜样	89.2	1.5	0.5	1.5	5.2	2.1
干样	0	13.9	4.6	13.9	48.1	19.5

表 6-32　胡萝卜中养分含量　　　　　　　单位：%

样本	水分	粗蛋白质	粗脂肪	粗纤维	糖分	总能/(MJ/kg)
红胡萝卜	89.0	2.0	0.4	1.8	5.0	1.34
黄胡萝卜	90.0	1.9	0.3	0.9	7.0	1.42
样本	无机盐	钙/(mg/kg)	磷/(mg/kg)	胡萝卜素/(mg/kg)	维生素 B_1/(mg/kg)	维生素 C/(mg/kg)
红胡萝卜	1.4	190.0	230.0	21.1	0.4	80.0
黄胡萝卜	0.8	320.0	320.0	27.2	0.2	80.0

胡萝卜宜生喂。熟喂会破坏胡萝卜素和维生素 C、维生素 E，因而降低其营养价值。胡萝卜和胡萝卜缨作为动物饲料时，应切碎后饲用。

四、甜菜

甜菜（图 6-23），英文名 beet。在我国南北各地均有栽培，其中以东北、华北、西北等地种植较多。

（1）分类及其营养特点：根据块根大小、根型变化与含糖量多少，可将甜菜分为糖甜菜、半糖甜菜和饲料甜菜三种。糖甜菜味甚甜，含糖量高（一般在 15%～20%），干物质含量高，为 20%～22%，最高达 25%，但收获量少。半糖甜菜味甜，含糖量中等。饲料甜菜味微甜，含糖量一般为 4%～8%，干物质含量少，蛋白质含量较高，总收获量大。

图 6-23　甜菜

甜菜的根、茎、叶营养价值均较高，表 6-33 列出了甜菜中养分含量。

表 6-33　甜菜中养分含量　　　　　　　　　　　　　　　单位：%

样本	水分	粗蛋白质	粗脂肪	粗纤维	无氮浸出物	灰分
鲜块根	88.8	1.5	0.1	1.4	7.1	1.1
脱水块根	0	13.4	0.9	12.5	63.4	9.8
茎叶鲜样	93.1	1.4	0.2	0.7	4.2	0.4
茎叶干样	0	20.3	2.9	10.2	60.9	5.7

（2）饲用：用甜菜饲喂动物时，宜生喂，不可熟喂。蒸煮不仅破坏甜菜中维生素，而且其中生成较多量的亚硝酸盐。要将甜菜切碎后投喂。

甜菜叶富含草酸。为避免其在动物体内积累，可在甜菜茎叶浆液中加适量的 0.2% 熟石灰粉，以形成草酸钙，草酸钙不能被肠壁吸收，随粪排出体外。未脱除草酸的甜菜不能长期地用作公羊的饲料，否则尿道结石发病率提高。

下面对草酸的化学性质和抗营养作用等作以简介。

化学性质：草酸（oxalic acid）又名乙二酸，以游离态或盐类形式广泛存在于植物中。很多饲用植物（如藜科植物菠菜、苋菜与甜菜叶等）均含有较多量的草酸，含量可达 0.5%～1.5%（占鲜重）。在植物中，草酸盐大部分以酸性钾盐、少部分以钙盐的形式存在，前者是水溶性的，后者是不溶性的。

抗营养作用：①草酸盐在消化道中能和二价、三价金属离子如钙、锌、镁、铜和铁等离子形成不溶性化合物，不能被肠壁吸收，因而这些矿物元素利用性下降。②大量草酸盐对胃肠黏膜有刺激作用，可引起腹泻，甚至引发胃肠炎。③可溶性草酸盐被吸收入血后，能夺取体液和组织内的钙，以草酸钙的形式沉淀。草酸的代谢产物主要是由肾脏排泄的，大量草酸钙结晶在肾小管腔内沉淀，导致肾小管阻塞和坏死。动物长期摄入草酸盐含量多的饲料，尿道结石发病率增高。草酸盐还能在血管中形成结晶，并渗入血管壁引起血管坏死，导致出血。草酸盐有时也可在脑组织内形成结晶，从而出现麻痹症状和中枢神经系统机能紊乱的症状。

控制方法：为了消除草酸盐的抗营养作用，可在饲料中使用钙剂（如磷酸氢钙等）。此外，将青饲料用水浸泡、用热水浸烫，可除去水溶性草酸盐。

图 6-24　南瓜

五、南瓜

南瓜（图 6-24），既是蔬菜，又为优质高产饲料作物。其藤蔓也是很好的饲料。

南瓜富含无氮浸出物，其中多为淀粉和低聚糖类。并且，南瓜中含有很多的胡萝卜素。南瓜中养分含量如表6-34所示。

南瓜多汁，营养丰富，适口性好，是动物尤其是泌乳动物的优良饲料。用南瓜可饲喂各种动物，但不管饲喂哪种动物，均应切碎。

南瓜藤蔓由于其表面有毛刺，影响其饲用性，故须打浆后饲喂动物。

表 6-34　南瓜中养分含量　　　　　　　　单位：%

样本	干物质	粗蛋白质	粗脂肪	粗纤维	无氮浸出物	粗灰分	钙	磷
南瓜	9.3	1.2	0.6	1.1	5.8	0.60	0.03	0.01
南瓜藤	17.5	1.5	0.9	5.6	7.7	1.8	0.07	0.04
饲用南瓜	6.5	0.9	0.1	0.7	4.4	0.4	—	—

第四节　青贮饲料

饲料青贮方法主要包括高水分青贮法（一般青贮法）、半干青贮法和外加剂青贮法等。在生产实践中多采用一般青贮法（普通青贮法）。本节着重介绍一般青贮法。

一、一般青贮法

1. 饲料青贮的概念

将新鲜的青饲料（或多汁饲料）放入密封容器内，经过微生物厌氧发酵作用，制成一种多汁、耐储、可供全年饲用的饲料，此过程被称为青贮。用这种方法制成的饲料被称为青贮饲料（silage）。

2. 饲料青贮的意义

①能有效地保存青绿植物中的养分。一般地，青饲料在晒干后，其中养分约减少35%～50%，但在青储过程中，一般减少3%～10%，不超过15%，尤其是粗蛋白质和胡萝卜素的损失很少。②能较好地保持原有的鲜嫩汁液。青储饲料含水量约70%，且有多量的乳酸，具有酸甜清香味，因而适口性好。③能杀死青饲料中的病原菌、寄生虫（卵）等。④可扩大饲料资源。动物不喜食的青绿植物（如菊芋、向日葵叶和一些蒿类植物等有异味），经青贮后可变成动物喜食的饲料。⑤青贮饲料可长期保存，不受气候等环境条件的影响。青贮饲料可常年被利用。在青贮方法正确，原料优良，存储窖位置合适，不漏气、不漏水，管理严格的条件下，青储饲料可储存20年以上，其品质保持不变。

3. 饲料青贮的原理和条件

饲料青贮就是在厌氧环境中，让乳酸菌大量繁殖，将饲料中可溶性糖分转化为乳酸，青饲料酸度降到 pH 3.8～4.2 以下，从而抑制其中腐败菌、霉菌等的活动，乳酸菌也被抑制，这样就可较长时间地保存青饲料。

饲料青贮的条件为：①厌氧环境。②温度适宜。适宜温度为 20～25℃，最高温度不超过 37℃。③湿度适宜。青贮原料适宜含水量为 70%～75%。④较多的含糖量。青贮原料中可溶性糖含量应在 1.0%～1.5% 以上，以保证乳酸菌的活动。

4. 饲料青贮的过程

饲料青贮过程包括三个阶段。第一阶段起止时间是从原料装窖到窖内无氧。此阶段内，植物细胞仍进行呼吸，好氧性微生物活动，消耗青贮饲料中养分，并耗尽原料缝隙间氧气。此阶段时间越短越好。接着是第二阶段，此阶段内，乳酸菌增殖，结果是产生大量乳酸，致使原料 pH 下降，直至降到 pH 为 3.8～4.2。第三阶段由于较强的酸性环境，青贮原料中几乎所有微生物都停止活动，从而青贮原料得以较长时间的储存。

5. 饲料青贮程序

(1) 原料收割。要掌握好青贮原料的收割时间。部分青贮原料的适宜收割时间为：密植玉米在乳熟期，豆科植物在开花初期，禾本科牧草在抽穗期，甘薯藤蔓在霜前。

(2) 原料运输。对割下的青贮原料要及时运回，否则原料中水分大量蒸发、植物呼吸时间延长，叶片掉落，从而造成原料中养分大量损失。

(3) 切短。对运回的原料先要除杂，后切短（一般被切成长 2～3cm），这样便于装窖后踩实、压紧，也便于动物采食。

(4) 装窖。原料随装随踩。每装厚 30cm 左右，将原料踩实 1 次，尤其要踩实窖边缘。原料被踩得越实越好，最好一次将窖装满。若不能一次装满，则要上盖塑料薄膜，其上再压上木板。

(5) 盖草封土。青贮原料应高于窖面 30cm（几天会下沉），在原料上铺一层厚 20cm 的青草（切成长 3～5cm），上覆塑料薄膜，在薄膜上再铺上一层厚实的黏土。

6. 饲料青贮设施（图 6-25）

(1) 青贮窖：有圆形、长方形等，窖底须高于地下水 0.5m。若为长方形窖，四角要被做成圆角，便于排除空气。窖壁须有斜度，应底小口大，以免倒塌。窖要远离河沟、池塘、大树等。规模化养殖场可将窖做成壕，象壕沟样，一端深，另一端浅，直至与地面持平，因而壕底面为坡面，便于饲料的装卸。

(2) 青贮塔：青贮塔是由砖和水泥等修成的圆形塔。在塔的上、中、下应各开一个窗，便于青料的取

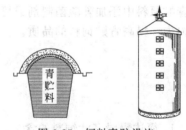

图 6-25　饲料青贮设施

放。塔容量大小视所喂动物耗青贮料多少而定，塔内每 1m³ 可容纳 650～700kg 青贮原料。

7. 青贮料的取用

(1) 开窖时间：不宜过早，至少也得在原料装窖后 40（夏天）～60d（冬天）开窖，否则饲料还未完成青贮的第二阶段。

(2) 取料方法：开窖取料时，若发现原料呈黑褐色，则应弃去。然后由上而下逐层取料，一次性取料，所取的料要当天用完，取料后立即用塑料布将窖封严（尽可能使塑料布与青贮料间无空隙）。

(3) 青贮料的饲用方法：初期给动物喂量不可过多，而后逐日增加，最后稳定在适宜水平。若青贮料过酸，可用 5%～10% 石灰乳中和后饲用。对孕畜要少喂，在围产期要停喂。

8. 青贮料的品质鉴定

鉴定青贮料品质的方法有多种，在生产实践中多采用感官鉴定法，现作以介绍。

(1) 根据青贮料的颜色鉴定：一般以接近原料的颜色如呈现黄绿色、黄色为好，呈现黄褐色为较好。

（2）根据青贮料的气味鉴定：一般以青贮料具有芳香而带有微酸味为好。若青贮料有腐臭味，则较差。

（3）根据手握青贮料的感觉鉴定：若手握青贮料有硬燥感，则青贮料品质良好；若有滑湿感，则青贮料的品质欠佳；如有黏着感，则青贮料品质较差。当然，用感官鉴定青贮料的品质有主观性。若要客观地鉴定青贮料品质，则须用化学法，这里从略。

二、半干青贮法和外加剂青贮法

1. 半干青贮法

半干青贮法，是指给微生物制造生理干燥和厌氧环境，以抑制其活动，从而使储存的饲料不至于腐败变质的一种青贮法。该法要求青贮原料中水分含量为 40%～50%，此条件下腐败菌和产生挥发性酸类的细菌乃至乳酸菌的生命活动受到抑制，但真菌仍能繁殖。因此，用半干青贮法，仍要为储存的饲料创造和保持厌氧的环境。制作半干青贮料的技术基本上同一般青贮法。

半干青贮法也称低水分青贮法，近十几年来在国外盛行，我国也开始采用。它具有干草和青贮料两者的优点。调制干草常因脱叶、氧化、日晒等而使养分损失 15%～30%，胡萝卜素损失 90%。低水分青贮法只损失养分 10%～15%。低水分青贮饲料微酸性，有机酸含量约 5.5%，pH 为 4.8～5.2，有果香味，不含酪酸，适口性好。优良低水分青贮料呈深绿色，结构完好。任何一种牧草或饲料作物，不论其含糖量多少，均可低水分青贮，难以青贮的豆科牧草如苜蓿、豌豆等适合调制成低水分青贮料。

2. 外加剂青贮法

外加剂青贮法，是指向青贮原料中添加某些制剂以期促进乳酸菌增殖（如添加乳酸菌制剂、糖分、酶制剂等）或抑制微生物活动（如添加有机酸、食盐等）的一种青贮法。例如，向青贮原料中添加乳酸菌制剂或可溶性糖分，可缩短青贮饲料成熟时间，减少青贮原料中养分损失，提高青贮饲料的品质。

（周　明，程建波）

思 考 题

1. 简述青绿多汁饲料的含义。
2. 简述青饲料的营养特点。
3. 青饲料有哪些种类？
4. 试述发展草业的意义。
5. 如何因地制宜种植牧草？
6. 如何饲用甘薯、马铃薯和胡萝卜？
7. 饲料青贮的具体条件有哪些？
8. 简述饲料青贮程序。
9. 青贮料的品质鉴定方法有哪些？
10. 一些养殖场重视给种猪、种禽等种用动物补饲适量的青绿多汁饲料，这是为什么？

第七章　粗饲料

粗饲料（roughage，coarse fodder），是指以干物质计，天然水分含量在 60％以下，粗纤维含量等于或高于 18％的一类饲料。这类饲料主要包括秸秆、秕壳、干草和（老熟的）树叶等。

粗饲料的主要营养特点为：①粗蛋白质含量很低，大多为 3％～4％（干草例外）。②维生素含量极少（干草例外）。例如，每千克秸秆含胡萝卜素仅 2～5mg。③粗纤维含量很高，为 30％～50％。④无氮浸出物含量较多，一般为 20％～40％。⑤灰分中钙多磷少，硅酸盐含量高，后者影响其他养分的消化利用。⑥粗饲料中总能高，但有效能如消化能等低。

第一节　影响粗饲料饲用品质的因素

一、植物种类

不同植物种类的粗饲料，其化学组成会有较大的差异，最为常见的是，豆科与禾本科植物的差异。与禾本科植物比较，豆科植物中粗蛋白质含量较高，而纤维素、半纤维素等纤维性物质含量较低。因此，豆科粗饲料的饲用品质通常优于禾本科植物。

二、收获期

植物收获时的成熟程度是影响粗饲料饲用品质的重要因素之一。不论禾本科植物还是豆科植物，随着其逐步成熟，纤维化程度提高，营养价值随之下降，如冷季牧草在春天开始生长 2～3 周后，干物质的消化率即可达 80％以上，其后消化率每天以 0.3～0.5 个百分点的速度下降。随着植物的生长进程，植株中粗蛋白质和可溶性糖类化合物含量逐渐下降，纤维素、半纤维素和木质素含量逐渐增加（表 7-1～表 7-3），适口性逐渐降低，导致动物对粗饲料的采食量也显著下降。粗饲料的消化率与酸性洗涤纤维、木质素含量呈高度负相关。

表 7-1　收获籽实后的玉米秸营养成分变化　　　　　　　　　单位：％

采样时间	粗蛋白质	粗脂肪	粗纤维	粗灰分	无氮浸出物
第 1 天	3.53	1.06	31.20	8.03	46.75
第 5 天	3.36	0.82	32.05	7.38	46.38
第 10 天	3.13	0.99	33.40	7.11	45.89
第 15 天	2.91	0.91	34.79	7.74	44.68
第 20 天	2.78	0.94	32.42	7.99	47.57
第 25 天	3.08	1.15	34.98	6.87	45.14

注：引自刁其玉，2013。

三、植株部位

粗饲料的不同部位，营养成分有较大差别（表 7-4）。相对于茎秆、皮和壳，叶片中粗蛋白质含量较高，消化率亦如此（表 7-5）。

表 7-2　黑麦不同生长阶段秸秆中糖类化合物和木质素含量　　　单位：%

阶段	半纤维素	纤维素	木质素	果胶	可溶性糖类化合物
拔节期	14.1	28.0	16.8	2.9	26.4
开花期	16.8	37.0	21.3	1.3	12.6
乳熟期	16.4	32.6	19.8	2.0	15.0
完熟期	20.1	39.3	25.8	0.5	微量

注：引自郭庭双，1996。

表 7-3　不同收获期小麦秸的化学成分含量　　　单位：%

成分	收获期		
	提前 1 周	正常期	推后 1 周
粗蛋白质	5.6	4.4	3.6
粗脂肪	1.9	1.5	1.5
粗纤维	37.1	38.9	41.4
无氮浸出物	38.4	38.1	38.0
粗灰分	11.1	11.2	10.4
二氧化硅	5.4	5.3	4.6
钙	0.35	0.36	0.37
磷	0.15	0.24	0.15

注：引自李浩波，2003。

表 7-4　成熟期春玉米秸秆各部位的营养成分含量　　　单位：%

部位	干物质	粗蛋白质	粗脂肪	粗纤维	粗灰分	无氮浸出物
雄穗	90.4	4.24	0.62	30.6	9.23	45.7
叶片	90.7	4.67	1.25	24.9	11.6	48.3
茎秆	90.9	4.20	0.81	34.3	4.28	47.3
茎皮	92.5	3.01	0.75	38.2	5.60	45.0
茎髓	92.8	3.54	0.78	31.1	6.00	51.4
苞叶	90.3	2.75	0.91	31.9	2.74	51.9

注：茎秆为茎皮、茎髓之和。改编自刁其玉，2013。

表 7-5　玉米秸和小麦秸不同部位的消化率　　　单位：%

玉米秸	消化率	小麦秸	消化率
茎秆	53.8	茎秆	40
叶片	56.7	叶片	70
苞叶	66.5	麦壳	42
全株	56.6	全株	48

注：引自李浩波，2003。

四、茎叶比例

植物叶片比茎秆含有更多的蛋白质和有效能，而纤维含量则较低，因此叶片的营养价值优于茎秆。随着植物成熟，叶茎比例下降，粗饲料的饲用品质相应降低。在晒制干草的过程中，由于叶片的脱落，会导致粗饲料的饲用品质明显下降。秸秆的叶片如果在运输和储藏过程中大量脱落，则造成秸秆中营养物质含量最丰富、消化率最高部分的损失，降低饲用价值。

五、其他因素

在田间晒制干草时，植物呼吸作用及叶片脱落、雨淋等均可降低干草的营养价值。在调制干草时，若遭雨淋、大量叶片脱落，所造成的干物质、粗蛋白质、粗灰分、可消化干物质的损失可占总损失的 60% 以上。田间晒制干草时，雨淋对禾本科植物品质的影响比豆科植物的小。植物越干燥，雨露淋溶的损害越大，尤其在堆垛前的干草，若遭雨淋则营养物质损失更重。

在储存过程中，干草质量会因风化和微生物活动而降低。为安全储存干草，其水分含量应控制在适宜范围内，若水分含量太高，干草将因热效应及酸败而导致干物质和能量的损失。

第二节　秸秆类饲料

秸秆（straw），是指作物籽实收获后的茎秆和残存的叶片等。作物光合作用的产物有一半以上存在于秸秆中，因此秸秆中蕴藏着巨大的养分资源，是一种数量巨大的可再生资源。我国共有秸秆 30 余种，主要包括禾本科秸秆（稻秸、麦秸、玉米秸等）和豆科秸秆（大豆秸、蚕豆秸、花生秸等）。

秸秆与农作物籽实的产量比例为 (1.0～1.2)∶1，全世界年产秸秆约 30 亿吨。我国秸秆产量以水稻、小麦和玉米三大作物居多，占秸秆总量的 2/3。其他种类秸秆只有 1/3 左右，其中以油料作物秸秆（花生秸、油菜秸、胡麻秸、芝麻秸、向日葵秸等）居多，其次是豆类、薯类、棉花和杂粮秸秆。我国农业部 2010 年发布的《全国农作物秸秆资源调查与评价报告》显示，我国每年可利用农作物秸秆产量为 6.87 亿吨，主要是玉米秸（2.65 亿吨）、稻秸（2.05 亿吨）和麦秸（1.50 亿吨）。我国饲料化利用的秸秆为 2.11 亿吨，仅占总量的近 1/3，其余则作为燃料（包括新型能源化利用）、肥料、造纸等工业原料和食用菌基料而被利用。

我国广大农村随意丢弃和焚烧秸秆，导致资源浪费和环境污染，对人类健康和生态环境造成严重危害。对秸秆充分、高效的利用，是关系到资源、环境以及农业的可持续发展的重大问题。因此，充分利用农作物秸秆这宗巨大的饲料资源，发展秸秆畜牧业，不仅可节约大量的粮食，改善城乡居民的膳食结构，而且通过秸秆过腹还田，还能促进农业生态系统的良性循环，减轻秸秆焚烧等所造成的环境污染。

秸秆产量虽巨大，但品质低劣，用作饲料有很多限制因素，包括粗纤维含量高，通常在 30% 以上，且木质素含量高，质地粗硬，适口性差；粗蛋白质含量低，有机物消化率低。因此，要想有效利用秸秆，须对其加工处理，以提高适口性和营养价值。

一、稻秸（稻草）

稻秸（rice straw）是水稻收获稻谷后剩余的茎叶，年产量约为 2.05 亿吨，但营养价值很低，仅有 15% 被饲料化利用。稻秸干物质中细胞壁成分含量高，主要为纤维素、半纤维素和木质素相互交联的复杂结构，加之细胞壁硅化程度高，尤其是不可溶性硅含量高，因此动物采食后难以消化利用。稻秸在绵羊瘤胃内的干物质降解率仅为 30% 左右，在牛、羊体内的消化率仅为 50%，在兔体内的消化率约 45%，有效能值低，对羊的消化能为 7.32MJ/kg、对兔的消化能为 4.06MJ/kg，产奶净能为 3.39～4.43MJ/kg。

稻秸约含粗蛋白质 4%、粗脂肪 1%、粗纤维 35%；粗灰分含量可高达 17%，其中硅酸盐比例高，钙、磷含量低（表 7-6）。稻秸中细胞壁组分含量高，纤维素含量约为 19%、半纤维素 21%、木质素 5.2%～7.8%，水溶性糖类化合物含量仅为 2%。稻秸不同部位的营养成分有所不同，其中稻穗中木质素含量最高（表 7-7）。稻秸经氨化处理后，粗蛋白质含量通常可提高 1 倍，粗蛋白质的消化率可提高 20%～40%。

表 7-6　稻秸中养分含量　　　　　　　　　　　单位：%

产地	干物质	粗蛋白质	粗脂肪	粗纤维	粗灰分	钙	磷
安徽	92.2	4.66	1.58	30.8	16.8	0.32	0.20
云南	96.3	4.44	1.38	40.8	11.5	0.67	0.09
贵州	—	4.70	2.31	38.5	12.9	0.49	0.17
广西	93.3	2.02	2.27	—	12.2	0.53	0.12
辽宁	86.9	4.05	—	27.8	12.8	0.56	0.28

表 7-7　稻秸不同部位中养分含量　　　　　　　单位：%

部位	水分	粗灰分	半纤维素	纤维素	木质素
稻秆	12.5	13.9	19.8	39.7	16.5
稻叶	11.9	16.8	20.5	34.1	16.7
稻穗	11.2	14.7	24.8	31.7	25.2

注：引自刁其玉，2013。

二、麦秸

麦秸包括小麦秸（wheat straw）、大麦秸（barley straw）、荞麦秸（buckwheat straw）和燕麦秸（oat straw）等。我国麦秸年产量约 1.5 亿吨。各种麦秸中养分含量如表 7-8 所示。

表 7-8　各类麦秸中养分含量　　　　　　　　　单位：%

类别	干物质	粗蛋白质	粗脂肪	无氮浸出物	粗纤维	粗灰分	钙	磷
小麦秸	87.8	3.2	1.4	38.6	38.3	6.3	0.14	0.07
大麦秸	86.9	3.6	1.7	39.5	36.2	6.0	0.31	0.09
荞麦秸	88.3	4.3	1.0	38.7	36.1	8.3	1.24	0.11
燕麦秸	88.6	3.8	2.1	39.6	36.3	6.8	0.24	0.09
黑麦秸	89.4	2.8	1.3	40.1	41.5	3.7	0.25	0.09

从营养价值和粗蛋白质含量看，大麦秸较小麦秸好，春小麦秸较秋小麦秸好，大麦秸味甜。但不管怎样，各种麦秸均不宜作为猪、禽等单胃动物的饲料。

在麦秸中，小麦秸产量最多。小麦秸主要包括小麦的茎、叶、穗等部位，各部位的营养成分不尽相同（表 7-9）：小麦穗的木质素含量较高，茎秆的纤维素含量较高，而叶片的纤维物质含量较低。经测定，小麦叶的消化率约为 70%、茎为 40%。由于小麦茎秆占全株秸秆重量的 50% 以上，因此小麦秸的营养价值主要取决于茎秆的质量。研究表明，小麦秸的蛋白质品质与玉米秸类似，但小麦蛋白在瘤胃中降解速度慢。

表 7-9 小麦秸不同部位中养分含量 单位：%

部位	水分	粗灰分	木质素	半纤维素	纤维素
小麦秆	9.64	2.76	21.2	23.7	51.2
小麦叶	10.3	7.52	19.4	24.2	39.9
小麦穗	10.5	5.68	23.9	28.4	40.6

注：引自刁其玉，2013。

大麦秸质地柔软，适口性和粗蛋白质含量均高于小麦秸，是草食动物的好饲料，长期饲喂可提高乳脂，增加胴体中脂肪硬度。大麦秸消化率常低于 50%。裸大麦（青稞）是我国西藏地区的主要作物之一，产量较大，其茎秆质地柔软，适口性好，是高原地区牲畜冬季的主要饲草。青稞秸秆约含粗蛋白质 4%、粗纤维 72.1%、纤维素 40.1%、木质素 14.1%和粗灰分 10.3%。

燕麦秸的饲用价值是麦类秸秆中最高的一种，粗蛋白质含量为 3.8%，高于小麦秸和大麦秸（表 7-8），总可消化物质含量可达 50%。

三、玉米秸

玉米秸（corn stalk）主要包括茎秆、叶片、穗芯、苞叶等。玉米秸含粗蛋白质 5.9%、粗脂肪 0.90%、粗纤维 24.9%、粗灰分 8.10%和无氮浸出物 50.2%。玉米秸的营养成分含量与品种有关。高油玉米秸秆的粗蛋白质和粗脂肪含量高于普通玉米秸秆（表 7-10），且在籽粒成熟时，高油玉米秸的茎、叶仍保持鲜绿多汁，可青饲或青贮，是草食动物的优质饲料。高蛋白玉米秸中含粗蛋白质 7.8%～10.5%，也高于普通玉米秸（3.0%～5.9%）。与普通玉米秸相比，糯玉米秸的非结构性糖类化合物含量较高，糖类化合物在瘤胃内降解更快。糯玉米秸中粗蛋白质含量显著高于普通玉米秸，且蛋白质的品质较好，因此糯玉米秸的营养价值高于普通玉米秸。

表 7-10 普通玉米秸秆和高油玉米秸秆的营养成分 单位：%

品种	水分	粗蛋白质	粗脂肪	粗纤维	粗灰分	无氮浸出物
普通玉米	10.0	5.9	0.90	24.9	8.10	50.2
高油玉米	10.0	9.4	1.75	26.5	6.82	45.5

注：引自刁其玉，2013。

玉米秸各部位的营养组成和消化率差异很大。茎秆中粗蛋白质含量较低，粗纤维和粗灰分含量最高，因而消化率最低；叶片中粗灰分和粗纤维含量较低，消化率较高，因而叶片的营养价值高于茎秆。经测定，反刍动物对玉米秸各部位的干物质消化率，茎为 53.8%，叶为 56.7%，芯为 55.8%，苞叶为 66.5%，全株为 56.6%。因此，含叶片较多的玉米秸营养价值较高，而含茎秆和玉米芯较多则营养价值较低。另外，生长期短的夏播玉米秸较生长期长的春播玉米秸粗纤维含量低，易消化。同一株玉米，上部幼嫩、叶片丰富、纤维化程度低，因而营养价值较下部高。经测定，玉米秸中干物质、中性洗涤纤维和酸性洗涤纤维在瘤胃内降解率分别为 49.7%、39.8%和 36.8%。玉米秸、玉米芯和玉米苞皮中养分含量如表 7-11 所示。

玉米秸的营养价值也受收获期的影响。从乳熟期到完熟期，秸秆不断老化，表现为干物质和难以消化的粗纤维成分增加，而蛋白质含量减少（表 7-12），其他如淀粉、维生素等可消化养分含量不断减少，尤其是收穗后的秸秆，适口性和消化率更低。

表7-11　玉米秸、玉米芯和玉米苞皮中养分含量　　　　　单位：%

类别	干物质	粗蛋白质	粗脂肪	粗纤维	无氮浸出物	灰分	钙	磷
早玉米秸	83.2	2.0	1.5	34.4	39.7	5.6	0.36	0.03
中玉米秸	83.6	6.3	1.2	33.2	33.1	9.8	0.59	0.09
早玉米芯	84.0	1.8	1.2	29.6	49.9	1.5	0.04	0.02
中玉米芯	81.9	2.1	0.5	29.8	45.6	3.9	0.08	0.02
中玉米苞皮	83.3	1.9	0.7	33.4	44.4	2.9	0.16	0.02

表7-12　收获期对青贮玉米秸秆营养成分的影响　　　　　单位：%

阶段	干物质	粗蛋白质	酸性洗涤纤维	中性洗涤纤维
蜡熟期	25.9	4.58	18.9	55.3
完熟期	33.3	3.07	23.9	62.1

注：引自刁其玉，2013。

　　玉米秸的最高饲用价值是在秸秆产量与营养物质的乘积达到最高值之时。玉米籽粒在乳熟期至蜡熟期期间，玉米秸秆的含水量为60%～70%，为制作青贮的最佳水分含量，并且此时干物质产量亦较高，可作为饲用玉米秸秆的最佳刈割时间。

四、豆秸

　　收获后的大豆、豌豆、蚕豆、豇豆等的茎叶，均为豆科作物成熟后的副产品，一般将之称为豆秸（legume stover）。几种豆秸中养分含量如表7-13所示。

表7-13　几种豆秸中养分含量　　　　　单位：%

类别	干物质	粗纤维	粗脂肪	粗蛋白质	无氮浸出物	粗灰分
大豆秸	87.5	38.8	1.3	4.5	37.3	5.0
蚕豆秸	86.8	36.0	1.3	8.4	33.6	7.6
豌豆秸	84.7	33.4	1.5	7.6	36.7	5.5
豇豆秸	91.2	43.7	1.2	6.9	33.9	5.4

　　豆秸主要包括黄豆秸、蚕豆秧、豌豆秧、花生秧等。成熟的豆科作物收获后，由于叶片大部分已凋落，维生素已分解，所以蛋白质较少，茎秆木质化程度高，质地坚硬，营养价值较低。豆秸共同的营养特点是粗蛋白质和粗脂肪含量较高，钙、磷等矿物质较多。豆秸中以蚕豆秧为最好，粗蛋白质含量为14.6%，其后依次为花生秧、豌豆秧、黄豆秸等。利用蚕豆秧和花生秧时，应注意清除秸秆上带有的地膜和泥沙，否则被动物食入后易引起消化道疾病。大豆秸由于质地粗硬，适口性差，在饲喂前应进行适当加工，如铡短、压碎等，否则利用率很低。大豆秸适于饲喂反刍动物，尤其适合喂羊，其干物质、中性洗涤纤维和酸性洗涤纤维在瘤胃内降解率可达48.9%、27.1%和28.7%，对猪、牛和绵羊的消化能分别为0.71MJ/kg、6.82MJ/kg和6.99MJ/kg。豆秸经膨化处理后，粗纤维和酸性洗涤纤维含量大大降低。

五、其他秸秆

1. 棉花秸秆

　　棉花秸秆全株含粗蛋白质9.96%、粗脂肪3.65%、粗纤维32.2%、无氮浸出物

45.3％、粗灰分8.06％、钙2.18％和磷0.12％。同样，棉花秸秆不同部位中营养成分含量也有差异（表7-14）。

表 7-14　棉花秸秆不同部位中营养成分　　　　　单位：％

部位	有机物	粗蛋白质	纤维素	半纤维素	酸性洗涤木质素	钙	磷	游离棉酚
茎秆	91.8	5.7	45.8	11.5	15.9	0.63	0.08	0.03
棉桃壳	85.6	5.5	33.5	9.8	7.8	0.44	0.16	0.06
棉籽壳	92.2	7.5	37.5	16.8	17.5	0.09	0.10	0.06

注：引自刁其玉，2013。

棉花秸秆木质素和粗纤维含量高，干物质降解率和代谢能低，并且含有棉酚等有害因子。处理棉花秸秆的方法包括切短、揉搓、盐化、氨化、碱化、制粒等。研究证实，棉花秸秆经过微生物处理后，可提高纤维素降解率和降低棉酚含量，能被用于饲牛。

2. 藤蔓类秸秆

藤蔓类秸秆主要包括甘薯藤、冬瓜藤、南瓜藤、西瓜藤、黄瓜藤等。其干物质中粗蛋白质含量一般为20％左右，大部分为非蛋白氮化合物。甘薯藤是常用的藤蔓饲料，粗蛋白质含量较高（表7-15），有机物质消化率（羊）为55％，干物质、中性洗涤纤维和酸性洗涤纤维在瘤胃降解率分别为68％、51％和48％。

表 7-15　甘薯藤中营养成分　　　　　单位：％

产地	水分	粗蛋白质	粗纤维	粗脂肪	无氮浸出物	中性洗涤纤维	酸性洗涤纤维	粗灰分
北京	11.8	7.54	25.8	3.06	40.8	—	—	11.0
山西*	—	9.54	—	—	—	46.9	41.1	—

注：* 表示以水分含量10％为基础的计算值。

3. 其他作物秸秆

其他作物秸秆包括高粱秸秆、谷子秸秆、糜子秸秆、油菜秸秆、大蒜秸秆等。油菜秸秆含水10％左右、粗灰分7.53％、纤维素53.0％、半纤维素17.1％和木质素19.1％；大蒜秸秆约含粗纤维8.82％、粗脂肪0.54％、粗灰分6.81％、钙0.25％和磷0.31％。高粱秸秆、谷子秸秆、糜子秸秆中养分含量见表7-16。

表 7-16　几种粮食作物秸秆的养分含量　　　　　单位：％

种类	水分	粗蛋白质	粗脂肪	粗灰分	粗纤维	可溶性碳水化合物
高粱秸秆	10.1	4.5	1.8	5.8	34.6	6.1
谷子秸秆	6.7	4.6	1.3	11.6	36.1	2.6
糜子秸秆	11.0	5.8	2.2	6.7	31.3	7.5

注：引自刁其玉，2013。

第三节　秕壳类饲料

农作物在收获脱粒时，除分出秸秆外，还分离出很多包被籽实的颖壳、荚皮与外皮等物质，将这些物质统称为秕壳，包括稻壳、高粱壳、花生壳、豆荚、棉籽壳等。由于秕壳中还可能混有些成熟程度不等的瘪谷、籽实，所以其成分含量与营养价值往往有很大差异。

秕壳一般较秸秆柔软，养分含量和消化率常略高于同类作物秸秆（稻壳、花生壳除外）。

在蛋白质含量方面，豆科秕壳较高，而禾本科秕壳较低。有些禾本科秕壳（如玉米芯、稻壳等）中可消化蛋白质甚至是负值。由于秕壳中粗纤维含量高，故其消化率很低，一般不适于作为猪、禽等单胃动物的饲料。

1. 豆类秕壳

豆类秕壳，又称荚壳，是豆科作物种子的外皮、荚皮，主要有大豆荚皮、蚕豆荚皮、豌豆荚皮和绿豆荚皮等。与禾本科秕壳类饲料相比，豆类秕壳中粗蛋白质含量较高，对牛、羊的适口性也较好，营养价值高于禾本科秕壳（表7-17）。豆类秕壳，尤以大豆荚最具代表性，为较好的粗饲料。豆荚含有粗蛋白质5％～10％、粗纤维40％～53％、无氮浸出物40％～50％，较适于饲喂反刍动物。牛对大豆荚的消化能为7.41MJ/kg。

表 7-17　常见秕壳的养分含量　　　　　　　　　　　　单位：％

种类	干物质	粗蛋白质	粗脂肪	粗纤维	无氮浸出物	粗灰分	钙	磷
大豆荚	86.5	6.1	—	33.9	—	—	—	—
花生壳	89.9	7.7	—	59.9	—	—	1.08	0.07
稻壳	91.0	2.9	0.8	42.7	41.1	18.4	0.08	0.07
小麦壳	92.6	2.7	1.5	43.8	39.4	16.7	0.20	0.14
大麦壳	93.2	7.4	2.1	22.1	55.4	6.3	—	—
燕麦壳	93	4	1.5	32		7.0	0.16	0.15
油菜荚壳	92.1	6.2	—	40.1				0.19
油菜籽壳	87.9	8.9		42.8			1.94	0.12
芝麻壳	95.1	14.9		13.7				0.39
高粱壳	88.3	3.8	0.5	31.4	37.6	15.0	—	—
玉米芯	90.1	4.8		26.7				
向日葵壳	90	4	2.2	52	—	3.0	0.00	0.11
向日葵盘	89.3	13.1	—	28.2	—	—		

注：改编自《中国饲料成分及营养价值表（第24版）》，刁其玉，2013。

2. 禾本科秕壳

禾本科秕壳是粮食作物种子脱粒或清理种子时的残余副产品，包括种子的外壳和颖片等，如稻壳、麦壳、高粱壳等。与其同种作物的秸秆相比，秕壳中蛋白质和矿物质含量较高，而粗纤维含量较低（表7-17）。谷子壳含蛋白质和无氮浸出物较多，粗纤维较低，营养价值仅次于豆荚。秕壳质地坚硬、粗糙，且含有较多泥沙，大麦秕壳还带有芒刺，易刺伤口腔黏膜引发炎症。因此，大量饲喂易引起动物消化道功能障碍，应限制其喂量，或加工处理后饲用。牛对稻壳、小麦壳和大麦壳的消化能分别为1.84MJ/kg、6.82MJ/kg和10.0MJ/kg。

3. 其他秕壳

其他秕壳包括油菜籽壳、芝麻壳（表7-17）、棉籽壳等。棉籽壳含少量棉酚，不宜连续饲喂。

第四节　干　草

在结实前，将牧草或青绿饲料作物刈割并干燥而制成的一类饲料就称为干草（hay）。

因这类饲料由青绿植物制成，且仍保留一定的青绿色，故有人又称之为青干草（green hay）。干制青饲料的目的主要是：保存青饲料中养分，便于随时取用，以代替青饲料。

在草食动物养殖规模化、集约化趋势下，干草的作用显得越来越重要。新鲜饲草被调制成干草后，可长期保存和实现商品化流通，从而可一年四季供应饲草，保障饲料常年供应的均衡性。同时，干草也是生产草粉、草颗粒和草块等草产品的原料。

2008年，我国人工草地产干草6040万吨，但仍不到国内动物对干草需求量的1/10。我国年产苜蓿干草2500万吨，品质较差（粗蛋白质一般在15%以下），商品化程度低，优质苜蓿干草尤为紧缺。我国每年都从美国进口大量苜蓿干草，以满足奶牛业的需求。近几年来，苜蓿干草进口量逐年增加，从2007年的0.23万吨，增加到2013年的75.6万吨。因此，大力发展我国干草产业，为养殖业及奶牛业提供充足、优质干草，实现草食畜牧业的可持续发展，是我国农牧业的一项重要任务。

干草中干物质含量为85%～90%。优质干草呈青绿色，质地柔韧，有芳香味，适口性好。豆科干草富含蛋白质，特别是叶部。叶片中粗蛋白质量占整个植株的80%左右。当收获和干燥饲草时，叶片脱落过多，会大大降低干草的营养价值。干草中还富含维生素和矿物质。优质干草尤其是叶部含大量的胡萝卜素，叶内胡萝卜素含量比茎秆多10～20倍。干草也是维生素D的重要来源。豆科干草中富含钙，干草灰分中钾高于钠，呈碱性反应。

当然，干草的营养价值受其植物学组成、收割阶段与调制方法等因素影响。人工干燥的幼嫩豆科干草的营养价值接近于精饲料，而品质低劣的干草则和秸秆相似。

干草主要作为牛、羊、马、兔等草食动物的饲料。干草在猪、禽、鱼类中主要或唯一的饲用方式是：将其制成干草粉，作为配合饲料的组分。由于干草中粗纤维含量高，故应控制干草粉在猪、禽、鱼类饲粮中的比例。

表7-18列举了一些常用干草中养分含量。

表7-18 一些常用干草中养分含量　　　　单位：%

类别	干物质	粗蛋白质	粗脂肪	无氮浸出物	粗纤维	粗灰分	钙	磷
苜蓿青干草	91.4	15.5	1.7	37.1	28.0	9.0	1.29	0.21
苜蓿干草粉	90.7	17.6	2.1	34.1	27.3	9.6	—	—
苜蓿干叶粉	91.4	21.5	1.9	40.8	16.1	11.2	1.67	0.24
红三叶青干草	78.0	11.4	2.0	33.2	25.2	6.2	1.13	0.18
白三叶青干草	90.7	17.0	2.4	40.3	22.0	9.0	1.72	0.29
豇豆青干草	90.5	16.0	2.6	37.0	24.3	10.6	1.37	0.34
蚕豆青干草	91.5	13.4	0.8	49.8	22.0	5.5	—	—
大豆青干草	88.9	13.1	2.0	33.6	33.2	7.1	—	—
豌豆青干草	88.0	12.0	2.2	40.5	26.5	6.7	—	—
花生青干草	91.2	10.6	5.1	42.1	23.7	9.7	—	—
普通胡枝子青干草	89.1	14.3	2.7	43.0	22.7	6.4	1.09	0.26
紫云英青干草	86.4	18.2	2.9	32.9	26.3	6.1	—	—
草木樨青干草	91.3	15.0	2.2	38.6	27.4	8.0	1.31	—
箭舌豌豆青干草	85.4	14.9	1.7	37.6	24.0	7.2	1.13	0.31
早熟禾干草	88.9	9.1	3.0	44.2	26.7	5.9	0.40	0.27
狐尾草青干草	88.1	12.9	1.9	39.9	25.1	8.2	—	—
猫尾草青干草	88.6	6.3	2.3	45.4	30.2	4.5	0.36	0.15

类别	干物质	粗蛋白质	粗脂肪	无氮浸出物	粗纤维	粗灰分	钙	磷
玉米青干草	78.9	6.8	1.9	43.9	23.7	5.2	0.24	0.14
大麦青干草	87.7	7.7	1.9	47.8	23.7	6.6	0.25	0.22
粟谷青干草	90.6	4.3	1.6	47.6	27.9	9.0	—	—
燕麦青干草	90.7	7.7	1.9	45.7	27.9	7.5	—	—
黑麦青干草	91.8	6.7	2.1	41.2	36.7	5.0	0.32	0.29
蒲公英青干草	88.6	14.7	4.2	42.8	15.0	12.0	—	—
马铃薯茎叶干草	87.2	10.8	2.4	35.6	22.6	15.8	—	—
油菜青干草	82.5	11.8	2.3	37.7	11.4	11.3	—	—

一、干草种类

根据不同的分类方法，可将干草分为许多种类。

1. 按照植物学分类

根据植物学分类，可将干草分为禾本科干草、豆科干草、菊科干草、莎草科干草、十字花科干草等。在各科中，可根据干草的科别命名，如苜蓿干草为豆科干草，黑麦草干草为禾本科干草等。

2. 按照来源分类

根据鲜草的来源，可将干草分为天然草地干草和人工草地干草。人工草地干草又可被分为单一品种干草和草地混播干草，如苜蓿干草为单一品种干草，白三叶+黑麦草干草为草地混播干草；在草原上收获的干草，为天然草地干草。

3. 按照干制方法分类

根据干制方法，可将干草分为晒制干草和烘干干草两类。这种分类方法可提示消费者干草的品质。一般而言，烘干干草质量优于晒制干草，是进一步加工草粉、草颗粒、草块的原料。

4. 按照产品类型分类

根据产品类型可将干草分为散干草和干草捆。干草捆又可被分为方草捆和圆草捆。根据草捆的密度，又可分为高密度干草捆（200～350kg/m³）、中密度干草捆（100～200kg/m³）和低密度干草捆（<100kg/m³）。

二、干草调制原则

调制干草时，应遵循四个基本原则：①尽量加快牧草脱水，缩短干燥时间，以减少由于植物细胞呼吸作用造成的养分损失。更要避免雨露淋溶。②在干燥末期，应确保植物各部位的含水量均匀。③干燥过程中，尽量避免在阳光下长期曝晒。应先在田间使草凋萎，再及时集成草垄或小草堆进行干燥。在干旱地区，草产量较低，刈割后直接将草集成草垄进行干燥。④集草、聚堆、压捆等作业，应在植物叶片、嫩茎等细嫩部分尚不易折断时进行，以减少养分的损失。

三、干草调制原理

新鲜的青绿饲料水分含量高，细菌和霉菌易生长繁殖而使饲料霉烂腐败。当青绿饲料迅速脱水干燥至水分含量为14%～17%时，所有细菌、霉菌均不能在其中生长繁殖，从而达到长期保存的目的。因此，调制干草的原理就是通过自然或人工干燥方法，使新鲜饲草迅速脱水而处于生理干燥状态，植物细胞呼吸作用渐弱直至停止，因而饲草中养分损失减少。同时，饲草的干燥状态也防止了微生物对养分的分解而产生霉败变质，达到长期保存饲草的目的。

调制干草过程一般包括两个阶段。第一阶段，从饲草收割到水分降至40%左右。在此阶段，植物细胞尚未死亡，呼吸作用继续进行，此时养分分解作用大于同化作用。为了减少此阶段养分的损失，应尽快将水分降至40%以下，促使植物细胞及早萎亡。这个阶段养分的损失量一般为5%～10%。第二阶段，饲草水分从40%降至17%以下。在此阶段，植物细胞大多死亡，呼吸作用停止。但植物细胞内酶仍有活性，养分继续被分解。微生物已处于生理干燥状态，生长繁殖已趋于停止。

在干制过程中，饲草中营养物质损失较多，通常为20%～30%，其中可消化蛋白质损失30%左右，维生素损失50%以上。在营养物质总损失量中，以机械作用造成的损失最大，可达15%～20%，尤其是豆科干草叶片脱落造成的损失；其次是植物细胞呼吸作用造成的损失，约10%～15%；由于酶的作用造成的损失约5%～10%；雨露淋溶作用造成的损失则为5%左右（表7-19）。

表7-19　牧草干燥过程的干物质损失　　　　　　　　　　　　单位：%

损失途径	干物质	可消化干物质
呼吸作用	<10	5～15
机械作用	5～10	5～10
酶的作用	5～10	5～10
淋溶作用	10～30	15～35
总计	20～60	30～70

四、干草调制方法

牧草与饲料作物的干燥方法有多种，基本上可被分为两类，即自然干燥法和人工干燥法。自然干燥法主要是借助阳光和风调制干草，包括地面干燥、草架干燥和发酵干燥等方法。人工干燥方法是借助机械设备通过高温和加速空气流速调制干草的方法。人工干燥的原理是扩大牧草与大气间的水势差，从而加快失水速度。由于空气的高速流动带走了牧草周围的水汽，并加速水分移动。人工干燥法与自然干燥法相比，设备投资高、干燥过程耗能高，因而加工成本较高，但调制的干草品质较好。随着调制技术的发展，各种干燥设备被开发和应用，我国许多大型的饲草生产企业和养殖场都开始采用人工干燥法调制干草。

牧草人工干燥法通常分为两种，即通风干燥法和高温快速干燥法。

1. 通风干燥法

在晴天的清晨刈割牧草，将刈割的牧草压扁并在田间就地晾晒2～4h，使水分降至50%时，再移入设有通风道的干草棚内，用鼓风机或电风扇等送风装置进行不加温鼓风干燥。这种方法可有效降低牧草养分的损失。一般需要建造干草棚，棚内安装送风装置和设置通风道，也可在草垛的一角安装吹风机、送风器，在垛内设通风道送风。

2. 高温快速干燥法

将切短的牧草快速通过高温干燥机，利用高温气流，使牧草迅速干燥。干燥机通常为水平滚筒式，滚筒入口的空气温度可达80～260℃，饲草在滚筒内经历2～5s，含水量由80%左右迅速降至10%～15%，出口温度降至25～160℃。虽然滚筒内温度很高，但牧草的温度很少超过 30～35℃。美国、俄罗斯、新西兰、德国、丹麦、法国等国家多用滚筒式高温快速烘干机调制牧草。牧草先与 400～1150℃的入口热气流接触，出口热气流温度为 90～120℃。烘烤使部分蛋白质、氨基酸、维生素 C 和胡萝卜素受到破坏，但采用高温快速干燥法调制的干草可保存牧草养分的 90%以上，因此通常采用高温快速干燥法调制经济价值较高的干草，主要是豆科干草。

在生产中，亦可将刈割后的鲜草在田间晾晒一段时间，待鲜草含水量降至一定程度，再将半干草进行人工干燥。这种方法的优点是：烘干时耗能较少，固定投资和生产成本均较低，可提高生产效益。这种方法适合在年降雨量 300～650mm 的地区使用。

五、影响干草品质的主要因素

干草品质主要受牧草种类、收获时间、调制方法与储藏方法等因素的影响。不同种类牧草的营养组成有较大的差异，因而干草的营养成分含量也不同。一般来说，豆科干草的品质优于禾本科干草。

刈割时间可能是影响干草品质的第一因素。收获期越早，草产品中粗蛋白质等可消化营养物质含量越高，粗纤维等含量较少，但植株含水量高，晾晒时间长，养分损失量也增加；反之，粗纤维含量增加，粗蛋白质含量低，干草质量下降（表 7-20）。确定牧草的最佳刈割期，须综合考虑两项指标：一是产草量，二是可消化营养物质的含量。在牧草的一个生长期内，只有当产草量与营养成分含量的乘积（即综合生物指标）达到最高时，才是最佳刈割期。一般来说，豆科牧草的最佳刈割期为初花期，禾本科牧草的最佳刈割期为抽穗期。

表 7-20　不同刈割期的红三叶和猫尾草混播牧草的
干草产量及畜产品产量　　　　　　单位：kg/hm²

刈割期	干草产量	干草中可消化蛋白质	畜产品	
			牛乳	肉
初花期	3550	185	5243	291
盛花期	4440	86	4324	216
结实期	4350	60	1435	73

注：引自董宽虎等，2003。

确定牧草适宜刈割期应遵循如下原则：①以单位面积内养分产量的最高时期为准。②有利于牧草的再生、多年生或越年生（二年生）牧草的安全越冬和返青，且不影响翌年的产量和寿命。③根据不同利用目的确定适宜刈割期。如生产蛋白质、维生素含量高的苜蓿干草粉，应在孕蕾期刈割。产量虽稍低，但可从优质草粉的经济效益和商品价值中得到补偿。若在开花期刈割，尽管草粉产量较高，但草粉质量明显下降。④天然草场应以主要牧草品种（优势种）的最适刈割期为准。

不同的调制方法对干草品质有很大的影响。在自然干燥中，由于牧草各部分干燥速度不一致，叶片易折断、脱落，特别是豆科牧草晾晒、打捆、搬运时，由于叶片、嫩茎易干燥，叶片是营养价值最高的部位，而茎秆的干燥速度较慢，叶片极易脱落，致使干草质量下降。脱水速度快，干燥时间短，养分损失少，牧草品质好。

储藏条件也影响干草品质。遮阳、避雨、地面干燥，有利于干草的长期保存。一般垛藏的干草水分应在 18%以下，还应注意保持良好的通风。雨淋不仅使牧草遭受微生物的侵蚀而腐烂，而且还使牧草中可溶性养分流失。鲜草经长时间曝晒，会使胡萝卜素、叶绿素和维生素 C 等大量损失。

六、干草的品质鉴定

鉴定干草品质的方法包括感官鉴定法和实验室鉴定法两种。实验室鉴定就是对干草进行化学分析,包括水分、干物质、粗蛋白质、粗脂肪、粗纤维、无氮浸出物、粗灰分、维生素和矿物质含量以及有毒有害物质含量的测定等。

生产实践中,常用感官法鉴定,依据干草的颜色、气味、组成等对干草品质进行鉴定。

干草的颜色是反映其品质优劣的最明显指标。优质干草呈绿色,绿色越深,表明牧草中胡萝卜素、维生素和其他营养物质损失越少,品质越好。相反,曝晒时间过长、储藏过程中遭受雨淋和发霉,干草颜色会变浅。干草中水分含量超过 20%～25%,会导致草捆发热,使干草颜色变为棕褐色、褐色甚至黑色。根据颜色可将干草品质划分为四类。

(1) 鲜绿色:表明青草刈割适时,调制过程未遭雨淋和阳光强烈曝晒,储藏过程未遇高温发酵,较好地保存了青草中的成分,属优质干草。

(2) 淡绿色:表明干草的晒制和储藏基本合理,未遭受雨淋发霉,营养物质没有大的损失,属中等品质干草。

(3) 黄褐色:表明青草刈割过晚,或晒制过程遭雨淋、储藏过程经历高温发酵,营养成分虽受到大的损失,但尚未失去饲用价值,属次等干草。

(4) 暗褐色:表明干草的调制与储藏不合理,不仅受到雨淋,且发霉变质,不能作为饲料。

适时刈割且调制良好的干草具有浓郁的芳香气味,这种香味能刺激家畜的食欲,增加采食量。如果干草有霉味或焦煳气味,说明品质不佳。

凡含水量在 17% 以下、毒草及有害草不超过 1%、混杂物及不可食草在一定范围内,不经任何处理即可储藏或直接饲喂家畜者,可定为合格干草。含水量高于 17%、有相当数量的不可食草和混杂物,需经适当处理或加工调制后,才能储藏或饲喂家畜者,属等外干草。严重变质、发霉,有毒有害植物超过 1% 以上,或沙石杂质过多,不适于用作饲料者,属不合格干草。干草的感官鉴定可以根据表 7-21 进行量化评分。

表 7-21 干草的感官法鉴定评分

评分项目	评分内容	分数
牧草成熟度	孕蕾(穗)期	26～30
	初花期	21～25
	盛花期	16～20
	结实期	11～15
叶片数量	叶量丰富	26～30
	叶多	21～25
	叶量一般	0～6
	叶量极少	0～6
色泽	青绿色	13～15
	浅绿色	10～12
	黄色或浅褐色	7～9
	褐色或黑色	0～6
气味	芳香草味	13～15
	略带尘土味	10～12
	霉味	7～9
	焦臭味	0～6

续表

评分项目	评分内容	分数		
质地（柔软度）	十分柔软	9~10		
	较软	7~8		
	较粗糙	5~6		
	粗糙、易折	0~4		
扣分项	含垃圾、杂草、异物等	0~35		
总分	>90	80~89	65~79	<60
等级	优	良	中	差

注：引自玉柱等，2010。

我国农业行业标准（NY/T 728—2003）对禾本科牧草干草的质量分级标准如表7-22所示。

表7-22　禾本科牧草干草质量分级标准　　　单位：%

项目	特级	一级	二级	三级
粗蛋白质	≥11	≥9	≥7	≥5
水分	≤14	≤14	≤14	≤14

注：粗蛋白质含量以干物质为基础计算。

NY/T 728—2003同时规定了禾本科牧草干草的外观性状：①特级。抽穗前刈割，色泽呈鲜绿色或绿色，有浓郁的干草香味，无杂物和霉变，人工草地与改良草地杂草不超过1%，天然草地杂草不超过3%。②一级。抽穗前刈割，色泽呈绿色，有草香味，无杂物和霉变，人工草地与改良草地杂草不超过2%，天然草地杂草不超过5%。③二级。抽穗初期或抽穗期刈割，色泽正常，呈绿色或浅绿色，有草香味，无杂物和霉变，人工草地与改良草地杂草不超过5%，天然草地杂草不超过7%。④三级。结实期刈割，茎粗，叶色淡绿或浅黄，无杂物和霉变，杂草不超过8%。

我国农业行业标准（NY/T 1574—2007）对豆科牧草干草的质量分级标准如表7-23所示。

表7-23　豆科干草质量的化学指标及分级　　　单位：%

质量指标	特级	一级	二级	三级
蛋白质	>19.0	>17.0	>14.0	>11.0
中性洗涤纤维	<40.0	<46.0	<53.0	<60.0
酸性洗涤纤维	<31.0	<35.0	<40.0	<42.0
粗灰分	<12.5	<12.5	<12.5	<12.5
β-胡萝卜素/(mg/kg)	≥100.0	≥80.0	≥50.0	≥50.0

注：各项指标均以86%干物质为基础计算。

第五节　树叶类饲料

我国有丰富的树木资源，除少数不能饲用外，大多数树木的叶片、嫩枝与果实都可作为畜、禽的饲料。树叶可作为饲料的树种主要有针叶乔木和阔叶乔木两类。我国有饲用价值的针叶乔木共 200 余种，主要包括松属、落叶松属、云杉属、冷杉属和柏木属，松针叶约 1 亿吨。我国有饲用价值的阔叶乔木种类也非常多，主要包括榆、栎、桦、槭、椴、桑、桐、杨、槐、合欢、白栎、刺槐、构树、沙枣、桃、梨、杏、苹果树等。每年约有 3 亿吨的可饲树叶产量，若按 30％利用率计算，则可利用量为近 1 亿吨。因此，充分开发和利用"空中牧场"，生产可饲树叶，是扩大饲料资源，促进林牧业共同发展的重要举措。

一、树叶的化学成分变化情况

（1）树种不同，其叶中养分含量不同。豆科树种（如紫穗槐、洋槐、胡枝子等）的树叶中粗蛋白质含量很高。以干物质计，达 20％以上。

槐树、柳树和梨树等的树叶中有机质含量多，消化率高，消化能也较多（8.36MJ/kg 以上）。

一些树叶中富含维生素和微量元素。例如，紫穗槐树叶中胡萝卜素含量为 270mg/kg 干叶。松树叶（松针）中含有大量的维生素 E 和微量元素硒。

（2）树叶的饲用价值取决于生长期。鲜嫩叶营养价值高，青落叶次之，而枯黄树叶饲用价值很低。例如，松针叶较一般阔叶粗纤维含量高，且有特殊气味，故该树叶不宜多量饲喂动物。

（3）有些树叶（如核桃、橡、桐、柿等树叶）中含有单宁、味涩，动物不喜食。这些树叶在饲用前需经加工调制（发酵或青贮）。

（4）季节不同，树叶中养分含量也有差异。表 7-24 反映了季节对刺槐叶干物质中养分含量的影响情况。

表 7-24　季节对刺槐叶干物质中养分含量的影响　　　　单位：％

季节	粗蛋白质	粗脂肪	无氮浸出物	粗纤维	灰分
春	27.7	3.6	38.1	12.8	7.8
夏	24.7	3.6	49.1	14.8	7.9
秋	19.3	5.0	48.9	19.4	5.5

二、树叶的养分含量

树叶的养分含量随产地、季节、部位、品种和调制方法不同而不同，表 7-25 总结了一些树叶中养分含量。

表 7-25　一些树叶中养分含量　　　　单位：％

类别	干物质	粗蛋白质	粗脂肪	粗纤维	无氮浸出物	粗灰分	钙	磷
槐树 叶（鲜）	23.7	5.3	0.6	4.1	11.5	1.8	0.23	0.04
叶（干）	86.8	19.6	2.4	15.2	42.7	6.9	0.85	0.15
榆树 叶（鲜）	30.6	7.1	1.9	3.0	13.7	4.9	0.76	0.07
叶（干）	89.4	17.9	2.7	13.1	41.7	14.0	2.01	0.17
榕树 叶（鲜）	23.3	4.0	0.7	5.9	11.1	1.6	0.03	0.06
叶（干）	91.0	11.3	2.1	23.5	43.2	10.9	—	—

类别	干物质	粗蛋白质	粗脂肪	粗纤维	无氮浸出物	粗灰分	钙	磷
紫荆 叶(鲜)	35.6	5.9	2.1	10.4	14.7	2.5	—	0.04
叶(干)	92.1	15.4	5.5	26.9	37.9	6.4	—	0.10
柳树 叶(鲜)	33.2	5.2	2.0	4.3	18.5	3.2	—	0.07
叶(干)	89.5	15.4	2.8	15.4	47.8	3.2	1.94	0.21
杨树 叶(鲜)	43.7	9.9	1.4	5.4	23.8	3.2	0.53	0.08
叶(干)	95.0	10.2	6.2	18.5	46.2	13.9	0.95	0.05
枸树 叶(鲜)	30.7	7.0	1.9	4.1	12.8	4.9	0.75	0.14
叶(干)	91.2	26.2	6.2	15.4	24.3	19.1	0.05	1.37
合欢 叶(鲜)	31.1	8.0	2.0	6.5	12.2	2.4	—	—
叶(干)	93.1	19.2	8.6	7.1	50.1	8.1	—	0.39
洋槐 叶(鲜)	23.1	6.9	1.3	2.0	11.6	1.8	0.29	0.03
叶(干)	86.8	19.6	2.4	15.5	42.7	6.9	—	0.15
白杨叶(鲜)	32.5	5.7	1.7	6.2	17.0	1.9	0.43	0.08
白桦叶(鲜)	31.4	6.5	3.6	6.2	13.0	2.1	0.47	0.08
柏树叶(鲜)	55.6	5.9	2.8	13.9	28.3	4.7	0.55	0.11
柞树叶(鲜)	32.8	6.1	1.9	7.4	16.0	1.4	0.11	0.06
香椿叶(干)	93.1	45.9	8.1	15.5	46.3	7.3	—	—
家杨叶(干)	91.5	25.1	2.9	19.3	33.0	11.2	—	0.40
紫穗槐(鲜)	42.3	9.1	4.3	5.4	2.7	2.8	0.08	0.40
松针(鲜)	36.1	2.9	4.0	9.8	18.3	1.1	0.40	0.07
杏树叶(鲜)	32.6	3.3	1.7	2.7	21.6	3.3	—	—
柿树叶(鲜)	28.9	3.2	1.9	4.0	16.4	3.4	—	—
枣树叶(鲜)	34.0	4.9	1.9	3.7	19.4	4.1	—	—
香蕉叶(鲜)	11.6	2.6	1.1	2.3	4.0	1.6	0.15	0.02

三、树叶的采收方式与饲用方法

树叶的采收方式、饲用方法与应注意的问题均列于表 7-26。

四、一些重要的树叶简介

1. 刺槐叶

刺槐又名洋槐，为多年生豆科乔木，原产美国，现在我国栽培引种较为普遍，资源丰富。刺槐素有"饲料树"之称，其叶柔嫩多汁，适口性好，特别是蛋白质含量多、营养价值高，为畜禽的上等饲料。另外，刺槐萌蘖性强，根系发达，具根瘤，抗旱、耐瘠薄能力强，有利于生态环境恶劣地区的水土保持、防风固沙、土壤改良和气候条件的改善等。因此，营造刺槐饲料林，具有发展生态畜牧业和保护环境的双重意义。

表 7-26 树叶的采收方式与饲用方法

采收方式	采收对象	饲用方法	备注
青刈法	分枝多、生长快、再生力强的灌木,如紫穗槐等	嫩枝,树叶青刈打浆或发酵后生喂	平茬刈割后宜浇水,施肥,促其生长
分期采收法	生长茂盛的树种,采收下部的嫩枝,叶片	对洋槐、榆、柳、桑等树青刈晾干粉碎,可作为动物维生素和蛋白质补充饲料	不能影响树木正常生长,喷施农药后,在毒性消除前不能采摘
落叶采集法	落叶乔木,特别是高大不便采摘的树木或不宜提前采摘的树木	收集落叶,制作叶粉或与其他饲料混合青贮,也可直接饲喂动物	严防泥石和金属等异物混入

以干物质计,刺槐叶中粗蛋白质含量可达 20％以上。氨基酸含量多,如含赖氨酸 1.29％～1.68％、苏氨酸 0.56％～0.93％、精氨酸 1.27％～1.48％等,氨基酸总含量达 13.6％。此外,维生素也很丰富,尤以胡萝卜素和 B 族维生素含量高,维生素 E 含量高达 124.3～303.6mg/kg。含有 Ca、P、Fe、Cu、Mn、Zn 等多种矿物质元素等,其中 Zn 含量是苜蓿草粉的 4 倍,Co 含量是一般干牧草的 5～10 倍。枝条粗纤维含量远高于叶片,因此营养价值较低。刺槐叶中粗蛋白质、P、Cu、Fe、Zn 等含量随季节推移逐渐降低,而粗纤维、维生素 E、Ca 含量逐渐升高,Mn 含量较平稳。收获季节不同,槐叶质量亦不同,一般春季品质最好,夏季次之,秋季较差。但过早采集,会影响树木生长,因此收获时间应在不影响树木生长的前提下尽量提前。北方可在 7 月底、8 月初开采,最迟不超过 9 月上旬。采集过迟,则叶片变黄,营养价值显著下降。

刺槐叶的饲用价值较高。鲜槐叶可直接青饲,叶粉可作为配合饲料原料,通常在鸡饲粮中添加 3％～5％,在猪饲粮中添加 8％～15％。鲜刺槐叶青绿多汁,能促进蛋鸡采食,并为蛋鸡补充部分养分,因而可提高产蛋率。鲜刺槐叶中维生素可促进种鸡生殖机能、提高种公鸡的精液品质和精液量,从而显著提高种蛋受精率。在蛋鸡日粮中添加 5％～8％的槐叶粉,用于替代部分蚕蛹和复合蛋白料（3％之内）,可提高产蛋率和饲料利用率。但槐叶粉中的磷以植酸磷形式存在,消化率低,可导致蛋鸡日粮钙、磷比例失调而增加破壳蛋、软壳蛋比例。另外,用刺槐叶粉饲喂雏鸡,可提高育雏率,并有利于防治鸡白痢、球虫病等。槐叶粉也是兔的优良饲料,用刺槐叶粉代替 50％苜蓿粉制成颗粒饲料喂兔,对兔增重无不良影响,还可降低 10％的饲料成本。刺槐叶也是水产养殖的一种优质饲料原料,在罗非鱼饲料中添加适量鲜刺槐叶对生长无不良影响,并可提高成活率、增重率,降低饲养成本,增加养殖效益。

刺槐叶中含有单宁（主要为缩合单宁）等抗营养因子,用量过多可降低单胃动物和反刍动物的养分消化率,引起生长抑制。

2. 银合欢叶

银合欢为豆科含羞草亚科银合欢属多年生灌木或乔木,原产于美洲,现广泛分布于世界热带和亚热带地区,约有 100 余个品种,分为夏威夷型（普通型）、萨尔瓦多型（巨型种）和秘鲁型（中等树型）三大类。我国栽培利用的银合欢品种具有适应性强、速生高产、营养价值高、适口性好、易于栽培的特点,叶量多,鲜嫩茎叶年产量达 37～60t/hm²,叶片干物质中粗蛋白质含量达 22％～29％（表 7-25）,含有丰富的氨基酸、胡萝卜素、维生素和微量元素,其枝叶和豆荚是牛、羊喜食的饲料,被誉为干旱地区的"奇迹树"和"蛋白质仓库",是联合国粮农组织向亚太地区推广的多用途优良树种之一。

银合欢叶可青饲、干饲、青贮和放牧。将银合欢叶与象草按 1∶1 比例混合,采食量比独饲象草提高 1.3 倍。银合欢叶与禾本科牧草狗牙根按 1∶1 比例混合饲喂山羊,可显著提高日增重。巴西、印度尼西亚、墨西哥和菲律宾等地的研究表明，银合欢叶可作为牛的优质饲料，其叶片的营养价值可与苜蓿媲美。

银合欢叶片、种子和根等器官中含有抗营养因子含羞草素和单宁，因此饲喂时应控制其用量，特别是单胃动物。含羞草素是一种氨基酸类毒素，在动物体内以酪氨酸类似物的形式抑制与酪氨酸代谢有关的酶活性，对单胃动物和瘤胃解毒能力差的反刍动物有毒。瘤胃细菌（如链球菌、生孢梭菌和乳杆菌）可降解含羞草素，但银合欢叶喂量过多也会引起反刍动物中毒，典型的中毒症状包括厌食、流涎、脱毛、食道损伤、甲状腺肿大、血液中甲状腺素浓度降低、生殖障碍和体重下降等。通常，单胃动物日粮中含 5%～10% 银合欢叶、反刍动物日粮中不超过 30% 银合欢叶，不会引起中毒。银合欢叶在动物日粮中适宜添加量为：鸡（叶粉）5%，猪（叶粉）10%～15%，牛、羊（嫩茎叶）30%。

银合欢嫩叶经青贮发酵后，含羞草素可降解 50%。此外，含羞草素易与 Fe^{3+}、Cu^{2+}、Zn^{2+} 等金属离子螯合，可在银合欢饲料中加入矿物质使含羞草素失活。猪日粮中银合欢叶粉超过 20% 时，添加 0.4% 的硫酸铁，则不会发生含羞草素中毒。另外，将银合欢种子和种仁水煮 1h 后，含羞草素可分别降低 57.3% 和 97.3%。

3. 桑叶

桑树属桑科桑属，品种众多，是多年生乔木或灌木植物。我国是世界蚕业发源地，桑树资源丰富，在全国各地都有栽培，即使西藏也有可开发利用的桑树资源，主要种植区集中在浙江、江苏、四川、山东、安徽、重庆、广东等地。近几年来，广西、江西等地桑树栽培发展迅速，湖北、湖南、云南、陕西、山西、河北、河南、辽宁、吉林、甘肃、新疆等地也有较大发展，全国桑树总种植面积约 80 万公顷。桑叶是桑树的主要产物，约占地上部产量的 64%，桑叶再生性强，在生长季节可采收 4～6 次，年产量可达 20～30t/hm²。

桑叶营养丰富。以干物质计，粗蛋白质含量达 15%～30%，且氨基酸种类齐全，必需氨基酸含量较多。桑叶还含有丰富的微量元素和维生素，尤其是 B 族维生素和维生素 C。另外，桑叶含有黄酮、多糖、多酚和甾醇等天然活性物质及其衍生物，可促进动物免疫功能，提高机体抗氧化和抗应激能力。因此，桑叶不仅是优良的植物蛋白质资源，其中的天然活性物质还具有抗应激、增强机体免疫力的作用。

桑叶微酸稍甜，对所有动物都有良好的适口性，且粗纤维含量低，仅为 8.0%～19.8%，消化率高。当同时为绵羊供应桑叶和苜蓿时，绵羊往往优先采食桑叶而不是苜蓿，且日增重明显高于饲喂苜蓿。动物对桑叶的采食量很多，以干物质计，山羊日采食量可达体重的 4.2%，绵羊可达体重的 3.4%。桑叶的另一显著特性是具有很高的消化率，通常为 70%～80%，茎秆为 37%～44%，全株消化率随不同桑树品种的茎叶比而异，平均为 58%～79%。

桑叶作为动物饲料，既可青饲，也可制成青贮饲料，或将其晒干、粉碎制成桑叶粉，与其他饲料配合使用。在鸡饲粮中添加 5%～10% 的桑叶粉，可明显改善蛋黄颜色，提高产蛋率，显著降低肉鸡的腹脂率，提高鸡蛋和鸡肉中不饱和脂肪酸含量，改善鸡蛋和鸡肉的品质和风味，并降低鸡粪中氨的排放量。将粗粉碎的干桑叶以 25%～30% 的比例添加到猪饲粮中，或以 10%～15% 的比例添加到兔饲粮中，均可促进其生长、改善肉质，同时降低饲料成本。还可用桑叶育肥绵羊，改善羊肉品质，改善羊肉风味。桑叶作为泌乳母牛的补充饲料，可提高产奶量 5%～7%，并降低饲料成本；用作犊牛的补充料，可节约代乳料，并促进犊牛瘤胃的生长发育。

4. 松针

松叶主要是指马尾松、黄山松、油松以及桧、云杉等的针叶，味苦、性温，有补充养分、健脾理气、杀虫等功效。松针中蛋白质含量较高，如黄山松针的蛋白质含量为 11.9%，落叶松针则为 15.2%，其他品种的含量在 8% 左右。松针蛋白质中，氨基酸组成较为全面，包括多种必需氨基酸。松针含有丰富的维生素，胡萝卜素含量一般为 69~365mg/kg，维生素 C 含量为 850~2203mg/kg，维生素 E 含量为 201~1266mg/kg，可促进动物生长，增强机体抗应激、抗氧化和免疫能力。松针含有较多的脂类物质，粗脂肪含量为 3.8%~13.1%。此外，松针粉中含有植物杀菌剂与植物激素，可抑制动物体内有害微生物的生长繁殖、促进其生长。

松针一般以每年 11 月份至翌年 3 月份采集较好，其他时间采集则针叶含脂肪和挥发性物质较多，易对动物胃肠和泌尿器官产生不良影响。采集时应选嫩绿肥壮松针，采集后避免阳光曝晒，从采集到加工间隔时间不应超过 3d。可将松针粉分为特级、一级、二级和三级，各等级的粗纤维含量不应高于 32%，水分为 8%~12%。特级、一级和二级松针中杂质含量应分别不高于 5%、5% 和 8%；每千克松针粉中胡萝卜素含量应分别达到 90mg、70mg 和 60mg。松针粉中含有松脂气味和挥发性物质，在饲粮中添加量不宜过多：猪为 5%~8%，肉鸡为 3%，蛋鸡和种鸡为 5%，鸭和鹅为 10%，牛、羊为 10%~15%，喂量应由少到多逐渐增加。在雏鸡日粮中添加 3% 松针粉，可显著提高血液白细胞数量，并提高新城疫病毒的抗体水平，增强对新城疫的特异性免疫力。在奶牛日粮中添加 8% 的松针粉，产奶量可提高 7.4%，并可有效预防胃肠道疾病和维生素缺乏症。

(邓凯东)

思 考 题

1. 简述粗饲料的含义。
2. 什么是非常规饲料？请举几个例子。
3. 简述粗饲料的营养特点。
4. 干草与秸秆有何区别？
5. 简述影响干草营养价值的因素。
6. 试分析我国秸秆养殖业与草地畜牧业的可行性。

第八章 饲料分析与质量控制

饲料分析是合理利用饲料、科学饲养动物的一个重要环节。其分析结果是评定饲料营养价值与卫生质量、设计饲粮配方或评价饲粮合理性的主要依据之一。

第一节 饲料常规分析

本节着重介绍饲料常规成分分析的原理与方法。关于测定某个成分的具体操作步骤，可参阅相关文献，这里从略。

一、饲料分析样品的采集和制备

采样是指从现场采集供检测用饲料样品的过程。采样的科学性直接影响饲料分析结果的准确性。因此，采样技术在饲料分析中具有重要的意义。

1. 采样方法

（1）对于单相的液体或是混合均匀的粒状或粉状饲料，可用"四分法"采样。具体方法为：将较多量的粒状或粉状饲料置于干净的大张方形纸或漆布、塑料布上，堆成锥形。然后，用铲将料堆移至另一处。移动时，将每一铲料倒在前一铲料之上。如此反复将料堆移动数次，即可混合均匀。再后，将料堆铺平，用铲或长尺等适当器具，从料中划一"十"字，将料分成四份，除去对角两份，将剩余两份料如前法混匀后，再分成四份。重复以上操作步骤，直至剩余料与预期取样量相近为止。

（2）对于不均匀性的饲料如粗饲料、块根块茎类饲料等，一般要先用"几何法"采样。具体方法为：将整个一堆饲料看成为一种有规则的几何体（立方体、圆柱体、圆锥体等），并将这个几何体分为若干个体积相等的部分，这些部分须在全体饲料中分布均匀。从这些部分中各取出体积相等的样本，即原始样本。再将这些原始样本混合，即得初级样本。

（3）采样方法在不同类型饲料上的应用。①对于谷实类、糠麸类、饼粕类饲料，可先用"几何法"采样，缩减至 $500\sim1000g$ 样本时，携回实验室，再用"四分法"将样缩减至适当数量后，进行样本制备。②对于青饲料、干草，可先用"几何法"采样，后缩减至 $1000g$ 左右。对于含水量多的青饲料，应及时称其鲜样重量，然后带回实验室再进行样本的制备。③对于块根、块茎和瓜果类饲料，应从多个饲料个体中取样，以消除个体饲料间的差异。所采集个体的多少，视饲料种类及其成熟均匀性和所要测定的营养成分而定。一般情况下，约取 $10\sim20$ 个个体。对所采的饲料，先用水洗净，并用布拭去表面的水分。然后再以适当的方法从每一个个体上纵切具有代表性的适当部位与数量，切碎后，用"四分法"采样，再进行样本制备。

2. 样品的制备

用"四分法"将原始样本缩减至 $500g$，置于 $65℃$ 下烘干，或使其风干。将干燥样品研磨粉碎，过筛，再用"四分法"将样品缩减至 $200g$，放入磨口玻璃瓶或塑料袋中密封，贴上标签，注明样本名称、采样地点和日期、制样日期，置于干燥、阴凉处备用。

二、饲料初水分与干物质含量的测定

饲料样品在 60～65℃下烘干时失去的水分被称为饲料初水分。对含有高水分的饲料，先要除去其中初水分，从而制得半干样品，将半干样品制成供作分析用的样品。

测定饲料初水分含量的方法是：用已知重量的搪瓷盘在台秤上称量饲料鲜样 200～300g，置于 105℃电热干燥箱中烘 15min 后，降至 65℃，烘 5～6h，取出在室内空气中冷却 2～3h，称重，再置于 65℃电热干燥箱中烘 1～2h，然后在室内空气中冷却 1h，称重，直至前、后两次称重不超过 0.5g。将经过上述方法烘干、冷却的样品称为风干样品。

$$饲料初水分 = \frac{饲料鲜样重(g) - 65℃烘干后样重(g)}{饲料鲜样重(g)} \times 100\%$$

在 100～105℃下，饲料中水分可蒸发散失，达到相对恒重时的残渣就是饲料干物质。对水分含量在 15％以下的饲料样品，可直接在 100～105℃温度下烘干，测定其中干物质含量。测定饲料中干物质含量的方法是：①将洗净的称量瓶放在 100℃～105℃的烘箱内，开盖烘 1h。取出称量瓶，移入干燥器中冷却 30min 后，称重。②在称量瓶中称取约 2g 的风干饲料样或半干饲料样。③将称量瓶及其中样品放入 100～105℃烘箱内，将称量瓶盖揭开少许。④饲料样品在烘箱中烘 3～5h 后，将瓶盖盖严，移入干燥器中，冷却 30min，进行第一次称重。⑤按上述方法，继续将称量瓶及其中样品放入烘箱内，烘 1h 左右，冷却，进行第二次称重，直至前后两次称重之差不大于 0.2mg。保存称量瓶中的干物质，供作测定粗脂肪和粗纤维时用。

$$风干(或半干)饲料样中干物质 = \left(1 - \frac{烘干前样重(g) - 烘干后样重(g)}{风干样本重(g)}\right) \times 100\%$$

三、饲料粗蛋白质和粗脂肪含量的测定

1. 饲料粗蛋白质的测定

饲料中的含氮物质包括真蛋白质和非蛋白质含氮化合物（如氨基酸、硝酸盐、铵盐和生物碱等），总称为粗蛋白质，可用凯氏（Kjeldahl）微量定氮法测定，其基本方法是用浓硫酸分解饲料样中含氮物质，生成硫酸铵，在碱液蒸馏过程中产生氨气，氨气被硼酸吸收而生成四硼酸铵，再用标准液盐酸滴定，即可测定出饲料样中的含氮量。将此含氮量乘以系数 6.25，就可计算出样本中粗蛋白质含量。该方法已被定为国家标准（GB/T 6432）。

2. 饲料粗脂肪的测定

脂类物质可溶于乙醚，因此可将饲料样置入脂肪抽提器中用乙醚反复萃取，然后将乙醚蒸发除去，即可测定出饲料样中脂类物质含量。由于溶于乙醚的物质不仅仅是脂肪，还有游离脂肪酸、磷脂、脂溶性维生素和叶绿素等，所以用此法萃取的脂肪称为粗脂肪。此法被称为索氏提取法（Soxhlet extraction method），已上升为国家标准（GB/T 6433）。

四、饲料纤维性物质含量的测定

（一）饲料粗纤维的测定

饲料粗纤维的常规测定方法是在强行规定的条件下被建立起来的，即用一定容量和浓度的酸和碱，在特定条件下消化饲料样品，并用乙醚和乙醇处理样本，以除去末被稀酸（1.25％硫酸）、稀碱（1.25％氢氧化钠）溶解的脂类物质，再用高温烧灼以扣除矿物质含量。通过计算，即可求得饲料粗纤维含量。

（二）饲料中范氏（Van Soest）洗涤纤维的测定

饲料中的糖类化合物大致可被分为结构糖和储备糖。结构糖包括纤维素、半纤维素和木

质素（木质素实际上并非糖）等，为植物细胞的支架结构成分。储备糖主要由淀粉和单糖等组成，为植物细胞的营养储备成分。在传统常规分析中，粗纤维和无氮浸出物分别被作为难消化物质与易消化物质的指标，而实际上测得的粗纤维中仅包含部分的纤维素和半纤维素，其余部分均被计算到无氮浸出物中。因此，传统的粗纤维分析方案存在一定的缺陷。鉴于此，Van Soest 等提出了洗涤纤维的测定体系。其基本原理是将饲料组分分为消化利用性强的非结构性成分与难以被利用的结构性成分。这里着重介绍中性洗涤纤维（neutral detergent fiber，NDF）和酸性洗涤纤维（acid detergent fiber，ADF）的测定方法。

1. NDF 的测定

（1）仪器设备。高脚烧杯、冷凝球、洗涤纤维专用坩埚、电子天平（万分之一）、量筒、电炉。

（2）试剂。中性洗涤剂溶液：十二烷基磺酸钠 30.00g，乙二胺四乙酸钠 18.61g，硼砂（四硼酸钠）6.81g，无水磷酸氢二钠 4.56g，乙二醇-乙醚 10mL，将上述物质溶于 1L 蒸馏水中，待各种物质完全溶解后，用碳酸钠或稀盐酸溶液将中性洗涤剂溶液的 pH 调至 6.9～7.1（通常如果配制准确，一般不需要调节 pH）。消泡剂（十氢化萘）。丙酮。无水亚硫酸钠。

（3）操作方法。准确称取风干饲料样约 1g（W）于 500mL 消煮杯（高脚烧杯）中，加入中性洗涤剂溶液 100mL、消泡剂少许（视情况可不加）、亚硫酸钠 0.5g（对植物性饲料样可不加），在消煮杯中煮沸 1h 后，用尼龙布过滤，并用热蒸馏水洗净泡沫；然后将残渣移入洗涤纤维专用坩埚（需预先烘干、称重，W_1）中后，用丙酮洗净，待风干后，在 105℃烘箱中干燥 4h，冷却称重（W_2），并要求烘干至恒重。再于 550～600℃下灰化 3h，冷却称重（W_3）。

（4）计算。

$$细胞壁成分（CWC）=1[(W_2-W_1)/W]×100\%$$
$$NDF=[(W_2-W_3)/W]×100\%$$

2. ADF 的测定

（1）仪器设备：高脚烧杯、冷凝球、洗涤纤维专用坩埚、电子天平（万分之一）、量筒、电炉。

（2）试剂：酸性洗涤剂溶液：将 20g 十六烷基三甲基溴化铵加热溶解于 1L 硫酸溶液（硫酸溶液浓度为 1mol/L，需预先标定）中。消泡剂（十氢化萘）。丙酮。

（3）操作方法：准确称取风干饲料样约 1g（W）于 500mL 消煮杯（高脚烧杯）中，加入酸性洗涤剂溶液 100mL、消泡剂少许（视情况可不加）、亚硫酸钠 0.5g（对植物性饲料样可不加），在消煮杯中煮沸 1h 后，用尼龙布过滤，并用热蒸馏水洗净至中性；然后将残渣全部移入洗涤纤维专用坩埚（需预先烘干、称重，W_1）中后，用丙酮洗净，待风干后，在 105℃烘箱中干燥 4h，冷却称重（W_2），并要求烘干至恒重。再于 550～600℃下灰化 3h，冷却称重（W_3）。

（4）计算。

$$ADF=(W_2-W_3)/W×100\%$$

在一般情况下，灰化过程也可不做，此时

$$ADF=(W_2-W_1)/W×100\%$$

五、饲料粗灰分、钙与磷含量的测定

饲料样品在马弗炉（600℃）中烧灼，其中含有的碳、氢、氧、氮等因被氧化而逸失，所剩残渣主要是氧化物或盐类等无机物。由于其中含有少量杂质，如沙石、黏土等，故称之为粗灰分。

将饲料样中有机物质消解或烧尽，从而使钙变成可溶性钙，先用草酸铵沉淀钙，后洗去草酸铵余液，再用硫酸溶解草酸钙，最后用高锰酸钾标准溶液滴定从草酸钙中释放的草酸量。根据高锰酸钾标准溶液用量，可间接求得饲料样中含钙量。

将饲料样灰化，在灰分中加盐酸（1+3）10mL 和数滴硝酸，小心煮沸后移入 250mL 容量瓶中，冷却至室温，用蒸馏水稀释至刻度，混合均匀，从而制得样本液。样本液中磷与钼酸铵结合成为黄色结晶的钼酸磷铵，遇还原剂（对苯二酚、亚硫酸钠）变成蓝色物质（称之为"钼蓝"）。样本中磷含量与"钼蓝"颜色的深浅成正比，应用比色法即可测定饲料样中的含磷量。

如果饲料中干物质（DM）、粗蛋白质（CP）、粗脂肪（EE）、粗纤维（CF）和粗灰分（Ash）含量都被测定出来，那么就可求得饲料中无氮浸出物（NFE）含量，即：

$$NFE(\%)=DM(\%)-CP(\%)-EE(\%)-CF(\%)-Ash(\%)$$

第二节 饲料中矿物元素含量的测定

一、饲料中铁、铜、锰、锌、镁含量的测定

（一）原理

饲料中铁、铜、锰、锌、镁含量的测定采用原子吸收分光光度法。用干法灰化饲料原料、配合饲料、浓缩饲料样品，在酸性条件下溶解残渣，定容制成试样溶液；用酸浸提法处理预混合饲料样品，定容制成试样溶液；将试样溶液导入原子吸收分光光度计中，分别测定各元素的吸光度。试样测定液的浓度范围：铁 $1\sim16\mu g/mL$，铜、锰 $0.5\sim5\mu g/mL$，锌、镁 $0.1\sim2\mu g/mL$。

（二）试剂和溶液

实验用水应符合 GB 6682 中二级用水的规格，使用试剂除特殊规定外均为分析纯。盐酸：优级纯（1.18g/mL）；硝酸：优级纯（1.42g/mL）；硫酸：优级纯（1.84g/mL）；乙酸：优级纯（1.049g/mL）；乙醇：优级纯（0.798g/mL）；丙酮：优级纯（0.788g/mL）；乙炔：符合 GB 6819 规定。

1. 干扰抑制剂溶液

称取氯化锶 152.1g，溶于 420mL 盐酸，加水至 1000mL 摇匀，备用。

2. 铁标准溶液

（1）铁标准储备溶液：准确称取 $(1.0000\pm0.0001)g$ 铁（光谱纯）于高脚烧杯中，加 20mL 盐酸与 50mL 水，加热煮沸，放冷后移入 1000mL 容量瓶中，用水定容，摇匀，此液 1mL 含 1.00mg 的铁。

（2）铁标准工作溶液：量取铁标准储备溶液 0.00mL、4.00mL、6.00mL、8.00mL、10.0mL、15.0mL，分别置于 100mL 容量瓶中，用盐酸(1+100)稀释定容，配制成 $0.00\mu g/mL$、$4.00\mu g/mL$、$6.00\mu g/mL$、$8.00\mu g/mL$、$10.0\mu g/mL$、$15.0\mu g/mL$ 的标准系列。

3. 铜标准溶液

（1）铜标准储备溶液：准确称取按顺序用乙酸（1+49）、水、乙醇洗净的铜（光谱纯）$(1.0000\pm0.0001)g$ 于高脚烧杯中，加硝酸 5mL，并于水浴上加热，蒸干后加盐酸（1+1）溶解，移入 1000mL 容量瓶中，用水定容，摇匀，此液 1mL 含 1.00mg 的铜。

（2）铜标准中间工作溶液：取铜标准储备溶液 2.00mL 于 100mL 容量瓶中，用盐酸

（1＋100）稀释定容，摇匀，此溶液 1mL 含 20.0μg 铜。

（3）铜标准工作溶液：取铜标准中间工作溶液 0.00mL、2.50mL、5.00mL、10.0mL、15.0mL、20.0mL，分别置于 100mL 容量瓶中，用盐酸（1＋100）稀释定容，配制成 0.00μg/mL、0.50μg/mL、1.00μg/mL、2.00μg/mL、3.00μg/mL、4.00μg/mL 的标准系列。

4. 锰标准溶液

（1）锰标准储备溶液：准确称取用硫酸（1＋18）、水洗净，烘干的锰（光谱纯）（1.0000±0.0001)g，置于高脚烧杯中，加 20mL 硫酸（1＋4）溶解，移入 1000mL 容量瓶中，用水定容，摇匀，此液 1mL 含 1.00mg 的锰。

（2）锰标准中间工作溶液：取锰标准储备溶液 2.00mL，置于 100mL 容量瓶中，用盐酸（1＋100）稀释定容，摇匀，此液 1mL 含 20.0μg 的锰。

（3）锰标准工作溶液：取锰标准中间工作溶液 0.00mL、2.50mL、5.00mL、10.0mL、20.0mL、25.0mL，分别置于 100mL 容量瓶中，加入干扰抑制剂溶液 10mL，用盐酸（1＋100）稀释定容，配制成 0.00μg/mL、0.50μg/mL、1.00μg/mL、2.00μg/mL、4.00μg/mL、5.00μg/mL 标准系列。

5. 锌标准溶液

（1）锌标准储备溶液：准确称取用盐酸（1＋3）、水、丙酮洗净的锌（光谱纯）（1.0000±0.0001)g，置于高脚烧杯中，用 10mL 盐酸溶解，移入 1000mL 容量瓶中，用水定容，摇匀，此液 1mL 含 1.00mg 的锌。

（2）锌标准中间工作溶液：移取锌标准储备溶液 2.00mL，置于 100mL 容量瓶中，用盐酸（1＋100）稀释定容，摇匀，此液 1mL 含 20.0μg 的锌。

（3）锌标准工作溶液：移取 0.00mL、1.00mL、2.50mL、5.00mL、7.50mL、10.0mL，分别置于 100mL 容量瓶中，用盐酸（1＋100）稀释定容，配制成 0.00μg/mL、0.20μg/mL、0.50μg/mL、1.00μg/mL、1.50μg/mL、2.00μg/mL 的标准系列。

6. 镁标准溶液

（1）镁标准储备溶液：准确称取镁（光谱纯）（1.0000±0.0001)g，置于高脚烧杯中，用 10mL 盐酸溶解，移入 1000mL 容量瓶中，用水定容，摇匀，此液 1mL 含 1mg 的镁。

（2）镁标准中间工作溶液：移取镁标准储备溶液 2.00mL，置于 100mL 容量瓶中，用盐酸（1＋100）稀释定容，摇匀，此液，此液 1mL 含 20.0μg 的镁。

（3）镁标准工作溶液：移取镁标准中间工作溶液 0.00mL、1.00mL、2.00mL、5.00mL、7.50mL、10.0mL，分别置于 100mL 容量瓶中，加入干扰抑制剂溶液 10.0mL，用盐酸（1＋100）稀释定容，配制成 0.00μg/mL、0.20μg/mL、0.50μg/mL、1.00μg/mL、1.50μg/mL、2.00μg/mL 标准系列。

（三）仪器设备

实验室常用仪器；原子吸收分光光度计，波长范围 190～900nm；离心机，转速为 3000r/min；磁力搅拌器；硬质玻璃烧杯，100mL；具塞锥形瓶，250mL。

（四）试样制备

采取具有代表性的样品至少 2kg，用四分法缩减至约 250g，粉碎过 40 目筛，混匀，装入样品瓶内密闭，保存备用。

（五）分析步骤

（1）饲料原料、配合饲料、浓缩饲料试样的处理。准确称取 2～5g 试样（精确至 0.1mg），置于 100mL 硬质玻璃烧杯中，于电炉或电热板上缓慢加热炭化，然后于高温炉（500℃）中，灰化 16h，若仍有少量的炭粒，可滴入硝酸，使残渣润湿，加热烘干，再于高温炉中灰化至无炭粒。取出冷却，向残渣中滴入少量水润湿，再加 10mL 盐酸，并加水 30mL 煮沸数分钟后冷却，移入 100mL 容量瓶中，用水定容、过滤，得试样分解液，备用，同时制备试样空白溶液。

（2）预混合饲料样品处理。准确称取 1～3g 试样（精确至 0.1mg），置于 250mL 带塞锥形瓶中，加入 100.0mL 盐酸（1+10），置于磁力搅拌器上，搅拌提取 30min，再用离心机以 3000r/min 离心分离 5min，取其上层清液，为试样分解液；或是搅拌提取后，取过滤所得溶液作为试样分解液，同时制备试样空白溶液。

（3）仪器工作参数。测定以下元素所用的波长：铁，248.3nm；铜，324.8nm；锰，279.5nm；锌，213.8nm；镁，285.2nm。（由于原子吸收分光光度计的型号不同，操作者可按照所用仪器要求调整仪器工作条件）

（4）工作曲线的绘制。将待测元素的标准系列导入原子吸收分光光度计，按仪器工作条件测定该标准系列的吸光度，绘制工作曲线。

（5）试样测定。量取试样分解液 V_1，用盐酸（1+100）稀释至 V_2（稀释倍数根据该元素的含量与工作曲线的线性范围而定）。若测定锰、镁，加入定容体积 1/10 的干扰抑制剂溶液，如最终定容体积为 50mL，则应加入 5mL 的干扰抑制剂溶液。将试样测定稀释液导入原子吸收分光光度计中，按仪器工作条件，测定其吸光度，同时测定试样空白溶液的吸光度，从工作曲线中求出试样测定稀释溶液中该元素的浓度。

（六）计算

被测元素的含量（X，mg/kg）按下式计算：

$$X = (c - c_0) \times 100 \times V_2 / (m \times V_1)$$

式中，c 为由工作曲线求得的试样测定稀释溶液中元素的浓度，$\mu g/mL$；c_0 为由工作曲线求得的试样空白溶液中元素的浓度，$\mu g/mL$；m 为试样的质量，g；V_1 为量取试样分解液的体积，mL；V_2 为试样测定稀释溶液的体积，mL；100 为试样分解液的总体积，mL。所得的结果表示到 0.1mg/kg。

二、饲料中硒含量的测定

（一）原理

饲料中硒含量的测定采用原子荧光法。试样经酸加热消化后，在 6mol/L 盐酸（HCl）介质中，将试样中的六价硒还原成四价硒，用硼氢化钠（$NaBH_4$）或硼氢化钾（KBH_4）作为还原剂，将四价硒在盐酸介质中还原成硒化氢（H_2Se），由载气（氩气）带入原子化器中进行原子化，在硒特制空心阴极灯照射下，基态硒原子被激发至高能态，在去活化回到基态时，发射出特征波长的荧光，其荧光强度与硒含量成正比，与标准系列比较定量。

（二）试剂

实验室用水应符合 GB 6682 中二级用水的规格，使用的试剂除另有说明外，应为分析纯。硝酸（优级纯）；高氯酸（优级纯）；盐酸（优级纯）；氢氧化钠（优级纯）；盐酸溶液，6mol/mL；混合酸：硝酸+高氯酸（4+1）；硼氢化钠溶液（8g/L）：称取 8.0g 硼氢化钠（$NaBH_4$），溶于氢氧化钠溶液（5g/L）中，然后稀释至 1000mL；铁氰化钾溶液（100g/L）称取 10.0g 铁氰化钾 $[K_3Fe(CN)_6]$，溶于 100mL 水中，混匀；硒标准储备液：精确称取 100.0mg 硒（光谱纯），溶于少量硝酸中，加 2mL 高氯酸，置水浴中加热 3～4h，冷后再加 8.4mL 盐酸，再置沸水浴中 2min，冷至室温后，稀释至 1000mL，其盐酸浓度为 0.1mol/L，此储备液浓度为每毫升相当于 100μg 硒，储存于冰箱中，备用；硒标准工作液：取 100μg/mL 硒标准储备液 1.0mL，稀释至 100mL，此应用液浓度为 1μg/mL。

（三）仪器

原子荧光光度计；分析天平，分度值 0.0001g；自动控温消化炉；电热板（3000W）或可调温电炉（600W）。

（四）试样的制备

按 GB/T 14699.1 饲料采样法采样，选取有代表性的饲料样品，至少 500g，四分法缩减至 200g，粉碎，使其全部通过 1mm 孔筛，混匀，储于磨口瓶中备用。

（五）分析步骤

1. 试样消解

（1）一般饲料样品（配合饲料、浓缩饲料、单一饲料）的处理：称取 0.5～2.0g 样品，置于 150mL 高脚烧杯内，加 10.0mL 混合酸与几粒玻璃珠，盖上表面皿冷消化，12h 后于电热板上加热，并及时补加混合酸（使烧杯内溶液不少于 10.0mL）。当溶液变为清亮无色并伴有白烟时，再继续加热至剩余体积 2mL 左右，切不可蒸干。冷却，再加 5mL 盐酸（6mol/L），继续加热至溶液变为清亮无色并伴有白烟出现，以完全将六价硒还原成四价硒。冷却，移至 50mL 容量瓶中，用水稀释到刻度。同时做空白试验。

（2）高硒样品（预混合饲料）的处理：对于每千克饲料含硒在 1mg 以上并含有机物的样品，按（1）处理后准确量取一定体积溶液再稀释（使溶液含硒量≤0.2μg/mL）。对于以石粉为载体的预混料，称取 1～5g 样品（精确到 0.1mg），置于 150mL 高脚烧杯中，加 10mL 水和 10mL 硝酸（先逐滴加入硝酸直至不再发生气泡，然后再全部加入），煮沸至烧杯中溶液剩下 5mL 左右时再加 10.0mL 混合酸与几粒玻璃珠，盖上表面皿冷消化，12h 后于电热板上加热，并及时补加混合酸。当溶液变为清亮无色并伴有白烟时，再继续加热至剩余体积 2mL 左右，切不可蒸干。冷却，再加 5mL 盐酸（6mol/L），继续加热至溶液变为清亮无色并伴有白烟出现，以完全将六价硒还原成四价硒。冷却，移至 50mL 容量瓶中，用超纯水稀释到刻度，然后准确量取一定体积的溶液再稀释（使溶液含硒量≤0.2μg/mL）。同时做空白试验。

（3）吸取 10mL 试样消化液，置于 15mL 离心管中，加盐酸 2mL，铁氰化钾溶液 1mL，混匀待测。

2. 标准溶液的配制

分别取 0.0mL、0.1mL、0.2mL、0.3mL、0.4mL、0.5mL 硒标准工作液，置于 15mL 离心管中用水稀释至 10mL，再分别加盐酸 2mL、铁氰化钾溶液 1mL，混匀，制成标准系列。

（六）测定

1. 仪器参考条件

负高压：340V；灯电流：100mA；原子化温度：800℃；炉高：8mm；载气流速：500mL/min；屏蔽气流速：1000mL/min；测量方式：标准曲线法；读数方式：峰面积；延迟时间：1s；读数时间：15s；加液时间：8s；进样体积：2mL。

2. 试样的测定

按仪器设定条件，待炉温升至 800℃后，稳定 10～20min 后开始测量。连续用标准系列的零管进样，待读数稳定后，转入标准系列测量，绘制标准曲线。转入试样测量，分别测定试样空白和试样消化液，每测不同的试样前都应清洗进样器。

（七）计算

试样中硒的含量（X，mg/kg 或 mg/L）按下式计算：

$$X = \frac{(c-c_0) \times V \times 1000}{m \times 1000 \times 1000}$$

式中，c 为试样消化液测定浓度，ng/mL；c_0 为试样空白消化液测定浓度，ng/mL；m 为试样质量（体积），g 或 mL；V 为试样消化液总体积，mL。计算结果表示到小数点后两位。以两次测定的平均值作为结果。

允许误差：在重复性条件下获得的两次独立测定结果的绝对差值不得超过算术平均值的 20%。

第三节 常用饲料添加剂的质量控制

一、营养性饲料添加剂原料的质量控制

(一) 氨基酸添加剂的质量控制

1. L-赖氨酸

L-赖氨酸常是动物饲粮第一限制性氨基酸，一般饲粮中都需要添加。L-赖氨酸性质不够稳定，故其产品多为 L-赖氨酸盐酸盐或硫酸盐。在本品的水溶液中加入 1mL 茚三酮试液，加热 3min，静置 15min，液体呈紫红色者，说明为真品。我国国家标准规定，以淀粉、糖类为原料，经发酵法生产的饲料级 L-赖氨酸的质量标准如表 8-1 所示。

表 8-1 L-赖氨酸的质量标准 (GB 8245—1987)　　　　　单位：%

项目	指标	项目	指标
含量(以 $C_6H_{14}N_2O_2 \cdot HCl$ 计)	≥98.5	灼烧残渣	≤0.3
比旋光度	+18.0°～+21.5°	铵盐(以 NH_4^+ 计)	≤0.04
干燥失重	≤1.0	重金属(以 Pb 计)	≤0.003
		砷(以 As 计)	≤0.0002

2. DL-蛋氨酸

DL-蛋氨酸是动物重要的必需氨基酸之一，是常用饲粮中的第二或第三限制性氨基酸。本品为白色片状结晶或粉末，粒小而均匀，具有腐烂白菜味，微甜，手捻有油腻感，镜检时晶粒透明有闪光。其 10% 水溶液 pH 为 5.6～6.1，无旋光性。在本品 25mg 中加入 1mL 无水硫酸钼饱和硫酸溶液后，溶液呈黄色者，说明为真品。我国制定了饲料级 DL-蛋氨酸的质量标准，如表 8-2 所示。

表 8-2 饲料级 DL-蛋氨酸的质量标准 (GB/T 17810—1999)　　　　　单位：%

项目	指标	项目	指标
DL-蛋氨酸	≥98.5	砷(以 A_S 计)	≤0.0002
干燥失重	≤0.5	氯化物(以 NaCl 计)	≤0.2
重金属(以 Pb 计)	≤0.002		

3. 蛋氨酸羟基类似物

蛋氨酸羟基类似物包括羟基蛋氨酸钙盐、液态蛋氨酸羟基类似物和 N-羟甲基蛋氨酸钙。羟基蛋氨酸钙盐为浅褐色粉末或颗粒，有含硫基团的特殊气味，可溶于水。取羟基蛋氨酸钙盐样品 0.5g 加入 10mL 水中，加草酸铵液后生成白色沉淀，在沉淀物中加醋酸，沉淀不溶解，但加稀盐酸后，沉淀物则溶解者，说明为真品。对羟基蛋氨酸钙盐的质量要求 (GB/T 21034—2007) 为：含 ($C_5H_9O_3S$)$_2$Ca≥95.0%，羟基蛋氨酸≥84.0%，钙为

11.0%～15.0%，干燥失重≤1.0%，重金属（以 Pb 计）≤20mg/kg，砷（以 As 计）≤2mg/kg。

液态蛋氨酸羟基类似物是深褐色黏性液体，含水量约 20%，有硫化物气味，其 pH 为 1～2，比重 1.23。取液态蛋氨酸羟基类似物样品，滴入干燥试管中，加入 2mL 新配制的 0.01% 的 2，7-二羟基萘的浓硫酸溶液，在沸水浴中加热 10～15min，颜色由浅黄变为红棕色者可判定为真品。对液态蛋氨酸羟基类似物的质量要求（GB/T 19371.1—2003）为：含 $C_5H_{10}O_3S$≥88.0%，pH≤1，铵盐≤1.5%，重金属（以 Pb 计）≤5mg/kg，砷（以 As 计）≤2mg/kg，氰化物不得检出。

N-羟甲基蛋氨酸钙为白色粉末，有硫化物的特殊气味，分子式 $(C_6H_{12}NO_3S)_2Ca$，相对分子质量 396.53。对 N-羟甲基蛋氨酸钙的质量要求为：含 $C_5H_{10}O_3S$≥67.6%，钙≤9.1%，甲醛≤13.6%，铅（以 Pb 计）≤7.5mg/kg，汞（以 Hg 计）≤0.08mg/kg，砷（以 As 计）≤0.01mg/kg，镉（以 Cd 计）≤0.4mg/kg，铁（以 Fe 计）≤19.0mg/kg。

4. L-色氨酸

L-色氨酸为动物重要的必需氨基酸，有时需要向饲粮中添加。L-色氨酸为白色或淡黄色结晶粉末，无臭或略有异味，难溶于水。取 0.1g L-色氨酸样品加入 150mL 三角瓶中，加 50mL 蒸馏水，加热溶解，冷至室温后加入 10mL 对甲氨基苯甲醛（1g 溶于 50mL 20% 的盐酸中，再加入 50mL 10% 三氯化铁溶液（用 1mol/L 盐酸配制），于沸水浴中加热 5min，溶液呈红紫色到蓝紫色者可判定为真品。

对 DL-色氨酸的质量要求（《中华人民共和国药典》2000 年版第二部）如表 8-3 所示。

表 8-3　饲料级色氨酸的质量要求　　　　　　　　　　　单位：%

项目	指标	项目	指标
含量(以 $C_{11}H_{12}N_2O_2$ 计)	≥98.5	干燥失重	≤0.2
比旋度$[\alpha]_D^t$	$-30°\sim -32.5°$	炽灼残渣	≤0.1
酸度(1%水溶液),pH	5.4～6.4	铁盐	≤0.001
氯化物(以 Cl^- 计)	≤0.02	重金属(以 Pb 计)	≤0.0001
硫酸盐	≤0.02	砷(以 As 计)	≤0.0001
铵盐	≤0.02		

5. L-苏氨酸

L-苏氨酸为动物重要的必需氨基酸，有时需要向饲粮中添加。L-苏氨酸为方状无色至黄色晶体，有弱的特殊气味，分子式 $C_4H_9NO_3$，相对分子质量 119.12。对 L-苏氨酸的质量要求（《中华人民共和国药典》2000 年版第二部）如表 8-4 所示。

表 8-4　饲料级苏氨酸的质量要求　　　　　　　　　　　单位：%

项目	指标	项目	指标
含量(以 $C_4H_9NO_3$ 计)	≥98.5	干燥失重	≤0.2
比旋度$[\alpha]_D^t$	$-26.0°\sim -29.0°$	炽灼残渣	≤0.1
酸度(1%水溶液),pH	5.6～6.5	铁盐	≤0.001
溶液的透光率(430nm)	≥98.0	氯化物(以 Cl^- 计)	≤0.02
硫酸盐	≤0.02	重金属(以 Pb 计)	≤0.001
铵盐	≤0.02	砷(以 As 计)	≤0.0001

（二）维生素添加剂的质量控制

1. 胡萝卜素

胡萝卜素作为维生素A原，可在动物的肠壁、肝脏和乳腺中转化为维生素A。新近研究发现，胡萝卜素除通过转化为维生素A而对动物有营养作用外，还可能对动物有直接作用，如作为动物体内的抗氧化剂，参与固醇类物质合成，甚至对基因表达有调控作用。

胡萝卜素鉴定方法：准确称取样品约0.015g，置于100mL棕色容量瓶中，加三氯甲烷20mL溶解，立即用环已烷稀释至刻度，摇匀，准确量取此溶液1.0mL，置于50mL棕色容量瓶中，用环已烷稀释至刻度，摇匀。将此溶液在紫外分光光度计中测定，于波长340nm、455nm和483nm处分别有吸收峰。饲料级β-胡萝卜素的质量标准如表8-5所示。

表8-5 饲料级**β**-胡萝卜素的质量标准（YY 0038—1991） 单位：%

项目	指标	项目	指标
含量（以$C_{40}H_{56}$计）	≥96.0	溶解试验（0.1g/10mL）	澄清
吸光度比值（1）A_{455}/A_{340}	≥14.5	炽灼残渣	≤0.2
（2）A_{455}/A_{483}	1.14～1.18	重金属（以Pb计）	≤0.001
熔点（分解点）	176～182℃	砷（以As计）	≤0.0003

2. 维生素A

维生素A的化学稳定性差，故饲料添加剂中多用维生素A乙酸酯和维生素A棕榈酸酯。取0.2g维生素A样品于白瓷板上，加Sakag-Vchi试剂（1g硼酸溶于100mL 80%硫酸中），若产生深褐色，表明样品中含有维生素A。我国规定了维生素A醋酸酯的质量标准，见表8-6。

表8-6 维生素A醋酸酯的质量标准（GB 7292—1999）

项目	指标	项目	指标
含量（$C_{22}H_{32}O_2$计）	90.0%～120.0%	粒度	100%通过0.84mm孔径的筛网（20目）
标示量	含维生素A醋酸酯500000IU/kg	干燥失重	≤5.0%

3. 维生素D

维生素D_2和维生素D_3均可作为饲料添加剂，但商业产品以维生素D_3居多。无味，易溶于乙醇、氯仿或乙醚，不溶于水，熔点为84～88℃。取50mg维生素D样品，加5mL NaOH溶液（4.3g NaOH溶于100mL蒸馏水中），加2滴硫酸铜溶液（12.5g硫酸铜溶入100mL蒸馏水中），溶液呈蓝紫色，表明该样品是真品。我国制定的饲料添加剂维生素D_3的质量标准，如表8-7所示。

表8-7 维生素D_3的质量标准（GB/T 9840—2006）

项目	指标
含量（标示量的百分率）	90.0%～120.0%
粒度	100.0%通过孔径0.85mm试验筛，85.0%通过孔径0.425mm的试验筛
干燥失重	≤5.0%

4. 维生素E

常被用作饲料添加剂的维生素E为DL-维生素E乙酸酯。取15mg维生素E样品于试管中，加10mL乙醇振摇溶解，取2mL上清液，加2mL硝酸，于75℃水浴加热15min，溶液呈橙红色者可判定为维生素 E 真品。DL-维生素 E 乙酸酯有油剂和粉剂两种产品形式。我国国家标准规定了以三甲基氢醌与异植物醇为原料，经化学合成制得的维生素 E 乙酸酯油剂作为饲料添加剂的质量要求，见表 8-8。

表 8-8　维生素 E 乙酸酯油剂（原料）的质量标准（GB/T 9454—2000）

项目	指标	项目	指标
含量（以 $C_{31}H_{52}O_3$ 计）	≥92.0%	生育酚（耗 0.01mol/L 硫酸铈液）	≤1.0mL
折光率（nD^{20}）	1.494～1.499	酸度（耗 0.1mol/L 氢氧化钠液）	≤2.0mL
吸收系数（$E_{1cm}^{10\%}$ 248nm）	41.0～45.0	重金属（以 Pb 计）	≤0.002%

此外，我国国家标准规定的以维生素 E 为原料加入适当吸附剂制成饲料添加剂维生素 E 粉的质量标准见表 8-9，其外观为黄白色或淡黄色粉末。

表 8-9　维生素 E 粉的质量标准（GB/T 7293—2006）　　单位：%

项目	指标	项目	指标
含量（以 $C_{31}H_{52}O_3$ 计）	≥50	重金属（以 Pb 计）	≤0.001
粒度	90.0%过 0.84mm 试验筛	砷（以 As 计）	≤0.0003
干燥失重	≤5.0		

5. 维生素 K

我国饲料工业用作饲料添加剂的维生素 K 主要是维生素 K_3，主要成分是亚硫酸氢钠甲萘醌。取 0.1g 维生素 K_3 样品，加 100mL 水溶解，再加 3mL 碳酸钠溶液（10g 无水 Na_2CO_3 加水稀释至 90mL），即生成鲜黄色的甲萘醌沉淀。我国国家标准规定了化学合成法制得的维生素 K_3 作为饲料添加剂粉剂的质量标准见表 8-10。

表 8-10　维生素 K_3 的质量标准（GB 7294—1987）　　单位：%

项目	指标	项目	指标
含量（以 $C_{11}H_8O_2 \cdot NaHSO_3 \cdot 3H_2O$ 计）	60～75	磺酸甲萘醌	无沉淀
亚硫酸氢钠（$NaHSO_3$）含量	28～42	重金属（以 Pb 计）	≤0.002
水分	7～13	砷（以 As 计）	≤0.0005
溶液色泽	黄绿色		

6. 维生素 B_1

维生素 B_1 作为饲料添加剂的原料有两种：盐酸硫胺素和硝酸硫胺素。将维生素 B_1 样品置于蒸发皿中，加入 10%NaOH 溶液湿润，再加醋酸铅溶液（1g 醋酸铅加少量蒸馏水，再加少量冰醋酸，澄清后用水稀释至 100mL）显黄色，加热后变为棕色，表明样品中存在维生素 B_1。我国对盐酸硫胺素和硝酸硫胺素的质量制定的国家标准分别见表 8-11 和表 8-12。

表 8-11　盐酸硫胺素的质量标准（GB/T 7295—2008）　　单位：%

项目	指标	项目	指标
含量（以 $C_{12}H_{17}ClN_4OS \cdot HCl$ 计）	98.5～101.0	干燥失重	≤5.0
酸度（pH）	2.7～3.4	灼烧残渣	≤0.1
硫酸盐（以 SO_4^{2-} 计）	≤0.03		

表 8-12　硝酸硫胺素的质量标准 (GB 7296—1987)　　　　单位：%

项目	指标	项目	指标
含量(以 $C_{12}H_{17}N_5O_4S$ 计)	98.5～101.0	干燥失重	≤1.0
酸度(pH)	6.0～7.5	灼烧残渣	≤0.2
氯化物(以 Cl 计)	≤0.06		

7. 维生素 B_2

取 1mg 维生素 B_2 样品，加 100mL 水溶解，溶液在透射光下呈淡绿色，并具荧光。将其分成两份，其中一份中加碱液，荧光消失；另一份中加少许亚硫酸氢钠结晶，摇匀后颜色与荧光均消失，证明样品中含有维生素 B_2。我国制定了以生物发酵法和合成法制得的维生素 B_2 质量的国家标准，参见表 8-13。

表 8-13　维生素 B_2 的质量标准 (GB/T 7297—2006)　　　　单位：%

项目	指标	项目	指标
含量(以 $C_{17}H_{20}N_4O_6$ 计)	96.0～102.0	灼烧残渣	≤0.3
比旋度$[\alpha]_D^t$	−115°～−135°	重金属(以 Pb 计)	≤10.0mg/kg
感光黄素(吸收值)	≤0.025	砷(以 As 计)	≤3.0mg/kg
干燥失重	≤1.5		

8. 维生素 B_5

维生素 B_5 包括烟酸（尼克酸）和烟酰胺（尼克酰胺）两种。取 5mg 烟酸样品，加 8mg 固体 2,4-二硝基氯苯，研匀置于试管中，缓缓加热熔化，再加热数秒，冷却。加 3mL 2%或 0.5mol/L 氢氧化钾乙醇溶液，若溶液显紫红色，表明样品中存在烟酸。我国分别制定了用化学合成法制得的饲料添加剂烟酸和烟酰胺质量的国家标准，分别见表8-14和表8-15。

表 8-14　烟酸的质量标准 (GB/T 7300—2006)　　　　单位：%

项目	指标	项目	指标
含量(以 $C_6H_5NO_2$ 计)	99.0～100.5	重金属(以 Pb 计)	≤0.002
熔点	234～238℃	干燥失重	≤0.5
氯化物(以 Cl^- 计)	≤0.02	灼烧残渣	≤0.1
硫酸盐(SO_4^{2-} 计)	≤0.02		

表 8-15　烟酰胺的质量标准 (GB/T 7301—2002)　　　　单位：%

项目	指标	项目	指标
含量	≥99.0	重金属(以 Pb 计)	≤0.002
熔点	128～131℃	水分	≤0.10
pH(10%溶液)	5.5～7.5	灼烧残渣	≤0.1

9. 维生素 B_6

用作饲料添加剂的维生素 B_6 多为盐酸吡哆醇。在 1mL 维生素 B_6 样品溶液（取 1g 维生素 B_6 样品溶于 1000mL 水）中，加 1 滴三氯化铁溶液，溶液呈橙褐色；再加 1 滴盐酸，溶液变为黄色，表明样品存在维生素 B_6。我国制定的以合成法制得的饲料添加剂维生素 B_6 质量的国家标准见表 8-16。

表 8-16　维生素 B₆ 的质量标准 (GB/T 7298—2006)　单位：%

项目	指标	项目	指标
含量（以 $C_8H_{11}NO_3 \cdot HCl$ 计）	98.0～101.0	重金属（以 Pb 计）	≤0.003
熔点（熔融同时分解）	205～209℃	干燥失重	≤0.5
酸度（pH）	2.4～3.0	炽灼残渣	≤0.1

10. 泛酸

作为饲料添加剂使用的泛酸多为泛酸钙，有 D-泛酸钙和 DL-泛酸钙两种，前者常用。取 0.05g D-泛酸钙样品，加 5mL NaOH 溶液，溶解，过滤，在滤液中加 1 滴硫酸铜溶液，若液体呈深蓝色，表明样品中存在泛酸。我国制定的以化学合成法制得的 D-泛酸钙质量的国家标准见表 8-17。

表 8-17　D-泛酸钙的质量标准 (GB/T 7299—2006)　单位：%

项目	指标	项目	指标
泛酸钙（以干品计）	98.0～101.0	甲醇	≤0.3
钙含量（以干品计）	8.2～8.6	重金属（以 Pb 计）	≤0.002
氮含量（N）	5.7～6.0	干燥失重	≤5.0
比旋度$[\alpha]_D^t$	+25.0～+28.5℃		

11. 生物素

取 5mg 生物素样品，加 5mL 稀 NaOH 溶液，再加 3 滴高锰酸钾溶液，若溶液由紫红色经蓝色变成蓝绿色，在紫外灯下显现蓝绿色荧光，则样品为真品。我国目前尚未制定生物素的质量标准，但美国《食品化学药典》（FCC Ⅳ）规定了生物素的质量要求，如表 8-18 所示。

表 8-18　生物素的质量要求

项目	指标	项目	指标
含量	≥97.5%	重金属（以 Pb 计）	≤10mg/kg
熔点	229～232℃	砷	≤3mg/kg
比旋度$[\alpha]_D^t$	+89°～+93°		

12. 胆碱

作为饲料添加剂使用的全为氯化胆碱。粉剂氯化胆碱的鉴定方法：取 0.5g 氯化胆碱样品，加 10mL 水溶解，混匀。取 5mL 该溶液，加 2 滴碘化汞钾溶液（1.36g 二氯化汞，用 60mL 水溶解。另取 5g KI 入 10mL 水中溶解，将两液混合，用水稀释至 100mL），产生黄色沉淀者，说明为真品。

液态氯化胆碱的鉴定方法：取适量氯化胆碱样品，加 40% 氨水使其呈碱性，将该溶液分成两份。其中一份加 10.5% 硝酸使其呈酸性，加 0.1mol/L 硝酸钾液，即产生白色凝乳状沉淀，分离出的沉淀可在氨水（2+5）中溶解，再加入 10.5% 硝酸，又可使沉淀产生。另一份加 5.7% 硫酸使其呈酸性，加入几粒高锰酸钾，加热放出氯气，可使淀粉-碘化钾试纸显示蓝色。我国制定的用化学合成法制得的饲料添加剂氯化胆碱的质量标准见表 8-19。

表 8-19　氯化胆碱（70%氯化胆碱溶液）的质量标准（HG 2941—1999）　单位：%

项目	指标	项目	指标
氯化胆碱含量	≥70	三甲胺	≤0.10
pH	6.5～8.0	灼烧残渣	≤0.2
乙二醇	≤0.50	重金属（以 Pb 计）	≤0.002

13. 叶酸

取 0.2mg 叶酸样品于试管中，加入 10mL 0.1mol/L NaOH 溶液，然后再加 1 滴 0.1mol/L 的 $KMnO_4$ 溶液，充分振荡混匀，溶液显绿色，在紫外光灯照射下显蓝绿色荧光，表明样品存在叶酸。我国制定的以化学合成法制得的饲料添加剂叶酸的质量标准见表 8-20。

表 8-20　叶酸的质量标准（GB/T 7302—2008）　单位：%

项目	含量（以 $C_{19}H_{19}N_7O_6$ 计）	干燥失重	炽灼残渣
指标	95.0～102.0	≤8.5	≤0.5

14. 维生素 B_{12}

作为饲料添加剂维生素 B_{12} 的产品多为氰钴胺素。取适量维生素 B_{12} 样品溶于水，取适量该溶液入 1cm 比色杯中，用分光光度计在波长 300～600nm 间测定该溶液的吸光度，若在 (361 ± 1)nm、(550 ± 2)nm 处有最大吸收，可判为真品。我国制定的以发酵法生产的饲料添加剂维生素 B_{12} 的质量标准见表 8-21。

表 8-21　维生素 B_{12} 的质量标准（GB/T 9841—2006）　单位：%

项目	指标	项目	指标
含量（为标示量的百分率）	90～130	粒度（过 0.25mm 筛）	100
干燥失重		砷	≤3.0mg/kg
以玉米为稀释剂	≤12.0	铅	≤10.0mg/kg
以碳酸钙为稀释剂	≤5.0		

15. 维生素 C

作为饲料添加剂的维生素 C 以 L-抗坏血酸和 L-抗坏血酸钙居多。取少许维生素 C 样品入瓷蒸发皿中，用硝酸银酒精溶液（将 3g 硝酸银加入 100mL 95%乙醇中）或 0.1%的 2,6-二氯靛酚钠水溶液湿润样品。前者出现蓝色沉淀，后者可使 2,6-二氯靛酚钠的蓝色变为无色。若出现上述反应者，说明为真品。我国制定的以合成法或发酵法制得的维生素 C 的质量标准见表 8-22。

表 8-22　维生素 C 的质量标准（GB/T 7303—2006）

项目	指标	项目	指标
含量（以 $C_6H_8O_6$ 计）	99.0%～101.0%	熔点（分解）	189～192℃
比旋度 $[\alpha]_D^6$	+20.5°～+21.5°	铅	≤10.0mg/kg
		炽灼残渣	≤0.1%

维生素 C 是一种不稳定的维生素，易被破坏。因此，现有许多稳定型维生素 C 新产品如维生素 C 聚磷酸盐（ASPP）等，这些新产品的共同特点是在不影响维生素 C 效力的条件下，改变其化学结构，从分子水平上保护维生素 C，大大增强了维生素 C 的稳定性。

16. 肌醇

肌醇常被作为水生动物的饲料添加剂。肌醇的鉴定方法：在瓷蒸发皿内加入 1mL 1∶50 的样品液，再加入 6mL 硝酸，在水浴上蒸发至干。用 1mL 水溶解残渣，加入 0.5mL 1∶10 乙酸锶溶液，置于蒸汽浴上再次蒸干后呈现紫色。美国《食品化学药典》（FCC Ⅳ）规定了肌醇的质量要求（表 8-23）。

表 8-23　肌醇的质量要求　　　　　　　　　　　　　　　　　　　　　　单位：%

项目	指标	项目	指标
干品中肌醇$(C_6H_{12}O_6)$含量	≥97.0	干燥失重	≤0.5
熔点	224~227℃	硫酸盐	≤0.006
氯化物	≤0.005	铅	≤1mg/kg
灰分	≤0.1		

（三）微量元素添加剂的质量控制

铁、锌、铜、锰、硒、碘、钴等微量元素是动物必需的营养素，为保证动物的正常生产和防止缺乏症，饲粮中一般都要求添加。要充分发挥微量元素的营养作用，必须保证微量元素添加剂的质量，这就要求微量元素添加剂中微量元素的生物学效价高，杂质含量少，有毒有害物质控制在允许范围内，粒度符合要求等。

1. 铁

在作为动物铁源的饲料添加剂中硫酸亚铁最常用。硫酸亚铁的剂型有七水硫酸亚铁（$FeSO_4 \cdot 7H_2O$）、一水硫酸亚铁（$FeSO_4 \cdot H_2O$）和无水硫酸亚铁（$FeSO_4$）。亚铁离子（Fe^{2+}）的鉴定方法：取 1g 试样加入 10mL 水中，加入 2~3 滴 10%铁氰化钾溶液，若样品含亚铁离子则生成深蓝色沉淀。硫酸根离子（SO_4^{2-}）的鉴定方法：取 1g 试样加入 10mL 水中，取数滴样液入白色瓷板孔内，加数滴 5%氯化钡溶液，若该样品含硫酸根离子则产生不溶于盐酸和硝酸的白色沉淀。该法同样适用于其他硫酸盐中硫酸根离子的鉴定。

硫酸亚铁的生物学效价高，是生产饲料添加剂的首选原料。我国制定的饲料级硫酸亚铁的质量标准见表 8-24、表 8-25。硫酸亚铁中亚铁离子易氧化变成三价铁而使生物学效价降低，生产中应注意这个问题。

表 8-24　饲料级七水硫酸亚铁的质量标准（GB 8252—1987）　　　　单位：%

项目	指标	项目	指标
硫酸亚铁$(FeSO_4 \cdot 7H_2O)$	≥98.0	水不溶物	≤0.2
铁(Fe)	≥19.7	细度（通过 2.8mm 筛）	≥95
砷(As)	≤0.0002	外观	浅绿色结晶
重金属（以 Pb 计）	≤0.002		

表 8-25　饲料级一水硫酸亚铁的质量标准（HG 2935—2000）　　　　单位：%

项目	指标	项目	指标
硫酸亚铁$(FeSO_4 \cdot H_2O)$	≥91.0	重金属（以 Pb 计）	≤0.002
铁(Fe)	≥30.0	细度（通过 180μm 筛）	≥95
砷(As)	≤0.0002	外观	白色或灰白色

2. 铜

作为动物铜源的饲料添加剂原料主要是硫酸铜，其次是碳酸铜，氯化铜和氧化铜等。二价铜离子的鉴定方法：取 1g 样品，溶于 10mL 水中，依次加入 0.5mL 15％乙二胺四乙酸二钠溶液、0.5mL 0.1mol/L NaOH 溶液、1mL 0.02％硫酸铜溶液和 1mL 乙酸乙酯，摇匀，有机层呈黄棕色。我国制定的饲料级硫酸铜（$CuSO_4 \cdot 5H_2O$）质量标准见表 8-26。

表 8-26　饲料级硫酸铜的质量标准（HG 2932—1999）　　　　单位：％

项目	指标	项目	指标
硫酸铜（$CuSO_4 \cdot 5H_2O$）	≥98.0	重金属（以 Pb 计）	≤0.001
硫酸铜（以 Cu 计）	≥25.0	细度（过 $800\mu m$ 筛）	≥95
水不溶物	≤0.2	外观	浅蓝色结晶性粉末
砷（As）	≤0.0004		

3. 锌

作为动物锌源的饲料添加剂原料主要是硫酸锌，其次为碳酸锌、氧化锌、醋酸锌等。锌离子（Zn^{2+}）的鉴定方法：取 0.2g 样品，溶于 5mL 水中，取 1mL 置于试管中，用 10％乙酸溶液调节 pH 为 4～5，加入 2 滴 25％硫代硫酸钠溶液，数滴 1％双硫腙四氯化碳溶液和 1mL 三氯甲烷，振摇并静置分层，有机层显紫红色。我国制定的饲料级硫酸锌的质量标准见表 8-27。

表 8-27　饲料级硫酸锌的质量标准（HG 2934—2000）　　　　单位：％

项目	$ZnSO_4 \cdot 7H_2O$	$ZnSO_4 \cdot H_2O$
硫酸锌	≥97.3	≥94.7
锌（Zn）	≥22.0	≥34.5
砷（As）	≤0.0005	≤0.0005
重金属（以 Pb 计）	≤0.001	≤0.002
镉（以 Cd 计）	≤0.002	≤0.003
细度（通过 $250\mu m$ 筛）		≥95
细度（通过 $800\mu m$ 筛）	≥95	

4. 锰

作为动物锰源的饲料添加剂原料主要是硫酸锰，其次为碳酸锰、氧化锰等。锰离子（Mn^{2+}）的鉴定方法：取 0.2g 试样，溶于 50mL 水中，取 3 滴置于白色瓷板上，加入 2 滴硝酸，并加少许铋酸钠粉末，溶液即产生紫红色。我国制定的饲料级硫酸锰的质量标准见表 8-28。

表 8-28　饲料级硫酸锰的质量标准（HG 2936—1996）　　　　单位：％

项目	指标	项目	指标
硫酸锰（$MnSO_4 \cdot H_2O$）	≥98.0	重金属（以 Pb 计）	≤0.001
锰（Mn）	≥31.8	水不溶物	≤0.05
砷（As）	≤0.0005	细度（过 $250\mu m$ 筛）	≥95

5. 碘

作为动物碘源的饲料添加剂原料主要是碘化钾和碘酸钙。碘离子（I^-）的鉴定方法：取 0.5g 试样，置于 50mL 烧杯中，加 5mL 水溶解，加 1mL 1％淀粉，溶液呈蓝色。我国对饲料用碘化钾、碘酸钙和碘酸钾制定的质量标准分别见表8-29～表8-31。

表 8-29 饲料级碘化钾的质量标准 （HG 2939—2001）   单位：%

项目	指标	项目	指标
碘化钾（KI，以干品计）	≥98.0	钡（Ba）	≤0.001
碘（I，以干品计）	≥74.9	澄清度试验	澄清
砷（As）	≤0.0002	水分	≤1.0
重金属（以 Pb 计）	≤0.001	细度（过 250μm 筛）	≥95

表 8-30 饲料级碘酸钙的质量标准 （HG 2418—1993）   单位：%

项目	指标	项目	指标
碘酸钙[以 Ca(IO₃)₂计]	≥95.0	氯酸盐	合格
碘（I，以干品计）	≥61.8	酸溶试验	澄清
砷（As）	≤0.0005	水分	≤1.0
重金属（以 Pb 计）	≤0.001	细度（过 180μm 筛）	≥95

表 8-31 饲料级碘酸钾的质量标准 （NY/T 723—2003）   单位：%

项目	指标	项目	指标
碘酸钾（KIO₃）	≥99.0	铅	≤10.0mg/kg
碘酸钾（以 I 计）	≥58.7	氯酸盐	≤0.01
砷（As）	≤3.0mg/kg	干燥失重	≤0.5

6. 硒

作为动物硒源的饲料添加剂原料有亚硒酸钠、硒酸钠和亚硒酸钙等。亚硒酸钠的生物利用性较好，故常用。由于亚硒酸钠的毒性大，近几年来人们在寻找其代用品。亚硒酸钙是新的硒源饲料添加剂，其毒性远低于亚硒酸钠。亚硒酸根离子（SeO_3^{2-}）的鉴定方法：取0.5g试样，加5mL水溶解，加5滴15%乙二胺四乙酸二铵溶液和5滴10%甲酸溶液，用1：1盐酸溶液调节溶液 pH 2～3，再加5滴0.5%硒试剂（3,3-二氨基联苯胺盐酸盐），摇匀，10min后即产生沉淀。我国制定的饲料级亚硒酸钠的质量标准见表8-32。

表 8-32 饲料级亚硒酸钠的质量标准 （HG 2937—1999）   单位：%

项目	指标	项目	指标
亚硒酸钠（Na₂SeO₃，以干品计）	≥98.0	澄清度	澄清
硒（Se 以干品计）	≥44.7	硒酸盐与硫酸盐	合格
水分	≤2.0		

7. 钴

作为钴源的饲料添加剂原料主要有氯化钴、硫酸钴、碳酸钴等。钴离子（Co^{2+}）的鉴定方法：取1g试样，溶于10mL水中，加2mL乙酸-乙酸钠缓冲溶液（2.7g乙酸钠加入60mL冰乙酸，溶于100mL水中），3滴钴试剂{4-[(5-氯-2000 啶)偶氮]-1,3-二氨基苯}和3滴2：1盐酸溶液，溶液呈红色。氯离子（Cl^-）的鉴定方法：取1g试样，溶于10mL水中，加入2%硝酸银溶液即产生不溶于硝酸的白色沉淀。我国制定的饲料级氯化钴的质量标准见表8-33。

表 8-33　饲料级氯化钴的质量标准 （HG 2938—2001）　　单位：%

项目	指标	项目	指标
外观	红色或紫红色结晶	砷（As）	≤0.0005
氯化钴（CoCl$_2$·H$_2$O）	≥98.0	铅（Pb）	≤0.001
钴（Co）	≥39.1	细度（过 80μm 筛）	≥95
水不溶物	≤0.03		

8. 微量元素氨基酸螯合物

这是一类将微量元素无机盐与氨基酸通过络合反应而制得的新型饲料添加剂，其生物学效价比非螯合态的氨基酸或微量元素高得多。氨基酸螯合盐在消化道内具有良好的生物学稳定性，易被机体吸收，无毒副作用，无沉积现象发生。无机盐易与肠道内其他物质螯合成难以吸收的大分子，在肠道被吸收的很少，而氨基酸螯合盐能被机体直接吸收。微量元素与氨基螯合成环状的化合物，这些螯合物的分子电荷趋于中性，在动物体内具有高度的生物学活性和催化生化反应。这类饲料添加剂主要有氨基酸络合铁、氨基酸络合锌、氨基酸络合锰、氨基酸络合铜、氨基酸络合钴等。这些微量元素氨基酸螯合物均为无嗅粉末，微溶或不溶于水。饲料级微量元素氨基酸螯合物在质量上除要求保证含较高的微量元素和氨基酸外，还要求将有毒有害物质控制在允许的范围内，如砷（As）≤0.0005%，重金属（以 Pb 计）≤0.002%。

（四）其他营养性饲料添加剂的质量控制

1. L-肉碱

肉碱作为载体，能携带长碳链脂肪酸通过线粒体（内）膜而促进脂肪酸在线粒体内进行 β-氧化，从而改善能量代谢。饲粮添加肉碱，能节省赖氨酸、蛋氨酸的用量。L-肉碱的鉴定方法：取该品约 50mg 置于一试管中，加含有 2%硫的二硫化碳溶液 1 滴，混合，加热片刻，在干试管口盖乙酸铅试纸，将试管悬于预热至 170℃左右的甘油浴中，3～4min 后，纸上即出现黑色的斑点。我国制定的饲料级 L-肉碱盐酸盐的质量标准见表 8-34。

表 8-34　L-肉碱盐酸盐的质量标准 （GB 17787—1999）　　单位：%

项目	指标	项目	指标
L-肉碱含量	97.0～103.0	pH	5.5～9.5
比旋度[α]$_D^{25}$	−29.0°～−32.0°	砷（As）	≤0.0002
氯化物（以 Cl$^-$ 计）	≤0.4	铅（Pb）	≤0.001
钠盐（以 Na$^+$ 计）	≤0.1	氰化物	不得检出
水分	≤4.0	丙酮	≤0.1
		灰分	≤0.5

2. 甜菜碱

甜菜碱的鉴别方法：取 0.5g 试样，加 1mL 水溶解。加入 2mL 改良碘化铋溶液，振摇，产生橙红色沉淀。甜菜碱作为饲料添加剂的剂型主要有天然甜菜碱和甜菜碱盐酸盐，对其质量要求见表 8-35 和表 8-36。

二、非营养性饲料添加剂的质量控制

（一）药物性饲料添加剂原料的质量控制

药物性饲料添加剂对动物的主要作用是保健和促生长，对其质量要求是：药效好、毒副作用小、残留少、有毒有害物质含量少等。

表 8-35 饲料级天然甜菜碱的质量标准 （GB/T 21515—2008）　　　单位：%

项目	指标	项目	指标
甜菜碱含量（以干品计）	≥96.0	重金属（以 Pb 计）	≤0.001
干燥失重	≤1.5	砷（以 As 计）	≤0.0002
抗结块剂	≤1.5	硫酸盐（以 SO_4^{2-} 计）	≤0.1
炽灼残渣	≤0.5	氯（以 Cl^- 计）	≤0.01

表 8-36 饲料级甜菜碱盐酸盐的质量标准 （NY 399—2000）　　　单位：%

项目	指标	项目	指标
甜菜碱含量（以 $C_5H_{11}NO_3 \cdot HCl$ 计）	96.0～100.5	重金属（以 Pb 计）	≤0.001
干燥失重	≤0.5	砷（以 As 计）	≤0.0002
炽灼残渣	≤0.2		

1. 土霉素

土霉素是一种淡黄色至暗黄色结晶性粉末或无定型性粉末，极难溶于水，其盐酸盐为黄色结晶性粉末，易溶于水。土霉素的鉴定方法：将试样少许放入白色点滴瓷板上，加入 SaKaguchi 溶液（10g 硼酸于 3L 水中，溶解后缓慢加 7L 浓硫酸）湿润试样，立即出现亮红点，表明有土霉素存在。

我国农业部规定土霉素钙盐的暂行质量标准为：土霉素吸附在碳酸钙中的制剂为黄褐色干燥粉末，无结块、成团或发霉现象。在碱性溶液中易被破坏。它的水悬液（1∶5）pH 为 7.0～8.0，细度为 60% 以上通过 80 目筛，干燥失重≤5%，黄曲霉素 B₁≤0.1mg/kg，重金属≤10mg/kg，砷≤5mg/kg。

2. 杆菌肽锌

杆菌肽锌为灰色粉末，不溶于水，有特殊气味，化学性质较稳定，保存期较长。杆菌肽锌的鉴定方法：用茚三酮溶液（20mL 茚三酮溶入 100mL 正丁醇中）浸透滤纸，在 100℃烘箱中烘 5min。将少许样品撒于滤纸上，加 1 滴醋酸盐缓冲液（pH=4），再于 100℃烘箱中烘 5min，滤纸显现淡红色，表明有杆菌肽锌存在。

我国农业部规定杆菌肽锌的质量标准为：每毫克原料含 40IU 以上杆菌肽锌，淡黄色至淡棕黄色粉末，味苦；易溶于吡啶，略溶于乙醚，几乎不溶于水等；酸碱度（1∶10 水悬液）pH 为 5.5～7.5；干燥失重（60℃减压）≤6%，含砷≤2mg/kg，含锌 4%～10%。

3. 莫能霉素

莫能霉素又名瘤胃素，是一种白褐色或微黄色粉末，不溶于水，化学性质稳定。莫能霉素的鉴定方法：将少量样品均匀撒在滤纸上，加香兰素试剂（3g 香兰素溶入 50mL 无水酒精中，在 100mL 容量瓶中慢慢摇动下加 0.5mL 浓 H_2SO_4，冷却、定容）湿润样品，在电炉上烘干。呈砖红色，表示莫能霉素存在；呈玫瑰红色，表示盐霉素存在。

我国农业部规定莫能霉素原料的暂行质量标准为：每毫克原料效价不低于 800 莫能霉素单位，白色或类白色粉末，有特臭味。pH（0.1g 原料入 90% 甲醇 10mL 中）6.5～9.5，60℃真空干燥失重≤4%，灼烧残渣 8%～13%，重金属≤20mg/kg，砷≤4mg/kg。

4. 盐霉素

在实际应用中，常用其钠盐，即盐霉素钠。盐霉素钠是一种白色或浅棕色无定型粉末，无味，难溶于水。其鉴定方法同莫能霉素。

我国农业部规定了盐霉素原料的暂行质量标准：白色或淡黄色结晶粉末，微有臭味。取

1g 溶于 20mL 甲醇，应澄清或接近澄清，为无色或淡黄色。60℃真空干燥失重≤7%，灼烧残渣 7%～12%，重金属≤20mg/kg，砷≤4mg/mg。

5. 泰乐霉素

在实际生产中，常用磷酸泰乐霉素作为饲料添加剂，并用大豆粕等作为载体生产泰乐霉素预混料。我国农业部规定泰乐霉素预混料的暂行标准为：浅褐色粗粉，可过 20 目筛，在 60℃减压干燥后失重≤12%，重金属≤20mg/kg，砷≤4mg/kg。

6. 维吉尼霉素

维吉尼霉素是一种淡黄色粉末，溶于水等，干品较稳定。我国农业部规定维吉尼霉素原料的暂行质量标准为：每毫克原料效价不低于 1020 维吉尼霉素单位，浅褐色粉末，pH（1∶1000水溶液）为 4～7。60℃下减压干燥失重≤3%，灼烧残渣≤1%，重金属≤20mg/kg，砷≤5mg/kg。

7. 北里霉素

北里霉素是一种白色至淡黄色结晶粉末，味苦，难溶于水，易溶于乙醇。我国规定北里霉素原料的暂行质量标准为：每毫克原料不得少于 750 北里霉素单位，水≤6.0%，重金属≤20mg/kg，灼烧残渣≤0.1%，砷≤1mg/kg。

（二）饲用酶制剂的质量控制

饲用酶制剂对动物的基本作用是给动物补充外源性消化酶，从而提高动物对饲料的消化率。在实践应用中，对饲用酶制剂质量的一般要求为：①活性高，即对底物降解力强。②稳定性好，即能经得起加工过程中温度等因素的影响，在动物消化道内保持活性时间较长，能缓慢地被分解或排出体外。③纯度高，杂质少。④有毒有害物质少，或将致病菌、有毒有害物质控制在允许范围内，见表 8-37。由于饲用酶制剂还处于初步应用阶段，故我国对其质量尚未制定国家标准。

但我国规定了医药用胃蛋白酶的质量标准为：胃蛋白酶干燥失重≤4%，活力单位≥80。另外，FAO（1984）和 FCC（1981）规定了 α-淀粉酶的质量标准为：每毫克淀粉酶活力为 80U，砷≤3mg/kg，重金属（以 Pb 计）≤40mg/mg，大肠杆菌数≤30 个/g，沙门氏菌阴性，总杂菌数≤5×10⁴ 个/g，凡由真菌制得的酶制剂，不得检出黄曲霉毒素 A、杂色曲霉素、T-2 毒素或玉米烯酮。

饲料用酶制剂通用卫生指标见表 8-37。

表 8-37 饲料用酶制剂通用卫生指标（NY/T 722—2003）

项目	指标	项目	指标
砷	≤3.0mg/kg	沙门氏杆菌	不得检出
铅	≤10.0mg/kg	大肠菌群	≤3000 个/100g
镉	≤0.5mg/kg	黄曲霉毒素 B₁	≤10μg/kg

（三）益生菌的质量控制

控制益生菌质量的首要一点是益生菌作为饲料添加剂的安全性，其次是使用的有效性。对益生菌的质量要求为：①益生菌应是非致病性活菌制剂或由微生物发酵产生的无毒副作用的代谢产物。②益生菌能抑制宿主体内有害菌，对宿主有积极作用。③益生菌应是活的微生物，且在宿主体内与正常有益菌共存共荣，自身还具有抗逆能力。④益生菌（活菌）在宿主体内的代谢产物不能对宿主产生有害影响。⑤作为饲料添加剂时应有较好的包被技术，通过胃时不被破坏，并且在生产现实条件下可长期保存，有良好的稳定性和货架寿命。

（四）饲料保存剂的质量控制

1. 丙酸

丙酸是目前最常见、用量最大的饲料防霉剂。美国使用的饲料防霉剂中丙酸占 65％；我国 1/2 以上的饲用防腐防霉剂也是丙酸系列。饲用丙酸有液态和粉状两种，液态丙酸含丙酸 99％以上，为透明液体，具有特殊刺鼻味，pH 为 2～2.5；粉状产品为经低密度吸附材料吸附成 50％或 60％的产品。

丙酸的鉴定方法：取 0.5g 样品溶于 5mL 水中，加 5mL 10％硫酸溶液，加热，产生丙酸特异气味。我国尚无饲料级丙酸的国家标准，但有相应的参考标准和食品级丙酸的国家标准，分别见表 8-38 和表 8-39。

表 8-38　饲料级丙酸质量的参考标准　　　　　　　　　　单位：％

项目	指标	项目	指标
丙酸	≥96	馏出量	≥92
沸程	137～142℃	水分	≤1

表 8-39　食品添加剂丙酸的国家质量标准（GB 10615—1989）　　　单位：％

项目	指标	项目	指标
丙酸	≥99.5	金属（以 Pb 计）	≤0.001
蒸发残渣	≤0.01	水分	≤0.15
易氧化物（以甲酸计）	合格	色度（钼-钴）	≤25
砷（以 As 计）	≤0.0003	相对密度	0.993～0.997

2. 丙酸盐

用作饲料防腐防霉剂的丙酸盐有丙酸钙、丙酸钠等。丙酸钙为白色结晶颗粒或粉末，易溶于水。丙酸钠也为白色结晶颗粒或粉末，易潮解，易溶于水。丙酸钙、丙酸钠的鉴定方法如下。

钙离子（Ca^{2+}）鉴定方法：取 0.5g 样品溶入 50mL 水中，加入几滴草酸铵液，即可产生白色沉淀，分离出来的沉淀物不溶于冰乙酸，但溶于盐酸。钠离子（Na^+）的鉴定方法：取 0.5g 样溶入 10mL 水中，取几滴该液，加入几滴乙酸氧铀锌溶液（取 10g 乙酸氧铀加入三角瓶中，加入 5mL 冰乙酸和 5mL 水，微热溶解；另取 30g 乙酸锌，加入 3mL 冰乙酸和 30mL 水，微热溶解。将两液混合，冷却，过滤备用），即产生黄色沉淀。我国已制定了饲料级丙酸钙、丙酸钠的国家标准，见表 8-40 和表 8-41。

表 8-40　饲料级丙酸钙的质量标准（GB 8248—1987）　　　　单位：％

项目	指标	项目	指标
丙酸钙	≥98.0	干燥失重	≤9.5
水不溶物	≤0.15	重金属（以 Pb 计）	≤0.002
游离酸（以丙酸计）	≤0.11	砷（以 As 计）	≤0.0002
游离碱（以 NaOH 计）	≤0.06		

3. 山梨酸和山梨酸盐

山梨酸为无色针状结晶或白色结晶性粉末，耐光耐热性较好。山梨酸盐主要是山梨酸钾，另外还有山梨酸钠。山梨酸钾是白色至浅黄色鳞片结晶性粉末或粒状。山梨酸钠因在空气中不稳定，易氧化着色，很少用。山梨酸和山梨酸钾是国际公认的安全、高效、稳定的饲料防腐剂。

表 8-41 饲料级丙酸钠的质量标准（GB 8247—1987） 单位：%

项目	指标	项目	指标
丙酸钠	≥99.0	干燥失重	≤5.0
水中溶解状态	微浊	重金属（以 Pb 计）	≤0.002
游离酸（以丙酸计）	≤0.11	砷（以 As 计）	≤0.0002
游离碱（以 Na_2CO_3 计）	≤0.16		

山梨酸的鉴定方法：取试样 0.02g，加入 1mL 溴水饱和液，溴水饱和液应褪色。我国已制定了食品添加剂山梨酸和山梨酸钾的国家标准，将它们作为饲料防腐剂时，可参考此标准，分别见表 8-42 和表 8-43。

表 8-42 食品级山梨酸的质量标准（GB 1905—2000） 单位：%

项目	指标	项目	指标
山梨酸含量	≥98.5	灼烧残渣	≤0.1
熔点	132~135℃	重金属（以 Pb 计）	≤0.001
硫酸盐（以 SO_4^{2-} 计）	≤0.1	砷（以 As 计）	≤0.0002

表 8-43 食品级山梨酸钾的质量标准（GB 13736—1992） 单位：%

项目	指标	项目	指标
山梨酸钾	98.0~102.0	硫酸盐（以 SO_4^{2-} 计）	≤0.038
澄清度	合格	醛（以 HCHO 计）	≤0.1
游离碱（以 K_2CO_3 计）	合格	重金属（以 Pb 计）	≤0.001
干燥失重	≤1	砷（以 As 计）	≤0.0003
氯化物	≤0.018		

4. 富马酸二甲酯

富马酸二甲酯为白色片状或粉末状结晶，略具辛辣味，对光热较稳定。它是国内外 20 世纪 80 年代以来开发的饲料防腐防霉剂，低毒高效、广谱抗菌、化学稳定性好和作用时间长等特点。饲料级富马酸二甲酯的质量标准见表 8-44。

表 8-44 饲料级富马酸二甲酯的质量标准

项目	我国暂行标准	美国 FCC 标准
外观	白色片状或粉状晶体	为白色粉状晶体
含量	≥99%	≥99%
熔点	102~104℃	101~102℃
不挥发物	≤0.1%	
重金属（以 Pb 计）	≤0.002%	≤0.002%
灼烧残渣		≤0.3%
游离酸	≤0.15%	
砷（以 As 计）		≤0.0002%

5. 双乙酸钠

双乙酸钠为白色吸湿性晶体，略有乙酸气味，是一种新开发食品、饲料防腐剂，具有高效、毒性小等特点。我国对饲料添加剂双乙酸钠的质量尚未制定标准，但联合国粮农组织（FAO）和世界卫生组织（WHO）对其已制定了标准，见表 8-45。

表 8-45　饲料级双乙酸钠质量标准（FAO/WHO，1997）

项目	指标	项目	指标
游离乙酸含量	39.0%～41.0%	甲醛与易氧化杂质	痕量
乙酸钠含量	58.0%～60.0%	醛类	痕量
水分	≤2%	重金属（以 Pb 计）	≤10mg/kg
pH(10%溶液)	4.5～5.0	砷（以 As 计）	≤3mg/kg

6. 乙氧基喹啉

乙氧基喹啉又名乙氧喹、山道喹等，为黄色至黄褐黏稠液体，具特殊臭味，是目前使用最普遍、效果较好的饲用抗氧化剂。我国化工行业已制定了饲料级乙氧喹质量的行业标准，见表 8-46。

表 8-46　饲料级乙氧喹质量的行业标准（HG 3694—2001）　　　　单位：%

项目	指标	项目	指标
乙氧喹	≥95.0	灼烧残渣	≤0.2
砷	≤0.0002	溶液的性状	符合规定
重金属（以 Pb 计）	≤0.001		

7. 二丁基羟基甲苯（BHT）

二丁基羟基甲苯为白色结晶或粉末，无味无臭，是一种重要的油溶性抗氧化剂。二丁基羟基甲苯的鉴定方法：在 2～3mL 1%乙醇样品液中，加 2～3 滴 2%硼酸液和少许 2，6-二氢醌氯亚胺结晶，溶液呈蓝色。我国尚未制定饲料级 BHT 的国家质量标准，但已有食品级 BHT 的国家质量标准，见表 8-47。

表 8-47　食品级二丁基羟基甲苯的质量标准（GB 1900—1980）　　　　单位：%

项目	指标	项目	指标
熔点	69.0～70.0℃	重金属（以 Pb 计）	≤0.0004
水分	≤0.1	砷（以 As 计）	≤0.0001
灼烧残渣	≤0.01	游离酚	≤0.02
硫酸盐	≤0.002		

（五）着色剂的质量控制

1. 叶黄素

叶黄素为自由流动的橘黄色细微粉末或橘黄色液体，化学式 $C_{40}H_{56}O_3$，相对分子质量568.88，易氧化，不溶于水，溶于乙醇。我国已制定了叶黄素的质量标准（GB/T 21517—2008），见表 8-48。

2. 10% β,β-胡萝卜-4,4-二酮（10%斑蝥黄）

本品为紫红色到红紫色的流动性粉末，化学式 $C_{40}H_{52}O_2$，相对分子质量564.84。对其质量要求见表 8-49。

表 8-48 叶黄素的质量标准

项目	指标（粉状）	指标（液体）
含量（以 $C_{40}H_{56}O_3$ 计，占标示量）	≥90%	≥90%
水分	≤8.0%	≤8.0%
pH	—	5.0~8.0
砷	≤3.0mg/kg	≤3.0mg/kg
铅	≤10.0mg/kg	≤10.0mg/kg
粒度	100%通过孔径 0.84mm 的标准筛	

表 8-49 10%斑蝥黄的质量标准 （GB/T 18970—2003）

项目	指标	项目	指标
含量（以 $C_{40}H_{52}O_2$ 计）	≥10%	铅	≤10.0mg/kg
干燥失重	≤8.0%	粒度	100%通过孔径 0.84mm 的标准筛

第四节 饲料中有毒物质的测定

一、饲料中黄曲霉毒素 B_1 的测定

据美国农业科学和技术委员会估计，全世界每年约有 25%的农作物被霉菌毒素污染，由此导致的经济损失难以估计。根据霉菌毒素在饲料中存在的广泛性和毒性强弱，一般认为黄曲霉毒素（Aflatoxin，AFT）的危害最大。黄曲霉毒素的毒性是氰化钾的 10 倍，砒霜的 68 倍，能引起人急性中毒死亡，与人的肝癌有密切关系，并能诱发动物癌症。黄曲霉毒素种类较多，迄今为止，已经发现的有黄曲霉毒素 B_1、黄曲霉毒素 B_2、黄曲霉毒素 G_1、黄曲霉毒素 G_2、黄曲霉毒素 M_1、黄曲霉毒素 M_2 等 17 种，它们的结构特征是都含有一个双呋喃环和一个氧杂萘邻酮。在这些黄曲霉毒素中，B_1 的含量最多，毒性也最大。

（一）薄层色谱法（GB 8381）

1. 原理

试样中的黄曲霉毒素 B_1 经溶剂提取、净化、洗脱、浓缩、薄层分离后，在波长 365nm 紫外光照射下产生蓝色荧光，根据其在薄层板上出现荧光的最低检出量来测定黄曲霉毒素 B_1 含量。

2. 仪器与设备

带塞刻度试管：10mL、20mL；碘量瓶：200mL；容量瓶：50mL、100mL、1000mL；玻璃板：5cm×20cm；色谱柱：长 30cm、直径 22mm；微量注射器；机械振荡机；真空旋转蒸发器；薄层涂布器；展开室：25cm×6cm×4cm；紫外光灯：波长 365nm。

3. 试剂与溶液

三氯甲烷：AR；正己烷：AR；乙腈：AR；甲醇：AR；无水乙醚：AR；无水硫酸钠：AR；三氯甲烷-丙酮混合液：两者的比例是三氯甲烷：丙酮为 92：8；苯-乙腈混合液：苯：乙腈为 98：2；三氟乙酸：AR；硅胶：柱色谱用，80~200 目；硅胶 G：薄层色谱用；硅藻土；0.009mol/L 硫酸溶液：移取 0.50mL AR 浓硫酸，用水稀释至 1000mL，混匀；5%次氯酸钠溶液（消毒用）：称取 100g 漂白粉，加入 500mL 水，搅匀，另取 80g 碳酸钠（$Na_2CO_3 \cdot H_2O$）溶于 500mL 温水中，将两种溶液混匀，澄清，过滤，作为黄曲霉毒素消

毒剂用；10μg/mL 黄曲霉毒素 B₁ 标准储备液：准确称取 1mg 黄曲霉毒素 B₁ 标准品，用苯-乙腈混合液溶解并稀释至 100mL，混匀，避光并在冰箱中保存；1μg/mL 黄曲霉毒素 B₁ 标准工作液：准确移取 1mL 黄曲霉毒素 B₁ 标准储备液，置于 10mL 容量瓶中，用苯-乙腈混合液稀释至刻度，混匀；0.2μg/mL 黄曲霉毒素 B₁ 标准工作液：准确移取 1.0 毫升 1μg/mL 黄曲霉毒素 B₁ 标准工作液，置于 5mL 容量瓶中，用苯-乙腈混合液稀释至刻度，混匀；0.04μg/mL 黄曲霉毒素 B₁ 标准工作液：准确移取 1.0 毫升 1μg/mL 黄曲霉毒素 B₁ 标准工作液，置于 25mL 容量瓶中，用苯-乙腈混合液稀释至刻度，混匀。

4. 测定方法

(1) 仪器校正。测定重铬酸钾溶液的摩尔吸收系数，以求出使用仪器的校正因素。准确称取 25mg 经干燥的重铬酸钾（基准试剂），用 0.009mol/L 硫酸溶液溶解并准确稀释至 200mL（相当于 0.0004mol/L 的溶液）。移取 25mL 该稀释液置于 50mL 容量瓶中，用 0.009mol/L 硫酸溶液稀释至刻度（相当于 0.0002mol/L 溶液）。再移取 25mL 该稀释液置于 50mL 容量瓶中，用 0.009mol/L 硫酸溶液稀释至刻度（相当于 0.0001mol/L 溶液）。用 1cm 石英比色杯，在最大吸收峰的波长处（约 350nm），用 0.009mol/L 硫酸溶液做空白，测定上述 3 种不同浓度的摩尔溶液的吸光度，按下式计算 3 种浓度的摩尔吸收系数的平均值。

$$E=\frac{A}{c}$$

式中，E 为重铬酸钾溶液的摩尔吸收系数；A 为重铬酸钾溶液的吸光度；c 为重铬酸钾溶液的摩尔浓度，mol/L。

再以此平均值与重铬酸钾的摩尔吸收系数 3160 比较，即求出使用仪器的校正因素。

$$f=\frac{3160}{E_平}$$

式中，f 为使用仪器的校正因素；$E_平$ 为重铬酸钾摩尔消光系数的平均值。

若 $0.95<f<1.05$，则使用仪器的校正因素可忽略不计。

用紫外分光光度计测定 10μg/mL 黄曲霉毒素 B₁ 标准溶液的最大吸收峰的波长和该波长下的吸光度值。

$$X=\frac{A\times312\times f\times1000}{19800}$$

式中，X 为黄曲霉毒素 B₁ 标准溶液的浓度，μg/mL；A 为黄曲霉毒素 B₁ 标准溶液的吸光度值；312 为黄曲霉毒素 B₁ 的相对分子质量；19800 为黄曲霉毒素 B₁ 在苯-乙腈混合液中的摩尔吸收系数。

根据计算，用苯-乙腈混合液调标准溶液浓度恰为 10μg/mL，用紫外分光光度计校对其浓度。

(2) 取样。饲料样中的黄曲霉毒素分布不均匀，有毒部分的比例小。为了避免取样造成的误差，取样量应适当增大。取样要有代表性，对局部发霉变质的试样应单独取样检验，试样全部粉碎并通过 20 目筛。

(3) 试样制备。试样中脂肪含量超过 5% 时，粉碎前应先脱脂，其分析结果仍以未脱脂试样计算。

(4) 提取。称取试样 20g（准确至 0.01g），置于 200mL 碘量瓶中，加入 10g 硅藻土、10mL 水、100mL 三氯甲烷，盖紧瓶塞，在机械振荡机上振荡 30min。经滤纸过滤，收集三氯甲烷提取液。

(5) 柱色谱纯化。①色谱柱的制备：在色谱柱中加入 2/3 三氯甲烷，加入 5g 无水硫酸钠，待无水硫酸钠全部沉降平稳后，加入 10g 硅胶，待硅胶沉降平稳后，加入 10g 无水硫酸钠覆盖，打开活塞，控制流速 8～12mL/min，三氯甲烷液面应覆盖上层无水硫酸钠。②纯化：准确移取 50mL 提取液置于烧杯中，加入 100mL 正己烷，混匀，倒入层板柱中，打开活塞，弃去流出液。再用 80～100mL 乙醚淋洗试样中的脂类物质，弃去流出液。加入 150mL 三氯甲烷-甲醇混合液，用烧瓶收集洗出液。在 50℃ 真空旋转蒸发器中浓缩至 1mL，用苯-乙腈混合液把溶液转入 2～5mL 容量瓶中，并用苯-乙腈混合液稀释至刻度。

(6) 薄层色谱测定法。①薄层板的制备：称取约 30g 硅胶 G，加入 2～3 倍于硅胶的水，研磨 2min 至糊状后，立即倒入涂布器内，制成 3 块 5cm×20cm、厚度为 0.25mm 的薄层板，在空气中自然干燥，在 100℃ 下活化 2h。取出在干燥器中保存。保存期 2～3d。②点样：在距薄层板下端 3cm 基线处，用微量注射器将样液和标准溶液各点样 20μL，一块薄层板可点 4 个点，点距分别为 1cm，点直径约 3mm，要求点样均匀一致，点样时可用吹风机吹冷风。第一点点 20μL 0.04μg/mL 黄曲霉毒素 B₁ 标准工作液，第二点点 20μL 试样溶液，第三点点 20μL 试样溶液和 10μL 0.04μg/mL 黄曲霉毒素 B₁ 标准工作液，第四点点 20μL 试样溶液和 10μL 0.2μg/mL 黄曲霉毒素 B₁ 标准工作液。③展开：在展开室内加入 10mL 无水乙醚，先预展开一次。再于另一层展开室加入 10mL 三氯甲烷-丙酮混合液，展开至溶剂前沿为 10～12cm，取出，在紫外灯照射下观察。④确认：在试样溶液点加黄曲霉毒素 B₁ 标准工作液点上，黄曲霉毒素 B₁ 标准工作液点与试样液点中的黄曲霉毒素 B₁ 荧光点应重叠。如样液为阴性，第三点可用作检查试样溶液中的黄曲霉毒素 B₁ 最低检出量是否正常出现。如为阳性，第三点为定位点。若第二点在与黄曲霉毒素 B₁ 标准点的相应位置上无蓝紫色荧光点，表示试样中黄曲霉毒素 B₁ 含量在 5μg/kg 以下；如在相应位置上出现蓝紫色荧光点，则需进行确认实验。⑤确认实验：为证实薄层板上试样溶液的荧光系由黄曲霉毒素 B₁ 产生的，滴加三氟乙酸，则生成黄曲霉毒素 B₁ 衍生物的比移值（Rf）约为 0.1。在薄层板左边依次滴两个点：第一点为 2μL 试样溶液，第二点为 10μL 0.04μg/mL 黄曲霉毒素 B₁ 标准工作液。以上两点各滴 1 滴三氟乙酸覆盖在点上，反应 5min，用吹风机吹热风（低于 40℃）2min。再于薄层板上滴以下两个点：第三点为 20μL 试样溶液，第四点为 10μL 1μg/mL 黄曲霉毒素 B₁ 标准工作液。按上述方法展开，在紫外灯照射下观察试样溶液是否产生与黄曲霉毒素 B₁ 标准点相同的衍生物。未加三氯乙酸的第三、第四点，可依次作为试样溶液与标准衍生物的空白对照。

(7) 定量方法。试样溶液中的黄曲霉毒素 B₁ 荧光点的荧光强度若与标准点的最低检出量（0.0004μg）的荧光强度一致；则试样中黄曲霉毒素 B₁ 量含为 5μg/kg。如试样溶液中荧光强度高于最低检出量，则根据其强度，减少滴加体积或把试样溶液稀释后再滴加不同的体积，如 10μL、15μL、20μL、25μL，直至试样溶液的荧光强度与最低检出量荧光强度一致。

5. 计算

试样中黄曲霉毒素 B₁ 含量（X，μg/kg）计算如下：

$$X = 0.0004 \times \frac{V_1 \times D}{V} \times \frac{1000}{m}$$

式中，0.0004 为黄曲霉毒素 B₁ 的最低检出量，μg；V_1 为加入苯-乙腈混合液的体积，mL；V 为最低荧光强度的试样溶液的体积，mL；D 为浓缩样液的总稀释倍数；m 为试样的质量，g。

6. 说明

(1) 要进行黄曲霉毒素 B₁ 标准品的纯度鉴定。移取 5μL 10μg/mL 黄曲霉毒素 B₁ 标准储备液，在薄层板上点样，用三氯甲烷-甲醇混合液与三氯甲烷-丙酮混合液展开剂展开，在紫外灯照射下，必须具有单一的荧光点，原点上无任何残留的荧光物质。

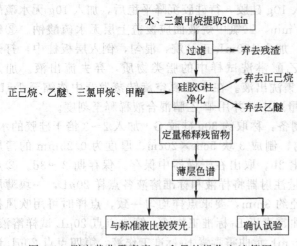

图 8-1　测定黄曲霉毒素 B_1 含量的操作方法简图

（2）操作要在通风橱内进行，所用的器皿要用 5％次氯酸钠溶液浸泡 5min 消毒，并用水冲洗干净。

（3）测定黄曲霉毒素 B_1 含量的操作方法如图 8-1 所示。

（4）若取 20g 试样，用 40mL 提取液，取 20mL 浓缩至 2mL，用 $20\mu L$ 点样，黄曲霉毒素 B_1 含量计算如下：

$$0.0004\times\frac{2}{0.02}\times\frac{40}{20}\times\frac{1000}{20}=4(\mu g/kg)$$

7. 附注

我国《饲料卫生标准》规定，饲料原料玉米、花生饼粕、棉籽饼粕、菜籽饼粕中黄曲霉毒素 B_1 允许量均为 $\leqslant50\mu g/kg$，豆粕为 $\leqslant30\mu g/kg$。仔猪配合饲料和浓缩饲料为 $\leqslant10\mu g/kg$，生长肥育猪配合饲料和浓缩饲料为 $\leqslant20\mu g/kg$，肉用仔鸡（鸭）前期配合饲料和浓缩饲料为 $\leqslant10\mu g/kg$，肉用仔鸭后期、蛋鸭配合饲料和浓缩饲料为 $\leqslant15\mu g/kg$，鹌鹑配合饲料和浓缩饲料为 $\leqslant20\mu g/kg$，奶牛精料补充料为 $\leqslant10\mu g/kg$，肉牛精料补充料为 $\leqslant50\mu g/kg$。

（二）免疫亲和色谱净化荧光光度法

1. 原理

试样经过甲醇＋水提取，提取液经过滤、稀释后，滤液经过含有黄曲霉毒素特异抗体的免疫亲和色谱净化，此抗体对黄曲霉毒素 B_1、黄曲霉毒素 B_2、黄曲霉毒素 G_1、黄曲霉毒素 G_2 具有专一性，黄曲霉毒素交联在色谱介质中的抗体上。用水将免疫亲和柱上杂质除去，以甲醇通过免疫亲和色谱柱洗脱，加入溴溶液衍生，以提高测定灵敏度。洗脱液通过荧光光度计测定黄曲霉毒素（$B_1+B_2+G_1+G_2$）总量。

2. 试剂和溶液

除非另有规定，仅使用分析纯试剂、超纯水。甲醇（CH_3OH）：色谱纯；甲醇＋水（7＋3）：取 70mL 甲醇加 30mL 水；甲醇＋水（8＋2）：取 80mL 甲醇加 20mL 水；氯化钠（NaCl）；磷酸氢二钠（Na_2HPO_4）；磷酸二氢钾（KH_2PO_4）；氯化钾（KCl）；溴溶液储备液（0.01％）：称取适量溴，溶于水，配成 0.01％的储备液，4℃避光保存；溴溶液工作液（0.002％）：取 10mL 0.01％的溴溶液加入 40mL 水混匀，于棕色瓶中保存备用，需每次使用前配制；酸奎宁（$C_{20}H_{24}N_2O_2\cdot H_2SO_4\cdot2H_2O$）；硫酸溶液（0.05mol/L）：取 2.8mL 浓硫酸，缓慢加入适量水中，冷却后定容至 1000mL；荧光光度计校准溶液：称取 3.40g 硫酸奎宁（$C_{20}H_{24}N_2O_2\cdot H_2SO_4\cdot2H_2O$），用 0.05mol/L 硫酸溶液稀释至 100mL，此溶液荧光光度计读数相当于 $20\mu g/L$ 黄曲霉毒素标准溶液。

3. 仪器和设备

分析天平：0.01g；荧光光度计；高速均质器，18000～22000r/min；黄曲霉毒素免疫亲和柱；玻璃纤维滤纸：直径 11cm，孔径 $1.5\mu m$；玻璃注射器：10mL、20mL；玻璃试管：直径 12mm，长 75mm，无荧光特性；移液管：1mL、5mL、10mL；空气压力泵。

4. 试样制备

按 GB/T 14699.1—1993 饲料采样方法采样，选取有代表性的饲料样品，至少 500g，四分法缩减至 200g，粉碎，使全部通过 1mm 孔筛，混匀，储于磨口瓶中备用。

5. 分析步骤

(1) 提取。准确称取经过磨细（粒度小于 2mm）的试样 25.0g，置于 250mL 带塞锥形瓶中，加入 5.0g 氯化钠与甲醇＋水（7＋3）至 125.0mL（V_1），以均质器高速搅拌提取 2min。定量滤纸过滤，准确移取 15.00mL（V_2）滤液并加入 30.0mL（V_3）水稀释，用玻璃纤维滤纸过滤 1～2 次，至滤液澄清，备用。

(2) 净化。将免疫亲和柱连接于 20.0mL 玻璃注射器下。准确移取 15.00mL（V_4）样品提取液注入玻璃注射器中，将空气压力泵与玻璃注射器连接，调节压力使溶液以约 6mL/min 流速缓慢通过免疫亲和柱，抽干。以 10mL 水淋洗柱子两次，弃去全部流出液，抽干。准确加入 1.00mL（V）色谱级甲醇洗脱，流速为 1～2mL/min，收集全部洗脱液于玻璃试管中，供检测用。

(3) 荧光光度计校准。在激发波长 360nm、发射波长 450nm 条件下，以 0.05mol/L 硫酸溶液为空白，调节荧光光度计的读数值为 $0.0\mu g/L$；以荧光光度计校准溶液调节荧光光度计的读数值为 $20.0\mu g/L$。

(4) 样液测定。取上述净化后的甲醇洗脱液加入 1.00mL 0.002％溴溶液，混匀，静置 1min，按（3）中的条件进行操作，于荧光光度计中读取样液中黄曲霉毒素（$B_1＋B_2＋G_1＋G_2$）的浓度 $c(\mu g/L)$。

(5) 空白试验。用水代替试样，按（1）～（4）步骤做空白试验。

6. 结果计算与表达

样品中黄曲霉毒素（$B_1＋B_2＋G_1＋G_2$）的含量按以下公式计算：

$$X = \frac{(c_1 - c_0) \times V}{m}$$

其中

$$m = \frac{m_0 \times V_2 \times V_4}{V_1 \times (V_2 + V_3)}$$

式中，X 为样品中黄曲霉毒素（$B_1＋B_2＋G_1＋G_2$）含量，$\mu g/kg$；c_1 为试样中黄曲霉毒素（$B_1＋B_2＋G_1＋G_2$）的含量，$\mu g/L$；c_0 为空白试验黄曲霉毒素（$B_1＋B_2＋G_1＋G_2$）的含量，$\mu g/L$；V 为最终甲醇洗脱液体积，mL；m 为最终净化洗脱液所含的试样质量，g；m_0 为称取试样的质量，g；V_1 为样品和提取液总体积，mL；V_2 为稀释用样品滤液体积，mL；V_3 为稀释液体积，mL；V_4 为通过亲和柱的样品提取液体积，mL。

计算结果表示到小数点后一位，以两次测定的平均值作为结果。允许误差：重复测定结果相对偏差不得超过 20％。

二、饲料中游离棉酚的测定

现今，世界上栽培的棉花多数仍是有腺体棉花品种。其棉籽（仁）中含有大量色素腺体，这种腺体内含有棉酚。棉酚（gossypol）是一种复杂的多元酚类化合物，具有几种异构体。其结构中具有活性（游离）醛基与活性（游离）羟基的棉酚，一般被称为游离棉酚（free gossypol），它对动物机体有毒害作用。由于棉籽饼（粕）中含有游离棉酚等毒物，所以棉籽饼粕在饲用前要检测其中游离棉酚等毒物含量。下面介绍用紫外分光光度法测定游离棉酚的含量。

1. 原理

棉酚在 378nm 波长处具有最大吸收峰，并且在一定浓度范围内与棉酚含量成正比，据此可求得棉酚含量。

2. 仪器与设备

容量瓶：10mL；比色管：10mL；带塞锥形瓶：100mL；紫外分光光度计。

3. 试剂与溶液

70%丙酮溶液：AR；100μg/mL 棉酚标准溶液：准确称取标准棉酚 25mg，置于 250mL 容量瓶中，用 70%丙酮溶液溶解并稀释至刻度。

4. 测定方法

(1) 提取。称取试样 0.5g（准确至 0.2mg），置于 100mL 带塞锥形瓶中。加入 70%丙酮溶液 10mL、玻璃珠 3～5 粒，剧烈振摇 1h，然后在冰箱中放置过夜，将上清液过滤到 10mL 容量瓶中，70%丙酮溶液稀释至刻度。

(2) 标准曲线的绘制。准确移取 100μg/mL 的棉酚标准溶液 0.0mL、0.5mL、1.0mL、1.5mL、2.0mL、2.5mL（相当于 0μg、50μg、100μg、150μg、200μg、250μg 棉酚），分别置于 10mL 比色管中，用 70%丙酮溶液稀释至刻度，摇匀。10min 后，于紫外分光光度计 378nm 波长处测定吸光度，绘制标准曲线。

5. 结果计算

样品中游离棉酚的含量按以下公式计算：

$$X = \frac{m_0}{m \times \frac{V_1}{V_2}}$$

式中，X 为样品中游离棉酚的含量，mg/kg；m_0 为从标准曲线上查得的试样溶液中棉酚的质量，μg；V_1 为从提取液中移取的体积，mL；V_2 为试样提取液的总体积，mL；m 为试样的质量，g。

6. 附注

我国《饲料卫生标准》规定，棉籽饼粕中的游离棉酚≤1200mg/kg；肉鸡、蛋鸡和生长肥育猪配合饲料中游离棉酚允许量分别≤100mg/kg、≤20mg/kg、≤60mg/kg。

三、饲料中氢氰酸含量的测定

氢氰酸存在于木薯等饲料中，氢氰酸是一种毒性很强的物质，测定木薯等饲料中氢氰酸含量是安全利用这类饲料的基本措施。

1. 试验材料及仪器

(1) 试验样品：木薯、木薯皮。

(2) 主要仪器：样品粉碎机、电子分析天平、分光光度计。

2. 测定方法（硝酸汞滴定法）

(1) 原理：将木薯浸入水中，析出氢氰酸，便可得到含氢氰酸的水溶液。将此溶液通入蒸汽蒸馏出氢氰酸，用过量的硝酸汞标准溶液吸收蒸馏出来的氢氰酸，最后以标定好的硫氰化钾（KCNS）滴定多余硝酸汞，由硝酸汞用量与剩余硝酸汞之差，即可算出样品中的氢氰酸含量。其化学反应如下：

$$Hg(NO_3)_2 + 2HCN \longrightarrow Hg(CN)_2 + 2HNO_3$$

$$Hg(NO_3)_2 + 2KCNS \longrightarrow Hg(CNS)_2 + 2KNO_3$$

(2) 操作步骤：①准确称取木薯肉质 50g（或木薯皮 10～15g），磨碎后，用 100～150mL 蒸馏水洗入 500mL 的圆底烧瓶中，盖上瓶塞，在 30～35℃下放置 6h，经木薯配糖体酶的作用，将木薯含氰配糖体水解为右旋糖、丙酮与氢氰酸。②将水解所得的含氢氰酸溶液，通入蒸汽蒸馏，蒸馏液通入事先加入的 25mL 0.007500mol/L 的硝酸汞标准液中（如果是木薯皮，要用 50mL），使氢氰酸被充分吸收（在硝酸汞液中应预加 4mol/L 的硝酸 1mL，使之呈酸性），蒸馏液约收集 200mL 后即可停止蒸馏。③在含硝酸汞的蒸馏液中，加 40%

铁铵矾 [$NH_4Fe(SO_4)_2 \cdot 12H_2O$] 指示剂 2mL，再用标准 0.01500mol/L 的硫氰酸钾溶液滴定蒸馏液中剩余的硝酸汞，至溶液呈淡黄色为止。

（3）结果计算：将上述结果代入下式，可算出木薯样品中的氢氰酸含量（X，以氢氰酸计，mg/kg）。

$$X = \frac{(V_1 - V_2) \times c \times 27 \times 1000}{m}$$

式中，V_1 为用 KCNS 滴定 25mL（或 50mL）$Hg(NO_3)_2$ 时消耗的体积，mL；V_2 为滴定剩余 $Hg(NO_3)_2$ 时消耗的 KCNS 体积，mL；c 为标准 KCNS 的浓度，mol/L；27 为 HCN 的摩尔质量，g/mol；m 为木薯样品质量，g。

四、饲料中异硫氰酸酯含量的测定——气相色谱法

1. 原理

菜籽饼（粕）等饲料中存在的硫葡萄糖甙，在芥子酶作用下生成异硫氰酸酯，用二氯甲烷提取后，再用气相色谱法测定。

2. 主要试剂

（1）缓冲液（pH＝7）：量取 35.3mL 0.1mol/L 柠檬酸溶液，置入 200mL 容量瓶中，用 0.2mol/L 磷酸氢二钠稀释至刻度，配制后检查 pH。

（2）酶制剂：将白芥种子（保存期不超过 2 年，72h 内发芽率＞85%）粉碎后，称取 100g，用 300mL 丙酮分 10 次脱脂，滤纸过滤，真空干燥脱脂白芥子粉，后用 400mL 水分两次提取脱脂粉中的芥子酶，离心，取上层混悬液，合并，于合并混悬液中加入 400mL 丙酮沉淀芥子酶，弃去上清液，用丙酮洗涤沉淀 5 次，离心，真空干燥下层沉淀物，研磨成粉状，装入密闭容器中，低温保存备用，此制剂应不含异硫氰酸酯。

（3）丁基异硫氰酸酯内标溶液：配制 0.100mg/mL 丁基异硫氰酸酯二氯甲烷或氯仿溶液，储于 4℃，如试样中异硫氰酸酯含量较低，可将上述液稀释，使内标丁基异硫氰酸酯峰面积和试样中异硫氰酸酯峰面积相近。

3. 测定

（1）试样的酶解：称取约 2.2g 试样于带塞的锥形瓶中，精确到 0.001g，加入 5mL 缓冲液、30mL 酶制剂、10mL 丁基异硫氰酸酯内标溶液，用振荡器振荡 2h，将带塞锥形瓶内容物转入离心管中，离心，用滴管吸取离心管下层有机相少量溶液，经脱脂棉并铺有无水硫酸钠薄层漏斗过滤，得澄清液备用。

（2）色谱条件：①色谱柱：玻璃，内径 3mm，长 2m；②固定液：20% FFAP（或效果相同的其他固定液）；③载体：Chromosorb W，HP，0.18～0.15mm 孔筛（或效果相同的其他载体）；④100℃；⑤样品与检测器温度：150℃；⑥载气：氮气；⑦流速：65mL/min。

（3）测定：用微量注射器吸取 1～2μL 上述澄清液，注入色谱仪，测量各异硫氰酸酯峰面积。

4. 结果计算

样品中异硫氰酸酯含量按以下公式计算：

$$X = \frac{m_e}{S_e \times m} \times (1.15S_a + 0.98S_b + 0.88S_p) \times 100$$

式中，X 为试样中异硫氰酸酯含量，mg/kg；m 为试样质量，g；m_e 为 10mL 丁基异硫氰酸酯内标溶液中丁基异硫氰酸酯的质量，mg；S_e 为丁基异硫氰酸酯的峰面积；S_a 为丙烯基异硫氰酸酯的峰面积；S_b 为丁烯基异硫氰酸酯的峰面积；S_p 为戊烯基异硫氰酸酯的峰面积。

五、饲料中噁唑烷硫酮含量的测定

1. 原理

菜籽饼粕等饲料中存在的硫葡萄糖苷，在芥子酶作用下生成噁唑烷硫酮，用乙醚萃取后，再用紫外分光光度计测定。

2. 主要试剂

(1) 缓冲液（pH＝7）：量取 35.3mL 0.1mol/L 柠檬酸溶液，置入 200mL 容量瓶中，用 0.2mol/L 磷酸氢二钠稀释至刻度，配制后检查 pH。

(2) 酶制剂：将白芥种子（保存期不超过 2 年，72h 内发芽率＞85％）粉碎后，称取 100g，用 300mL 丙酮分 10 次脱脂，滤纸过滤，真空干燥脱脂白芥子粉，后用 400mL 水分两次提取脱脂粉中的芥子酶，离心，取上层混悬液，合并，于合并混悬液中加入 400mL 丙酮沉淀芥子酶，弃去上清液，用丙酮洗涤沉淀 5 次，离心，真空干燥下层沉淀物，研磨成粉状，装入密闭容器中，低温保存备用。

3. 测定

(1) 称取试样：菜籽饼粕 1.1g 置于事先干燥称重（精确到 0.001g）的烧杯中，放入恒温干燥箱，在（103±2）℃烤箱中烘烤至少 8h，取出置干燥器中冷至室温，称重，精确到 0.001g。

(2) 试样的酶解：将干燥的样品全倒入 250mL 三角烧瓶中，加入 70mL 沸腾缓冲液，并用少许缓冲液冲洗干燥器，冷至 30℃，加入 0.5g 酶源和几滴除泡剂，于室温下振荡 2h，立即将内容物定量移至 100mL 容量瓶中，用水洗涤三角烧瓶并稀释至刻度。过滤至 100mL 三角烧瓶中备用。

(3) 试样的测定：取上述滤液 1~5mL 于分液漏斗中，用 20mL 乙醚提取 4 次，每次小心从上面取出上层乙醚，合并乙醚层液于 25mL 容量瓶中，用乙醚定容至刻度。在波长 200~280nm 处测定其吸光度值，用最大吸光度值减去 280nm 处的吸光度值，得试样吸光度值 A_E。

(4) 试样空白测定：按上述同样操作，只加试样不加酶源，测得值为试样空白吸光度值 A_B [菜籽饼（粕）此项免去，A_B 为零]。

(5) 酶源空白测定：按上述同样操作，不加试样只加酶源，测得值为酶源空白吸光度值 A_C。

4. 结果计算

样品中噁唑烷硫酮含量按以下公式计算：

$$X=(A_E-A_B-A_C)\times C_P\times25\times100\times10^{-3}\div m=20.5\times(A_E-A_B-A_C)\div m$$

式中，X 为试样中噁唑烷硫酮含量，mg/g；A_E 为试样测定吸光度值；A_B 为试样空白吸光度值；A_C 为酶源空白吸光度值；C_P 为转换系数，吸光度为 1 时，每升溶液中噁唑烷硫酮的毫克数，其值为 8.2；m 为试样绝干质量，g。

若试样测定液经过稀释，计算时应予考虑。

六、饲料中汞的测定——原子氧化物分光光度法

1. 原理

饲料中汞含量的测定采用原子氢化物分光光度法。试样经酸加热消解后，在酸性介质中，消解液中汞离子被硼氢化钾（KBH_4）或硼氢化钠（$NaBH_4$）还原成气态的汞蒸气，由载气（氩气）带入石英原子化器中原子化，在汞空心阴极灯照射下，产生特征吸收。其强度与汞含量成正比，与标准系列比较定量。

2. 试剂和溶液

除另有说明外，所用试剂均为分析纯，水，GB/T 6682，二级；硝酸（优级纯）；硝酸；氢氧化钠（钾）；高氯酸（优级纯）；硫酸（优级纯）；硼氢化钠（钾）；过氧化氢（30%）；重铬酸钾；硝酸溶液 3%（V/V）：量取硝酸 30mL，缓缓倒入 970mL 水中，摇匀；氢氧化钠溶液（2%）：称取 20.0g 氢氧化钠，溶于水中，用水稀释至 1000mL，摇匀（也可用 20.0g 氢氧化钾代替 20.0g 氢氧化钠）；硼氢化钠溶液（3%）：称取 30.0g 硼氢化钠，溶于 5.0g/L 氢氧化钠（钾）溶液中，并用 5.0g/L 的氢氧化钠（钾）溶液稀释至 100mL，混匀，现配现用（也可用 30.0g 硼氢化钾代替 30.0g 硼氢化钠）；汞标准稳定剂：将 0.5g 重铬酸钾溶于 950mL 水中，再加 50mL 硝酸溶液（3%），摇匀；汞标准储备溶液：称取经充分干燥过的氯化汞（$HgCl_2$）0.1354g，用汞标准稳定剂溶解后，转移到 100mL 容量瓶中，用汞标准稳定剂稀释至刻度，摇匀，此溶液汞浓度为 1mg/mL；汞标准工作溶液：吸取汞标准储备溶液 1.00mL 于 100mL 容量瓶中，用硝酸溶液（3%）稀释至刻度，摇匀，此溶液汞浓度为 10μg/mL。再吸取 10μg/mL 汞标准工作溶液 1.00mL 于 100mL 容量瓶中，用硝酸溶液（3%）稀释至刻度，摇匀，此溶液浓度为 0.1μg/mL，用于配制标准曲线。

3. 仪器和设备

本方法所用玻璃器皿，使用前后需用硝酸溶液（1+3）浸泡 24h，使用前再用水洗净。原子吸收分光光度计（配置氢化物反应器）。蛇型冷凝管（30cm 长度）。微波消解系统。分析天平：感量 0.0001g。

4. 试样制备

按 GB/T 14699.1—1993 饲料采样方法采样，选取有代表性的饲料样品，至少 500g，四分法缩减至 200g，粉碎，使全部通过 1mm 孔筛，混匀，储于磨口瓶中备用。

5. 分析步骤

（1）试样消解。可采用回流消解法和微波消解法。

① 回流消解法。

a. 饲料干样经粉碎混匀过 40 目筛后，称取 1～5g，置于 50mL 的磨口平底小烧瓶中，加入 15mL 硝酸和 2mL 高氯酸或 2mL 硫酸，混匀后放置 24h，加入几粒玻璃珠，接上蛇型冷凝管，放在电炉上冷凝回流消解 30min 以上，直到样品消解完全，消解液透亮。冷却，清洗冷凝管内壁，清洗液和消解液一并转移至 100mL 容量瓶中，用水稀释至刻度，摇匀。同时做试剂空白试验。待测。

b. 对以石粉等无机物为载体的预混合饲料，称取 1.000～5.000g，置于 50mL 的磨口平底小烧瓶中，以下按 a. 的步骤操作。

② 微波消解法。

a. 饲料干样经粉碎混匀过 40 目筛后，称取 0.30～0.50g 试样于消解罐中，加入 5mL 硝酸，1～2mL 过氧化氢，盖好安全阀后，将消解罐放入微波消解系统中，根据微波消解系统的操作说明书设置最佳的分析条件（表 8-50、表 8-51），至消解完全，冷却后转移至 10mL 或 25mL 容量瓶中并用硝酸溶液（3%）稀释至刻度，摇匀。同时做试剂空白试验。待测。

b. 对以石粉等无机物为载体的预混合饲料，称取 0.20～0.50g 试样于消解罐中，以下按 a. 的步骤操作。

（2）系列标准溶液配制。分别吸取 0.1μg/mL 汞标准溶液 0.00mL、0.25mL、0.50mL、1.00mL、1.50mL、2.00mL、2.50mL 于 50mL 容量瓶中，用硝酸溶液（3%）稀释至刻度，摇匀，备用。各瓶相当于汞浓度 0.00ng/mL、0.50ng/mL、1.00ng/mL、2.00ng/mL、3.00ng/mL、4.00ng/mL、5.00ng/mL。标准溶液须现配现用。

表 8-50　饲料样品微波消解参考条件（压力模式）

项目	一般饲料样品			鱼油、鱼粉等饲料样品				
步骤	1	2	3	1	2	3	4	5
功率/%	50	75	90	50	70	80	100	100
压力/kPa	343	686	1096	343	514	686	595	1234
升压时间/min	30	30	30	30	30	30	30	30
保压时间/min	5	7	5	5	5	5	7	5
排风量/%	100	100	100	100	100	100	100	100

表 8-51　饲料样品微波消解参考条件（温度模式）

项目	一般饲料样品			鱼油、鱼粉等饲料样品				
步骤	1	2	3	1	2	3	4	5
温度/℃	120	160	180	120	125	130	160	180
升温时间/min	5	4	3	5	2	2	3	2
保温时间/min	2	5	10	5	5	5	10	5
排风量/%	100	100	100	100	100	100	100	100

（3）测定。

① 仪器参考条件：波长：253.7nm；狭缝：1.2nm；汞空心阴极灯电流：4.0mA；原子化器温度：室温；氩气流速：载气 18L/h；测量方式：标准曲线法；读数方式：峰面积；读数延迟时间：0s；积分时间：40.0s；硼氢化钾溶液加液时间：7.0s；标准溶液或样液加液体积：10mL。

② 试样的测定：按①的条件设定仪器，稳定 10～20min 后开始测量。连续用硝酸溶液（3%）进样，待读数稳定后，转入标准系列测量，绘制标准曲线。转入试样测量，先用硝酸溶液（3%）进样，使读数基本回零，再分别测定试剂空白和试样溶液，测样品前应清洗氢化物反应器的反应罐。

6. 结果计算　试样中汞的含量按以下公式计算：

$$X = \frac{(c - c_0) \times V \times 1000}{m \times 1000 \times 1000}$$

式中，X 为试样中汞的含量，mg/kg；c 为试样消解液中汞的含量，ng/mL；c_0 为试样空白液中汞的含量，ng/mL；V 为试样消解液总体积，mL；m 为试样质量，g。

计算结果保留三位有效数字。以两次测定的平均值作为测定结果。允许误差：同一分析者对同一试样在重复条件下连续两次测定，两次测定结果之间的绝对差值：在汞含量小于或等于 0.020mg/kg 时，不得超过算术平均值的 100%；在汞含量大于 0.020mg/kg 而小于 0.100mg/kg 时，不得超过算术平均值的 50%；在汞含量大于 0.100mg/kg 时，不得超过算术平均值的 20%。

七、饲料中沙门氏菌的检测——免疫色谱反应法

1. 原理

沙门氏菌检测卡/条是专门用来检测饲料中沙门氏菌抗原的。饲料中沙门氏菌的检测采用免疫色谱反应法。沙门氏菌特异性抗体是快速定性检测的基础，经过增菌和选择性增菌的阳性样品与染色剂标记的抗体结合形成抗原-抗体复合物，其沿着膜移动，被固定的抗体将

使复合物着色，在样品区（S区）形成一条色带。内置质控色带（C区）是为了确认实验是否正确。

2. 材料与设备

小型粉碎机；电子天平（0.01g）；无菌试管或无菌袋；沙门氏菌检测卡或检测条；沙门氏菌增菌培养基（BP）；沙门氏菌选择性增菌培养基（RV）；细菌培养箱；超纯水器；$200\mu L$ 的移液器；$200\mu L$ 的吸头；高压灭菌锅；水浴锅，（36±1）℃；量筒，1000mL。

3. 试样的制备

按 GB/T 14699.1—1993 饲料采样方法采样，选取有代表性的饲料样品，至少 500g，四分法缩减至 200g，粉碎，使全部通过 40 目筛，在密闭瓶中 4℃保存。器具要经过消毒。

4. 操作步骤

（1）使用之前所有检测卡/条自然回升到室温（15～30℃）。

（2）沙门氏菌增菌培养基（BP）的制备：称取 20g 缓冲蛋白胨水于 1L 蒸馏水中，加热煮沸至完全溶解，定量分装，在 121℃15min 高压灭菌。

（3）沙门氏菌选择性增菌培养基（RV）的制备：称取 20g 亚硒酸盐胱氨酸于 1L 灭菌水中，加热煮沸至完全溶解，定量分装。该培养基在配制当日使用。

（4）样品与沙门氏菌增菌培养基（BP）按 1：10 比例混合，例如，10g 饲料样品加入 90mL BP。

（5）混合物（样品和 BP）在（36±1）℃培养 16～20h。培养过程中无菌瓶或无菌袋的瓶口或袋口不要封死。

（6）加入与 BP 体积相同并且预先加温至（36±1）℃的沙门氏菌选择性增菌培养基（RV）至上述培养混合物中，在（36±1）℃培养 16～24h。培养过程中无菌瓶或无菌袋的瓶口或袋口不要封死。

（7）移取经过增菌和选择性增菌的培养混合物 $150\mu L$，放在每一个检测卡或检测条的样品孔中。

5. 结果

需在 10～15min 内，不超过 30min 看结果。低阳性结果要延迟到 15min，一些阳性结果 30s 内就可得到，这主要取决于样品中抗原的浓度。

C区不出现色带，判为结果无效；C区与S区同时出现色带，判为结果阳性，色带之间可以有深浅差异；色带出现在 30min 之后，判为结果无效；C区出现色带，S区不出现色带，判为阴性。

（周　明，惠晓红，程建波）

思 考 题

1. 采样时如何使得采集的样本具有代表性？
2. 烘干法是否适用于测定青贮料、酸化剂等饲料产品中水分？
3. 试分析饲料粗纤维测定结果的准确性。
4. 简述粗纤维、中性洗涤纤维和酸性洗涤纤维化学组成的比较。
5. 简述营养性饲料添加剂的监测技术。
6. 简述非营养性饲料添加剂的质量控制技术。
7. 简述益生菌饲用效果的影响因素。
8. 简述饲料中常见有毒物质的测定方法。

第九章　饲料营养价值评定

饲料被动物消化、吸收和利用以及满足营养需要的程度就称为饲料营养价值（nutritive value）。评定饲料营养价值是合理利用饲料的基础工作。

通过饲料营养价值的评定，能了解饲料的可饲用性、营养成分含量和有效利用率，可为配制动物全价饲粮提供科学依据，有利于开发饲料资源。

饲料营养价值有两大评定体系，即物质评定体系和能量评定体系。

（1）物质评定体系。根据饲料的养分含量，与动物对其消化、代谢利用、提供产品数量的程度加以评定，其指标为：粗略成分（近似成分）、干草等价、干物质单位、可消化干物质、淀粉价、燕麦单位、大麦单位、玉米单位、总可消化养分等。

（2）能量评定体系。根据不同生理阶段的饲料能量的多少加以评定，其指标为：饲料总能、消化能、代谢能、净能、奶牛能量单位等。

饲料营养价值的评定方法主要有饲料成分分析、消化试验、代谢试验、饲养试验和屠宰试验等。

第一节　饲料营养价值评定方法

一、饲料成分分析

饲料成分分析指标、方法和原理等综述于表 9-1。

表 9-1　用饲料成分分析法评价饲料营养价值

指标	方法	原理	主要成分
干物质（dry matter）	烘干法	100～105℃下烘干饲料样	除水分等挥发性成分以外的物质
灰分（ash）	灰化法	500～600℃下烧灼饲料样	各种矿物元素
醚浸出物（ether extract）	索氏法	乙醚浸提	脂肪、类脂、脂肪酸、色素、蜡质等
粗纤维（crude fibre）	溶解法	稀酸、稀碱消化	纤维素、半纤维素、木质素等
粗蛋白质（crude protein）	凯氏法	H_2SO_4（浓）消化定氮	蛋白质、氨基酸、生物碱等
无氮浸出物（nitrogen-free extract）	计算法	干物质-粗蛋白质-粗纤维-粗脂肪-粗灰分	淀粉、寡糖、单糖等

根据饲料成分测定值，可大致推断饲料的营养价值。若饲料中粗蛋白质、无氮浸出物或粗脂肪含量较高，则一般认为，该饲料营养价值可能较高。

饲料成分分析法操作简便，设备也不复杂，按此法可粗略地估计饲料营养价值。但是，该法有以下局限性。

（1）各饲料中同名成分组成可能不同，因而消化率不同；即使组成相同，消化率也会有异。

（2）根据饲料中各成分含量，难以准确评定饲料的营养价值。这是因为：①粗蛋白质是以含氮量估算的，反刍动物对真蛋白和非蛋白氮利用率相似，而单胃动物不然。②蛋白质中氨基酸组成可能不同。③粗纤维中三种主要组分的比例也可能不同。④饲料中灰分高，不能说该饲料营养价值就高，也不能说其中必需矿物元素含量高。⑤无氮浸出物中还含有相当量的粗纤维。⑥粗脂肪中组分可能不同。

上述的成分分析都是粗成分（概略成分或近似成分）分析，随着饲料学科的发展和测试技术的进步，饲料营养价值的评定逐渐深入细致，现已开始分析饲料中的纯养分如氨基酸、维生素、矿物质元素和必需脂肪酸等。

二、消化率测定——消化试验

（一）概念

消化试验是测定饲料养分被动物消化程度（消化率）的一种试验方法。

$$表观消化率 = \frac{食入饲料养分量 - 粪中养分量}{食入饲料养分量} \times 100\%$$

$$真消化率 = \frac{食入饲料养分量 - （粪中养分量 - 代谢性养分量）}{食入饲料养分量} \times 100\%$$

目前，测定饲料养分消化率多是用表观消化率。至于真消化率，一般只有理论上意义。公式中，代谢性养分量不是来自饲料中，而是源于消化液、消化道脱落黏膜和消化道内微生物等。

根据消化率，可计算饲料中可消化干物质、可消化无氮浸出物、可消化粗蛋白质、可消化粗纤维和可消化粗脂肪。通常不测定维生素和矿物质的消化率，因为它们在肠道不单是消化、排泄过程，还伴有：维生素在消化道存在合成与降解的过程；大量内源性矿物质由肠壁分泌，影响饲料矿物质消化率的测定结果。

（二）方法

消化率测定方法综述如图 9-1 所示。

消化率测定法 ｛ 全粪法（常规法）｛ 一次法测定 / 二次法测定；指示剂法 ｛ 外源性指示剂（氧化铬等）/ 内源性指示剂（酸不溶灰分）；尼龙袋法；体外消化法；间接推算法 ｝

图 9-1 消化率的测定方法

1. 一次法测定消化率的方法与步骤

（1）试验动物选择。试验动物须符合 3 点要求：①健康、发育良好、消化机能正常。②品种、经济类型、年龄、体重、性别等应相同或基本一致。③试验动物数量视试验目的和要求确定，一般地不得少于 3 头。

（2）对试验所需饲料应一次备足，并准确称量与采样分析。按常规饲养方法饲喂动物。

（3）按试验要求，准备试验设备，如消化笼、料槽、饮水器、集粪装置和检测仪器等。

（4）预试期工作。在试验前，将动物置于试验场地，并用供测料预饲，以使动物适应环境、试验装置和试验饲料；并使其消化道内非试验饲料排空。预试期和正试期天数视动物种类而定，如表 9-2 所示。

（5）正试期工作。正试期中对粪定时无损地收集，称量并及时处理。对动物采食的剩料须无损回收和称量。经常注意试验动物精神状态和健康情况，发现问题后，要及时处理。粪样成分测定与消化率计算。

表 9-2　动物消化试验期参数

项目	预试期/d	正试期/d
牛	10	10
犊牛(哺乳期)		4
育成牛(6~12 月龄)	6	6
绵羊	10	10
水牛	10	10
马	8	8
猪(成年)	8	8
育成猪(4~8 月龄)	6	5
禽类	6	5
家兔	7	7
狐狸	5	7
黑貂	4	4
水獭	5	5

2. 二次法测定消化率

本法适于某些不能单一饲喂动物的饲料，如糠麸类饲料等。测定这类饲料，应做两次试验，第一次用100%基础饲粮喂给动物，以测得基础饲粮中某养分消化率。第二次用试料部分地（20%~30%）取代基础饲粮，从而测得试料中某养分消化率。设计方案如表 9-3所示。

表 9-3　二次法测定消化率方案

100%基粮 预试 →	100%基粮 正试	70%~80%基粮 20%~30%待测料预试	70%~80%基粮 20%~30%待测料正试
测定指标	基粮中养分含量(BN$_0$)		待测料中养分含量(EN)
	第一次粪中养分含量(FN$_0$)		第二次粪中养分含量(FN)

$$基粮养分消化率 = \frac{基粮中养分含量 - 第一次粪中养分含量}{基粮中养分含量} \times 100\%$$

$$待测料养分消化率 = \frac{待测料中养分含量 - \left[第二次粪中养分含量 - 70\%\sim80\%基粮中养分含量 \times (1-基粮养分消化率)\right]}{待测料中养分含量} \times 100\%$$

第一次消化试验与第二次消化试验的方法与步骤同一次法。

3. 指示剂法测定饲料消化率

其原理是：假定指示剂为稳定性物质，通过动物消化道后能完全由粪中排出，通过饲料与粪中养分和指示剂含量的变化而计算养分的消化率。

在饲料中加入指示剂（外源性指示剂，如 Cr_2O_3 等）或利用饲料中固有的指示剂（内源性指示剂，如酸不溶灰分）来测定饲料消化率。用该法不需要全部收集粪样，每日只需取少量粪样，而后将多日粪样混匀，并定量分析。使用外源性指示剂法，在待测料中加0.5% Cr_2O_3 指示剂，混匀后备用。使用内源性指示剂，检测待测料和粪样中酸不溶灰分即可（检测法见后）。其余工作和全粪法（常规法）中的一次法相同。指示剂法计算待测料消化率公式如下：

$$DC = 100\% - 100\% \times \left(\frac{A_1}{A_2} \times \frac{F_2}{F_1} \right)$$

式中，DC 为待测料消化率，%；A_1 为试料中指示剂含量，%；F_1 为试料中养分含量，%；F_2 为粪中养分含量，%；A_2 为粪中指示剂含量，%。

［附］酸不溶灰分（acid insoluble ash，AIA）检测法：准确称取 5～10g（粗饲料 5g，精饲料 10g）饲料与粪样各两份，分别放入 250mL 三角瓶内。各加入 50mL 4N 盐酸，并在三角瓶口装入回流冷凝器（防止盐酸挥发而降低盐酸浓度）。然后在电炉上加热，煮沸30min。取下，用定量滤纸过滤，用 85～100℃热蒸馏水洗残渣，至中性止。将残渣和滤纸置入已知重量的坩埚中，烘干，在 600℃下灰化 6～10h，取出冷后称重。

与全粪法比较，指示剂法测定消化率工作量稍少，但准确性欠佳，尤其是外源性指示剂法准确性较差。

4. 尼龙袋法

尼龙袋法主要被用于反刍动物饲料蛋白质的瘤胃降解率测定，如美国的可代谢蛋白体系与英国的降解和非降解蛋白体系，都需要测定饲料蛋白质在瘤胃的降解率。其基本步骤是：将饲料蛋白质（定量）放入特制的尼龙袋中，通过瘤胃瘘管将装有料样的尼龙袋放入瘤胃中，在 24～48h 后取出尼龙袋，将其冲洗干净，烘干称重。根据尼龙袋中蛋白质的消失量可求得饲料蛋白质的降解率。该法简单易行、重复性好、耗时耗力少，目前国际上已经普遍用来测定饲料蛋白质的降解率。

5. 体外法测定消化率

模拟胃肠内环境，充入营养物质，再加入消化酶。经一定时间后，测定饲料中某养分消化率。

6. 间接推算法求得消化率

其步骤如下。

(1) 做一些饲料的消化试验，测得可消化养分。

(2) 将养分和可消化养分两项数据回归推导，求得回归公式。

(3) 测定饲料中养分含量，并代入回归公式，就可求得该饲料中某养分的消化率。

另外，为了消除大肠微生物的干扰，科研试验中有时采用回肠末端收粪法。回肠末端收粪法要做瘘管、回-直肠吻合术和盲肠切除术等。

（三）评价

通过测定饲料消化率，评定饲料营养价值的方法较饲料成分分析法先进了一步。但饲料中消化部分并未全部被动物利用，所以可消化养分尚不能作饲料营养价值评定的最终指标。

三、代谢率测定——代谢试验

（一）概念

为测定饲料中可储留成分占可吸收成分的比例（百分率）而进行的试验就是代谢试验。这个比例（百分率）就是代谢率（metabolic coefficient）。饲料代谢率愈大，其营养价值就可能愈高。代谢试验又被称为平衡试验。

$$代谢率测定法 \begin{cases} 氮代谢试验——氮代谢率 \\ 碳代谢试验——碳代谢率 \\ 能量代谢试验——能量代谢率 \end{cases}$$

（二）方法

1. 氮代谢试验

在消化试验基础上增加一项集尿装置就可完成。其计算公式如下：

$$氮表观代谢率 = \frac{食入氮 - 粪氮 - 尿氮}{食入氮 - 粪氮} \times 100\%$$

$$氮真代谢率 = \frac{食入氮 - [(粪氮 - 代谢氮) + (尿氮 - 内源氮)]}{食入氮 - (粪氮 - 代谢氮)} \times 100\%$$

氮表观代谢率和真代谢率分别表示蛋白质表观生物价和真生物价。在氮平衡试验中，还有以下平衡关系式：

$$体内沉积氮 = 食入氮 - 粪氮 - 尿氮 - 体外产品氮$$

当体内沉积氮大于零时，则称为氮的正平衡；沉积氮小于零时，则称为氮的负平衡；沉积氮等于零时，则称为氮的零平衡。

2. 碳代谢试验

在消化试验基础上增设集尿和集气装置就可完成。因此，需用呼吸装置。其计算公式如下：

$$碳代谢率 = \frac{食入碳 - (粪碳 + 尿碳 + 气态碳)}{食入碳 - 粪碳} \times 100\%$$

在碳平衡试验中，同样有以下平衡关系式：

$$体内沉积碳 = 饲料（粮）碳 - 粪碳 - 尿碳 - 气体碳 - 体外产品碳$$

3. 能量代谢试验

在消化试验基础上增加集尿集气装置即可完成，其计算公式如下：

$$能量代谢率 = \frac{食入能 - 粪能 - 尿能 - 可燃气体（甲烷等）能}{食入能 - 粪能} \times 100\%$$

（三）评价

一般地，通过测定饲料成分代谢率，评定饲料营养价值较饲料成分分析法和消化试验法可靠，但工作量大，所需设备较多。

四、饲养试验与屠宰试验

用饲养试验可测定某一饲料的饲喂效果，也可测定动物对某一养分的需要量。为达到上述任一目的而进行的试验就是饲养试验。

测定某饲料营养价值时，先用该饲料喂给动物，经一段时间后，宰杀动物（期初也宰杀动物做对照）。根据动物体内沉积的成分及其数量，判定饲料营养价值。这种试验方法就是屠宰试验，该法主要被用于肉用动物和实验小动物。

第二节　饲料蛋白质营养价值评定

蛋白质被动物消化、吸收和利用，满足机体需要的程度，被称为蛋白质营养价值（protein nutritive value）。营养价值高的蛋白质被称为完全蛋白质，营养价值低的蛋白质被称为不完全蛋白质。

衡量饲料蛋白质营养价值的指标通常是蛋白质中氨基酸组成、蛋白质消化率和利用率、生物学效价、必需氨基酸指数、化学积分和饲料蛋白质中氨基酸消化率与有效率等。

一、蛋白质中氨基酸组成

饲料蛋白质中氨基酸组成（amino acid composition in protein）与动物营养需要吻合的

程度越大，就表明该饲料蛋白质营养价值可能越高；反之，其营养价值就越低。若两者相吻合，就说明该饲料蛋白质中氨基酸组成是平衡的。体现其平衡程度的主要参数是：必需氨基酸和非必需氨基酸间比例、必需氨基酸含量、赖氨酸与蛋氨酸间比例、赖氨酸与精氨酸间比例、其他。根据这些参数，可判断饲料蛋白质营养价值的高低。表 9-4 列举了鸡对饲料蛋白质中氨基酸比例的要求，表 9-5 列举了饲料蛋白质中主要氨基酸含量及其比值。

表 9-4 鸡对饲料蛋白质中氨基酸比例的要求

项目	必需氨基酸：非必需氨基酸	赖氨酸：蛋氨酸	赖氨酸：精氨酸
小雏阶段		100：(35～36)	100～120
肉仔鸡前期		100：38	100：120
肉仔鸡后期	55：45	100：38	100：106
限制饲养生长期		100：(42～44)	100：140
产蛋期		100：50	100：(133～142)

注：引自王和民，1987。

表 9-5 常用饲料蛋白质主要氨基酸含量及其比值

项目	粗蛋白质/%	赖氨酸/%	蛋氨酸/%	精氨酸/%	赖氨酸：蛋氨酸	赖氨酸：精氨酸
黄豆饼	43.0	2.45	0.48	3.18	100：18	100：130
黄豆粕	47.2	2.54	0.51	3.40	100：20	100：134
黑豆饼	40.0	2.33	0.46	3.02	100：20	100：130
胡麻籽饼	33.1	1.18	0.44	2.97	100：37	100：252
胡麻籽粕	36.2	1.20	0.50	3.14	100：42	100：262
葵籽饼	28.7	1.13	0.56	2.40	100：49	100：212
葵籽粕	32.1	1.17	0.66	2.90	100：56	100：248
芝麻饼	39.2	1.2	1.10	3.97	100：92	100：330
棉籽饼	33.8	1.29	0.36	3.57	100：28	100：277
棉籽粕	41.4	1.39	0.41	3.75	100：29	100：270
花生饼	43.9	1.35	0.39	5.16	100：29	100：382
菜籽饼	36.4	1.23	0.61	1.87	100：50	100：152
菜籽粕	38.5	1.35	0.77	1.98	100：57	100：147
进口鱼粉	62.0	4.35	1.65	4.08	100：40	100：93
国产鱼粉	55.1	3.64	1.44	3.02	100：40	100：83
血粉(喷干)	84.7	7.07	0.68	4.13	100：10	100：58
蚕蛹粕	64.8	4.85	2.92	3.53	100：60	100：73
肉骨粉	53.4	2.60	0.67	3.34	100：26	100：128
玉米	8.6	0.27	0.13	0.44	100：48	100：163
大麦	10.8	0.37	0.13	0.51	100：35	100：137
高粱	8.7	0.22	0.08	0.32	100：36	100：145
稻谷	8.3	0.31	0.10	0.61	100：32	100：196
碎大米	8.8	0.34	0.17	0.67	100：52	100：197
小麦麸(七三粉麸)	14.2	0.54	0.17	1.07	100：31	100：198
小麦麸(六四粉麸)	15.4	0.54	0.18	1.13	100：33	100：209
米糠饼	15.2	0.63	0.23	1.10	100：36	100：174

二、饲料蛋白质消化率与利用率

不同饲料蛋白质，其消化率不同；同一种饲料蛋白质喂给不同种类动物，其消化率也不同。饲料蛋白质消化率高，其营养价值就可能高；反之，则低。表 9-6 列举了一些饲料蛋白质在一些动物中的消化率。

表 9-6　常用饲料蛋白质的消化率　　　单位：%

饲料	猪	牛	羊	马	饲料	猪	牛	羊	马
鱼粉	96	—	89	—	大麦	75	73	77	82
血粉	78	—	71	—	苜蓿干草	—	70	72	—
大豆饼	91	90	94	—	花生饼	94	90	91	—
小麦麸	76	—	78	85	箭舌豌豆干草	—	66	78	—
玉米	66	69	74	78					

通常把饲料蛋白质在动物体内储留的百分率称为该饲料蛋白质利用率（protein utilization coefficient）。不同饲料蛋白质，其利用率不同。利用率高，就说明该饲料蛋白质营养价值高；反之，则低，表 9-7 列举了一些饲料蛋白质的利用率。

表 9-7　常用饲料蛋白质利用率　　　单位：%

饲料	利用率	饲料	利用率	饲料	利用率
玉米	52	小米	44	芝麻	54
稻米(碾过)	59	花生	47	鸡蛋	94
小麦	48	大豆	65	牛奶 82	

三、饲料蛋白质生物学价值

饲料蛋白质生物学价值（protein biological value，PBV）由 Thomas（1909）提出，为评定饲料蛋白质营养价值的经典指标。将饲料蛋白质在动物体内被储留量与被吸收量的比值，称为饲料蛋白质生物学价值，即：

$$饲料蛋白质生物学价值 = \frac{食入氮 - （粪氮 + 尿氮）}{食入氮 - 粪氮} \times 100\%　（蛋白质的表观生物价）$$

但粪中氮除来自饲料中氮外，还含有消化道脱落黏膜氮、残余消化液氮和消化道微生物氮。将这三部分氮一般合称为代谢氮（metabolic nitrogen）。尿中氮除来自饲料中氮外，还含有体组织降解的少量氮，一般将之称为内源氮（endocrine nitrogen）。因此，Mitchel（1924）对上式做了修正，即：

$$饲料蛋白质生物学价值 = \frac{食入氮 - [（粪氮 - 代谢氮） + （尿氮 - 内源氮）]}{食入氮 - （粪氮 - 代谢氮）} \times 100\%$$

蛋白质的营养实质上是氨基酸的营养。将不同氨基酸组成的多种蛋白质按照一定比例配合，通过氨基酸的互补作用，可使蛋白质的生物学价值提高；或在饲粮中添加限制性氨基酸，改善氨基酸的平衡性，也可提高蛋白质的生物学价值。

表 9-8 列举了猪常用饲料蛋白质生物学价值。

表 9-8　猪常用饲料蛋白质生物学价值　　　单位：%

饲料	生物价	饲料	生物价	饲料	生物价
大豆饼	67	苜蓿与三叶草粉	79～81	燕麦	59
大豆粕	86	肉骨粉	60～69	高粱	34
菜籽粕	63	鱼粉	75～77	优质小麦麸	59
棉籽粕	60	马铃薯(熟)	67	大米糠	31
葵籽粕	60	大麦	46～52	蚕豆	53
苜蓿	73	小麦	39～43	玉米	42～50

四、饲料蛋白质中氨基酸消化率

氨基酸消化率是指可消化氨基酸的数量占饲料（粮）中氨基酸总量的比值。可消化氨基酸是指饲料（粮）中氨基酸的总量减去粪中氨基酸数量。由于大肠微生物对大肠内容物中氨基酸有改造作用，通过测定粪中氨基酸含量，不能真实反映饲料（粮）中氨基酸在猪、禽等动物体内的消化吸收情况，所以测定饲料（粮）氨基酸回肠末端消化率更准确。

测定氨基酸消化率的方法有体内法和体外法，体内法又可被分为直接法和间接法。饲料氨基酸消化率可能有四种形式，即表观消化率、真消化率、粪法消化率和回肠末端法消化率。关于其具体测定方法，这里从略。

五、饲料蛋白质必需氨基酸指数

假定鸡蛋蛋白质为全价蛋白质，其中氨基酸含量及其比例均是理想的。在评定某饲料蛋白质营养价值时，先测定其中各必需氨基酸含量，然后按下式即可求得该饲料蛋白质必需氨基酸指数（essential amino acid index in protein，EAAI）。

$$EAAI=\sqrt[10]{\frac{100a}{A}\times\frac{100b}{B}\times\frac{100c}{C}\times\cdots\frac{100j}{J}}$$

式中，a、b、c、…、j 为饲料蛋白质中 10 种必需氨基酸含量；A、B、C、…、J 为鸡蛋蛋白质中相应必需氨基酸含量。

饲料蛋白质必需氨基酸指数大，其营养价值就高；反之，则低。表 9-9 列举了一些饲料蛋白质必需氨基酸指数。

表 9-9 一些饲料蛋白质必需氨基酸指数

饲料	指数	饲料	指数	饲料	指数
鸡蛋	100	豌豆	69	芝麻饼	77
脱脂乳	76	大麦	73	三叶草	72
酵母	72	亚麻仁饼	73	苜蓿草	73

六、饲料蛋白质化学积分

该法以第一限制性氨基酸为依据，评定饲料蛋白质营养价值。在评定饲料蛋白质营养价值时，先测定其中第一限制性氨基酸含量，后将该含量与鸡蛋蛋白质中相应氨基酸含量比较，两者的比值即为该饲料蛋白质的化学积分（protein chemical score）。

$$蛋白质化学积分=\frac{饲料蛋白质中第一限制性氨基酸含量}{鸡蛋蛋白质中相应氨基酸含量}\times100$$

化学积分高的饲料蛋白质营养价值就高；反之，则低。表 9-10 列举了一些饲料蛋白质的化学积分。

表 9-10 饲料蛋白质的化学积分

饲料	积分	饲料	积分	饲料	积分
鸡蛋	100	芝麻	50	小米	63
牛乳	95	棉籽	81	稻米（碾过）	67
花生	65	玉米	49	小麦	53

七、饲料蛋白质中氨基酸消化率与利用率

若饲料蛋白质中氨基酸消化率（amino acid digestibility）或有效率（availability）高，则说明该饲料蛋白质营养价值高；反之，则低。表 9-11 列举了 15 种饲料蛋白质中氨基酸在猪中的表观消化率（回肠法测得）。表 9-12 列举了玉米和豆饼中氨基酸对鸡的有效率。

表 9-11　饲料蛋白质中氨基酸消化率与利用率　　　　单位：%

项目	氮	精氨酸	组氨酸	异亮氨酸	亮氨酸	赖氨酸	蛋氨酸	苯丙氨酸	苏氨酸	色氨酸	缬氨酸
大豆饼（44%）	81.6	90.5	87.1	83.2	82.2	86.7	85.3	86.1	76.9	81.1	81.8
大豆饼（48.5%）	78.4	89.9	86.8	82.9	81.9	84.5	87.1	84.0	75.0	77.3	77.7
双低菜籽饼	69.3	82.2	81.6	76.5	79.6	75.1	83.6	77.8	66.5	—	69.5
棉籽饼	73.8	88.5	80.0	68.3	70.5	62.3	69.8	78.5	62.8	74.4	71.0
肉骨粉	63.0	76.9	67.2	65.1	67.9	62.8	74.2	68.1	56.4	52.0	67.9
鱼粉	73.6	85.7	82.5	78.6	79.4	77.8	83.7	73.2	75.8	—	75.2
葵籽饼	71.6	87.9	80.2	77.3	77.3	71.8	84.3	76.1	70.5	—	73.0
田豆	74.3	88.5	82.1	80.3	81.2	82.4	72.5	78.9	74.9	68.4	76.9
大麦	74.5	80.4	78.7	78.2	80.4	72.3	79.8	81.4	69.0	72.0	74.3
小麦	81.4	85.1	86.7	85.0	86.2	74.5	84.6	88.6	73.7	76.0	80.8
玉米	74.6	85.1	85.1	82.1	87.8	77.3	87.9	84.6	69.8	75.0	79.9
燕麦	62.0	85.0	74.0	73.0	75.0	58.0	75.0	73.0	53.0	59.0	72.0
黑麦	68.0	79.0	76.0	74.0	75.0	65.0	80.0	81.0	62.0	62.0	71.0
小黑麦	82.0	85.0	—	83.0	85.0	81.0	85.0		74.0		83.0
高粱	82.0	85.0	81.0	88.0	91.0	74.0	88.0	92.0	75.0	80.0	85.0

注：引自 W. C. Sauer L. Ozimek，1986。

表 9-12　玉米和豆饼中氨基酸有效率　　　　单位：%

氨基酸	玉米	大豆饼	氨基酸	玉米	大豆饼
半胱氨酸	96	92	酪氨酸	95	93
蛋氨酸	98	94	组氨酸	99	95
赖氨酸	96	94	缬氨酸	96	93
精氨酸	98	93	丝氨酸	98	94
色氨酸	96	96	谷氨酸	98	95
苏氨酸	92	93	天门冬氨酸	96	94
异亮氨酸	96	94	脯氨酸	97	94
亮氨酸	97	94	丙氨酸	96	93
苯丙氨酸	98	95			

注：引自秋叶征夫，1986。

八、饲料代谢蛋白质或代谢氨基酸

Burroughs 等（1972—1975）把在反刍动物真胃和小肠内可消化吸收的饲料蛋白质或氨基酸称为饲料代谢蛋白质（metabolic protein，MP）或代谢氨基酸（metabolic amino acid，

MAA）。其计算公式如下：

$$X_{MP} = 0.9P_1 + 0.8P_2 - 12$$
$$X_{MAA} = 0.9P_1 \times A_1 + (0.8P_2 - 12) \times A_2$$

式中，X_{MP} 为饲料代谢蛋白质含量，g/kg，X_{MAA} 为饲料代谢氨基酸含量，g/kg；P_1 为瘤胃中未降解，到达真胃和小肠的饲料蛋白质，%；P_2 为瘤胃中可望合成的微生物蛋白质，其数量等于在瘤胃中降解的蛋白质量或等于饲料中总可消化养分的 0.104 倍；0.9 为未降解的饲料蛋白质在小肠内真消化率；0.8 为微生物蛋白质在小肠内真消化率；12 为内源性粪氮（饲料消化时消耗的内源蛋白质）；A_1 为未降解的饲料蛋白质中某种氨基酸百分率；A_2 为微生物蛋白质中某种氨基酸百分率。

[例] 玉米干物质中含蛋白质 10%，该饲料蛋白质中含赖氨酸 2.5%。玉米蛋白质在瘤胃中降解率为 62%，合成的微生物蛋白质中含赖氨酸 10%。试求 1kg 玉米干物质中代谢蛋白质和代谢赖氨酸含量。

根据例中所给的条件得：

$$X_{MP} = 0.9 \times 38 + 0.8 \times 62 - 12 = 71.8(g)$$
$$X_{MLys} = 0.9 \times 38 \times 2.5\% + (0.8 \times 62 - 12) \times 10\% = 4.6(g)$$

分析该例可知，1kg 玉米干物质含有蛋白质 100g，经过瘤胃微生物改造，仅有 71.8g 代谢蛋白质，28.2g 蛋白质损失了；1kg 玉米干物质中仅含有 2.5g 赖氨酸（1000×10%×2.5%），但玉米蛋白质经过瘤胃微生物改造，变成 4.6g 赖氨酸，净增加 2.1g（4.6g－2.5g）赖氨酸。

饲料中代谢蛋白质或代谢氨基酸数量多，就说明饲料蛋白质营养价值高；反之，则低。表 9-13 列举了常用饲料中代谢蛋白质和代谢氨基酸值。

表 9-13　常用饲料中代谢蛋白质和代谢氨基酸值

单位：g/kg（以干物质计）

饲料	代谢蛋白质	可代谢氨基酸				
		精氨酸	半胱氨酸	组氨酸	赖氨酸	蛋氨酸
苜蓿	47.6	2.7	0.5	1.0	4.2	1.1
肉渣	180.0	12.4	2.1	6.7	14.0	3.2
肉骨粉	169.2	11.7	1.9	3.2	12.9	2.8
大麦籽实	93.4	4.6	1.1	2.1	7.1	2.0
大麦秸	21.8	1.3	0.3	0.5	1.9	0.5
甜菜叶	56.0	3.2	0.8	1.0	4.7	1.2
甜菜糖蜜	58.0	0.9	0.9	1.3	5.7	1.8
甜菜渣	66.2	3.6	2.2	1.5	6.2	3.0
狗牙根草	7.5	2.3	0.3	0.9	3.1	0.8
早熟禾	55.9	3.4	0.6	1.3	5.4	1.3
须芒草	56.3	3.4	0.7	1.3	5.2	1.3
雀麦草	40.8	2.5	0.5	1.0	3.7	0.9
全脂牛乳	131.4	7.3	1.3	3.1	12.3	3.3
脱脂牛乳	104.2	5.5	1.1	2.5	9.5	2.7
杂三叶	51.3	3.0	0.6	1.1	4.5	1.1

饲料	代谢蛋白质	可代谢氨基酸				
		精氨酸	半胱氨酸	组氨酸	赖氨酸	蛋氨酸
绛三叶	53.3	3.1	0.6	1.2	4.6	1.1
白三叶	49.3	3.0	0.6	1.1	4.5	1.1
红三叶	49.2	3.0	0.5	1.1	4.6	1.1
整株玉米青贮	55.4	3.0	0.5	1.2	3.8	1.2
玉米面筋与玉米皮	119.6	5.7	1.6	2.9	6.9	3.0
黄玉米籽实	71.8	3.7	0.7	1.5	4.6	1.4
玉米秸	38.7	2.1	0.4	0.8	2.9	0.8
棉籽饼	151.4	13.3	2.2	3.6	8.6	2.5
棉籽壳	23.5	1.9	0.3	0.6	1.7	0.5
象草	42.0	2.6	0.5	1.0	3.9	0.9
燕麦草	51.4	3.1	0.6	1.2	4.8	1.2
燕麦籽实	87.1	5.0	0.9	1.8	6.2	1.8
花生饼	168.2	17.7	2.2	4.1	10.8	2.3
草原牧草	40.6	2.5	0.5	0.9	3.8	0.9
菜籽饼	143.7	8.2	1.0	3.5	9.8	3.1
黑麦籽实	95.1	5.5	1.0	2.2	7.4	2.1
意大利黑麦草	47.2	2.9	0.5	1.0	4.5	1.1
高粱籽实	94.0	4.8	1.3	2.5	5.7	1.8
苏丹草	48.7	3.0	0.6	1.1	4.5	1.1
整株大豆	38.8	2.4	0.4	0.8	3.5	0.9
大豆秸	32.2	1.8	0.4	0.7	2.6	0.6
大豆饼	171.6	12.1	2.2	4.4	13.3	2.8
尿素	2225.0	140.2	20.0	49.0	222.5	55.6
小麦麸	95.1	6.0	1.3	1.9	6.5	1.5
冰草	31.7	1.9	0.4	0.8	2.8	0.7
甘蔗糖蜜	59.2	3.4	0.5	1.3	4.8	1.3

九、饲料 PDI 值

1. 饲料 PDI 值的含义

法国农科院制定的饲料 PDI 值，PDI 是法文字母的缩写，意即"小肠内真正可消化的真蛋白"，可简写成"小肠内可消化蛋白质"。

2. 饲料 PDI 值的特点

为每种饲料制定两个 PDI 值。其中，一个是基于饲料的含氮量及其降解度制定的 PDI 值（PDIN）；另一个是基于饲料在瘤胃内降解能含量制定的 PDI 值（PDIE）。

3. 饲料 PDI 值的展开

$$PDI = PDIA + PDIM = PDIA + \begin{cases} PDIMN \\ PDIME \end{cases} = \begin{cases} PDIA + PDIMN = PDIN \\ PDIA + PDIME = PDIE \end{cases}$$

式中，PDIA 为未在瘤胃中降解而在小肠中真正消化的饲料蛋白质，PDIM 为在小肠中真正消化的微生物蛋白质，PDIMN 为基于饲料中氮素在小肠中真正消化的微生物蛋白质，PDIME 为基于饲料中能量在小肠中真正消化的微生物蛋白质。

4. 饲料 PDI 值的确定

当某种饲料单独喂时，上两值中，低者为饲料的 PDI 值。例如，谷实类饲料含氮量少，能量多，其 PDI 值为 PDIN。上两值中，高者为潜值，若几种饲料搭配适当就可达到。此时，瘤胃微生物可利用谷实类饲料中可消化能的多余部分和饼粕类饲料中可降解氮的多余部分合成蛋白质。在理想条件下，谷实类饲料可达到其 PDIE 值，饼粕类饲料可达到其 PDIN 值。

5. 饲料 PDI 值的计算

$$PDI = \begin{cases} PDIN = CP(1-dg)dc + CP(0.196+0.364S) \\ PDIE = CP(1-dg)dc + 0.0756DOM \end{cases}$$

式中，CP 为饲料粗蛋白质含量，dg 为饲料蛋白质在瘤胃中降解率，dc 为未降解的饲料蛋白质在小肠中真消化率，S 为饲料氮素的溶解度，DOM 为可消化有机物质含量。

表 9-14 列举了几种饲料的 PDI 值，表 9-15 列举了几种饲料蛋白质在瘤胃内的降解率。

表 9-14　几种饲料的 PDI 值　　　　　单位：g/kg（以干物质计）

饲料	PDIA	PDIN	PDIE
意大利黑麦草,未抽穗	58	109	111
意大利黑麦草,抽穗前期	33	63	82
青苜蓿,开花初期	73	131	116
苜蓿干草,第一茬,孕蕾期	60	118	101
小麦秸	13	22	43
玉米青贮,干物质 28% 以上	20	51	71
玉米粒	49	80	16
豆饼	220	385	285
尿素	0	1610	0

表 9-15　几种饲料蛋白质在瘤胃内的降解率　　　　　单位：%

项目	尿素	酪蛋白质	大麦	棉籽饼	花生饼	大豆饼	苜蓿干草	玉米	青贮玉米	鱼粉
降解率	100	90	80	70	65	60	60	40	40	30

第三节　饲料能值评定

通过测定饲料总能（gross energy，GE）、消化能（digestible energy，DE）、代谢能（metabolizable energy，ME）和净能（net energy，NE），可在不同层次上评定饲料能值。评定指标与方法如下。

一、饲料总能测定

（一）方法

1. 直接法

用氧弹式测热器直接测定饲料总能。测定程序为：先将准确称量的料样放入测热器的钢质弹筒内，充入氧气，通电燃烧，放出的热量由弹壁导出，为筒外定量水分吸收。根据料样燃烧前后的水温差，即可求得饲料样的总能量。

2. 间接推算法

先测定饲料中粗蛋白质（X_1）、粗脂肪（X_2）、粗纤维（X_3）和无氮浸出物（X_4）含量（g/kg），然后按下式计算，即可求得饲料总能（kcal/kg）。

饲料总能（kcal/kg）＝5.65X_1＋9.40X_2＋4.17X_3＋4.18X_4

也可再测定饲料中粗灰分（X_5，%），用下式预测：

饲料总能（kcal/kg）＝4413＋0.15X_1(%)＋0.56X_2(%)－44X_5

(二) 评价

饲料总能值与营养价值有一定关系，有时呈正相关。但饲料总能中多少比例被动物利用，无法知晓。因此，通过测定饲料总能，难以准确评定饲料能量的营养价值。

二、饲料消化能测定

(一) 方法

1. 直测法

进行消化试验，并用氧弹式测热器，即可求得饲料消化能（DE）。其计算公式如下：

饲料消化能＝食入饲料总能－粪能

表 9-16 列举了几种饲料总能、消化能与能量消化率。

表 9-16　几种饲料总能与消化能比较

饲料	总能/(MJ/kg)	消化能/(MJ/kg)	能量消化率/%
玉米	17.64	16.39	92.89
大麦麸	18.85	14.34	76.05
大豆粕	19.60	15.17	77.40
红三叶干草	18.27	9.70	53.09
苜蓿干草粉	17.93	11.32	63.17
燕麦干草粉	17.85	11.66	65.34
黄豆干草粉	17.68	9.95	56.26

2. 间接推算法

先用消化试验求得每千克饲料中可消化粗蛋白质（X_1）、可消化粗脂肪（X_2）、可消化粗纤维（X_3）和可消化无氮浸出物（X_4）的克数，然后按下式即可求得饲料消化能。

猪：DE(kcal/kg)＝5.78X_1＋9.42X_2＋4.40X_3＋4.07X_4

牛：DE(kcal/kg)＝5.79X_1＋8.15X_2＋4.42X_3＋4.06X_4

绵羊：DE(kcal/kg)＝5.72X_1＋9.05X_2＋4.38X_3＋4.06X_4

另可根据饲料中酸性洗涤纤维（ADF）或粗纤维（CF）的百分率（X_5、X_6，%）估测饲料消化能：

DE(kJ/kg 干物质)＝4.184×(4179－86X_5)　$r=0.96$　RSD=211

DE(kJ/kg 干物质)＝4.184×(4228－140X_6)　$r=0.97$　RSD=184

(二) 评价

消化能为生理能值指标，它把饲料与动物结合起来，以评定饲料能量的营养价值，因而其科学性较总能指标强。但饲料消化能中尚有一定量的能量（如尿能和可燃烧气体能）不能被动物利用，且这部分能量的比例随饲料种类和动物类别变化而变化。所以，消化能作为评定饲料能值的指标，尚有缺点。

(三) 应用性

目前，我国猪饲养标准和饲料营养价值表中，能量指标均用消化能。其主要理由为：①猪消化道中可燃气体（CH_4）少，因而可燃气体能量损失少（不超过 1%）。②代谢能与消化能比值（96/100）相对稳定。③消化能测定较代谢能或净能测定简便。

三、饲料代谢能测定

（一）方法

1. 直测法

用代谢试验可测得饲料代谢能，计算公式为：

$$饲料代谢能＝食入饲料总能－粪能－尿能－可燃气体能$$

2. 间接推算法

（1）根据饲料消化能，推算代谢能。

反刍动物：$ME＝DE×0.82$

猪：$ME＝\dfrac{DE×[96－0.202×粗蛋白含量（\%）]}{100}$

（2）根据饲料中可消化养分，推算代谢能：先通过消化试验测得每千克饲料中可消化粗蛋白质（X_1）、可消化粗脂肪（X_2）、可消化粗纤维（X_3）和可消化无氮浸出物（X_4）的克数，然后按下式即可求得饲料代谢能。

牛：$ME(kcal/kg)＝4.32X_1＋7.73X_2＋3.59X_3＋3.63X_4$

绵羊：$ME(kcal/kg)＝4.49X_1＋9.05X_2＋3.61X_3＋3.66X_4$

猪：$ME(kcal/kg)＝5.01X_1＋8.93X_2＋3.44X_3＋4.08X_4$

鸡：$ME(kcal/kg)＝4.26X_1＋9.50X_2＋4.23X_3＋4.23X_4$

另可根据饲料中某些养分的百分率估测饲料代谢能：

玉米 $MEn＝(36.21×CP＋85.44×EE＋37.26×NFE)×4.184$

大米 $MEn＝(46.7×DM－46.7×Ash－69.55×CP＋42.95×EE－81.95×CF)×4.184$

高粱（单宁＞1.0%）$MEn＝(21.98×CP＋54.75×EE＋35.18×NFE)×4.184$

小麦 $MEn＝(34.92×CP＋63.1×EE＋36.42×NFE)×4.184$

小麦次粉 $MEn＝(40.1×DM－40.1×Ash－165.39×CF)×4.184$

小麦麸 $AME＝(3.940－0.209CF/DM)×4.184$

甘薯（干）$MEn＝(8.62×CP＋50.12×EE＋37.67×NFE)×4.184$

木薯粉 $MEn＝(39.14×DM－39.14×Ash－82.78×CF)×4.184$

大豆饼粕 $MEn＝(2702－57.4×CF＋72.0×EE)×4.184$

棉籽饼粕 $MEn＝(21.26×DM＋47.13×EE－30.85×CF)×4.184$

菜籽饼粕 $MEn＝(29.73×CP＋46.39×EE＋7.87×NFE)×4.184$

花生饼粕 $MEn＝(29.68×DM＋60.95×EE－60.87×CF)×4.184$

全脂大豆 $MEn＝(2769－59.1×CF＋62.1×EE)×4.184$

乳清粉 $MEn＝(38.79×CP＋77.96×EE＋19.04×NFE)×4.184$

鱼粉（CP60%以上）$MEn＝(35.87×DM－34.08×Ash＋42.90×EE)×4.184$

血粉 $MEn＝(34.49×CP＋64.96×EE)×4.184$

式中，MEn 为氮校正代谢能，kJ/kg；DM 为干物质；CP 为粗蛋白质；EE 为粗脂肪；CF 为粗纤维；ADF 为酸性洗涤纤维；Ash 为粗灰分；NFE 为无氮浸出物。饲料中营养物质都以%表示。

（二）评价

饲料代谢能是饲料在动物体内产热量的准确估计，可用来精确测定和表示动物维持能量需要；实测不太难，也可间接推算。但代谢能未扣除热增耗。

（三）应用性

目前，我国鸡饲养标准和饲料营养价值表中，能量指标均用代谢能。其主要理由为：①在理论上，ME 较 DE 准确，但比 NE 差。②由于鸡的解剖生理学特点（尿和粪均由泄殖腔排出），所以测定 ME 比测定 DE 更方便。

四、饲料净能

饲料净能，是饲料能量被利用的最终指标。饲料代谢能减去热增耗（heat increment，HI）即为饲料净能。在测定饲料代谢能值的基础上，测定热增耗值，即可求得饲料净能值。若是用作生长乳牛、肉牛的饲料，该饲料的维持净能（NE_m）和增重净能（NE_g）可用下式估测：

$$NE_m = 0.12TDN - 1.2$$
$$NE_g = 0.12TDN - 4.23$$

式中，NE_m 为维持净能（以干物质计），MJ/kg；NE_g 为增重净能（以干物质计），MJ/kg；TDN 为总消化养分，%。

若是用作肥育动物的饲料，该饲料的肥育净能（NE_f，kJ/kg）可用下式估测：

$$NE_f = 10.41 \times DCP + 36.00 \times DEE + 6.27 \times DCF + 12.67 \times NFE（德国、荷兰）$$

式中，DCP 为可消化粗蛋白质，g；DEE 为可消化粗脂肪，g；DCF 为可消化粗纤维，g；NFE 为无氮浸出物，g。

饲料净能可用于动物维持生命活动（即维持净能）和生产产品（即生产净能）。生产净能可分为产脂净能（NE_f）、产乳净能（NE_L）、产蛋净能（NE_e）、产毛净能（NE_w）和增重净能（NE_g）等。等值饲料代谢能，转化为不同类型净能时，其净能值不一样。因此，测定饲料净能时，不能脱离其使用类型。

目前，我国奶牛饲养标准和饲料营养价值表中，能量指标常用泌乳净能（NEL）。其主要理由如下：①在理论上，NE 较 ME、DE、GE 准确。②饲料代谢能用途不同时，利用率不一样。因此，对奶牛，宜用 NEL。③由于奶牛的生理解剖学特点和代谢特点，可燃气体能量多，热增耗值也大，所以为更好指导生产，须用 NEL。

第四节 饲料矿物质营养价值的评定

评定饲料矿物质的营养价值，是畜牧及饲料科技工作者的迫切要求。通常用饲料中矿物元素的生物学有效性（biological availability）衡量其营养价值。估测饲料中矿物元素生物学有效性的依据一般是该元素在动物体内吸收率、利用率或某种生物学效应。现将饲料中钙、磷、镁、硫、钠、氯、铁、锌、锰、铜、硒和钴等矿物元素的生物学有效性及其影响因素介绍如下。

一、饲料中钙的生物学有效性及其影响因素

不同钙源对反刍动物的有效性综述于表 9-17。关于不同钙源对猪、鸡有效性的资料较少。Meyer 等（1973）比较研究了石灰石粉、贝壳粉、方解石粉和蛋壳粉中钙对蛋鸡的有效性。结果表明，贝壳粉的有效性最高；方解石粉和蛋壳粉的有效性居中；而石灰石粉的有效性最低。

影响钙有效性的因素有以下几项。

1. 动物类别

反刍动物对钙源相对较猪、禽敏感。骨粉中钙、磷酸一钙和磷酸二钙对牛、羊的有效性

高；石灰石中钙、脱氟磷酸钙、碳酸钙和干草中钙的有效性较低。对雏鸡，磷酸钙、碳酸钙、石粉中钙、骨粉中钙和脱氟磷酸钙的有效性最高；石膏中钙和低氟磷酸钙的有效性次之；钙、镁磷酸盐（白云石）中钙的有效性最低。

表 9-17　不同钙源对反刍动物的相对生物价　　　单位：%

钙源	相对生物价	钙源	相对生物价
碳酸钙	100	碳酸二钙	95～140
石灰石粉	88～93	氯化钙	120～132
骨粉	133～138	苜蓿干草	78～80
脱氟磷酸钙	100～108	胡枝子干草	90～98
磷酸一钙	120～140	鸡脚草干草	98～100

注：假定碳酸钙的生物价为100%（根据利用率）。

2. 动物年龄与生理状态

一般来说，动物年龄愈大，对钙的吸收率愈低。妊娠、泌乳动物和产蛋家禽对钙的吸收率较高。例如，4月龄的生长鸡对钙的吸收率为28%，6月龄的产蛋鸡对钙的吸收率为72%，12月龄的产蛋鸡对钙的吸收率为67%，处于换羽阶段的14月龄鸡对钙吸收率为32%（Scott等，1982）。

3. 日粮成分

钙、磷比例是影响钙吸收的重要因素。宜于钙吸收的钙、磷比例为（1～2）：1。无论是钙或磷含量偏多，均会使难溶性的磷酸盐数量增多，从而影响钙的吸收。日粮中维生素D充裕，钙的吸收率提高。若维生素D不足或缺乏，则钙吸收受到不利影响。日粮脂肪过高，钙吸收率下降。过量的脂肪和钙形成不溶性钙皂，因而钙不能被吸收。若肉鸡日粮中脂肪高于10%时，钙的吸收率就下降。乳糖对钙吸收有促进作用。其机制是：钙与乳糖形成可溶性螯合物，而该螯合物易被吸收。日粮蛋白质能促进钙吸收，这是因为氨基酸可和钙形成可溶性钙盐，从而促进钙吸收。

4. 钙源

不同钙源，其有效性也不同，如表9-17所示。

二、饲料中磷的生物学有效性及其影响因素

Scott等（1982）认为，土壤中无机磷对人和动物的有效性很低，除非这些磷酸盐岩石经热处理，以使之变成有效形式。Gillis等（1954）研究了不同磷源对鸡的有效性，其结果综述于表9-18。不同磷源对反刍动物的有效性综述于表9-19。Charleas H. Hubbell（1988）对一些饲料中磷的有效率综述于表9-20。

表 9-18　不同磷源对鸡的生物价　　　单位：%

试剂级	相对生物价	试剂级	相对生物价
β-磷酸三钙(无水)	100	磷酸二钙	97
磷酸二钙(含水)	110	磷酸钙、磷酸-钙混合物	105～110
磷酸二钙(无水)	90	灰化脱氟磷酸钙	94
磷酸二氢钾(无水)	109	熔化脱氟磷酸钙	82
磷酸二氢钠(含水)	103	骨灰粉	89

注：假定β-磷酸三钙（无水）的生物价为100%。

从表9-20中可看出，动物性饲料中磷的有效率均为100%，而植物性饲料中磷的有效率较低，多为30%～40%。

表 9-19　不同磷源对反刍动物的相对生物价　　　　　单位:%

磷源	相对生物价	磷源	相对生物价	磷源	相对生物价
磷酸氢钙	100	磷酸软石	17～88	偏磷酸钙	70
磷酸二氢钠	107	植酸磷	60	偏磷酸钠	97
蒸骨粉	92	正磷酸钙	100	焦磷酸钠	82
脱氟磷酸钙	71～95	焦磷酸钙	54		

注：假定磷酸氢钙的生物价为100%。

表 9-20　一些饲料中磷的有效率　　　　　单位:%

饲料	总磷	有效磷	磷有效率	饲料	总磷	有效磷	磷有效率
苜蓿叶粉(脱水)	0.27	0.22	81.48	西非高粱	0.27	0.09	33.33
苜蓿粉(脱水)	0.23	0.18	78.26	甜菜糖蜜	0.02	0.01	50.00
大麦	0.36	0.16	44.44	甘蔗糖蜜	0.08	0.04	50.00
豆类	0.50	0.13	26.00	燕麦	0.33	0.11	33.33
血粉(喷雾干燥)	0.22	0.22	100.00	燕麦壳	0.10	0.03	30.00
干啤酒糟	0.60	0.15	25.00	花生饼与壳	0.55	0.20	36.36
荞麦	0.30	0.10	33.33	菜籽粕	1.10	0.45	40.91
干牛奶	0.9	0.90	100.00	米糠	1.50	0.23	15.33
干柠檬渣	0.10	0.03	30.00	细米糠	1.30	0.14	10.77
狼牙根草(脱水)	0.20	0.15	75.00	糙米	0.26	0.09	34.62
椰籽饼粉	0.55	0.18	32.73	红花籽粕	0.50	0.18	36.00
黄玉米	0.25	0.08	32.00	芝麻饼	1.30	0.24	18.46
高赖氨酸玉米	0.20	0.07	35.00	虾粉	1.50	1.50	100
黄玉米及其芯粉	0.20	0.07	35.00	干脱脂乳	1.00	1.00	100
玉米芯	0.04	0.01	25.00	高粱面筋	0.60	0.20	33.33
玉米胚粉(湿磨)	0.50	0.17	34.00	大豆	0.58	0.20	34.48
玉米面筋	0.75	0.27	36.00	大豆饼	0.60	0.20	33.33
玉米面筋粉	0.40	0.13	32.50	大豆粕	0.60	0.20	33.33
棉籽粕	1.20	0.50	41.67	带壳向日葵饼	1.10	0.36	32.73
棉籽饼	0.90	0.30	33.33	肉粉	2.50	2.50	100
羽毛粉	0.75	0.75	100	小黑麦	0.30	0.10	33.33
鱼粉	2.40	2.40	100	硬粒小麦	0.28	0.09	32.14
黄玉米麸	0.50	0.17	34.00	小麦麸	1.15	0.40	34.78
亚麻籽饼	0.80	0.27	33.75	小麦胚粉	0.80	0.30	37.50
干大麦芽	0.70	0.20	28.57	面粉	0.30	0.10	33.33
肉骨粉	5.10	5.10	100	干乳清	0.70	0.70	100
肉粉	3.80	3.80	100				

　　动物对磷的吸收，也受多种因素影响，除前述影响钙吸收的因素如动物种类、年龄、生理状态、日粮成分和原料种类等均可影响磷的吸收外，饲料中磷的存在形式也是影响其吸收的重要因素。谷实、糠麸、饼粕等植物性饲料含有的磷50%以上以植酸盐形式存在，如表9-21所示。据试验测定，雏鸡对植酸磷利用率仅为磷酸氢钠的10%，母鸡对植酸磷利用率仅为磷酸氢钙的50%，猪对植酸磷利用率在40%以下，幼龄反刍动物对植酸磷利用率为35%，成年反刍动物对植酸磷利用率可达90%。

表 9-21　饲料中植酸磷占总磷比例　　　　　单位:%

饲料	总磷含量	植酸磷/总磷	饲料	总磷含量	植酸磷/总磷
玉米	0.28	69.6	豌豆	0.37	38.0
大麦	0.37	63.9	蚕豆	0.38	44.4
小麦	0.35	71.4	秣食豆	0.59	47.0
青稞	0.31	39.8	大米糠	1.78	75.7
高粱	0.17	55.7	小麦麸	1.02	72.7
大豆饼	0.59	41.0	苜蓿粉	0.25	—
棉籽饼	1.05	59.5	刺槐叶	0.40	—
菜籽饼	0.84	62.8			

三、饲料中镁的生物学有效性及其影响因素

在反刍动物日粮中常加镁，以防治其缺乏症。因此，关于不同镁源对反刍动物有效性的研究资料较多，现综述于表 9-22。

表 9-22　不同镁源对反刍动物的相对生物价　　单位：%

镁源	相对生物价	镁源	相对生物价	镁源	相对生物价
试剂级氧化镁	100	氯化镁	98~100	三硅酸镁	66
饲料级氧化镁	85	柠檬酸镁	100~148	磷酸镁	100
硫酸镁	58~113	醋酸镁	107	牛奶中镁	90
碳酸镁	86~113	硝酸镁	97	饲草中镁	10~25
菱铁矿	低	乳酸镁	98	谷物中镁	37
白云石	28	硅酸镁	很低	混合饲料镁	51

注：将试剂级氧化镁的生物价假定为 100%。

常用饲料中镁含量基本能满足猪、鸡的营养需要，因而一般无需向其日粮中加镁，所以关于不同镁源对猪、鸡有效性的研究资料很少。

影响镁有效性的因素有以下几项。

1. 糖分

绵羊采食加有葡萄糖的干草后，镁的表观吸收率提高。每天向绵羊的苜蓿日粮中补加 400g 乳糖，镁的利用率可从 19% 提高到 26%。Giduck 等（1987）分别用乳糖、葡萄糖、蔗糖或淀粉加入绵羊的鸡脚草干草日粮中。结果是，未加糖分的对照组的镁表观吸收率为 15%；补加糖分的所有处理组的镁表观吸收率为 35%~38%。Giduck 等（1988）向采食鸡脚草干草的绵羊瘤胃内灌注葡萄糖，镁的表观吸收率大幅度提高。Madsen 等（1976）发现，在 1.44kg 红三叶-鸡脚草干草中加 250g 葡萄糖，绵羊对镁表观吸收率从 27% 提高到 34%。

2. 维生素 D

维生素 D 能提高反刍动物消化道对镁的吸收量。在其他动物中，维生素 D 也能促进镁的吸收。

3. 含氮物质

Foutenot 等（1989）报道，日粮粗蛋白质含量提高时，动物对镁的吸收率下降。Head 等（1955）报道，给母牛喂以大量乙酸铵或碳酸铵，镁的吸收量减少，血清镁水平下降，尿镁排泄量降低。

4. 矿物质

Nugara 等（1981）报道，给单胃动物喂高钙和（或）高磷，往往提高它们对镁的需要量，或对镁利用障碍。将绵羊日粮钙含量由 0.13% 提高到 0.43%，磷含量由 0.12% 提高到 0.36%，其粪镁含量提高。Pless 等（1973）也报道，将绵羊日粮钙含量由 0.4% 提高到 1.4%，磷含量由 0.3% 提高到 1.3%，其对镁表观吸收率下降。Martens 等（1980）报道，反刍动物日粮钠不足时，镁的吸收率下降。每天给绵羊喂 2.3g 钠时，镁的吸收率从 22.3% 提高到 34.5%。Fontenot（1979）报道，给反刍动物饲喂高钾，它对镁的吸收率下降，因而血清镁含量降低。并且，日粮钾含量越高，镁所受的影响就愈大。

5. 脂肪酸

Kemp 等（1966）报道，在日粮中补添高级脂肪酸，乳牛对镁吸收率降低。Wilson 等（1979）报道，给放牧乳牛饲喂花生油，它对镁吸收率下降，血清镁含量降低。

6. 镁源

不同饲料中镁，其有效性也不同。不同镁源对反刍动物的有效性如表 9-22 所示。

四、饲料中硫、钠和氯的生物学有效性

关于饲料中硫、钠和氯的生物学有效性的资料很少，现将其有限的资料综述于表 9-23。

表 9-23　不同硫源对反刍动物的相对生物价　　　　　　　　　　　　　　　　%

硫源	相对生物价	硫源	相对生物价
蛋氨酸	100	硫酸钾	60~80
硫酸钠	60~80	硫酸铵	60~80
硫酸铜	54	元素硫	30~40
硫酸钙	60~80		

钠吸收率与其摄入量有关，即吸收率随摄入量增加而下降。钠吸收率尚与饲料中钠的存在形式有关。大多数脱氟磷酸盐［如 $Ca_6Na_3(PO_4)_5$］中钠与钙、磷结合而存在，鸡对其中钠吸收率高于食盐中钠，可达 83%。

五、饲料中铁的生物学有效性及其影响因素

不同供源中铁的有效性不同，表 9-24 总结了一些铁源对动物的有效性（相对生物价）。

表 9-24　不同铁源对动物的相对生物价　　　　　　　　　　　　　　　单位：%

铁源	相对生物价	动物	铁源	相对生物价	动物
血红蛋白铁	70	鼠，鸡	胆碱柠檬酸铁	102	鼠，鸡
血红蛋白铁	50	猪	氯化铁（含 6 个结晶水）	44	鼠，鸡
铁蛋白	11	人	柠檬酸铁	73	鼠，鸡
血红蛋白铁	16	人	柠檬酸铁	100	猪
脱氟磷酸铁	56	猪	甘油磷酸铁	93	鼠，鸡
白馍	50	鼠	$FePO_4 \cdot 4H_2O$	49	鼠
玉米	73	鼠	焦磷酸铁	45	鼠，鸡
血粉	35	鼠，鸡	焦磷酸铁钠	5	鸡
燕麦粉	21	鼠，鸡	焦磷酸铁钠	26	鼠
分离大豆蛋白	97	鼠，鸡	焦磷酸铁钠	33	猪
浓缩鱼蛋白	33~59	鸡	Fe_2O_3	4	鼠，鸡
$FeSO_4 \cdot 7H_2O$	100	鼠，鸡	Fe_2O_3	12	猪
$FeSO_4$	100	鼠，鸡	$Fe_2(SO_4)_3$	83	鼠，鸡
$FeSO_4 \cdot H_2O$	100	鼠，鸡	聚磷酸铁	97	猪
$FeSO_4 \cdot 2H_2O$	100	猪	乙二酸四乙胺铁钠	90	猪
$Fe(NH_4)_2(SO_4)_2 \cdot 6H_2O$	99	鼠，鸡	柠檬酸铵铁	107	牛
$FeCO_3$	88	鼠，鸡	柠檬酸胆碱铁	102	牛
$FeCO_3$	14~66	猪	$FeSO_4$	92~100	牛
$FeCl_2 \cdot 4H_2O$	98	鼠，鸡	乙二酸四乙胺铁	99	牛
延胡索酸铁	95	鼠，鸡	葡萄糖酸亚铁	89~97	牛
葡萄糖酸铁	97	鼠，鸡	$FeCO_3$	68~88	牛
酒石酸铁	77	鼠，鸡	$Fe_2(SO_4)_3$	83	牛
乙二酸四乙胺铁（2 个结晶水）	99	鼠，鸡	$FeCl_3$	44~100	牛
柠檬酸铵铁	107	鼠，鸡	Fe_2O_3	2~10	牛
柠檬酸铵铁	107	猪			

注：假定 $FeSO_4 \cdot 7H_2O$ 的生物价为 100%（根据血红蛋白浓度）。

影响铁生物学有效性的因素有以下几项。

1. 动物因素

动物年龄、健康和铁营养状况均能影响铁的有效性。幼龄动物因对铁需要量多，故对铁

吸收率高。动物若患有寄生虫病或肠道病变,则对铁吸收机能下降。动物按体内储铁量调节铁吸收量。体内储铁量多,由于稳恒控制系统作用,铁吸收量就减少。

2. 饲粮因素

(1) 日粮酸碱性影响铁的效用。酸性日粮利于铁的消化吸收,而碱性日粮不利于铁消化吸收。

(2) 日粮蛋白质类型和数量影响铁的效用。Lumb(1970)报道,在猪中,分离大豆蛋白日粮中铁的效价较酪蛋白日粮中铁效价高。Conrad(1967)报道,日粮蛋白不足,铁的吸收率下降。

(3) 一些氨基酸能促进动物对铁吸收,Gross(1969)发现,组氨酸、赖氨酸和半胱氨酸与维生素C混合,并注入结扎的十二指肠,其中[59]Fe吸收率提高。而谷氨酰胺、谷氨酸、蛋氨酸和甘氨酸则不能。Campen(1972)将组氨酸加到单一口服的$FeCl_3$中,贫血鼠对铁吸收量增多。

(4) Bowering(1977)报道,在断奶鼠中,日粮脂肪类型和水平对铁效用有一定影响。将脂含量由5%增至20%,玉米油改为猪脂,鼠对铁吸收量增多。

(5) 碳水化合物也能影响铁有效性。Annine等(1971)报道,氨基硫酸三铁在鼠体内存留率随日粮碳水化合物来源不同而有别,其大小顺序为:乳糖、乳糖+淀粉、蔗糖、葡萄糖和淀粉。

(6) 铁主要以Fe^{2+}被吸收,Fe^{3+}被还原性物质还原成Fe^{2+},而后被吸收。维生素C能保持铁为还原形式,从而促进铁吸收。其他的还原性物质如谷胱甘肽等也能促进铁吸收。

(7) Perosa等(1951)报道。日粮加K_2HPO_4,在肠道内,它和铁形成不溶性磷酸铁,因而铁吸收率降低。Anderson(1939)报道,当钙、磷比例提高时,鼠对铁吸收率降低。比例为0.45时,铁有效性最高。Gublet(1952)报道,日粮铜不足,铁吸收障碍;铜过量时,铁吸收也受阻。他发现,猪采食含铜250mg/kg日粮,铁吸收率下降。但日粮加维生素C后,铁吸收得到改善。猪采食257mg/kg铜的日粮时,要保持正常的血红蛋白水平,铁需要量须高于NRC推荐的水平。

(8) 日粮中一些抗营养因子也影响铁吸收。

(9) 猪棉酚中毒伴随着贫血。铁易和棉酚结合,形成一种难溶性化合物,因而可降低棉酚毒性。Braham(1967)认为,因棉酚干扰铁吸收,故贫血由游离棉酚造成。Skutch(1973,1974)进一步推测,日粮中游离棉酚也同肝中铁形成复合物,随胆汁排出。

(10) 单宁也影响铁吸收,Disler(1975)报道,茶中单宁和铁形成不溶性单宁铁盐化合物。

六、饲料中锌的生物学有效性及其影响因素

不同供源中锌的生物学有效性不同,表9-25总结了一些锌源对动物的相对生物价。

表9-25 一些锌源对动物的相对生物价　　　　　　　　　　　　单位:%

锌源	鸡	鼠	牛	锌源	鸡	鼠	牛
高赖氨酸玉米	65	55	—	鱼粉	75	84	—
玉米	63	57	—	贝壳粉	95	—	—
稻谷	62	39	—	无脂乳	82	79	—
小麦	59	38	—	碳酸锌	100	100	100
高赖氨酸玉米胚	56	—	—	七水硫酸锌	—	—	93
玉米胚	54	—	—	氯化锌	—	—	86
芝麻饼	59	—	—	乙酸锌	—	—	84
大豆饼	67	—	—	氧化锌	—	—	66
蛋黄	79	76	—	一水硫酸锌	—	—	65

影响锌有效性的因素主要是日粮类型和组成。一般地，植物性饲料中锌的有效性低于动物性饲料中锌的有效性。也有研究表明在鸡、鼠和猪中，分离大豆蛋白中锌的有效性较酪蛋白和其他动物蛋白中的有效性差。

日粮高钙不利于锌吸收，植酸的大量存在则使锌吸收进一步恶化。

七、饲料中锰的生物学有效性及其影响因素

不同来源中锰的生物学有效性不同，表 9-26 概括了一些锰源对动物的有效性。

表 9-26　一些锰源对动物的相对生物价　　　　　　　　　　单位：%

锰源	鸡	羊	牛	锰源	鸡	羊	牛
$MnSO_4$	100	100	100	MnO_2	20～28	33～43	33
MnO	66～70	58	58	$MnCO_3$	39	28	28

孔祥瑞（1982）认为，铁可干扰锰吸收。饲料中植酸、磷与钙含量过多也影响锰吸收。Halpin 等（1986）报道，玉米、豆饼、鱼粉、麦麸和米糠均能降低鸡对无机锰（$MnSO_4 \cdot H_2O$）的吸收和利用。豆饼、玉米和糠麸均富含植酸盐，因而影响锰的效用。而鱼粉富含钙，故影响锰的有效性。Dyer 等（1964）也报道，日粮高钙和高磷可降低奶牛对锰的利用。国外学者在评定不同锰源的相对生物学效价时，为了避免低剂量可能受到环境污染的影响，一般采用高剂量和较高浓度水平，一般在 0～5000mg/kg 锰水平范围内。Baker（1983）用胰锰做标识估测 $MnCl_2 \cdot 4H_2O$ 和 $MnSO_4 \cdot H_2O$，有相似的生物学效价。由于日粮组分的差异，不同学者得到的相对生物学效价不尽相同，不同锰源相对生物学效价一般顺序是 Mn-Met＞$MnCl_2$＞$MnSO_4 \cdot H_2O$＞MnO（试剂级）＞$MnCO_3$＞MnO。Baker 等（1987）报道，锰的蛋白质络合物与 $MnSO_4 \cdot H_2O$ 有相似的生物学效价。

八、饲料中硒的生物学有效性及其影响因素

不同饲料中硒的生物学有效性也不同。表 9-27 和表 9-28 总结了一些硒源对动物的有效性。硒的生物学有效性受硒源、饲料类型和日粮成分等因素影响。Osman 等（1976）试验测得，亚硒酸钠、硒酸钠和硒半胱氨酸比硒蛋氨酸和单质硒粉的效价高。Cantor 等（1982）报道，亚硒酸钠和硒蛋氨酸可等效防治火鸡肌胃病变，但硒蛋氨酸防治胰脏纤维化的效果较亚硒酸钠好。

表 9-27　一些硒制剂对鸡和牛的相对生物价　　　　　　　　　　单位：%

硒制剂	鸡	牛	硒制剂	鸡	牛
亚硒酸钠	100	100	硒酸钠	109	133
亚硒酸钙	96	101	单质硒粉	81	8
亚硒酸钠＋硅胶载体	94	—	硒化钠	—	45

注：假定亚硒酸钠生物价为 100%。

表 9-28　一些硒源对动物的相对生物价　　　　　　　　　　单位：%

硒源	相对生物价	硒源	相对生物价	硒源	相对生物价
亚硒酸钠	100	脱氢苜蓿粕	210.0	禽副产品	18.4
玉米	86.3	高硫苜蓿	75.0	脱脂牛乳	100.0
玉米面筋	25.7	低硫苜蓿	100.0	硒酸钠	73.9
小麦	70.7	肉骨粉	15.1	硒化钠	41.9
标准粗面粉	60.0	金枪鱼粉	22.4	硒胱氨酸	73.0
蒸馏干燥谷粉	65.4	步鱼粉	15.6	硒二胱氨酸	91.0
酿酒谷物	79.8	鲱鱼粉	24.9	硒蛋氨酸	60～100
大豆粕	17.5～89.0	毛鳞鱼粉	48.0	6-硒嘌呤	19.9
棉籽粕	86.4	鲐鱼粉	34.1	6-硒嘌呤	19.9
酵母	122.0	鱼汁	8.5		

注：假定亚硒酸钠生物价为 100%。

一般地，动物性饲料中硒防治鸡渗出性素质症的效果较植物性饲料中硒差。维生素 E 能保持体内硒处于活性状态，或防止硒自体内排出，并防止细胞膜的脂类在膜内氧化反应。维生素 A 能促进肠道对硒吸收，减少硒在肠道组织或胰腺器官的转运时间。维生素 C 则能促进硒吸收和硒在细胞代谢活动中的作用。

硒的生物学有效性也受其进食水平影响。已有研究表明，硒的进食水平低于正常生理功能需要时，利用率比进食等于或大于 10^{-7} 时低。一般认为，在一定范围内，硒的进食水平与硒的生物学利用率呈线性相关或对数线性相关。

九、饲料中铜的生物学有效性及其影响因素

不同来源中铜的有效性有异，表 9-29 综述了一些铜源对动物的有效性。

表 9-29　一些铜源对动物的相对生物价　　　　单位：%

铜源	氯化铜	碳酸铜	硫酸铜	乙酸铜	氧化铜
牛	100*	86	85	80	30
鸡	—	41	100*	—	15

注：* 为假定值。

铜在胃和小肠内，尤其是在小肠上段被吸收。日粮成分为影响铜吸收率的重要因素。铁、锌、硫、钼、汞、镉、抗坏血酸与植酸均能降低铜吸收率。

十、饲料中钴的生物学有效性

迄今，仅有少量的饲料中钴对反刍动物有效性的资料报道，现综述于表 9-30。

表 9-30　一些钴源对反刍动物的相对生物价　　　　单位：%

钴源	碳酸钴	氯化钴	硫酸钴	乙酸钴	氧化钴
相对生物价	100	98~100	98	22	10

注：假定碳酸钴生物价为 100%。

第五节　衡量饲料营养价值的若干实用单位

一、干草当量

德国科学家 Thaer（1752—1828 年）于 1810 年创建了干草当量（heuwert）体系。将 100lb（45.36kg）干草饲喂动物的效果作为衡量饲料营养价值的单位。只要一种饲料的饲喂效果与 100lb 干草相同，其饲用价值就是 1 个干草当量。表 9-31 列举了几种饲料的干草当量。

表 9-31　几种饲料的干草当量

饲料	干草	马铃薯	苜蓿干草	胡萝卜
当量	100	200	90	266

二、干物质单位与可消化干物质

Grouven 于 1859 年创建了干物质单位。用干物质为单位，概括了饲料中蛋白质、糖类化合物和脂肪等的营养价值。干物质单位基于饲料中营养成分被建立起来的，故它的科学性

比干草当量强。

Wolff 于 1864 年创建了可消化干物质体系。该体系通过饲料中可消化干物质数量，概括了饲料营养价值，既注重了饲料中养分，又考察了动物对饲料的消化情况。

三、淀粉价

(一) 概念

德国科学家 Kellner（1851—1911 年）于 1907 年创建了淀粉价（starch equivalent，SE）体系。根据纯淀粉在阉牛体内沉积的脂肪量，提出了衡量饲料营养价值的单位——淀粉价（SE）。凡是能在阉牛体内沉积 248g 体脂肪的饲料，其营养价值就等于 1 个淀粉价。在保证阉牛维持需要条件下，加喂 1kg 可消化淀粉，能沉积 248g 体脂，即为 1 个淀粉价。加喂 1kg 大麦，可沉积 174g 体脂，相当于 0.7（174/248）个淀粉价；加喂 1kg 燕麦，可沉积 148g 体脂，相当于 0.6（148/248）个淀粉价。

(二) 创建方法

实验动物为阉牛，在保证其维持需要条件下，加喂各种待测饲料，用碳、氮平衡法测定阉牛体脂沉积量，从而获得各种饲料的淀粉价。但是，若对每种饲料都实验测定淀粉价，则其工作量很大。因此，Kellner 用间接法推算饲料淀粉价。其步骤如下。

(1) 选用一些纯养分喂阉牛，测体脂沉积量，将此数据作为推算的依据（表 9-32）。

表 9-32　Kellner 间接推算饲料淀粉价的基本数据

养分(1kg)	淀粉	纤维素	蔗糖	蛋白质	葵籽油
形成脂肪量/g	248	253	188	235	598
含有能量/MJ	9.86	10.03	7.48	9.20	23.76
淀粉价	1	1	0.76	0.94	2.41

(2) 求得待测饲料中各消化养分量，结合表 9-32 中基本数据，推算该饲料的淀粉价。例如：1kg 亚麻仁饼含可消化蛋白质 316g，可消化脂肪 45.5g，可消化粗纤维 24.9g，可消化无氮浸出物 292g。其脂肪沉积量与淀粉价推算法如表 9-33 所示。

表 9-33　1kg 亚麻仁饼淀粉价推算法

可消化蛋白质沉积脂肪量＝0.316kg×235g/kg＝74.5g
可消化粗脂肪沉积脂肪量＝0.046kg×598g/kg＝27.5g
可消化无氮浸出物沉积脂肪量＝0.292kg×248g/kg＝72.4g
可消化粗纤维沉积脂肪量＝0.025kg×253g/kg＝6.2g
1kg 亚麻仁饼沉积的脂肪总量为 180.6g
每千克亚麻仁饼的淀粉价(SE)＝180.6/248＝0.725

为检验间接法的可靠性，Kellner 等对一些饲料进行了实测。将实测结果与推算结果比较，他们发现，当试验用精料时，两者相差±2，差异不大；而当用粗料时，实测结果较推算结果少 31.4～70.8，差异很大。因此，kellner 对推算的饲料淀粉价提出了修正法。对精料，按实价率校正；对粗料，用纤维矫正数校正（表 9-34 和表 9-35）。

表 9-34　精饲料实价率　　　　　　　　　　　　　　　单位：%

饲料	淀粉价	饲料	淀粉价	饲料	淀粉价
马铃薯	100	黑麦、小麦、燕麦	95	亚麻仁饼	97
胡萝卜	87	大麦、豌豆、豆类	97	葵籽饼	95
甜菜	72	玉米	100	菜籽饼	95
芜菁	78	小麦麸	78	芝麻饼	89

表 9-35 粗饲料淀粉价的纤维矫正数

粗纤维含量/%	<4	4～6	6～8	8～10	10～12	12～14	14～16	>16
应扣脂肪量/g	60	72	83	95	107	119	131	143
应扣淀粉价	0.242	0.290	0.335	0.383	0.431	0.480	0.528	0.577

（三）评述

淀粉价体系注重了饲料转化为动物产品的能力。因此，在理论上，它较干草当量、干物质单位和可消化干物质体系更为科学。但尚存在以下缺点：①用育肥阉牛试验的结果引申到其他动物，忽视了不同种类、经济类型和生产力的动物对养分利用率的差异。②用纯养分饲养价值代替天然饲料中同名养分营养价值，忽视了动物对纯养分和天然饲料养分利用率的差异。

（四）应用性

德国、英国和日本等国长期用淀粉价作为评定饲料营养价值的单位。瑞典在淀粉价体系基础上制定了大麦单位。

四、大麦单位与燕麦单位

大麦单位由瑞典科学家 Hanson 创建。用 1kg 大麦喂阉牛，可在其体内沉积 174g 脂肪，相当于 0.7 个淀粉价。凡是能在阉牛体内沉积 174g 脂肪的 1kg 饲料，其营养价值就为 1 个大麦单位。

用 1kg 燕麦喂阉牛，能在其体内沉积 148.8g 脂肪，相当于 0.6 个淀粉价。凡是能在阉牛体内沉积 148.8g 脂肪的 1kg 饲料，其营养价值就为 1 个燕麦单位。

五、总消化养分

总消化养分（total digestible nutrient，TDN）由美国科学家 Morrison 于 1910 年创建。TDN 并非纯物质单位，而在某种程度上属于能量指标。其计算公式如下：

TDN（%、kg）=可消化粗蛋白质+可消化粗脂肪×2.25+可消化无氮浸出物+可消化粗纤维

TDN 将四种消化养分并合了在一起，用起来便利；既为物质单位，又有能值的含义。但是，TDN 既不是真正的消化养分，又不是消化能、代谢能，而是一个含混的指标。

六、奶牛能量单位

奶牛能量单位（NND）由中国科学家创建。1 个 NND=1kg 标准乳（4%乳脂率）的能值（3.135MJ）。凡是能生产含 3.135MJ（实际为 3.09MJ，另 0.045MJ 为安全系数）能量的乳的饲料数量就为 1 个 NND。我国奶牛饲养标准中饲料能值指标常用 NND。

七、Armsby 净能体系

该体系由美国科学家 Armsby（1917）创建。饲料净能=饲料总能-粪能-尿能-可燃气体能-热增耗。其详细内容见本章第四节。

八、能量饲料单位

能量饲料单位（energy feed unit，EFU）是由德国科学家 Nehring 创建的。Nehring 是 Kellner 的学生，为 Kellner 学派的继承人。创建 EFU 的步骤如下：

（1）通过能量代谢试验，求得产脂净能（NEf）。

（2）通过消化试验，求得 1kg 饲料可消化养分量。

（3）根据产脂净能和消化养分两向数据，求得回归公式（表9-36）。

表9-36　Nehring 推算饲料产脂净能的回归公式

牛	$\hat{y}=1.71X_1+7.52X_2+2.01(X_3+X_4)\pm3.8\%$
绵羊	$\hat{y}=1.82X_1+839X_2+190(X_3+X_4)\pm51\%$
猪	$\hat{y}=256X_1+8.54X_2+2.96(X_3+X_4)\pm3.9\%$
鸡	$\hat{y}=258X_1+7.99X_2+3.09(X_3+X_4)\pm5.2\%$

注：表中推算 $\hat{y}=NEf$ 值，kcal/kg；X_1、X_2、X_3、X_4 分别为粗蛋白质、粗脂肪、粗纤维、无氮浸出物的消化量，g/kg。

（4）将 NEf 折算为 EFU，即：

反刍动物　　EFU＝NEf/2.5
猪　　　　　EFU＝NEf/3.5
鸡　　　　　EFU＝NEf/3.5

九、美国加州净能体系

（一）创建方法

1. 饲料维持净能

以不同饲养水平进行饲养试验，以代谢能摄入量为 x 轴，机体产热量的对数为 y 轴，经过若干次试验，得到产热量与代谢能摄入量的回归方程。设代谢能为零，牛机体产热量即为绝食代谢产热量。该方程的斜率即为该饲料代谢能转化为维持净能的效率。

2. 饲料增重净能

先确定屠体脂肪含量与屠体比重关系的回归公式。用定量饲料饲喂，宰后测其比重。根据比重求体脂沉积量，算得饲料增重净能。

（二）应用性

美国加州净能体系把每一种饲料分为两种净能，即维持净能（NEm）和增重净能（NEg）。其依据是：代谢能作为不同用途时，转化率不同。因此，该体系科学性较强。正因为这点，美国加州净能体系得到较广泛应用。

十、美国 Flatt 的奶牛净能体系

该体系是通过大量能量平衡试验制定的。将奶牛的维持能量需要和泌乳能量需要均用泌乳净能（NE$_L$）表示。认为：1 头奶牛维持能量需要为 $388.74\times W^{0.75}$ kJ 泌乳净能；每产 1kg 乳需 3135kJ 泌乳净能，日需要量为：

$$R=(388.74\times W^{0.75}+3135x)\ \text{kJ}$$

式中，x 为日泌乳量，kg。

若奶牛处于妊娠阶段，还需要加妊娠需要。

十一、英国布氏（Blxter）代谢能体系

该体系是用消化试验、绝食代谢试验、碳、氮平衡法建立的，其公式如下：

$$R=K_f\left(Q\times I\frac{F}{K_m}\right)$$

式中，R 为沉积能，kJ/d，即产脂净能（NE$_f$）；I 为每天食入总能，kJ；Q 为代谢能占总能百分率；F 为基础代谢能量需要，kJ/d；K_f 为代谢能用于生产的效率；K_m 为代谢能用于维持的效率。

十二、饲料能值评定体系的发展过程

随着饲料科学的深入发展，对饲料能值的评定方法渐趋完善。可将饲料能值评定体系的发展过程粗略地概括如下。

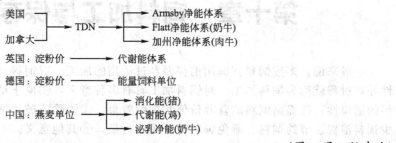

（周　明，程建波）

思 考 题

1. 简述饲料营养价值的含义。
2. 饲料营养价值的评定方法主要有哪些？
3. 简述化学分析法评定饲料营养价值的局限性。
4. 简述饲料养分的表观消化率与真消化率。
5. 简述全粪法与指示剂法测定饲料消化率的优缺点。
6. 尼龙袋法主要被用于哪类动物？
7. 如何较准确地测定测定猪、鸡对饲料氨基酸的消化率？
8. 饲养试验在动物营养与饲料学科的重要性如何？
9. 简述在代谢试验中代谢氮与内源氮的含义。
10. 衡量饲料蛋白质营养价值的主要指标有哪些？
11. 代谢蛋白质、小肠内可消化蛋白质和代谢氨基酸的含义。
12. 简述饲料总能、消化能、代谢能和净能的含义与测定方法。
13. 猪、鸡、牛能量营养需要常用哪种能量指标衡量？
14. 如何测定饲料矿物质生物学有效性？
15. 衡量饲料营养价值的实用单位主要有哪些？

第十章　饲料加工与保存技术

一般来说，多数饲料在饲用前都要经过适当的加工。对饲料进行物理性、化学性、生物性处理过程就称为饲料加工。对饲料加工具有多种意义：①便于动物采食和吞咽，②增强饲料的适口性，③提高饲料的营养价值和饲用效果，④消除或破坏饲料中有毒有害成分，⑤减少饲料浪费、节约饲料、避免饲料对环境的污染，⑥其他意义。

保存饲料，是动物生产上一件不可缺少的工作。例如，青饲料是季节性生产，要常年都有青饲料供应，就须保存青饲料。维生素饲料是一类易变质的饲料，从生产到使用有一段时间，因此存在保存问题。谷粒料、粉状料、颗粒料从生产到使用也有一段时间，同样存在保存问题。保存饲料的中心任务是使饲料在储存期间养分不减少或损失量很少，保证饲料不霉变，不受虫害等。

第一节　青饲料的加工

一、切碎

切碎是青饲料最简单的加工方法。对青饲料切碎，意义是便于动物采食、吞咽，减少饲料浪费。切碎的程度视动物种类而定。用于喂猪，可将青料切成长 1～2cm；用于喂禽类，可将青料切成长 1cm 以下；用于喂牛，可将青料切成长 3～8cm；用于喂羊，可将青料切成长 3～6cm。若是块根、块茎、瓜类饲料，可切成小块、小片或小粒。

二、热煮

多数青饲料的最好饲用方式是生喂。但有些含毒的青饲料或多汁饲料饲用前须经过热煮。例如，马铃薯及其秧禾中含有龙葵素（茄碱）毒性物质，生喂这类饲料易引起动物中毒。故要将其煮熟，弃去废液后投喂动物。又如，核桃、苦楝、荆条等树的叶含有毒性物质，一些野菜类青饲料含有草酸盐等抗营养因子。这些青饲料饲用前都应适当热煮。方法是：将青饲料切成长 2～5cm，置于加热容器中，加适量的水，而后加热，一般需要煮开，将其过滤，弃去滤液，用滤渣喂动物。

三、打浆

一些植物（如南瓜藤蔓等）营养价值较高，适口性也好，但其茎叶表面有刺或刚毛，因而不能直接饲用。对这类青饲料宜用打浆技术。方法是：在打浆机内放一些清水后开动机器，将洗净、除杂、切碎的青饲料慢慢放入机槽内（料∶水一般为 1∶1），打成浆后，打开出口，使浆体流入储料池内，为提高浆体的稠度，可将其过滤。滤渣投喂动物，滤液倒入机槽内，代替部分水而重复使用。

四、叶蛋白饲料的生产

目前，我国蛋白质饲料日益短缺，因此开辟新的蛋白资源成为当务之急。极为丰富的蛋白质资源蕴藏于绿色植物中。近几年来，叶蛋白的研究与生产使得这一潜在资源变为现实的蛋白质来源，因而为生产蛋白质饲料开辟了一条广阔的道路。

（一）叶蛋白组成

绿色植物叶中含有蛋白质。可将其分为两类：一类为固态蛋白，存在于经破碎、压榨后分离出的绿色沉淀物中，主要包括不溶性的叶绿体与线粒体构造蛋白、核蛋白和细胞壁蛋白，这类蛋白一般难溶于水；另一类蛋白为可溶性蛋白，存在于经离心分离出的上清液中，包括胞质蛋白和粒体蛋白的可溶性部分以及叶绿体的基质蛋白。这些可溶性蛋白质的凝聚物就是叶蛋白。将可溶性蛋白质进一步分为两种蛋白质：一种蛋白质相对分子质量较大，经研究确认是核酮糖-1,5-二磷酸羧化酶，相对分子质量为52万～56万，仅存在于含有叶绿素的组织中，将上清液加热凝聚时该蛋白质先固化，故又称为分馏部分Ⅰ；另一种蛋白质相对分子质量较小，是由脱氢酶、过氧化物酶和多酚氧化酶组成的蛋白复合体，由于在加热上清液时，需较高温度才能使其凝聚，故又称为分馏部分Ⅱ。

（二）生产叶蛋白的原料

一般来说，绿色植物叶均可作为生产叶蛋白的原料。但为了保证叶蛋白的产量与品质，选择的原料应蛋白质含量高、叶片多、不含毒性成分。适用于生产叶蛋白的原料较多，主要有豆科牧草（苜蓿、三叶草、草木樨、紫云英、苕子等）、禾本科牧草（黑麦草、鸡脚草等）、混播牧草、叶菜类（苋菜、牛皮菜、苦荬菜、菠菜、聚合草等）、青刈饲料作物、根类作物（甘薯、萝卜和胡萝卜等）的叶片、瓜类叶片和鲜绿树叶等。目前，用于生产叶蛋白原料中最多的是苜蓿。苜蓿叶蛋白产量高、凝聚颗粒大、易分离、品质好。

（三）叶蛋白的生产程序

叶蛋白的生产一般包括破碎、压榨、凝固、析出和干燥五道工序。

1. 破碎

须破坏植物细胞结构，才能把叶中蛋白质充分提取出来。试验证明，原料碎得越细，叶中蛋白质的提取率越高。一般采用锤式粉碎机或螺旋切碎机将原料破碎。

2. 压榨

用压榨机将破碎的原料中绿色汁液挤压出来。生产中，有时将破碎与压榨两步在同一台机器内完成。为了把汁液从草浆中充分榨取出来，压榨前可加入5%～10%的水分稀释后挤压，或先直接压榨，后加适量水搅拌，再进行第二次压榨。残渣可直接喂牛，也可在干燥或制成青贮料后喂牛。

3. 凝固

此步骤是将叶蛋白从绿色汁液中分离出来。常用以下几种方法。

（1）蒸汽加热法：当绿色汁液温度达70℃左右时，其中叶蛋白开始凝固和沉淀。为了使叶蛋白从汁液中充分分离出来，可分次给汁液加热：第一次将汁液加热到60～70℃，后速冷至40℃，此次滤出的沉淀中主要是绿色蛋白；第二次将汁液加热到80～90℃，并保持2～4min，此次的凝固物主要是白色的细胞质蛋白。

蒸汽加热法简便，适于大规模生产。但有报道说，用该法生产的叶蛋白溶解性差，对其营养价值有一定的影响。

（2）加碱加酸法：加碱法是用氢氧化钠或氢氧化铵将汁液pH调整到8.0～8.5，后立即加热凝聚。该法能尽快地降低植物酶活性，从而提高胡萝卜素、叶黄素等的稳定性。加酸法是利用蛋白质在等电点附近凝聚沉淀的特性将叶蛋白从汁液中分离出来。用盐酸将汁液pH调整到4.0～6.4，即可凝结出绿色叶蛋白和白色叶蛋白。

（3）发酵法：将汁液厌氧发酵48h，利用乳酸杆菌产生的乳酸使叶蛋白凝聚沉淀。用该法生产的叶蛋白质地较软，溶解性好，易被消化吸收。此法成本低，还能破坏植物中皂角苷等有害物质。但因发酵时间较长，养分有一定的损失。因此，应尽快给汁液接种乳酸菌，以缩短发酵时间。

4. 析出

凝聚的叶蛋白多呈凝乳状。一般可用沉淀、过滤和离心等法将叶蛋白离析出来。

5. 干燥

刚提取的叶蛋白浓缩物呈软泥状，须及时干燥。工业上通用的干燥方法是热风干燥法和真空干燥法。但其产品往往发生褐变，既影响外观品质，又影响营养价值。较好的替代方法是冷冻干燥法，用该法可生产出品质优良的叶蛋白，但成本较高。若进行自然干燥时，最好在叶蛋白浓缩物中加入7%～8%的食盐，以免其腐败。

生产实践证明，从原料到成品所经历的时间越短，叶蛋白产品率越高，其中蛋白质、维生素等养分含量也越高。

（四）叶蛋白的营养价值

1. 叶蛋白中养分含量

用豆科青料生产的叶蛋白一般含50%～60%的粗蛋白质，用禾本科青料生产的叶蛋白含30%～50%的粗蛋白质，且其蛋白质中氨基酸组成较合理。叶蛋白中粗脂肪、无氮浸出物、粗纤维和粗灰分含量分别为6%～12%、10%～35%、2%～4%和6%～10%。每千克叶蛋白含总能20.4～23.9MJ。叶蛋白中也含有丰富的叶黄素、胡萝卜素、叶绿素、维生素E以及其他维生素等。如每千克苜蓿叶蛋白中含叶黄素1100mg，胡萝卜素300～800mg，维生素E 600～700mg。此外，叶蛋白也含有促进动物生长发育的未知营养因子。

2. 叶蛋白的饲用价值

用叶蛋白代替猪、鸡、牛等动物饲料中50%～75%甚至更多的其他蛋白质饲料（豆粕、鱼粉、脱脂乳等），其生产性能不受影响，甚至还有提高。用叶蛋白作为鱼、虾的蛋白质饲料，也已取得了良好的养殖效果。

3. 叶蛋白的食用价值

叶蛋白的另一重要用途是作为人类的食品，因其中不含动物性胆固醇，故渐受人们的欢迎。在美国食品市场上可找到叶蛋白产品。在非洲贫困地区，常把叶蛋白作为营养食品，对儿童的生长发育有良好的效果。

第二节　粗饲料的加工

我国要维持并发展养殖业，客观上必须加强开发非粮食性饲料资源。非粮食性饲料的种类很多，其中主要是农作物秸秆等粗饲料。农作物秸秆包括稻秸（即稻草）、小麦秸、大麦秸、高粱秸、粟秸（即谷草）、大豆秸、豌豆秸、蚕豆秸、油菜秸、花生秸、甘薯藤蔓等。我国年产秸秆约为6亿吨。对如此之多的农作物秸秆饲料资源，目前将其真正作为饲料的比例很小，而将其中的相当部分"付之一炬"，因而造成资源上的浪费、经济上的损失，而且环境受到污染。

据测算，若将全部秸秆的60%～65%开发作为饲料，就可满足我国所有草食动物的粗饲料需要量，从而既节省了粮食性饲料用量，缓解了人、畜争粮的矛盾，又提高了经济效益和环保效益。

秸秆类饲料资源之所以没有得到大量使用，主要是因为这类饲料的营养价值很低。这类饲料粗纤维含量高（一般为30%～50%），结构坚实，不易被动物消化利用。要使动物有效地利用这类饲料，就必须对其品质改良提高。一些试验研究以及生产实践证明，粗饲料经粉碎处理，其采食量可增加7%；通过制粒，其采食量可增加37%；经化学处理，其采食量可增加

18%～45%，其中有机物消化率可提高 30%～50%。本节就现今对低质粗饲料的改良方法与效果作以介绍。对低质秸秆类饲料的改良方法主要有物理性方法、化学性方法和生物性方法。

一、物理性方法

物理性方法是对秸秆类饲料外观形状和尺寸大小进行改造，如切短、磨碎、蒸煮、膨化等。

(一) 磨碎

对粗饲料磨碎，可减少动物咀嚼时能耗，增加采食量。磨碎还可提高粗饲料的消化率，这是因为该法破坏了粗饲料中纤维素的晶体结构，部分地分离了纤维素、半纤维素与木质素的结合，从而使饲料更易受消化酶作用。但是磨碎过细的粗饲料在动物消化道内停留时间短，反而使消化率降低。试验研究表明，秸秆磨碎的细度以能通过 0.7cm 的筛孔直径为宜。0.7cm 细度的秸秆消化率与磨碎过粗或过细的比较，干物质、有机物与能量消化率提高了4%，粗蛋白质消化率提高了 3.4%，酸性洗涤纤维消化率提高了 13%，粗脂肪消化率提高了 20%。

(二) 蒸煮

蒸煮可使粗饲料中化学键断裂，从而提高终产物的消化率。Klopfentein 等（1971）发现，不同原料对蒸煮的反应不同。玉米秸较小麦秸和高粱秸的消化率提高幅度大，且增大压力时，蒸煮效果提高。Hart 等（1981）认为，在压力 20～30kg/cm² 时，蒸煮时间 1～1.5min 较宜。蒸煮时间过短或过长，处理效果均受影响。Heaney 等（1970）报道，绵羊对蒸煮过的白杨枝的干物质消化率为 48.4%。Oji 等（1978）将玉米秸在压力 16.2kg/cm² 和温度 205℃下蒸煮 15min，阉羔羊的采食量提高了 55%，有机物的消化率从 52.3% 提高至 56.3%。

(三) 膨化和热喷

对高压蒸煮的粗饲料骤然降压以使饲料膨胀的过程就是膨化。膨化可降解粗饲料中一些结构物质（如木质素等），从而能在一定程度上提高饲料消化率。据报道，膨化白桦树的适宜条件为：温度 183℃，压力 10kg/cm²，时间 15～20min。一般认为，对粗饲料膨化有一定效果，但成本较高。

热喷是将粉碎后的秸秆投入压力罐内，经短时间低、中压蒸气处理，然后喷放，以改变其物理结构，成为较优质饲料。经热喷处理后的秸秆饲料，消化吸收率有一定提高。

(四) 揉切

揉切是对玉米秸秆较理想的物理性处理方法。为方便反刍家畜对玉米秸秆的采食，一般将玉米秸秆揉碎。应用挤丝柔碎机对玉米秸秆精细加工，使之成为柔软的丝状物，其质地松软，适口性、采食率和消化率都能提高。其具体技术措施是将收获后的玉米秆压扁并切成细丝，切丝后揉搓，破坏其表皮结构，大大增加了水分蒸发面积，使秸秆 3～5 个月的干燥期缩短到 1～3d，有效保留了秸秆中的养分。据测定，玉米秸秆干贮草粗蛋白质为 7.16%，保存率达到 91.48%，无氮浸出物为 63%。

(五) 压块

压块是将秸秆经铡切、混料、高温高压轧制而成，其养分浓度较高，适于作牛、羊饲料，便于运输和储存。压块饲料的突出优点是：经过熟化工艺将饲料由生变熟，可添加钙等矿物元素，有焦香味，无毒无菌。

二、化学性方法

化学性方法是用化学制剂（如酸制剂、碱制剂等）对秸秆类饲料进行处理，以期破坏其中的化学键。

（一）碱处理

对粗饲料碱处理所用的化学制剂有氢氧化钠、氨水和氢氧化钙等。碱处理的原理是：碱的氢氧根离子（OH^-）可使纤维素与木质素间的联系破裂或削弱，引起初步膨胀，因而适于微生物对粗纤维的分解活动。此外，OH^-还可使木质素形成可溶性羟化木质素。

根据所用的化学制剂不同，可把碱处理分为以下几种类型。

1. 氢氧化钠处理

其基本方法为：将秸秆切成长 $2\sim3cm$，用喷雾器将一定浓度（$2\%\sim8\%$）的氢氧化钠溶液均匀地喷洒于秸秆上，使之湿润，经一定时间（一般为 24h）后用清水洗去余碱，压成饼，然后喂给动物。为了提高处理效果，有时施以高温高压。在处理过程中，由于水洗能使大量养分流失，故现今国外采用"干法"处理，即处理后不用水洗，而将处理的秸秆直接喂给动物。氢氧化钠对粗饲料处理的效果受氢氧化钠的浓度、处理的温度、压力和时间等因素影响。

2. 氨处理

加工秸秆较实用的化学方法是氨化。氨化法的制剂有氨水、液氨、尿素等，用得最多的是尿素（表 10-1）。

表 10-1　氨化处理粗饲料的方法

氨源	处理方法	条件
氨水 或无水氨	①将原料垛成方形或圆形垛，用聚乙烯薄膜盖严，注入氨 ②草捆装入聚乙烯塑料袋中，分别用氨处理	按干物质计，加入 $3\%\sim3.5\%$ 氨，原料水分 $15\%\sim20\%$，在温度 $5\sim15℃$ 条件处理 $1\sim8$ 周 同上
无水氨	①在密封箱或室内进行，无需加热 ②在氨化炉内进行，加热	同上 温度 $90℃$，$3\%\sim3.5\%$ 的氨氨化处理 17h，静置 5h，换入新鲜空气
尿素	①将原料青贮在土坑、青贮窖内或成堆青贮 ②将原料切短或磨细，加入尿素后制粒	5%尿素水溶液与原料按 50：50 混合，$>20℃$ 温度下青贮 1 周以上 $2\%\sim3\%$ 的尿素液，温度不低于 $133℃$，原料水分 $15\%\sim20\%$
碳酸铵 或碳酸氢铵	按尿素处理①方法进行，用量为秸秆重的 $10\%\sim12\%$	温度 $60\sim110℃$

（1）氨处理的优点。秸秆氨化可增加秸秆粗蛋白质含量，提高秸秆消化率；氨化后的秸秆结构疏松，味道糊香，适口性好。氨化还能杀死秸秆中的霉菌，有利于动物健康和秸秆存储。氨化工艺简单，成本低，可产业化生产。

（2）氨处理的方法。将秸秆切成 $2\sim3cm$ 长的小段，放入池内，逐层压实，逐层喷洒氨水，每 100kg 秸秆约喷洒 15% 的氨水 12kg，最后封严。

（3）氨处理的秸秆饲用方法。氨处理的秸秆用量以占饲草量的 $40\%\sim60\%$ 为宜，开始时在氨处理的秸秆中可掺入 $1/3\sim1/2$ 未氨处理的秸秆。饲喂氨处理的秸秆要搭配喂豆饼、棉籽饼、酒糟、富含维生素和矿物质的饲料等。氨处理的秸秆只能作为牛、羊等草食家畜的饲料，未断奶的犊牛、羔羊应慎用。

（4）注意事项。①保证氨贮时间：根据气温，灵活掌握秸秆氨贮时间，一般 $25\sim30℃$ 氨贮 7d，$20℃$ 左右氨贮 25d，冬季氨贮 40d 以上。

② 氨处理的秸秆质量要求：氨化好的秸秆为棕黄色，有糊香味，氨味也较浓，手摸质地柔软。

③ 讲究取料方法：按喂量将秸秆从氨化池中取出，放阴凉处。一般晴天晾 10～12h，阴雨天晾 24h 以上，以略有氨味而不刺激眼鼻为佳。每次取料后，要密封好氨化池。

3. 氢氧化钙处理

其基本方法是：在每 100kg 切碎的秸秆中，加 1kg 生石灰（氧化钙）或 3kg 熟石灰（氢氧化钙），再加水 200～250L。为了增进适口性，可在石灰中加入 0.5％的食盐，浸泡 1～2d，处理后不需水洗，即可饲喂动物。用该法处理后的秸秆喂牛，其消化率可提高 15％～20％，营养价值可提高 0.5～1 倍。

（二）碱-酸处理

即对粗饲料先用碱处理，再用酸处理。其方法是：先将切碎的秸秆，放进碱溶液中浸泡，将泡好的秸秆转入水泥池内压实，存放 1～2d（碱处理），然后，再将秸秆放入盐酸液中浸泡，弃去废液，即可饲喂动物。

（三）其他化学方法处理

二氧化硫处理可使秸秆中多聚糖、纤维素和木质素等溶解。

三、生物性方法

生物性方法就是利用一些有益微生物和酶（如酵母、木霉、链孢霉等），在适宜的条件下，分解秸秆等粗饲料中难被动物消化的纤维性物质，改善味道，提高适口性，增加某些有益物质（如 B 族维生素等）。

（一）干粗饲料的发酵

1. 菌种

菌种种类繁多，主要有酵母、霉菌等，如饲用酵母、啤酒酵母、链孢霉、拟康氏木霉 EA3-867、拟康氏木霉 N2-78、木霉 2559、木霉 958、木霉 9023 等。这些菌种可到有关单位购买。国外筛选出一批优良菌种用于发酵秸秆，如层孔菌（*Fome lividus*）、裂褶菌（*Schizophyllum commune*）、多孔菌（*Polyporus anceps*）、担子菌（*Basidi omycete*）、酵母菌、木霉等。

2. 发酵用的原料

农副产品（糠麸、秸秆、秕壳等）、野草、野菜、各种树叶等均可作为发酵用的原料。豆科和禾本科植物混合在一起，发酵效果更好。

3. 发酵方法

100kg 干粗饲料（将其切碎或磨碎）和 100kg 左右的水混合拌匀（加水量以用手握紧潮料，指缝有水珠而不滴落为宜，冬天使用 50℃温水较好），加适量菌种制剂，用地面堆积或装缸法进行发酵。①拌好的料松散堆成 30～60cm 厚的方形堆，上面盖上草席，压实，封闭，1～3d 即成。②拌好的料装在缸内，压实，封口，1～3d 即成。

（二）人工瘤胃发酵饲料

1. 原理

模拟反刍动物瘤胃内环境，即：①厌氧环境，②相对稳定的温度（38.5～40.0℃），③适宜的酸碱度（pH5.0～7.5），④必要的营养源（如碳源、氮源、矿物元素等）。向人工瘤胃内加入粗饲料，并加适量的瘤胃微生物，从而将粗饲料酵解。

2. 条件及其创造

①"瘤胃"：可用大缸或用不锈钢做成的容器；②温度：用可调式加热器保持"瘤胃" 38.5～40.0℃；③酸碱度：加入适量的 NaH_2PO_4/Na_2HPO_4 以保持"瘤胃"内容物在适宜的范围内（pH 5.0～7.5）；④添加物：加入适量的氮源和矿物质（如尿素、硫酸铵、硫酸钙、碳酸镁等）；⑤原料：发酵用的粗饲料（充分切碎或磨碎）；⑥菌种：健康的成年反刍动

物瘤胃内容物或瘤胃液。

3. 发酵方法

按上述条件配置，人工瘤胃的内容物湿度可用 40℃温水调整至用手握紧潮料，指缝有水珠而不滴落为止，充分拌匀。将人工瘤胃装满，不留空隙，以排除空气，密封，温育 2～3d 即成。

目前，国内已有机械化或半机械化的发酵装置，每缸一次可制 1500kg 的发酵饲料。调制前，先将粗饲料在碱池中浸泡 24h，发酵过程中的搅拌、出料控制，均由机械操作，大大减轻了劳动强度，适宜大、中型牧场利用。

（三）秸秆微贮

秸秆微贮技术全称为秸秆微生物发酵贮存技术。其程序为，高效微生物复合菌剂经复活后，加入到生理盐水中，再喷洒到粉碎的秸秆上，压实，密封，在厌氧条件下繁殖发酵。秸秆经发酵后，其适口性和消化率提高。

四、低质粗饲料改良方法的评述

物理性方法不能或很少能破坏秸秆类饲料中的化学键，因而对其改良效果较差。用化学性方法处理秸秆类饲料的效果虽然较好，但这类方法经济成本高，且有饲料安全卫生和环境污染的问题，故这类方法的应用性受到限制。用生物性方法（主要是微生物性方法）处理秸秆的效果较好，成本又较低，也不会产生环境污染问题。生物性方法能使秸秆被多级升值利用（秸秆作为微生物的营养源→秸秆酵解料作为动物的营养源→秸秆酵解料转化为动物粪肥又作为作物的营养源），从而实现物质良性循环。因此，秸秆类饲料生物性改良方法被认为是最有前途的方法。

第三节　能量饲料的加工

一、粉碎

谷粒是最主要的一种能量饲料。若将谷粒完整投喂动物，则其消化率一般较低。其原因是种皮和其内淀粉粒具有抗裂解性。将谷粒粉碎，可增大谷料与消化酶的接触面，从而提高其消化率和利用率。但将谷粒磨得过细，一方面降低其适口性，另一方面在消化道内易形成小面团，因而也不易被消化。对鱼类来说，谷粒粉碎的适宜程度为：粉料 98% 通过 0.425mm（40 目）筛孔，80% 通过 0.250mm（60 目）筛孔（李爱杰，1996）。玉米、高粱等谷实类饲料粉碎的粒度在 700μm 左右时，猪对其消化率最高（李德发，1994）。陆治年等（1982）报道，猪对整粒、粗磨、细磨的大麦的消化率分别为 67%、79%、85%。对用于喂牛、羊、马的谷粒料，可破碎。

谷粒粉碎后，与空气接触面增大，易吸潮、氧化和霉变等，不易保存。因此，应在配料前才将谷粒粉碎。

二、焙炒

籽实饲料，特别是禾谷类籽实饲料，经过 130～150℃ 短时间焙炒后，部分淀粉转化成糊精，从而提高了淀粉的利用消化率。焙炒可消灭有害细菌和虫卵，从而保证饲料的卫生质量。焙炒能使饲料香甜可口，因而饲料的诱引性和适口性增强。焙炒还能增强饲料的收敛性，作为断奶仔猪的饲料，效果较好。

三、微波热处理

近些年来，欧美发明了饲料微波热处理技术。谷物经过微波处理后喂动物，其消化能值、动物生长速度和饲料转化率都有显著提高。这种方法是将谷类经过波长 4～6μm 红外线照射，使其中淀粉粒膨胀，易被酶消化，因而其消化率提高。经此法处理后，玉米消化能值提高 4.5%，大麦提高 6.5%。90s 的微波热处理，可使大豆中抑制蛋氨酸、半胱氨酸的酶失去活性，从而提高其蛋白质的利用率。

四、糖化

糖化是利用谷实和麦芽中淀粉酶作用，将饲料中淀粉转化为麦芽糖的过程。例如，玉米、大麦、高粱等都含 70% 左右的淀粉，而低分子的糖分仅为 0.5%～2.0%。经糖化后，其中低分子糖含量可提高到 8%～12%，并能产生少量的乳酸，从而改善了饲料的适口性，提高了消化率。

饲料糖化的方法是：将粉碎的谷料装入木桶内，按 1∶（2～2.5）的比例加入 80～85℃ 水，充分搅拌成糊状，使木桶内的温度保持在 60℃ 左右。在谷料表层撒上一层厚约 5cm 的干料面，盖上木板即可。糖化时间约需 3～4h。为加快糖化，可加入适量（约占干料重的 2%）麦芽曲（大麦或燕麦经 3～4d 发芽后干制磨粉而成，其中富含糖化酶）。

糖化饲料储存时间最好不要超过 10～14h，存放过久或用具不洁，易引起饲料酸败变质，效果不好。

五、发芽

籽实的发芽是一种复杂的质变过程。籽实萌发过程中，部分糖类物质被消耗，储存的蛋白质转变为氨基酸，许多代谢酶以及维生素大量增加。例如，1kg 大麦在发芽前几乎不含胡萝卜素，发芽后（芽长 8.5cm 左右）可产生 73～93mg 胡萝卜素，核黄素含量由 1.1mg 增加到 8.7mg，蛋氨酸含量增加 2 倍，赖氨酸含量增加 3 倍，但无氮浸出物减少了。

谷实发芽的方法是：将谷粒清洗去杂后，放入缸内，用 30～40℃ 温水浸泡一昼夜，必要时可换水 1～2 次。等谷粒充分膨胀后即捞出，摊在能滤水的容器内，厚度不超过 5cm，温度一般保持在 15～25℃，过高易烧坏，过低则发芽缓慢。在催芽过程中，每天早、晚用 15℃ 清水冲洗一次，这样经过 3～5d 即可发芽。在开始发芽但尚未盘根期间，最好将其翻转 1～2 次。一般经过 6～7d，芽长 3～6cm 时即可饲用。

第四节 蛋白质饲料的加工

一、大豆的加工

生大豆中含有多种抗营养因子。加热可破坏生大豆中胰蛋白酶抑制因子、血细胞凝集素、抗维生素因子、植酸十二钠、脲酶等，但不能破坏皂甙、雌激素样因子、胃肠胀气因子、抗原蛋白等。大豆抗原蛋白能引起仔猪肠道过敏、损伤、进而腹泻等。

对生大豆的加工方法主要有以下几种。

（1）焙炒：系早期使用的方法，是将精选的生大豆用锅炒、磨粉（或去皮）的制品。

（2）干式挤压法：又称干法膨化。在不加水与蒸汽条件下，将大豆粗碎，直接进入挤压机螺旋轴内，经内摩擦生热产生高温高压，然后由小孔喷出，冷却后即得产品。由于未加水湿润，故所需动力比湿式挤压法高。因减少调制与干燥过程，故易于操作，成本低。

（3）湿式挤压法：又称湿法膨化。先将大豆粉碎，在调质机内注入蒸汽以提高大豆中水分与温度，大豆经过挤压机螺旋轴，摩擦产生高温高压，然后由小孔喷出，冷却后即得产品。

（4）豆粕：是大豆提油后的副产品。根据提油方法不同，豆粕可被分为一浸豆粕和二浸豆粕。将浸提法提油后的副产品称为一浸豆粕；将先压榨提油，再浸提提油而获得的副产品称为二浸豆粕。在加工过程中，对温度的控制很重要：温度过高，影响蛋白质的品质；温度过低，又增加豆粕中水分含量。一浸豆粕的生产工艺较为先进，蛋白质含量高。

二、菜籽饼的脱毒方法

菜籽饼中含有毒性物质，这点已在蛋白质饲料一章里做了介绍。菜籽饼的含毒量如表10-2所示，加工工艺对菜籽饼含毒量的影响如表10-3所示。

表 10-2 菜籽饼的含毒量

项目	先榨再抽提		抽提（混合型）	平均
	甘蓝型品种	白菜型品种		
分析样品数	39	30	46	115
含水量/%	7.8	7.6	7.8	7.7
异硫氰酸盐/(mg/g)	2.5	3.9	2.7	2.9
噁唑烷硫酮/(mg/g)	6.0	2.4	3.7	4.1
总葡萄糖甙/(mg/g)	8.5	6.3	6.4	7.0

表 10-3 加工工艺对菜籽饼含毒量的影响　　　　单位:%

项目	异硫氰酸盐	恶唑烷硫酮	硫葡萄糖苷
95 型机榨	0.09	0.35	0.44
95 型机榨浸出	0.04	0.27	0.31
200 型机榨	0.11	0.46	0.57
200 型机榨浸出	0.05	0.26	0.31

从表10-2和表10-3可看出，品种不同，菜籽饼含毒量不多。甘蓝型菜籽饼含毒量高于白菜型。菜籽的提油工艺不同。其饼中含毒量不同。机榨饼含毒量高于浸出饼，200型机榨饼含毒量高于95型机榨饼，机榨与浸提联用生产的饼含毒量最少。

菜籽饼的脱毒方法有多种，脱毒效果较好的方法有以下几种。

(一) 坑埋法

挖一土坑，坑的大小视菜籽饼数量而定，坑内铺放塑料薄膜，将粉碎的菜籽饼加水浸泡，饼水比约为1:1，浸泡后装入坑内，每立方米可装菜籽饼500～700kg。装满后，顶部铺塑料薄膜，上埋土20cm以上。埋置2个月左右即可饲用。该法脱毒效果达90%以上。在埋置过程中，菜籽饼中蛋白质有一定损失，平均损失率占蛋白质总量的7.93%。

(二) 化学脱毒法

化学脱毒法即用化学药品对菜籽饼脱毒。根据所用的化学试剂，又可分为以下几种方法。

1. 氨处理方法

在100份菜籽饼中加入氨水（含氨7%）22份，搅匀，后闷盖3～5h，再蒸40～50min，取出后晒干或炒干。该法脱毒率为50%左右。

2. 碱处理法

每100份菜籽饼（粕）中加入浓度为14.5%～15.5%的碳酸钠24份，其余的处理方法同氨处理法。该法的脱毒率为60%左右。

3. 硫酸亚铁或硫酸铜处理法

向菜籽饼中加入硫酸亚铁（$FeSO_4 \cdot 7H_2O$）或硫酸铜（$CuSO_4 \cdot 5H_2O$），以螯合噁唑烷硫酮和异硫氰酸盐等毒素，被螯合的毒素不再被动物机体吸收，从而达到脱毒目的。具体方法同棉籽饼铁盐脱毒法（见后面）。用该法脱毒，可使菜籽饼中异硫氰酸盐下降 60% ~ 70%，噁唑烷硫酮下降 90% 左右。

（三）机械脱毒法

用机械法可使菜籽粕中毒性物质丙烯基异硫氰酸酯由 0.71% 降到 0.21%，脱毒率为 70.42%。

（四）水洗法

水洗法在国外已被采用，脱毒效果较好。方法是：在水泥池或缸底开一小口，装上假底，将菜籽饼置于假底上，加热水或冷水浸泡菜籽饼，反复浸提，然后淋去水，废水可被回收利用。原理是：菜籽饼中的有毒成分能溶于水，尤其是在热水中溶解性更好。常用连续流动水和双倍水两种方法。连续流动水处理：用凉水连续不断地流入菜籽饼中，不断淋去水，保持 2h，过滤，弃滤液，再用两倍水浸泡 3h，弃滤液。脱毒率可达 94% 以上。淋滴法：在菜籽饼中加等量水，浸泡 4h，然后不断加入两倍水，又不断淋去水。淋滴法既省水，又提高了脱毒率。水洗法简单，易操作，脱毒率高；但耗水多，水溶性养分损失较多。

（五）发酵法

利用由乳酸菌、酵母菌、芽孢杆菌与白地霉菌等有益菌株复合而成的多菌制剂发酵处理菜籽饼，不仅可减少其中的有害物质，而且能增加小肽、酶制剂、B族维生素等有益成分，还能改善菜籽饼的适口性。发酵菌可以是一种或多种有益菌。对大豆饼、棉籽饼发酵处理，也有类似的作用。脱毒步骤如下。

1. 原料处理

将菜籽饼粉碎（细度为能通过孔径 2mm 的筛），然后与玉米粉、麸皮混合，三者比例为 90：5：5。向混合料中加水，加水量占混合料 55% ~ 60%，拌匀。

2. 接种

接种量为 1% ~ 2%（占混合料）。先将干粉状菌剂复活处理（加入约 10 倍量的温水并搅匀，放置 1~2h），后将菌液均匀拌入混合料中。

3. 发酵

将拌匀的料装入发酵池，密封，15~20℃下发酵约 48h，待其表层长出白色菌丝体，饲料颜色变为褐色，有明显的酒香味或酸香味即为发酵成熟。

发酵前后菜籽饼养分含量和有害物质含量见表 10-4 和表 10-5。

表 10-4　发酵前后菜籽饼养分含量（%，mg/kg）

项目	粗蛋白质	赖氨酸	蛋氨酸	粗纤维	无氮浸出物	硫胺素	核黄素	烟酸	泛酸	胆碱
发酵前	36.6	1.40	0.63	11.23	31.3	1.8	3.6	152	8.2	6452
发酵后	39.5	1.68	0.76	8.89	24.1	2.9	12.0	320	21.7	6950

注：维生素含量的单位为 mg/kg，其余成分含量的单位为%。

表 10-5　发酵前后菜籽饼有害物质含量　　　　　单位：%

项目	硫葡萄糖甙	异硫氰酸酯	噁唑烷硫酮	植酸	单宁	芥子碱	皂素
发酵前	2.10	0.36	0.24	4.98	1.56	1.20	0.62
发酵后	0.51	0.03	0.05	0.97	0.34	0.54	0.35

三、棉籽粕的脱毒方法

前已述及，棉籽粕中含毒。为了安全用作动物饲料，必须对棉籽粕脱毒，脱毒方法主要有以下几种。

（一）化学法（硫酸亚铁脱毒法）

1. 原理

二价铁离子（Fe^{2+}）以及其他二价金属离子（M^{2+}）能与游离棉酚形成不能被动物机体吸收的复合物，该复合物被动物食入后可随粪便排至体外，不产生毒害作用。

2. 方法

将 1.25kg 工业用硫酸亚铁，溶于 125kg 水中，用该溶液浸泡 50kg 粉碎的饼粕，中间搅拌几次，经一昼夜，即可饲用。

3. 脱毒效果

用亚铁盐法可使棉籽饼的脱毒率为 80%～90%。所用的浸泡液硫酸亚铁溶液浓度一般为 0.5%～2.0%。在该浓度范围内，铁盐浓度越大，脱毒效果越好。

值得注意的是，用亚铁盐作棉籽饼的脱毒剂时，铁在用该脱毒饼配制的动物饲粮中的浓度最高不能超过 500mg/kg，否则引起动物铁过剩甚至中毒。用化学法脱除棉籽粕中的棉酚，主要是在棉粕中添加硫酸盐，其金属离子与粕中游离棉酚形成络合物，达到脱毒目的。但形成的络合物仍留在棉粕中，粕的营养价值和适口性都较差。

（二）水煮脱毒法

将粉碎的棉籽饼放在清水中浸泡 1h 左右，后蒸煮，锅盖要压紧盖严，沸后续煮 30min，冷后其滤渣作为动物饲料，滤液弃去。

水煮法可使棉籽饼中 55%～75% 的游离棉酚被破坏，破坏的机制是棉籽饼中氨基酸等养分与游离棉酚形成结合棉酚，因而其毒性失去。

水煮法成本低，简便易行，适于养殖专业户使用。但该法也较大程度地破坏棉籽饼中赖氨酸等养分。

（三）发酵法

用微生物发酵法将棉籽粕中的棉酚转化为其他物质，从而达到脱毒的目的。但对其转化机理不明，工艺条件的控制难度大，脱毒效果无法保证。

（四）混合溶剂萃取法

溶剂萃取法的原理是棉酚可在醇类溶剂中溶解。用混合溶剂（轻汽油和乙醇或丙酮加水）从棉仁中同时提取棉油和棉酚。混合溶剂法是国内研究较多的溶剂萃取方法，其存在的问题是溶剂分离和回收困难（溶剂互溶与共沸现象严重），溶剂消耗大，成本高；且混合溶剂法萃取出的毛棉油中含有大量的棉酚和色素，这使得油品质量下降，无法形成工业化生产。

（五）液-液-固萃取法

棉籽经过清理除杂剥壳，通过筛选使仁、壳分离，得到的棉仁经低温软化、压坯、成型、烘干后，进入浸出提油系统，经溶剂提取油脂后，湿粕入脱酚浸出器，再经溶剂两次萃取使棉酚含量达到工艺要求。脱除溶剂后，低温烘干，最后得到棉酚含量小于 0.04%（能达到小于 0.02%）、蛋白质含量大于 50% 棉籽蛋白成品。液-液-固萃取法既具备了溶剂萃取法的优点（避免了蛋白质的热变性和氨基酸与游离棉酚的结合），又解决了溶剂萃取法中溶剂分离和回收问题。

四、蓖麻籽饼的脱毒方法

(一) 有毒成分

蓖麻种子、全株以及榨油后的饼（粕）都含有毒性物质，即蓖麻毒素（一种毒性蛋白质）和蓖麻碱（$C_3H_8O_2N_2$）。它们可直接刺激胃肠道而引起胃肠炎和呕吐；能损害肝、肾等器官，使其肿胀、出血和坏死；可凝集和溶解红细胞；还能损害中枢神经系统，各种动物食入一定量的蓖麻籽饼（粕），均可发生中毒。

(二) 脱毒方法

蓖麻籽饼的脱毒方法主要有以下几种。

(1) 盐水浸泡法。用浓度为 10％的盐水浸泡蓖麻籽饼 6～10h，饼与盐水的比例为1：6。蓖麻毒素和蓖麻碱易溶于盐水中，将浸泡后的盐水滤去，再用清水冲洗滤渣，其滤渣即可饲用。

(2) 蒸煮法。将蓖麻籽饼在 100℃以上的高温下蒸煮 2h 或加压蒸汽处理 0.5h，即可使蓖麻毒素——毒蛋白变性，从而失去毒性作用。

(3) 碱液处理。用 1％苏打水或 2％石灰水浸泡蓖麻籽饼 6～10h，可破坏毒素，然后滤去废液后饲用。

第五节　饲料加工工艺

饲料产品的种类很多，不同的饲料产品，其加工工艺不同。本节主要介绍大多数饲料厂共用的饲料加工工艺。

一、原料的接收与清理

(一) 原料的接收

(1) 散装车的接收原料，地中衡称重，接料坑，水平输送机、斗提机、初清筛、磁选器和自动秤，立筒仓储存或待粉碎仓或配料仓。

(2) 气力输送接收船舱中的原料。气力输送装置由吸嘴、料管、卸料器、关风机、除尘器、风机等组成。

(3) 袋装接收。可采用人工接收、机械接收（胶带输送机）。

(4) 液体原料的接收。多用桶装或罐车装运。接收泵，储存罐。

(二) 原料清理

1. 筛选除杂

(1) 网带式初清筛：它由网带、进出料口、沉降室、传动装置等组成。

(2) 冲孔圆锥初清筛：它是由冲孔圆锥筛筒、托轮、吸尘部分、传动装置和机架等组成。

(3) 冲孔圆筒初清筛：它是由冲孔圆形筛筒、清理刷、传动装置、机架和吸风部分组成。

2. 磁选清理

意义：减轻加工设备工作部件的磨损；避免产生火星而引起粉尘爆炸；避免饲料中金属杂质超量。原理：利用饲料原料与磁性金属杂质在磁化率上的差异来清除磁性金属杂质。设备：主要元件是磁体（磁铁）：永久性磁体（钨锶铁氧体）和电磁体。

二、饲料粉碎与混合工艺

(一) 饲料粉碎

对饲料粉碎，可增大饲料与消化酶的接触面，从而提高养分的消化率（参见表 10-6）。

但原料并非越细越好，否则引起动物呼吸系统、消化系统疾病。原料粉碎的适宜粒度如表10-7所示。对原料粉碎有击碎、磨碎、压碎、锯切碎等方法。对坚硬的物料（如谷实等），采用击碎、压碎方法较好；对含纤维多的物料（如牧草、秕壳等），采用锯切-劈裂方法为佳。

表10-6　颗粒大小对养分消化率和饲用效果的影响

颗粒大小/μm	消化率/%			料重比
	干物质	粗蛋白质	能量	
<700	86.1	82.9	85.8	1.74
700~1000	84.9	80.5	84.4	1.82
>1000	83.7	79.1	82.6	1.93

表10-7　配合饲料粒度标准

饲养对象	粉碎粒度
①猪，②奶牛，③肉用仔鸡（0~4周龄）、肉鸭前期、④蛋鸡生长前期（0~6周龄）、蛋鸭生长前期（0~8周龄）	全部通过孔径2.5mm的圆孔筛，孔径1.5mm圆孔筛的筛上物不得大于15%
①蛋鸡生长后期（7~20周龄）、蛋鸭生长后期（9~20周龄），②产蛋鸡、产蛋鸭、种鸭、肉鸭前期	全部通过孔径3.5mm的圆孔筛，孔径2.0mm圆孔筛的筛上物不得大于15%

饲料粉碎工艺有以下几种：按配料、粉碎的先后，分"先粉碎后配料"工艺和"先配料后粉碎"工艺，国内外饲料厂多采用前者。按粉碎次数，分"一次粉碎工艺"和"二次粉碎工艺"。一次粉碎就是用粉碎机将粒料一次粉碎成配合用的粉料。二次粉碎工艺是弥补一次粉碎工艺的不足。在第一次粉碎后，将粉碎物筛分，对粗粒再一次粉碎。

（二）饲料混合

饲料混合是生产饲料产品的一道关键工艺。所谓饲料混合，就是在外力作用下，将各种原料相互掺和，使其在任何容积里各种原料的微粒均匀分布。饲料混合多采用机械混合，尤以机械搅拌混合最为广泛。评定饲料混合质量的指标是混合均匀度变异系数（CV）。我国规定，配合饲料混合均匀度变异系数应不超过10%，添加剂预混合饲料混合均匀度变异系数应不超过7%。

1. 混合类别

（1）预混合：一些微量成分，如微量元素、维生素、氨基酸、药物添加剂等，要与载体（和稀释剂）预先混合。

（2）整体混合：将各种饲料组分，按比例，由计量器计量投料，进入混合机，混匀制成全价配合饲料。

2. 混合方法

搅拌混合，回转混合，喷射混合，通过压缩空气、蒸汽或液体实现混合，借助于振动、超声波等的效应混合。前三种混合方法为机械式，第四种混合方法为气动式，最后一种混合方法为涡流式或冲动式。

3. 混合形式

（1）剪切混合：在物料中彼此形成剪切面，使物料发生混合作用。

（2）对流混合：许多成团的物料颗粒从混合机的一处移向另一处作相对流动。

（3）扩散混合：混合物的颗粒，以单个粒子为单元向四周移动，类似气体、液体中的分子扩散过程。它是无规则的运动。特别是物粒（粉尘）在振动下或成流化状态时，扩散作用极为明显。

（4）冲击混合：在物料与腔壁碰击的作用下，造成单个物料颗粒分散。

（5）粉碎混合：物料颗粒变形和搓碎。

4. 对混合机的要求

① 物料残留量少；

② 结构简单坚固，操作方便，便于检视取样和清理；

③ 应有足够大的容量，以便和整个机组的生产率配套；

④ 混合时间应短于配料时间；

⑤ 应有足够的动力配套，以便在全载荷时可开车。

5. 混合机的分类

（1）根据布置形式和结构可分为：卧式环带混合机、立式混合机、圆锥形行星混合机和V型混合机。

（2）根据配料器计量方式可分为：分批式混合机和连续式混合机。

6. 混合中的常见问题

（1）卧式混合机。①混合组分的物理特性。②投料不当会影响混合效果。至少要投入其容积2/3的物料，但过量投料又抑制混合作用。使用低容重物料时，投料的重量要减少。混合过程中，最好使螺带或桨叶略高出物料层的平面。③每台混合机都有其最佳的螺带速度或桨叶速度，改变这些速度会影响混合效率。通常，螺带式或桨叶式混合机的设计转速为30～40r/min。④投料顺序为：主原料；微量原料，如预混料；添加剂；液体。⑤液体料会影响混合作用，应待干配料达到预定混合时间，充分混合后再加液体料。

（2）立式混合机。①在中部的喂料槽，将微量原料、浓缩饲料和预混料投到立式混合机中，从而使物料能充分进入混合机的混合室。②立式混合机不能自清理，因此要小心操作，避免夹带现象。③由于混合过程主要在上部进行，所以投料过量是最常见的问题。应常检查减少螺旋磨损情况，螺旋叶片的磨损会降低混合效率。

（三）微量元素预混合饲料加工工艺

1. 工艺流程

微量元素预混合饲料加工工艺流程如图10-1所示。

图10-1 微量元素预混合饲料加工工艺流程

2. 机械设备

对微量元素预混合饲料小型加工机械设备简介如下。

（1）粉碎设备：辅料粉碎可选用一般粉碎机或煤炭粉碎机。粉碎机的筛孔直径要小于0.15mm。粉碎微量元素原料可选用球磨机或实验室用全钠粉碎机，选用60～100目筛。

（2）计量设备：一般计量用台秤或磅秤。精确计量的用药物天平和分析天平，要求称量准确。

（3）烘干设备：可自行设计建造烘焙室，同时排湿。或用大中型烘烤箱。

（4）混合设备：可选用制药机械厂生产的双螺旋行星式混合机。由于某些微量元素对铸铁等黑色金属有腐蚀性，所以要求混合机与物料接触的部件应是不锈钢的。

3. 质量检测

对微量元素预混合饲料产品应进行质量检测，检测的主要项目如下。

（1）微量元素化合物粒度的检测：微量元素在配合饲料中所占比例很小，因此其粒度要适宜，否则在配合饲料中不能分散均匀。一般要求微量元素化合物能通过 60 目筛。检测的方法是：将混合物料通过 60 目筛，筛上物中不得有明显的微量元素化合物的结晶颗粒。

（2）混合均匀度的检测：多种微量元素化合物在载体（或稀释剂）物料中是否分散均匀，对它们在配合饲料中的分散均匀度和安全性具有决定作用，因此应对每批产品混合均匀度检测。检测方法是：用原子吸收分光光度计，分别测出在不同位置取得的 10～12 个样本中铁、铜、锰和锌含量，然后按变异系数公式，求出变异系数。要求变异系数不超过 5%（国外）或 7%（国内）为合格。

三、配料工艺

1. 多仓一秤配料工艺

（1）设备：配料仓、电子配料秤、混合机、螺旋输送机、斗提机、成品仓。

（2）特点：工艺简单、计量设备少，设备的调节、维修、管理等较方便，易于实现自动化；但配料周期长，配料精度不稳定。

2. 一仓一秤配料工艺

（1）设备：在每个配料仓下配置一台配料秤。

（2）特点：可同时称量多种物料，缩短称量过程，配料周期较短，速度快、精度高；但配料装置多、投资相应增多，难于实现自动控制，不利于维修、调试和管理等。

3. 多仓数秤配料工艺

（1）设备：配置大配料秤和小配料秤等数个配料秤。

（2）特点：将各种被称物料按其特性或称量差异而采用分批分档次的称量设备。一般地，大比例物料用大秤，小比例或微量组分用小秤，因此配料准确。

四、液体料添加工艺

1. 添加油脂工艺

在饲料中添加油脂，可增加饲料能量，减少饲料加工过程中飞扬的粉尘，改善饲料外观性能，增强饲料在水中的稳定性，延长饲料加工设备的寿命。在饲料中添加油脂的地方有三处：混合机内、制粒调质室内和颗粒饲料表面。一般来说，添加量 1%～3% 时，在混合机内添加；添加量超过 3% 时，向颗粒饲料表面喷涂油脂。

油脂添加系统包括：截止阀、过滤器、齿轮泵、可调安全阀、电磁截止阀、流量计、压力表、加热喷嘴装置、喷嘴系统、中间加热罐、来油管道、大储罐等。

2. 饲料添加糖蜜工艺

在饲料中添加糖蜜，可增强饲料的适口性，增加饲料能量，减少饲料加工过程中飞扬的粉尘。在饲料中添加糖蜜的地方有两处：混合机内和制粒调质室内。

五、饲料制粒

(一) 制粒系统

1. 设计原则

（1）至少配两个待制粒的粉料仓，以便更换饲料配方时，制粒机无需停车。

（2）物料进入制粒机前，须安置高效除铁装置，以便保护压粒器。

（3）制粒机最好直接安放在冷却器上面，这样从制粒机出来的易碎的热湿颗粒可直接进入冷却器，避免颗粒破碎，且省去输送装置。

（4）为使颗粒下落仓底免遭破坏，可在仓内安置垂直的螺旋滑槽，使其缓慢滑落。

2．机械配置

制粒前预处理机械：料仓、给料器、调制调质器；制粒机；制粒后处理机械：冷却器、提升机、分级筛、风机、分离机等。

（二）制粒机械及其工作原理

制粒机械主要是颗粒机（制粒机、压粒机）和冷却器，现介绍如下。

1．颗粒机种类及其工作原理

颗粒机又称压粒机、制粒机等。应用较多的有平模压粒机和环模压粒机两种，另外，还有多功能颗粒机、软颗粒饲料机、膨化颗粒机。

（1）平模压粒机及其工作原理：其主要部件是一块平圆形的钢模和一组（2～4个）带沟纹的自由转动的滚轮。原料自上而下落入滚轮间隙，被旋转滚轮压入模孔，从模孔下方挤出长圆柱状物，由切刀切断成颗粒状。传动方式有驱动滚轮、驱动平模和双驱动三种。

平模压粒机的特点是结构简单、制造较容易，造价低廉，适于压制纤维性原料。但压粒时平模上内外径的线速度（圆周速度）不相等，在平模上的原料受到大小不同的离心力，使工作面上的负荷不均匀。因此，平模直径不宜过大，否则会影响成品的均匀性。

（2）环模压粒机及其工作原理：其压模是一个多孔圆柱筒，靠传动而回转，筒内有2～4个带沟纹的自由转动或从动自转滚轮（压滚）。原料进入钢模，即被转动的滚轮压入工作间，嵌入模孔内，并从钢模外壁挤出，被切刀切成圆柱形颗粒。

环模压粒机的主要特点是环模和压滚上各处的线速度相等。无额外的摩擦力，所有压力都被用于制粒，因此效率较高。

（3）多功能颗粒机：主要利用机械粉碎、混合挤压和摩擦产热量，使原料中淀粉糊化，同时利用原料本身所含的水分，使饲料具有可塑性而得以成形、干燥、切割等项操作一次完成。

（4）软颗粒机：用于加工含水量20%～30%以上的原料。可将青饲料打浆或与粉料混合压制成颗粒。一般边加工边饲用。如要储运，需经干燥。软颗粒机有螺杆式、叶轮式和滚轮式三种。螺杆式应用较多，主要由筒身、螺杆、模孔等组成。

（5）膨化颗粒机：主要由螺旋送料器、调湿搅拌、膨化制粒腔、切粒器和动力传动等组成。有的简化成只有螺杆和套筒等部件。膨化颗粒机的工作原理是：螺杆在套筒内高速旋转，产生挤压、摩擦，使筒内温度和压力升高（温度达150℃，压力达30～100kg/cm²），当原料经模孔被挤出进入大气时，温度和压力骤降，在温差、压差作用下，饲料（粮）中水分快速蒸发，体积骤然膨胀，因而饲料（粮）变成多孔质，水分含量降到6%～9%。

2．冷却器和冷却原理

刚挤压切割出来的颗粒的温度较高，含水量也较多，质地较软，不便储运，因此需要冷却和干燥。常用的冷却设备有卧式、立式、旋转式和对流式冷却器等。

（1）冷却器种类

① 立式冷却器：也称重力式冷却器。它有两个直立的柱筒，颗粒分两路慢慢往下流动，冷空气在吸风机负压作用下，从两边的百叶窗横穿过颗粒夹层，再经吸风道排出，使颗粒冷却与干燥。

② 卧式冷却器：有单层和多层之分。有移动网板、匀料机构、传动装置和吸风系统。颗粒均匀地分布在网板上向前移动，冷空气从下向上流动，属逆流冷却。

另外，还有旋转式冷却器和对流式冷却器等。

（2）颗粒料冷却原理

当颗粒被压出后，与流动的冷空气不断接触，空气把热量带走。颗粒内部的水分经毛细管移到颗粒表面，流动的空气就把颗粒表面的水分带走，此即水分的蒸发。水分蒸发过程中也伴随着降温。

(三) 制粒工艺

1. 原料准备

各种原料在加工前须备全备足。为保证饲粮的质量和安全加工，所用的原料须具有一定的纯度。因此，对原料要清理除杂，可采用筛选法和磁选法。原料清理除杂后才能进入下道工序。

2. 原料粉碎

粉碎与成形饲粮的质量有密切的关系。原料粉碎得越细，鱼类对其中养分消化吸收率越高。国内外的粉碎工艺有 3 种：①先粉碎工艺，即将各原料分别粉碎后备用。②后粉碎工艺，即将各原料按一定比例混合后再粉碎。③重复粉碎工艺，其特点是用两部粉碎机，原料先在第一部机器内粉碎，可称为粗粉碎；后在第二部机器内粉碎，可称为细粉碎。这样做可确保原料的细度。

3. 原料配备

此步骤严格按鱼类饲粮配方配备各饲料原料。为保证配料的精确性，采用称重式配料为好。

4. 原料混合

混合就是把按照比例配成的各种原料均匀地搅拌在一起的工艺。每种物质成分均有其特殊的物理性质，如固体物质的粒子大小、形状、密度等，液体物质的黏度等。因此，在混合各种原料时，应视其具体性质分批混合或全部混合。总之，要确保各种原料混合均匀。

5. 制粒

各种原料经过均匀混合后，就进入制粒阶段。整个制粒过程就是把粉状饲粮压缩、挤压，迫使其从金属压模上的小孔出来，形成长条物，然后由切刀切成颗粒。

6. 冷却

从颗粒机出来的颗粒料的温度较高，水分含量也较多。这样的饲粮既不能保存，又未达到成形固定的要求，因此要做冷却处理。冷却方式有自然冷却和机械冷却。自然冷却占地面积大，受气候影响，花人力、物力和时间多，不适于现代化生产。机械化冷却效率高，速度快，不受气候影响，适于现代化连续生产。但机械化冷却需要设备，成本较高。

7. 分级

颗粒通过冷却装置时会产生一些碎粒或粉末，可将其送回到制粒机内重新制粒，或将其供作鱼苗饲用。筛选分级一般是将颗粒从一侧向另一侧震动或旋转，使颗粒通过不同孔径的筛网，筛选各种规格的颗粒饲粮，从而饲喂不同生长阶段的鱼类。

综上所述，制粒工艺流程为：原料准备→原料粉碎→原料配备（配制）→原料混合→制粒→冷却→分级→包装。

第六节　饲料的保存技术

一、谷粒料、粉状料、颗粒料的保存技术

谷粒料、粉状料、颗粒料在储存期间，主要受霉菌侵害。因此在某种程度上说，这类饲料的保存技术主要是防霉技术。

影响饲料感染霉菌及其程度的因素包括水分、温度、氧气、昆虫、谷物饲料的完整性和

饲料作物对霉菌的易感性等。

每种霉菌都需有一个理想的环境条件，在该条件下霉菌生长和繁殖。虽然一些霉菌可在极高或极低温度下生长，但多数霉菌在中等温度下才能增殖，若氧气含量少于1%～2%时，则多数霉菌不能生长。一般认为，在料仓内，环境条件维持在以下范围，霉菌生长可被抑制：空气相对湿度低于70%，饲料水分含量低于14%，温度低于−2.2℃，氧气含量少于0.5%。

本节主要从霉菌生长增殖所需的环境因子着手，探讨饲料的防霉技术。

（一）饲料冷藏

霉菌生长需要适宜的环境温度，例如，曲霉菌和青霉菌生长时所需的最适温度为20～33℃；镰刀菌在5～15℃时增殖活动旺盛，产生的毒素也多。正是这个原因，在南方，饲料易感染曲霉菌；而在北方，镰刀菌对饲料污染较严重。虽然少数霉菌在很低的温度下能生长，但大多数霉菌均是喜温的。因此，冷藏是有效保存饲料的一种方法。

1. 饲料冷藏的原理与方法

由于谷粒（如玉米籽实）和颗粒料导热性差，故一旦经冷藏处理，其内部的冷凉环境就能保持较长时间。堆垛可使谷粒或颗粒料冷藏效果更好。表10-8列举了谷粒或颗粒料经一次冷处理（温度10℃）后能安全储藏的时间，可以看出，在相同的冷环境（10℃）下，饲料含水量越少，安全储藏的时间就越长。

表 10-8　谷粒或颗粒料经一次冷处理（10℃）后能安全储藏的时间

项目	水分含量/%				
	12.0～15.5	15.5～17.5	17.5～18.5	18.5～20.0	20.0～23.0
储存时间	8～12个月	6～10个月	4～6个月	1～4个月	2～8周

若对储料塔或仓内饲料不冷处理，则在夜间气温降到10℃以下时，靠近塔或仓壁的谷粒或颗粒料温度也下降，达到露点，于是塔或仓壁内出现冷凝水，因此，该处饲料潮湿，易霉变和受虫害，相反，若将储存料冷却到10～12℃，则可避免这种情况，因为塔或仓壁的内外两侧温差小，故不会出现冷凝水。

冷藏饲料的方法如下：冷却系统吸收外界空气，并将吸入的空气冷却和干燥，以形成干冷气体（相对湿度低于65%，温度在10～12℃）。而后，该气体由风扇扇入储料塔或仓的底部，于是气体就穿过谷粒或颗粒料堆而缓缓上升，在上升过程中，吸收料堆内热量和水分，最后变成较湿热的气体，通过塔或仓顶部的气孔逸散。

冷却系统内的湿度控制装置能很好地调节空气湿度，因此，冷藏饲料时无需考虑外界气候条件。由于冷却可使饲料中水含量进一步降低，故饲料在加工期间，其含水量一般可比正常情况下稍高1%～2%，而后将之冷藏，可减少干燥对饲料成分的破坏作用。

2. 冷藏饲料的能耗

冷藏饲料的能耗取决于多种因素，如待储料水分含量和环境温度。温带热带两地区冷藏饲料能耗有很大差异。科学家对储存料一次冷处理所需的能量做了以下粗略的估计：温带地区每吨谷粒或颗粒料约需3.0～6.0kW·h，热带地区每吨谷粒或颗粒料约需8.0～12.0kW·h。

3. 饲料冷藏法的优点

饲料冷藏法是新近发展起来的一种经济而实用的方法，具有以下优点。

（1）避免了在储藏饲料中使用防腐杀虫剂，因而饲料无药物污染。

（2）能耗少，成本低，设备简单，易推广使用。

（3）在潮热地区，一般是难以储藏饲料，但用冷藏法，能使饲料安全储藏。

（二）减少饲料中"有效水"

饲料中霉菌活动需要易利用的水，不妨将这种水称为"有效水"。饲料中"有效水"可通过饲料中相对水活性控制。相对水活性是指饲料中汽态水压与液态水压之比，不同种类饲料，其中水相对活性不一样。不同种类的霉菌，适应饲料中水相对活性的能力也不同。

饲料中水相对活性的概念强调了将外来自由水加入谷粒的危险性，因为这种自由水对霉菌生长十分有效。饲料中"有效水"或自由水的另一来源是：饲料与环境温差造成饲料表面出现冷凝水，而该冷凝水可由局部扩散到饲料堆各处。因此，减少饲料中"有效水"的措施是尽可能使饲料干燥和减少饲料与外界环境界面的温差，从而杜绝冷凝水的出现。

（三）阻断"有效养分"的供给

霉菌在生长活动过程中需要营养源，这包括能源和氮源。籽粒料能以由粗纤维或聚酯组成的表皮保护着其内部的养分，从而能较有效地阻断霉菌营养源。只要这种表皮完整，则霉菌仅能很慢地生长。谷粒脱壳，很大程度上撤除了这种物理屏障；若加以磨碎，则完全破坏了这种屏障结构，这给霉菌提供了丰富的营养源。因此，对于待储籽实料，不能破碎，并且，尽可能推迟饲料的粉碎时间，直至饲用前。

（四）饲料无氧储藏

霉菌是好氧性微生物，因此通过减少氧气供给，可控制霉菌活动。饲料一般青贮或半干青贮实际上是一种无氧储存饲料法。干草或秸秆饲料堆垛储藏时也应尽可能将其压实，外覆绝缘层，以防大量氧气逸入，从而达到控制霉菌活动、安全储存饲料的目的。对于籽实饲料，用无氧储存法常被认为是不实际的，但在粮食工业上，常用的充氮保粮法便是一种无氧储存法。

上述四种防霉法均是通过撤除霉菌生长所需要素而设计的，是一种物理性方法，对饲料无污染，因而这些方法越来越受重视。

（五）饲料的化学防霉技术

饲料的化学防霉就是在饲料中加一些化学制剂。以期达到防霉目的。常用的化学制剂有以下几类。

（1）有机酸：包括丙酸、乙酸、山梨酸、脱氢醋酸、苯甲酸和富马酸等。这类化学制剂防霉效果较好，但腐蚀性大。

（2）有机酸盐或酯：包括丙酸钙、丙酸铵、山梨酸钠、苯甲酸钠、富马酸二甲酯等。这类化学制剂防霉效果较有机酸差，但腐蚀性较小。丙酸铵对玉米的防霉效果如表 10-9 所示。

表 10-9　丙酸铵对玉米中黄曲霉菌的抑制效果

储存时间/d	玉米中黄曲霉毒素/（μg/kg）		
	未处理组（对照组）	丙酸铵处理组	
		4L/t	10L/t
1	12	12	13
3	50	25	15
4	65	25	15
5	110	29	18
6	180	38	20
8	180	45	23
15	110	80	14
22	120	100	15

注：玉米水分含量为 24%。

（3）复合防霉剂；包括国产的和进口的，国产的主要有克霉灵和克霉净等，进口的主要有 Monoprop（50％丙酸钙＋50％载体 Verxite）、Mold-x（丙酸、乙酸、山梨酸和苯甲酸均匀地分布在硅酸钙载体体上）、Adofeed（呈悬浊液态，丙酸含存于悬浊液中，该悬浊液易分散于配合饲料中）和 Agrosil 等。这类防霉剂的共同特点是它们几乎都由一种或多种有机酸组成，保持或增强了原有机酸的抑菌作用。并且，因其中含有载体，故这类防霉剂的腐蚀性和刺激性均较小。

（六）饲料的综合防霉技术

采取单一的防霉措施，有时可能难以达到饲料的根本防霉目的，因此有必要采取综合措施，以保证饲料不染霉菌。在饲料作物生产时，须用没有病虫害的种子、轮作和加强病虫害防治工作；在饲料作物成熟后，要及时收获，并尽早脱水干燥；在饲料储藏时，要保证料仓低温、通风、干燥和无鼠、虫害等，必要时，可适当地用一些化学防霉剂；对于谷粒饲料，在收获和储藏时，要尽可能保证其完整性，在饲用前才将其粉碎或磨碎；要尽可能地缩短饲料的储藏期。

二、维生素饲料的保存技术

维生素是一类不稳定的物质。维生素从生产到使用一般都需经历一段时间，在此期间易变性失活，因此保存维生素饲料是一项重要工作。

（一）影响维生素稳定性的因素

影响维生素稳定性的因素主要有：温度、氧化（剂）、湿度、光线、储存时间、加工、矿物质、稀释剂及稀释比例等。温度高，加快维生素的变性反应，维生素的损失量增多。矿物质也加快维生素的损失。玉米粉、高粱粉作为维生素的载体，对维生素稳定性的影响较大；而用玉米芯粉、脱脂稻壳粉，能较好地保护维生素。对维生素饲料加工宜采用柔和的加工方法。一般地，维生素饲料储存时间越长，损失的就越多。开始时损失速度慢，以后损失速度加快。

（二）保持维生素稳定的措施

（1）包被。如对维生素 A、维生素 E 等，可制成微型胶丸。

（2）改变分子结构。如维生素 C，可和磷酸盐聚合，生成 L-抗坏血酸-2-聚磷酸盐（AS-PP）。ASPP 的生物学有效性等同于维生素 C，但其稳定性强于维生素 C 几十倍。

（3）选用适宜的稀释剂。如玉米芯粉、脱脂稻壳粉就是良好的稀释剂。

（4）禁用不利于维生素稳定的物质。如矿物质对维生素有破坏作用，氯化胆碱也影响维生素的稳定性。生产上，不宜将这些物质和维生素混合在一起。

（5）选用合理的加工方法。如加工颗粒饲料时，宜采用干风，温度不要过高，时间尽可能短。

（6）创造适宜的维生素储存环境。要低温、干燥、避光储存维生素，并尽可能缩短维生素的储存时间。

（汪海峰，茅慧玲，周　明）

思　考　题

1. 简述饲料加工的含义。
2. 简述饲料加工的意义。
3. 青饲料的常用加工方法有哪几种？
4. 简述叶蛋白的化学组成。

5. 试述开发叶蛋白的意义。
6. 简述叶蛋白的生产工艺。
7. 试述秸秆等粗饲料加工调制的方法与效果。
8. 如何经济有效地加工调制粗饲料？
9. 简述蛋白质饲料的发酵意义。
10. 简述微量元素预混合饲料的生产工艺。
11. 试述颗粒饲料的优缺点。
12. 如何保存维生素制剂？

第十一章 饲料安全

随着社会经济的发展和人们生活水平的提高，动物性食品在膳食中所占的比例越来越高。更重要的是，人们对食物的品质尤其是安全卫生质量越来越重视。饲料是动物的食物，而动物产品（肉、蛋、奶等）是人类的食物。因此，饲料的品质与人类健康密切相关。饲料安全也就是食品安全。这一理念已成为人们的共识。本章拟介绍影响饲料安全的一些因素，在此基础上提出保障饲料安全的措施。

第一节 影响饲料安全的要素

影响饲料安全的因素很多，包括饲料源性有毒有害因子［如大豆饼（粕）中胰蛋白酶抑制因子等抗营养因子，棉（菜）籽饼（粕）中游离棉酚、硫苷等毒物，蓖麻饼（粕）中氰苷，马铃薯中龙葵素，高粱中单宁等］和非饲料源性有毒有害物质（如霉菌毒素、农药、抗生素、重金属等）。前者已在相应章节做了介绍，本节简述后者。

一、饲料中细菌污染及其控制

沙门氏菌在人和动物中广泛传播。患沙门氏菌病的动物或其携带者通过粪不断地排菌，是污染饲料的重要来源；饲料加工人员或饲养员若染有沙门氏菌，也会污染饲料。沙门氏菌在饲料中大量繁殖，通过饲料进入动物肠道继续繁殖，产生毒素，引起肠炎和腹泻。大肠杆菌主要源于粪便。饲料中检出大肠杆菌，说明饲料可能被粪便等污染过。大肠杆菌常是饲料细菌学指标检测的指示菌。

饲料原料中致病菌，如沙门氏菌、大肠杆菌等超标，导致饲料产品中致病菌超标，对动物和食品造成危害。较易染有致病菌、致病病毒等的饲料原料主要有肉骨粉、肉粉、蹄角粉、血粉等。

饲料在生产、加工、储存和运输等过程中有可能染上细菌及其毒素。因此，饲料原料生产企业应将原料存放和处理的区域与加工后的成品、半成品存放的清洁区域严格隔离；饲料原料的处理者与产品的加工者应是不同的人，分开作业；办公区和作业区分开；限制外来者的进入；原材料与半成品、成品的生产设备、器材分开专用；防止蝇、蟑螂等害虫，鼠、犬、猫、鸟类等动物的侵入；定期清扫、消毒环境、设备等。若是发酵饲料企业，在发酵饲料过程中，要严格筛选菌株，并严格控制发酵工艺条件，这样方能抑制杂菌的生长，使发酵饲料中有害细菌很少或没有。但目前国内一些小型发酵饲料厂，条件简陋，发酵过程中易染杂菌，无快速干燥工艺，另靠天然晾干，又易滋生杂菌或有害细菌。因此，在饲料发酵过程中，减少杂菌污染，快速干燥是保证发酵饲料安全的有效措施。

二、饲料中霉菌污染与霉变及其控制

据美国农业科学和技术委员会估计，全世界每年约有25％的农作物被霉菌及其毒素污染（CAST，1989），由此导致的经济损失难以估计。全世界每年平均至少约有2％的粮食因霉变，不能食用和饲用，这个绝对数量是十分惊人的。例如，据国际粮农组织报道，1981年就有900万吨玉米因霉变而不能食用和饲用。

（一）霉菌增殖与产毒的条件

动、植物为霉菌的良好宿主，霉菌通过水和空气传播，与田间作物或储藏的饲料接触。影响饲料感染霉菌及其程度的因素包括饲料中的水分、对霉菌的易感性、谷物饲料的完整性以及储存环境的温度、湿度、氧气含量、通风状况等。饲料含水量 17%以上、环境温度较高（如 25℃以上）、空气相对湿度 75%以上、空气氧气含量 2%以上是霉菌增殖与产毒的适宜条件。

（二）饲料易染的主要霉菌及其毒素

饲料易染曲霉菌（如黄曲霉、杂色曲霉、赭曲霉、烟曲霉、寄生曲霉、构巢曲霉等）、镰刀菌（如禾谷镰刀菌、三线镰刀菌、拟枝孢镰刀菌、梨孢镰刀菌、茄孢镰刀菌等）、青霉菌（如扩展青霉、展青霉、红色青霉、黄绿青霉、岛青霉、圆弧青霉等）。霉菌在代谢过程中产生的毒性代谢物为霉菌毒素，在饲料安全上较为重要的霉菌毒素是黄曲霉毒素、赭曲霉毒素、烟曲霉毒素、T-2 毒素、呕吐毒素、玉米赤霉烯酮、镰孢霉毒素、单端孢霉素、麦角毒素、杂色曲霉毒素、展青霉毒素、红色青霉毒素、黄绿青霉毒素、岛青霉毒素等。

（三）霉菌毒素的毒害作用

霉菌毒素对动物毒性作用一般包括 5 个方面：①肝毒素——对肝有毒；②肾毒素——对肾有毒；③神经毒素——对神经系统有毒；④生殖毒素——对生殖系统有毒；⑤皮肤毒素——对皮肤有毒。不仅如此，霉菌毒素对人和动物还可能引起生物学突变作用（如癌变）和致畸作用（如引起胎儿畸形）。霉菌毒素可能影响动物的基础代谢过程。这些过程包括碳水化合物、脂肪代谢、线粒体功能以及蛋白质和核酸的生物合成。可能通过 4 种方式影响：①抑制代谢过程中必需的关键酶。②阻碍蛋白质、DNA 和 RNA 的生物合成。③干扰细胞内分子转移和水解酶的释放。④通过同酶辅助因子作用而降低酶活。霉菌毒素还能降低动物的抗病力，损害免疫机能。下面择其主要的作以简介。

1. 黄曲霉毒素

黄曲霉毒素（aflatoxin，AF）是一组剧毒的化学物质（其种类较多，常见的有黄曲霉毒素 B_1、黄曲霉毒素 B_2、黄曲霉毒素 G_1、黄曲霉毒素 G_2、黄曲霉毒素 B_{2a}、黄曲霉毒素 G_{2a} 等，其中黄曲霉毒素 B_1 的含量最多，毒性最大），主要由黄曲霉（Aspergillus flavus）、寄生曲霉（A. parasiticus）产生。这些曲霉在全世界的空气和土壤中广泛分布，死的和活的动植物都能感染。在热带和亚热带地区，食品和饲料中出现黄曲霉毒素的概率最高。那里的湿热气候为真菌生长提供了最佳的条件。例如，黄曲霉所需的最佳温度是 28～30℃。在很多受污染的农产品中，花生、棉籽、大米、玉米是最容易被产生黄曲霉毒素的霉菌感染。由于黄曲霉毒素广泛出现，它们对畜牧生产造成严重的经济损失。大量文献报道，黄曲霉毒素可引起肝中毒，但也影响全身组织，最终造成动物死亡。另外，黄曲霉毒素除作为诱变剂和致癌剂外，还影响免疫系统，引起动物对许多传染病易感性增强。

2. 赭曲霉毒素

赭曲霉毒素（ochratoxins，OT）是温暖地区最重要的仓储粮食或饲料霉菌毒素，主要有赭曲霉毒素 A（OTA）、赭曲霉毒素 B（OTB）、赭曲霉毒素 C（OTC），其毒性大小顺序为：OTA＞OTB＞OTC。在热带和亚热带地区，OTA 主要由曲霉属产生，在温暖地区则主要由青霉属产生，尤其是 Penicillium viridicatum，甚至能在温度为 4℃、小麦含水量为 18.5%的条件下产生 OTA。当达不到上述条件时，霉菌也能生长但不产生毒素。人体内 OTA 主要源于摄入的谷物及其制品。丹麦检测分析了 1431 个小麦、大麦、黑麦、燕麦和小麦麸样，结果显示 40%的样本被 OTA 污染。在所分析的样品中，小麦麸 OTA 污染程度高于谷实。例如，62%的小麦麸样被检测到有 OTA，而检测到 OTA 的小麦籽粒样只有 30%。谷物副产品（特别是小麦麸）中的多数霉菌毒素含量都要高于整粒谷物。OTA 主要毒害动物的肾和肝。OTA 也是致癌很强的一种毒素。据报道，每千克饲料中含有 0.2～0.3mg OTA 就能使猪、鸡中毒。反刍动物对赭曲霉毒素的易感性比猪、鸡弱多，因为瘤胃微生物能降解这种毒素。世界卫生组织建议，每千克谷物及其产品中赭曲霉毒素的最高限量是 5μg。有些国家（包括丹麦和瑞典）也将此作为法定的最高限量。

3. 镰孢菌类毒素

镰孢菌属产生的毒素种类较多，统称为镰孢菌类毒素（镰刀菌类毒素），主要有 T-2 毒素、呕吐毒素（deoxynivalenol，DON）、玉米赤霉烯酮（zearalenone，ZEN）、镰孢霉毒素（fumonisins，FB）、串珠镰孢霉毒素（moniliformine，MON）、蛇形霉毒素（diacetoxyscirpenol，DAS）、丁烯酸内酯（butenolide）等。T-2 毒素能引起牛、猪与家禽消化道炎症、组织器官广泛性出血。据报道，在所有谷物中几乎都有呕吐毒素（DON），似乎在小麦中最常见。猪是最敏感的动物，它采食 DON 超过 0.7mg/kg 的饲料后主要出现拒食等症状，但很少观察到呕吐。即使饲料中 DON 浓度为 0.25mg/kg 也会有毒性作用。美国食品和药物管理局兽医中心规定饲料中 DON 最高限量为 4mg/kg，并规定这种饲料在猪或宠物饲粮中用量不超过 10%，在其他动物饲粮中用量不超过 50%。玉米赤霉烯酮（ZEN）主要是在玉米中发现的一种霉菌（镰刀菌）毒素，其主要作用类似于雌激素，据测定它能引起猪的繁殖问题。饲粮中 ZEN 浓度为 1mg/kg 就能产生有害作用。镰孢霉毒素（FB）是在南非发现的一组霉菌毒素，由镰刀菌属的 *F.moniliforme* 和 *F.porliferatum* 产生。一般认为，FB 无处不在，特别是在玉米及其制品中。FB B_1 毒性最大，马对其最敏感。FB 对动物有严重的毒害作用，如马属动物发生脑白质软化症和猪发生肺水肿。串珠镰孢霉毒素（MON）可引起马脑白质软化症。丁烯酸内酯能引起牛烂蹄病。

4. 麦角毒素

麦角毒素（ergotoxine）主要由麦角菌（*Claviceps purpurea*）、烟曲霉菌（*Aspergillus fumigatus*）等真菌产生。这些真菌主要侵害黑麦、燕麦、大麦、小麦等。麦角毒素可抑制中枢神经系统，引起小动脉血管收缩，导致血栓。它对胃肠道黏膜也有强烈的刺激作用。

5. 甘薯黑斑霉毒素

甘薯黑斑病是由甘薯长喙壳菌（*Ceratocystis fimbriata*）与茄病镰孢菌（*F.sonali*）侵害甘薯引起的。薯块病变部位有黑斑，内含甘薯黑斑霉毒素，味苦。动物采食黑斑病甘薯后，可发生中毒，表现为心跳加快，呼吸困难，气喘等，肺气肿，最后多因窒息死亡。

（四）饲料霉菌及其毒素控制措施

对饲料霉菌污染的预防措施已在相关章节做了介绍，这里仅简述饲料霉菌毒素的脱除方法。

（1）剔除霉块或霉粒。霉菌毒素主要集中于霉坏、变色的部分，若将这部分除去，则饲料中霉菌毒素大大减少，一般多用手工将其挑除。

（2）除"皮"。霉菌毒素多集中于籽实的种皮或料粒的外表面，通过碾扎除糠麸可除去饲料中大部分霉菌毒素。

（3）水洗。多次用清水搅拌漂洗饲料，滤除漂洗液，也可减少饲料中大部分霉菌毒素。

（4）吸附。用活性炭、膨润土、海泡石钠、黏土等吸附剂吸附霉菌毒素，从而阻碍其被动物吸收。

（5）化学法脱毒。可用氨水等化学制剂浸泡饲料，通过过滤、挥发除去化学制剂等废液，可减少饲料中霉菌毒素。

三、饲料中农药的残留及其控制

据统计，目前世界各国生产和使用的农药品种约 500 多种，分杀虫剂（如有机氯杀虫剂、有机磷杀虫剂、氨基甲酸酯类杀虫剂、拟除虫菊酯类杀虫剂等）、杀菌剂（有机硫杀菌剂、有机汞杀菌剂、有机砷杀菌剂等）和除草剂，年产量达 400 万吨左右。大量农药的使用，不仅造成其在畜禽和人类体内的直接沉积，而且造成在农作物中的大量残留。据报道，农作物外皮、外壳及根茎部的农药残留量远比可食部位高，而这些部位作为副产品又是畜禽饲料的主要来源之一。动物采食被农药污染的饲料，可引起急性或慢性中毒。据研究，有机氯杀虫剂，如 DDT、γ-BHC、硫丹等可在脂肪组织中大量沉积。由于生物富集，农药通过饲料、动物产品（肉、蛋、奶等）食物链而危害人类健康。

我国对于饲料中农药残留的限量标准很少，仅对六六六、DDT、DDE、TDE 进行了规定。此外，美国还对艾氏剂和狄氏剂、氯丹和七氯规定了限量。欧盟除了以上提到的 5 类外，还对可可碱、黑麦角碱、毒杀芬、硫丹、异狄氏剂、六氯苯、正己烷（Alpha，Beta，Gamma）、三氯杀螨醇、二溴化乙烯和林丹进行了分类细致的规定。

控制饲料中农药残留的基本措施是：①选育抗病虫害的饲料作物，②在饲料作物种植以及收获后储存期间少用甚至不用农药，③开发使用无残留或残留量少的农药，④对农药残留量多的饲料脱毒。

四、饲料中重金属与非金属元素的污染及其控制

重金属元素包括汞、铅、镉、铬、铜、锌等，这些元素多数在人体内的半衰期都较长，如甲基汞在人体内的半衰期为 70d、铅为 1460d。因此，这些元素一旦进入人体，就很难被清除，而是逐渐蓄积起来并最终导致人体发生蓄积性中毒。目前，饲料工业中最突出的问题除部分饲料原料中重金属含量常达不到卫生标准外，主要是人为地大剂量使用铜、铁、锌等微量元素添加剂。猪饲料中添加高剂量铜（125～250mg/kg），在一定条件下对仔猪有一定的促生长作用，且可使猪皮肤发红、粪便变黑，因而养殖户错误地将皮肤和粪便颜色作为衡量饲料质量好坏的标志。为迎合养殖户的这种心理需求，饲料企业不断提高铜的添加量，部分饲料产品中铜的添加量已经达到或超过猪的最小中毒剂量，使铜在饲料工业中的总用量大大超过实际需要量。以四川为例，按四川饲料产量估计，每年满足动物铜营养需要的硫酸铜需要量约为 180t，而实际使用量达 3000～4000t。其中，有 2700～3500t 排泄到环境中。大剂量使用铜不但导致环境污染，破坏土壤质地和微生物结构，影响作物产量和养分含量，而且直接影响动物健康和畜禽产品的食用安全。当饲料中添加铜 100～125mg/kg 时，猪肝中的铜上升 2～3 倍，添加 250mg/kg 时升高 10 倍，添加 500mg/kg 时，肝铜水平达到 1500mg/kg。肝铜过高，可影响肝脏功能，降低 Hb 含量和血液比容值。人食用这种猪肝后，出现血红蛋白降低和黄疸等中毒症状。随着铜添加量的提高，锌、铁等元素的添加量也相应增加。近年来，不少企业使用 2000～3000mg/kg 锌（以氧化锌形式）来预防仔猪腹泻。高锌、高铁的使用，同样会产生类似高铜的环境污染和人食后中毒的后果。鉴于此，建议有关部门对铜、锌在猪用饲料产品中的使用阶段、使用持续时间、使用剂量、使用的背景条件等做出明确规定，甚至制定强制性行业标准，以规范铜、锌制剂在猪用饲料产品中的使用。

近几十年来，由于铅及其制剂的广泛应用，生态环境中铅含量增加。植物体可富集铅，动物采食富铅植物性饲料（一般认为在 10mg/kg 以上），可发生中毒。铅主要损害神经系统、造血器官和肾脏。预防铅中毒的措施是：禁止在铅矿、铅冶炼厂周围放牧，禁止饮用被铅污染的水，对动物能接触到的器具、设备等，不用含铅油漆。动物发生铅中毒时，可用 1％硫酸钠或硫酸镁，以形成不溶性硫酸铅，加快其排出；还可用二巯基丁二酸，与铅形成络合物，经尿液等排出。

生物体有富集汞的作用，若用含汞废水灌溉，或用含汞农药，则可使饲料中汞含量显著增加，引起畜禽中毒。汞可与酶蛋白巯基结合，使其失活；植物体也有富集镉的作用，动物

主要通过饲料和饮水摄入镉，镉与酶蛋白巯基结合而引起中毒，可用二巯基丙磺酸钠、巯基丁二酸钠或乙二胺四乙酸钠钙等解毒。

非金属元素中毒问题较突出的是砷。饲料工业中有机砷制剂（主要产品有洛克沙胂和阿散酸）被广泛用作动物生长促进剂。大量使用砷制剂，可导致环境砷污染，危害人类健康。砷被人体吸收后，可蓄积在肝、肾、脾、骨骼、皮肤、毛发中。砷与含巯基的酶结合，使酶失活，导致代谢紊乱。砷对人的半致死量为 $1\sim2.5mg$。动物有机胂中毒后，无特效药治疗；无机砷中毒后，可用二羟基丙醇治疗。由于动物对砷的吸收率低，食入的砷大部分通过粪便排泄到环境中。因此，砷制剂的大量使用，将导致土壤及饮水中砷的污染。土壤含砷量高，将使作物含砷量超过国家食品卫生标准。根据刘更另（1994）计算，当饲粮中添加 100mg/kg 阿散酸时，一个万头猪场所排泄的粪便在不到 10 年内可使 $133.3hm^2$ 土地因含砷过高，不能生产符合食用标准的作物而报废。若阿散酸添加量超过 100mg/kg，则土地报废时间就会更短。鉴于此，越来越多的学者建议，我国应尽早禁止砷制剂在动物中的使用。

地壳中氟平均含量约为 650mg/kg，但分布不均，有天然高氟区。我国高氟区多在干旱区、盐碱区、氟矿区等。由于现代工业氟原料的应用，也形成不少人为高氟区。植物体有富集氟的作用，高氟区生产的植物每千克可含氟数千毫克。此外，磷酸盐和骨粉中氟含量高，饲用前要脱氟。氟是一种全身性毒物。氟化物在胃酸作用下生成氟化氢，对胃、肠有强烈的刺激作用。高浓度氟进入血液后与钙离子形成不溶性氟化钙，影响血凝，导致动物死亡。氟乙酸钠等有机氟化物可抑制三羧酸循环中有关酶的活性，从而阻碍氧化代谢。

五、饲用抗生素引发的饲料安全问题

抗生素作为兽药和饲料添加剂在防治动物疾病和提高动物生产性能方面发挥了重大作用。Lee 等（2001）估计，约80%以上的食用动物一生的某个阶段或大部分时间都接受过抗生素的治疗或饲喂。但是，抗生素的长期使用或滥用，其残留和病原菌对抗生素的耐药性问题越来越突出，给人类健康构成了很大的威胁。Barton 等（2001）指出，病原菌对抗生素的耐药性问题将成为 21 世纪全球最严重的医学问题之一。

Hunter 等（1994）从应用多年阿普拉霉素猪场的仔猪粪便、周围环境、牛舍、牧场主的粪便中分离到耐受阿普拉霉素的大肠杆菌，这些耐药菌中都含有一个相似的长约为 62kb 的编码耐受阿普拉霉素的基因质粒。有试验研究发现，在饲喂阿伏霉素的猪和鸡中分离到耐万古霉素的肠道球菌（这两种抗生素的结构很相似）。Houndt 等（2000）的比较试验研究发现，在应用抗生素前分离到肠道细菌对抗生素非常敏感，而在应用抗生素后分离到的肠道细菌中有 20%以上至少对一种抗生素的耐药性非常强。这些研究结果均表明，当细菌长期接触这些低浓度的抗生素时，易产生耐药性。已证明细菌的耐药基因可与人类体内的细菌、动物体内的细菌等生态系统中的细菌相互传递，由此可导致致病菌（如沙门氏菌、肠链球菌和大肠杆菌等）产生耐药性。这样，一旦细菌的耐药性传递给人类，就会出现用抗生素无法控制人类细菌感染的后果。早在 1972 年，墨西哥就有 1400 人因感染了抗氯霉素的伤寒杆菌而死亡，1992 年美国又有 13300 人死于抗生素耐药性细菌感染。尽管目前尚无确切证据证明人类耐药性的产生与畜禽使用抗生素有直接关系，但长期使用亚治疗剂量的抗生素类添加剂已引起了人们的广泛担忧。抗生素残留是其作为饲料添加剂又一个引起关注的问题。残留是指动物在使用抗生素后，抗生素的原形或其代谢产物可能蓄积、储存于动物的细胞、组织器官或可食性产品中。韩国 1997 年对 45000 个肉样（牛肉样 10000 个、猪肉样 23000 个、禽肉样 12000 个）中 5 种抗生素（青霉素类、四环素类）、6 种磺胺和 6 种杀虫剂残留的检测结果表明，四环素、磺胺和氨基糖苷类抗生素的平均残留率为 6%。马北莉等（1997）对

市售猪肾和脾的检测也发现，链霉素残留量分别达 1.44mg/kg 和 1.56mg/kg，检出率达 96.4％和 100％。抗生素的残留不仅影响动物产品的质量和风味，也被认为是动物细菌耐药性向人类传递的重要途径。

六、饲用激素引发的饲料安全问题

克伦特罗（clenbuterol）是一种人工合成的 β-兴奋剂，20 世纪 80 年代末期它在欧洲国家被作为一种营养重分配剂使用。研究发现，克伦特罗除作为支气管扩张剂外，还能提高动物的瘦肉沉积能力和饲料利用率，因而俗称"瘦肉精"。克伦特罗化学性质稳定，进入动物体后主要分布于肝脏，由于其半衰期长，在体内代谢慢，易在体内蓄积。Sauer 等（1995）有研究表明，克伦特罗在不同组织的作用时间和残留量不同，在肝脏中残留量最大、作用时间最长。由于克伦特罗性质稳定，一般烹饪方法不能使其失活。因此，人因食用了克伦特罗残留的动物性食品而发生中毒的事件屡见不鲜。据报道，1989 年 10 月和 1990 年 7 月西班牙中部有 135 人因食用含克伦特罗的牛肝而中毒，1992 年 1～4 月份其北部地区又有 232 人发生克伦特罗中毒。对牛肝中克伦特罗的检测发现，其残留量为 19～5395μg/kg，患者尿样中克伦特罗含量为 11～486μg/L。另据报道，法国、意大利以及我国也都曾发生过"瘦肉精"中毒事件。研究证明，克伦特罗对人的治疗剂量为每日口服 2 次、每次 0.3～0.5μg/kg 体重。因此，一个人若食入 100g 被克伦特罗污染（160～500μg/kg 肝）的肝脏，则克伦特罗的量将超过其药理水平而发生中毒。我国并未批准在动物饲料中使用克伦特罗，但前几年我国不少饲料和养殖企业在使用克伦特罗。1999 年，国家明令禁止使用克伦特罗。2000 年的普查发现，仍有部分企业在违法使用克伦特罗。不久前，香港特区政府化验所发布的食品销售禁令中，严令禁售猪肺、肝、肾，禁售的理由是食品检验部门近年来在上市的猪内脏中发现含有大量的克伦特罗。

早年批准在肉牛和水产动物中使用的性激素类促生长剂如睾酮、孕酮、雌二醇、玉米赤霉烯醇等和甲状腺类激素如 T_3、T_4、碘化酪蛋白因易于残留而危害人类健康，已被各国禁用。在我国也列为违禁药物，但目前仍可能有少数企业在违法使用。肽类激素，特别是重组猪生长激素（pST）和牛生长激素（bST）的安全问题仍在讨论之中。目前的大部分证据表明，pST 和 bST 的使用对人类健康无不良影响。由于 pST 对瘦肉率和饲料利用率以及 bST 对产奶量的改善效果较好，世界上已有部分国家批准在畜牧业中使用。

七、控制饲料中其他有害因子的污染

饲料被污染的其他有害因子可能很多，这里仅对毒害作用大的因子做简要介绍。

1. 二噁英的污染

二噁英是多氯二苯并二噁英和多氯二苯并呋喃两类化合物的总称，来源于有机物的不完全燃烧。二噁英化学性质稳定，不溶于水，不易分解，进入机体后几乎不被排泄而沉积于肝脏和脂肪组织中。二噁英属于剧毒物质，其致癌毒性比黄曲霉毒素高 10 倍。其中，2、3、7、8 位上均被氯原子取代的二噁英毒性最强，比氰化钾高 1000 多倍。二噁英进入机体后，改变 DNA 的正常结构，破坏基因的功能，导致畸形和癌变，扰乱内分泌功能，损伤免疫机能，降低繁殖力，影响智力发育。二噁英引起人患发"氯痤疮"的最低剂量为 828μg/kg 脂肪，致肝癌剂量为 10μg/kg 体重，致死剂量为 4000～6000μg/kg 体重。鱼、肉、蛋、奶及其制品均易受到二噁英的污染。1999 年比利时有 746 家养猪场、440 家养鸡场和 390 家养牛场使用了被二噁英污染的饲料，其畜禽制品中二噁英的含量超出 WHO 规定标准的 1500 倍。

2. 疯牛病

疯牛病是发生在牛身上的进行性中枢神经系统病变，症状与羊瘙痒类似。疯牛病在英国及其他欧洲国家暴发及传播的主要原因是给牛饲喂了含"疯牛病因子"的肉骨粉。患疯牛病的牛，其脑、脊髓、脑脊液、眼球具有很强传染性；小肠、背根神经节、骨髓、肺、肝、肾、脾、胎盘、淋巴结也具有传染性。人食用了这些组织或被疯牛病因子污染的其他食物后，通过消化道而感染。

在人类有一种类似疯牛病的疾病，叫"克雅氏病"（简称 CJD）。该病的自然发病率很低，为百万分之一，患者主要为老年人（50～70 岁）。患者表现为脑组织受损，痴呆，引起并发症而死亡。1995 年以后，在英国发现了"新变异型克雅氏病"（简称 vCJD），患者表现出忧郁、不能行走、痴呆，最后死亡。该病的发病率远高于 CJD，且患者年龄分布在从 16 岁到 75 岁的整个年龄段。目前已证实，CJD 与疯牛病的暴发密切相关。

第二节 保障饲料安全的法规和技术措施

一、关于饲料安全方面的法规条例

我国已建立了关于饲料安全方面的一系列法规条例，对饲料行业严格的监管。凡有违规违法行为，将受到相应的处罚，直至追究刑事责任。目前，饲料行业管理法规体系由下列法规、部门规章和规范性文件构成：《饲料和饲料添加剂管理条例》（中华人民共和国国务院令第 609 号）、《兽药管理条例》（中华人民共和国国务院令第 404 号）、《饲料和饲料添加剂生产许可管理办法》（中华人民共和国农业部令 2012 年第 3 号）、《新饲料和新饲料添加剂管理办法》（中华人民共和国农业部令 2012 年第 4 号）、《饲料添加剂和添加剂预混合饲料产品批准文号管理办法》（中华人民共和国农业部令 2012 年第 5 号）、《进口饲料和饲料添加剂登记管理办法》（农业部令，新版待发布）、《饲料质量安全管理规范》（农业部令，待发布）、《饲料原料目录》（中华人民共和国农业部公告第 1773 号）、《饲料添加剂品种目录》（中华人民共和国农业部公告第 1126 号）、《饲料添加剂安全使用规范》（中华人民共和国农业部公告第 1224 号）、《饲料药物添加剂使用规范》（中华人民共和国农业部公告第 168 号）、《饲料生产企业许可条件》（中华人民共和国农业部公告第 1849 号）、《混合型饲料添加剂生产企业许可条件》（中华人民共和国农业部公告第 1849 号）、《饲料和饲料添加剂行政许可申报材料要求》（农业部公告，待发布）。两个强制性国家标准《饲料标签》GB 10648 和《饲料卫生标准》GB 13078。两个禁止性文件《禁止在饲料和动物饮用水中使用的药物品种目录》（中华人民共和国农业部公告第 176 号）和《禁止在饲料和动物饮用水中添加的物质》（中华人民共和国农业部公告第 1519 号）。

我国对于饲料原料和饲料添加剂、饲料药物添加剂的管理实行严格的许可制度，《饲料和饲料添加剂管理条例》明文规定"禁止使用国务院农业行政主管部门公布的饲料原料目录、饲料添加剂品种目录和药物饲料添加剂品种目录以外的任何物质生产饲料"，即只有在目录中允许使用的品种才能够使用，凡不在目录中的都不允许使用。然而，并不是只有禁止性文件中的物质才不能用，禁止性文件并不表示不在禁止目录中的物质就允许使用，而是把那些危害大的物质单独列出，如违法使用，则比一般性违规处罚更严厉。

二、保障饲料安全的若干技术措施

(1) 对各种拟用的饲料原料进行质量监测，选用符合《饲料卫生标准》GB 13078 质量要求的饲料原料。对能量饲料，要检测霉菌及其毒素污染和农药残留情况。对蛋白质饲料，在检测霉菌及其毒素污染和农药残留情况的基础上，按原料种类的不同，尚要检测相应的指标：如对鱼粉，检测肌胃糜烂素的含量。对大豆饼（粕），检测脲酶等的活性，对棉籽饼

（粕）、菜籽饼（粕），检测游离棉酚、硫甙等的含量。对矿物质饲料，检测氟、汞、铅、镉等矿物元素的含量。严格遵守现行的政策、法规和管理条例，选用饲料添加剂及饲料药物。研究采用绿色饲料添加剂如配方酶制剂、植物提取物活性因子、有益微生物（活菌制剂）、寡聚糖等，以确保饲料原料的安全。

（2）遵循动物产品安全和环保的原则，设计饲粮配方。严格控制饲粮中铜、锌、锰、铁、硒、铬等的用量，不用砷制剂。在设计饲粮配方时，遵循我国饲料产品相关标准以确保饲粮配方安全标准化。

（3）制定饲料产品加工与配制标准化技术规程。主要关键点为：对饲料原料要精确称量，有专人负责；严格按饲粮配方准确配料，必须有专人审核；对混合系统性能要定期测试，符合要求后，方可进行生产运行。

（4）制定饲料产品包装、储存和运输的技术措施。符合保质保量的要求，符合包扎牢固和防潮防晒防毒等的要求。

第三节　标准化质量控制技术在饲料质量管理中的应用

为了加快我国饲料质量管理与国际接轨，须引入和采用先进的质量管理技术。本节简介国际上现行的全面质量控制（TQC）技术、危害分析与临界控制点（HACCP）系统、ISO质量保证体系及其在饲料质量管理中的应用。

一、全面质量控制技术在饲料质量管理中的应用

（一）全面质量控制（TQC）的含义

全面质量控制（total quality control，TQC）有着广泛的含义，包括产品质量、工作质量和售后服务质量等。

（1）针对饲料而言，产品质量应从五个方面考核。营养性：指饲料产品对畜禽的营养价值；适口性：指畜禽对饲料产品的喜食程度；安全性：指饲料产品无毒、卫生、安全可靠等；经济性：主要是指饲料报酬，用来衡量饲料产品的经济效果；适用性：指饲料产品对拟喂畜禽的适合程度以及当地用户对饲料产品的可接受程度等。

（2）工作质量是指饲料企业为保证饲料产品质量所做的组织工作、管理工作、生产技术工作等。饲料产品一定程度上是由工作质量决定的，工作质量的好坏直接影响着饲料产品的质量。

（3）售后服务质量不仅影响饲料产品的销售量，而且更重要的是影响饲料产品的实际使用效果。使用饲料产品有一定的方法和条件。使用方法不合理，条件不当，饲料产品不能达到预期的使用效果。因此，售后服务也是饲料产品质量控制的一项重要工作。

（二）全面质量控制的基本工作

全面质量控制的工作主要有以下几个方面。

1. 生产设计过程中的质量管理工作

饲料产品的设计质量依赖于以下几点。

（1）供给的养分组成，包括供给养分的种类、数量及其比例，这些应与动物营养需要相吻合。

（2）原料质量：所用原料要真、要纯，生物学效价要高。

（3）加工标准：加工方面的标准包括加工系统设计和建立规范的操作程序等。

2. 生产过程中的质量管理工作

生产质量是保证设计质量在饲料产品中得以完全体现，生产质量管理包括以下几点。

（1）饲料配方控制：饲料配方就是将养分供给标准，准确地体现在拟制的饲料中。保证饲料配方的质量，须注意原料的成分含量、质量要求、价格、对动物的效价与卫生安全性、原料之间的相互作用等。

（2）饲料加工控制：饲料加工设备（如粉碎系统、计量系统、搅拌系统等）要达到质量标准，要优化工作技术参数，要试运行，并对饲料初产品进行检测，全部设备系统达到规定的标准后才开始投入生产运行。

（3）饲料产品使用过程中的质量管理工作：对饲料产品使用过程的质量管理的意义是检测饲料产品的实际使用效果。这项工作既是质量管理的归宿点，又是新起点。饲料产品质量的好坏，很重要的一点是用户对饲料产品的评价。因此，至少要做好以下几件工作。

① 对饲料用户做好技术服务工作。我国今后使用饲料产品的大户仍是广大农民。他们的文化素质较低，且缺乏畜禽养殖技术。因此，他们在从事养殖业的过程中，迫切需要技术指导。如果有专业技术人员能及时给予指导，那么无疑可促进我国畜牧业的健康发展，同时也是得到用户好的评价和饲料产品稳固占领市场的最好方法之一。

② 对饲料产品实际饲喂效果进行实地调查，并对调查结果进行客观认真的分析。

③ 对饲料产品在实际使用过程中出现的种种问题进行记录备案，而后逐一分析，寻找原因。分析寻找饲料产品未达到预期效果的原因是饲料质量管理中很重要的工作。要从原料质量、饲料配方、饲料加工、饲料产品运输和存储、饲料产品使用方法、条件和饲用对象等方面着手，找出原因，以期改进饲料产品的质量。

（三）全面质量控制的程序

（1）饲料配方设计。饲料配方是采购原料种类和数量、加工饲料产品的依据，是配方饲料的核心技术，要从各个方面优化饲料配方。

（2）采购和接收原料。对拟采购的原料要进行有关指标检测，符合质量要求才能采购；接收原料时，要认真核查是否是已检测的那批原料。

（3）原料清理与粉碎。原料清理是指清除原料中的金属杂质以及其他杂质，要做到每天能检查磁选等系统。原料粉碎是指将原料通过粉碎系统粉碎到所要求的粒度，要每天检查粉碎系统的工作性能。

（4）原料计量。对原料要精确称量，有专人负责。

（5）配料。严格按饲料配方准确配料，须有专人审核。

（6）饲料混合。对混合系统性能要定期测试，符合要求后，方可进行生产运行。

（7）饲料制粒。对需要制粒的饲料产品要进行制粒。制粒过程中，温度、压力等参数影响饲料产品中某些成分（如维生素等）的活性，因此要严格控制这些参数。

（8）饲料产品包装与标志。饲料产品包装须符合饲料产品质量和卫生安全的要求，要适于保存、方便运输和使用等。饲料产品的外包装袋应有标签。

（9）饲料产品的使用。对用户使用饲料产品的方法、适用对象等要做必要的技术指导工作。

（10）饲料产品使用效果的评价和饲料产品质量的改进。

二、危害分析与关键控制点系统在饲料质量管理中的应用

（一）HACCP 系统简介

危害分析与关键控制点（hazard analysis and critical control points，HACCP）系统，是目前世界上最权威的食品安全质量保护体系，用来保护食品（包括饲料）在整个生产过程中可能发生的生物性、化学性、物理性因素的危害。其主旨是将这些可能发生的危害在产品生产过程中消除，而不是在产品出来后依靠质量检测来保证产品的可靠性。

HACCP 系统是一种预防性系统，其核心是制定一套方案来预测和防止生产过程中可能发生的影响食品与饲料卫生安全的危害，防患于未然。HACCP 系统包括 7 个方面基本要素：危害分析，临界控制点的识别，各临界控制点限制标准的确定，建立临界控制点的监测方法和处理监测结果的程序，建立临界控制点偏离限制标准的校正方案，建立有效记录档案制度，建立确认 HACCP 系统运转是否正常的程序。

（二）HACCP 系统的基本操作方法

（1）危害分析。这里的"危害"主要是指对食品或饲料安全产生的损害，危害因素包括生物性因素、化学性因素、物理性因素等。危害分析是指要从原料的来源、产品加工、产品运输储存、销售和使用等的每个环节可能发生的多种危害进行分析确定，评价其危害性大小，并制定预防措施。

（2）确定临界控制点。"临界控制点"是指若控制措施不力就会影响食品或饲料产品质量，进而危害动物或人体健康的那些环节。一般说来，临界控制点不宜过多。某个环节一旦被确定为临界控制点，则要进行监测。

（3）设定临界控制点限制标准。对已经确定的每个临界控制点，都须制定出相应的控制标准和适宜的检测方法。

（4）监测临界控制点。对每一个临界控制点都须监测，以确保食品或饲料产品的每个环节都保持在合理的控制状态下，对记录结果要记录存档。

（5）及时制定修正措施。当监测结果指出某个临界控制点失控（即监测结果与临界控制点限制标准不符合）时，应立即分析寻找原因，并尽早采取修正措施。

（6）建立有效档案制度。饲料企业在实行 HACCP 系统的全过程中需要有大量的技术文件和日常的监测记录，这些记录应完整和严谨。

（7）HACCP 系统有效性的认定。对 HACCP 系统有效性的认定是通过对最终产品进行微生物性、物理性、化学性检测试验和感官鉴定来完成的。认定单位可以是企业本身或政府职能部门。

（三）HACCP 系统在饲料质量管理中具体应用步骤

1. 提高认识

饲料企业管理层人员须高度重视和认真对待 HACCP 系统，认识到实施 HACCP 管理的意义。虽然使用 HACCP 系统需要一些费用，但从长期经营角度看，实行 HACCP 管理措施，将给企业在饲料产品质量、员工工作效率、客户满意度、饲料产品市场竞争力等方面带来数倍于投入的回报。

2. 人员配备

必须从饲料企业员工们挑选具有不同工作背景（如从事原料采购、成分检测、配方研制、产品加工、设备维修、产品营销、售后技术服务等）的人员组成 HACCP 管理小组。

3. HACCP 管理人员的培训

参加 HACCP 管理工作的人员都应进行专门培训，以熟悉 HACCP 的概念、原则和操作技术等。

4. HACCP 管理程序的实施

（1）进行危害分析。HACCP 管理小组每个成员都应有从原料→产品加工→产品使用的非常详细的流程图，以便他们能够找出与原料产地、采购、接收过程、饲料产品加工过程、饲料产品存储、运输过程、饲料产品使用过程等有关的危险因素，这些危险因素多是生物性因素、物理性因素、化学性因素，评估这些危险因素对动物机体及其生产的动物性食品（肉、蛋、奶等）对人类健康的影响。生物性危险因素主要是指有害微生物（如沙门氏菌、肠道病原菌等）、微生物产生的毒素（如黄曲霉毒素等）、动物疾病的媒介物（如来源某些疫病区的动物性饲料）。物理性危险因素主要是指原料中存在或在生产、储存、运输等过程中混入的异物，如玻璃碴、塑料、金属碎屑、石子、包装材料的残余物等。化学性危险因素主要是指在饲料原料中的有害化学物质，可能是原料本身就有的，或因污染造成的，也可能是在加工中使用了有害物质或在加工过程中产生的有害物质，如农药的残留、重金属和"三废"污染，使用违禁药品等。

（2）寻找临界控制点。一旦明确了主要的危险因素后，接下来的工作就是搞清从哪里控制这些危险因素，即寻找临界控制点，例如，病虫害较流行的农区生产的饲料原料中农药残留、来源于潮热地区的饲料原料中真菌毒素污染就可能是临界控制点。

（3）制定关键限制标准。一旦确定了临界控制点，就须制定相应的、便于监测的关键限制标准。这些关键限制标准是判断饲料产品生产过程中是否失控的界定标准。例如，英国对预混料中总砷（以 As 计）的限制标准为≤4mg/kg。

（4）监督临界控制点。当出现不符合关键限制标准的情况时，必须采取纠正行动。例如，饲料产品中某毒素超标时，先要查明原因，后采取消除或降低该毒素的措施。

（5）检查 HACCP 系统的有效性。主要检查临界控制点的监督和关键限制标准是否被有效地执行。

三、ISO 国际标准在饲料质量管理中的应用

（一）ISO 简介

国际标准化组织（international organization for standardization，ISO）是制定和发布国际标准的国际性权威机构。ISO 制定的国际标准建立在国际协商一致的基础上。多年来，ISO 国际标准一直是解决全球经济、贸易和环境等问题的基础工具。随着经济全球化迅速推进和科学技术飞速发展，ISO 针对各类产品的质量、安全、生产和其他有关问题，制定了一系列新的标准，并很快得到广泛的应用。

（二）ISO 国际标准在饲料质量管理中的应用

ISO 饲料检测方法标准是 ISO 国际标准的重要组成部分。该标准列述了饲料中各主要成分的标准化测试方法。现将与饲料成分检测有关的 ISO 国际标准条目、编号、颁布时间列述于表 11-1。

表 11-1 饲料检测方法的 ISO 国际标准

条目	编号	颁布时间
动物饲料试样的制备	ISO6498	1998-11-01
动物饲料中水分和其他挥发性物含量的测定	ISO6496	1999-08-01
动物饲料中磷含量的测定——分光光度法	ISO6491	1998-12-15
动物饲料中可溶性氯化物含量的测定	ISO6495	1999-04-01
动物饲料中维生素 A 含量的测定——HPLC 法	ISO6655	1997-08-01
动物饲料中维生素 E 含量的测定——HPLC 法	ISO6867	2000-12-01
动物饲料中钙、铜、镁、钾、钠、锌含量的测定——原子吸收光谱法	ISO6869	2000-12-01
动物饲料中钾、钠含量的测定——火焰发射光谱法	ISO7485	2000-08-15
动物饲料中呋喃唑酮含量的测定——HPLC 法	ISO14797	1999-03-15
动物饲料中黄曲霉毒素 B_1 含量的测定——HPLC 法	ISO14718	1998-12-15
动物饲料中有机氯农药残留的测定——气相色谱法	ISO14181	2000-09-15

（周　明，惠晓红）

思 考 题

1. 简述影响饲料安全的因素。
2. 为了保证饲料安全，如何设计饲料厂？
3. 如何减少霉菌对饲料的污染？
4. 如何消除或减少饲料中的霉菌毒素？
5. 如何减少饲料中的有害元素？
6. 抗生素饲料添加剂的毒副作用有哪些？
7. 保障饲料安全的技术措施有哪些？

第十二章　饲料配方设计

饲料是动物生存和生产的物质基础。动物饲粮组分如图 12-1 所示。本章主要介绍饲粮、浓缩饲料、（添加剂）预混合饲料的配方设计。

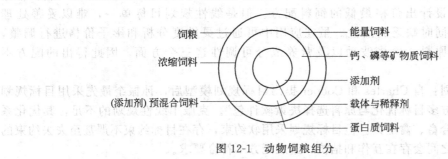

图 12-1　动物饲粮组分

第一节　饲料配方软件技术

计算机技术在饲料生产中最广泛的应用是在饲料配方软件领域。配方软件是以现有原材料的价格和营养指标为基础，利用优化模型计算出所需原料的配比以及生成配方的产品价格。饲料数据库信息与优化配方程序连接，用户可调用库中所需饲料信息及相关信息，同时输入饲料原料的市场价格，然后进行饲料配方的优化。配方软件的广泛应用推动了饲养技术从粗糙模式向精细化的飞跃，一方面能发挥动物的最大生产力、提高饲料转化率；另一方面可整合饲料原料、降低生产成本、增加饲料厂的经济效益、增强饲料企业的市场竞争力。

一、国内外饲料配方软件的发展过程

1951 年，Waugh 首次将线性规划方法应用于动物营养研究，1961 年 Charles 等在线性规划基础上发展起来了目标规划技术，1964 年计算机饲料配方开始出现。20 世纪 80 年代，用来计算日粮干物质、粗蛋白质、总消化养分、粗纤维以及成本的计算机程序被开发。至 20 世纪 90 年代，计算机饲料配方软件在欧美等发达国家已得到了广泛的应用。目前常用的国外著名软件有：brill 软件（美国）、CPM-dairy 软件（美国）、PC-dairy 软件（美国）、format 软件（英国）、feedsoft 软件（美国）、Mixit 软件（美国）、gavish 软件（以色列）、NRC 软件（美国）等。

我国饲料配方软件的开发起步较晚。1984 年张子仪等编制了"袖珍电脑最佳饲料配方 Basic 语言程序"。1987 年华南农业大学编制了微电脑饲料配方系统（FFS）。1987 年，熊易强等研制了"最大收益"配方优化软件。20 世纪 90 年代随着计算机的普及，国内相继出现若干运行于计算机上的通用饲料配方优化软件。21 世纪初，随着我国饲料工业的迅猛发展，饲料配方软件也发展迅速并逐渐成熟。目前常用的国内软件有：CMIX 配方软件（中国农科院畜牧所和浙江大学人工智能所联合研发）、三新配方软件（中国农科院北京畜牧兽医研究所研发）、胜丰饲料配方软件（前身为 MAFIC 饲料配方软件）、金牧饲料配方软件等。

二、配方软件的组成

1. 配方优化模型

数学优化模型是配方软件技术的基础部分，一个完善的数学模型体系可有效地满足配方需求。目前被用于饲料配方软件的数学方法主要有线性规划、目标规划、模糊线性规划、随机规划等。

（1）线性规划：美国学者率先用线性规划法研发出饲料配方软件，至今仍是国际上制订饲料配方的主要方法。目前，国内外已用计算机编程来优化饲料配方，且主流模式都是采用线性规划。线性规划是开发最早、发展最完善、使用较多的一种设计方法，该方法能在设定的条件下设计出价格最低的饲料配方。但是线性规划目标单一，难以妥善处理多个目标问题，同时缺乏灵活性。虽在应用中可通过灵敏度分析和影子价格进行调整，但并未考虑饲料原料、价格波动以及营养成分可调性这三个方面，因此得出的配方不一定是最低成本。

（2）目标规划：自 Charles 和 Cooper 提出目标规划模型后，孙振奎最先采用目标规划方法研制出"配方多目标优化与原料选择决策软件包"。克服了线性规划的不足，其优化系统的灵活性更适合畜、禽配方。但目标规划采用软约束，存在目标约束不严甚至失去约束的问题，有时目标之间会存在互作和拮抗，造成配方不符合要求。

（3）模糊线性规划：畜、禽养殖过程中存在许多不确定因素。实践证明，许多营养指标在一定范围内浮动对动物生长影响不大，畜、禽对养分的需求量具有一定的模糊性。基于此，1986 年吕永成率先提出饲料配方的模糊设计理论，并研制出饲料配方模糊优化软件。模糊线性规划是在原线性规划基础上加入伸缩量构成的新线性规划，能根据营养成分的影子价格自动按给定的伸缩量调整配方，这是模糊线性规划优于其他方法的主要特征。模糊线性规划虽更贴近配方中限制条件模糊性的考虑，但它只考虑了原料价格和营养需要的模糊性，并未考虑原料营养成分的变异性，因此还需在今后的研究中加以改进。

（4）随机规划：随机规划是一类可处理用户输入的具有随机特征数据的非线性规划方法，可根据不同的饲养标准达成概率设计饲料配方，较好地解决了饲料原料变异的问题。采用随机规划程序，除了能减少因饲料养分过剩而造成的环境污染外，还可在不降低饲养标准的情况下节约总成本。同时，随机线性规划方法设计的配方优于线性规划设计的配方，特别是当粗蛋白质、赖氨酸、蛋氨酸、钙和磷等营养指标达成概率较高且相等时较优，但由于其复杂性并未普遍应用于饲料配方软件。此外，还有多目标遗传算法等，虽然这些数学模型在饲料配方设计中都有较好的应用前景，且也得到了一些试验实例验证，但由于种种原因并未得到广泛的应用。

2. 饲料原料数据库

数据库是信息时代的重要保证，是知识工程的基础软件之一。饲料原料数据库的准确性是反映配方软件质量的重要依据。我国饲料原料数据库建立始于 1959 年的由中国农科院畜牧研究所主持的"第一次全国饲料营养价值评定大会"。"六五"期间，中国农业科学院畜牧研究所与计算中心设计完成了我国饲料数据库的部分管理系统，并将新中国成立以来积累的 15000 种饲料营养价值评定资料筛选出的数据输入 FELIXC-512 机，同时还设计了优化饲料配方程序。"七五"期间，在引进国际饲料数据库情报网中心（INFIC）经验的基础上，对饲料数据库的模式、结构进行了全面改造，使之成为包含饲料营养价值评定、饲料添加剂、饲料标准、饲料工业信息等子系统的饲料信息管理系统。1989 年，我国的饲料数据库建立工作基本完成，并由中国农业部批准在中国农科院成立了"中国饲料数据库情报网中心"。截至 2007 年，中国饲料数据库情报网中心开发的优化饲料配方软件，由早期的 Zilog80、

PC1211、PC1500 发展到 APPLE2 以及长城等系列，现已发展到了基于网络远程的第 7 代饲料配方系统。众所周知，不同产地饲料原料营养成分差异很大，即使相同产地不同时期的饲料原料营养成分也会发生变化。因此，饲料厂需要编制自己的"饲料厂原料营养成分数据库与查询管理系统"，并利用计算机技术来管理和分析饲料原料数据。如在奶牛生产中，制定营养平衡的日粮配方时，需要参考当地饲料的营养成分和饲用价值，这样才能正确地指导奶牛生产。不同地区饲料原料成分及营养价值数据库的建立，对优化当地饲料资源利用，促进畜、禽养殖集约化、科学化生产，具有重要的指导作用，同时对健全我国饲料原料成分及营养价值数据库具有重要的意义。

三、设计方法

1. 设计原则

在用计算机设计饲料配方时，应充分发挥计算机的优势，满足以往手工处理所不能达到的目的，应做到以下几点。

①全面考虑营养与成本，弥补过去只考虑有限品种与营养成分的不足之处；②配方设计工作简单易行；③设计配方的效率更高；④使设计的配方对资源的利用率高，饲料成本下降。

2. 开发环境简介

选取 Visual Basic（VB）语言作为编程语言来实现。VB 是一种可视化的程序设计语言，支持面向对象的程序设计，可通过事件来执行对象的操作，同时具有很强的数据库管理功能。因此。选择 Windows98 的 VB5.0 作为开发平台。

3. 设计模块介绍

（1）数据库管理模块：建立一个数据库，由三张表组成，第一张表存放饲料原料及其成分含量和价格；第二张表存放配方的类型标准；第三张表存储饲料配方。对表一和表二的资料，可进行显示—查询—添加和删除操作。

（2）数据选取模块：根据用户的实际情况，对此模块可任意选取饲料品种，也可进行成分的选择与配方标准的选取，分别放在三个动态数组中。动态数组的大小可依用户的不同选择在模块中重新定义，实现库与算法之间的数据交换。

（3）配方饲料的计算：此模块是在后台进行的，利用线性规划算法，进行不等式约束条件下的求解。

（4）输出配方结果：将模块 3 的结果输出，同时将结果记录下来，即存储到饲料配方表中，供用户查看以前的配方结果，进行分析和比较。

四、配方软件的使用

配方软件主要是实现前述的两个目标，即营养目标和经济目标，不同的配方软件可能还有不同的附带功能。

设计配方的基本步骤为：第一步，选择或输入动物的营养需要量（标准），或通过生物模型算出动物的营养需要量。第二步，选择所用原料，调整原料的价格和养分含量。第三步，执行优化计算。

制定饲料配方前，先要收集当前市场或库存的原料营养成分与价格信息，再针对饲喂对象提出要求的营养指标和原料用量限值，配方软件将通过一定的规划算法得出配方结果，包括各原料的用量、原料的影子价格、配方产品的单位成本价等信息。配方结果不仅可以指导饲料产品的生产，还可以指导饲料产品的定价和原料的采购方向。

在用饲料配方软件做最低成本配方时要注意的是，对原料的用量设定范围，否则会造成一些原料因为成本太高而被舍弃，同时尽量不要在开始时设置最大最小值，待调整配方时再根据情况设置。一定要充分利用影子价格。影子价格包含两个方面：一是配方营养约束条件的影子价格；二是原料影子价格。一般的专用软件均可在筛选出最低成本配方的同时，在原料价格的灵敏度一栏中得到参选原料影子价格的信息。对于配方中被选中的原料，其影子价格即是其灵敏度的上限；对于未被选入配方的原料，其影子价格即是其灵敏度的下限。值得指出的是，若某种养分的影子价格等于零，则说明这个养分指标在给定条件下适当改变不会影响配方成本。

还要注意一些植物性饲料原料往往含有有害物质或抗营养因子，如果配方软件中没有考虑到这些因子时，就要人为地控制这些饲料原料的用量。例如，棉粕、菜籽粕等都含有有害物质，因此要根据不同动物确定其最大的用量。

目前饲料业的竞争使饲料企业千方百计地降低成本，配方成本是饲料厂生产成本的关键，关系到饲料厂竞争的成败。在原料相同的情况下，配方成本的高低取决于配方设计的水平。

目前国内外饲料配方软件较多，选购软件时需要考虑4个方面：①软件的功能：配方软件并不复杂，其一是软件中包含的数据要全面、准确，力求最新（包括各种动物的营养需要和饲料原料的养分含量）；其二是计算速度要快，计算结果要正确，现今用于饲料配方计算的最佳数学模型仍是线性规划模型。②界面要美观舒适，操作要简捷，每一个人都会使用。③价格适宜：由于配方软件的销售有行业性限制，加上配方软件能带来的效益明显，所以不论在国内还是在国外，配方软件的价格都比通用软件贵。④售后服务要好。很多外地用户通过邮寄购买软件时，都很担心买回家不能用或不会用。因此在购买时，须得到卖家承诺，要确保能用和好用。

（汪海峰，王　翀，茅慧玲）

第二节　饲粮配方的设计方法

设计饲粮配方是根据动物营养学原理，利用数学方法，求得各种饲料原料的合理配比。制作配方的方法很多，本节介绍几种常见方法。

一、日粮与饲粮

1. 日粮与饲粮的含义

日粮（ration）是指一头（只）动物一昼夜采食的各种饲料数量。在实际生产中，单独饲喂一头（只）动物是很少的，绝大多数是群养，故在实际工作中为同一生产目的的动物群体按营养需要量配制大批量（全价）配合饲料，然后分次投喂，将这类由多种饲料原料按动物营养需要量科学组合而成的批量性（全价）配合饲料就称为饲粮（diet）。日粮是饲粮的构成单位与基础，饲粮则是日粮的延伸与扩展。

2. 饲粮（日粮）的基本要求

（1）营养全价而平衡：动物需要什么养分，饲粮（日粮）就有什么养分；动物需要多少量的养分，饲粮（日粮）就有多少量的养分；饲粮（日粮）中营养配比（比例）完全符合动物的营养要求。

（2）适口性好：动物要喜食所配制的饲粮（日粮）。

（3）经济成本尽可能低。

（4）当地适用：组成饲粮（日粮）的饲料原料在当地产量较多，较易采购或收集；配制的饲粮（日粮）易被用户接受。

（5）安全环保：饲粮对动物乃至对人类健康无损害作用，对环境不产生污染。

3. 饲粮配制原则

科学地配制饲粮是提高动物生产水平的重要途径。只有供给动物营养全价、平衡的饲粮，方能发挥动物生产潜力、提高饲料效率和降低生产成本。在设计饲粮配方时，应考虑以下一些基本原则。

（1）饲养标准是配制饲粮的科学依据。饲粮中能量和各种营养物质含量要参照饲养标准，并在饲养标准基础上进行适当调整。例如，饲粮中各种维生素补充量，要根据饲粮的加工方法（如制粒等）、储存时间、环境条件、动物的健康状况等酌情调整；饲粮中微量元素补充量，要根据基础饲粮的本底值来确定。

（2）结合实际。设计饲粮配方时要清楚饲喂对象的品种、经济类型、生产水平、饲养方式和所用饲料原料的质量等级以及自然环境条件等。综合各方面情况，优化饲粮配方，且兼顾生产投入和经济效益的平衡。

（3）饲料配方应动态化。其理由很多，如：①随着日龄（周龄）增大，动物体内沉积的化学成分是不断变化的，因而营养需要不断变化。②动物在出生后，消化系统快速发育（图12-2、图12-3），消化机能不断增强，甚至在前、后两天消化机能也有显著差异。因此，划分动物生理阶段的数量应较传统的段数多，这样既能发挥动物的生产潜能，又可提高饲料转化率。

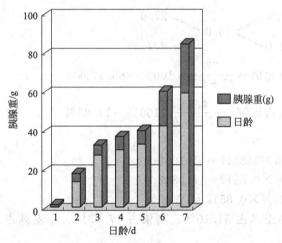

图 12-2 仔猪胰腺发育规律

（4）饲粮中饲料原料种类和比例应保持相对稳定，不宜突然变化。如需改变原料种类或比例，应逐渐变化，使动物有个适应过程，避免产生较大的应激反应。

（5）饲粮应具有良好的适口性。在饲粮中使用一些营养价值较高而适口性较差的原料，如血粉等，其用量要加以控制；酸败和霉变的原料不用；含毒的原料，如菜籽饼（粕）、棉籽饼（粕）等，要少用；生的或熟化不够的大豆饼（粕）不用；肌胃糜烂素含量高的鱼粉要少用或不用。唯有做到以上所述，才能确保畜禽有较强的食欲和饲用安全。

（6）饲粮体积要适中。饲粮体积过大，则动物不能摄取足够的养分；反之，饲粮体积过小，畜禽虽能摄入足量的养分，但会缺乏饱感，也影响生产性能。

二、用对角线法设计饲粮配方

在饲料种类不多及营养指标较少的情况下，可用此法。但在采用多种饲料原料和多项营养指标的情况下，此法显得烦琐且不能同时满足多项营养指标的要求。

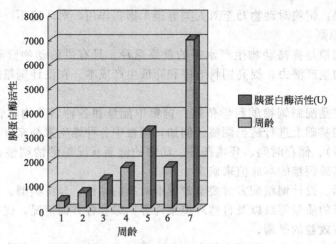

图12-3　仔猪胰蛋白酶活性变化规律

1. 示例

现有市售蛋白质浓缩饲料含粗蛋白质 41.0%，可供利用的混合能量饲料（玉米 60%、高粱 20%、小麦麸 20%）含粗蛋白质 9.3%，试为生长肥育猪配制含粗蛋白质 14%的饲粮。

2. 计算步骤

$$
\begin{array}{c}
\text{混合能量饲料9.3}\diagdown \qquad \diagup\text{27.0}\\
\qquad\qquad 14.0 \\
\text{蛋白质浓缩饲料41.0}\diagup \qquad \diagdown\text{4.7}
\end{array}
$$

$$混合能量饲料应占比例=\frac{27}{27+4.7}\times100\%=85.17\%$$

$$蛋白质浓缩饲料应占比例=\frac{4.7}{27+4.7}\times100\%=14.83\%$$

则饲粮中：

玉米占比例为 60%×0.8517=51.10%

高粱占比例为 20%×0.8517=17.03%

小麦麸占比例为 20%×0.8517=17.03%

由上可见，饲粮中玉米占 51.10%、高粱占 17.03%、小麦麸占 14.03%、蛋白质浓缩饲料占 14.83%。

三、用试差法设计饲粮配方

试差法又称为凑数法，即以饲养标准规定的营养需要量为基础，根据经验或参照经典配方初步拟出饲粮中各种饲料原料比例，再以各饲料原料中能量和各种营养物质之和分别与饲养标准比较。若出现差额，再调整饲粮中饲料原料配比，直到满足营养需要量为止。

配制步骤如下：

（1）查饲养标准，明确动物对能量与各种营养物质的需要量。

（2）根据饲料营养价值表查出各种饲料中能量和营养物质含量。

（3）根据能量和蛋白质要求，初步拟定能量饲料和蛋白质饲料在饲粮中的配比，并计算能量和蛋白质实际含量，与饲养标准比较。通过调整，使之符合动物营养需要。初步拟定饲料配方时，各类饲料大致比例如表 12-1 所示。

（4）用矿物质饲料和某些必需的添加剂，对配方进行调整。

① 计算饲粮中钙、磷含量与差额。

② 确定钙、磷源性饲料用量。

③ 确定食盐用量。

④ 确定微量元素和维生素添加剂用量。

⑤ 确定 EAA 用量。

⑥ 列出配方。

表 12-1　各类饲料原料在饲粮中大致比例　　　　　　　　单位：%

饲料种类	比例	饲料种类	比例
谷实类饲料	45～70	矿物质饲料	5～7
糠麸类饲料	5～15	微量元素和维生素添加剂	1～2
植物性蛋白质饲料	15～25	草粉类饲料	2～5
动物性蛋白质饲料	3～7		

四、线性规划与计算机在饲粮配方设计中的应用

采用试差法、对角线法等初等代数的方法，可设计出相对简单的饲粮配方，但计算量较大。尤其当配方选用饲料原料较多，且须满足多个营养指标时，用上述方法配合饲粮便显得十分困难。另外，各种原料有多种不同的组合以构成某一系列配方，其营养物质含量均能满足饲料标准的要求。在这一系列配方中，必有一个成本最低，而上述两种方法很难找出这个成本最低的最优配方。

采用计算机强大的运算功能，可实现饲粮配方的优化设计。线性规划是用计算机设计饲粮配方的基本方法。目前，随着许多软件功能逐渐增强，适应面扩大，相信用计算机配合饲粮越来越灵活方便。软件设计趋于功能化、模块化，因而用计算机设计饲粮配方也越来越广泛。

线性规划的基本原理如下：任何一组线性方程均可能存在满足相应目标函数要求的最优解。这一组方程就是线性规划的约束条件。因此，进行线性规划须具备两个条件：约束条件和目标函数。即：

约束条件（约束方程）：

$$a_{11} \times x_1 + a_{12} \times x_2 + \cdots + a_{1n} \times x_n \geqslant b_1$$
$$a_{21} \times x_1 + a_{22} \times x_2 + \cdots + a_{2n} \times x_n \geqslant b_2$$
$$\vdots \quad \vdots \quad \vdots \quad \vdots \quad \vdots \quad \vdots$$
$$a_{n1} \times x_1 + a_{m2} \times x_2 + \cdots + a_{mn} \times x_n \geqslant b_m$$

目标函数：

$$c_1 \times x_1 + c_2 \times x_2 + \cdots + c_n \times x_n \rightarrow 最小值$$

式中，x_n 为不同饲料原料的用量，%；a_{mn} 为不同饲料原料中不同养分的含量；b_m 为动物对不同养分的必需需要量；c_n 为不同饲料原料的经济价格，最小值为最低经济成本。x_1，x_2，x_3、…、x_n 的集合就是优选的饲料配方。

当今，最低成本配方几乎被所有饲料加工厂、畜禽生产联合企业及大型农场经营者采用。电子计算机的扩大应用使畜禽生产联合企业得以实现最低成本生产。近年来，在配制动物饲粮时，开始试用概率饲料配方技术。

五、猪饲粮配方设计

(一) 配制原则

根据猪消化生理特点，配制猪饲粮时应注意如下几点。

（1）饲粮养分浓度，尤其是能量（消化能）和蛋白质以及能量蛋白比应符合猪的营养需要。在此基础上，通过饲料原料配比的调整或使用添加剂，使饲粮中各种营养物质达到足量。

（2）猪为杂食动物，对粗纤维消化能力较弱。因此，应适度控制饲粮中粗纤维的含量。不同生长阶段、经济类型、生理状况的猪饲粮中粗纤维适宜含量为：生长肥育猪体重 6～20kg 为 2%～3%，21～55kg 为 4%，56～100kg 为 5%～6%（肉脂型）或 ≤7%，妊娠母猪为 10%～12%，哺乳母猪为 5%～6%。

（3）日粮体积应与猪消化道容量一致。猪日食风干料量一般为（占体重的）：种公猪 1.5%～2.0%，妊娠母猪 2.0%～2.5%，哺乳母猪 3.2%～4.0%，体重 50kg 以下的生长肥育猪为 4.4%～6.5%，体重 50kg 以上的生长肥育猪 3.8%～4.4%。

（4）饲粮尽可能由多种饲料原料组成，利用饲料原料在营养上互补以增强饲粮营养全价性。

（5）所配制的饲粮应符合国家卫生标准。

（6）经济合算。

(二) 日粮配制示例

生长育肥猪（肉脂型）体重 35～60kg。现有玉米、大豆粕、小麦麸、鱼粉、贝壳粉、骨粉、食盐和多种饲料添加剂等。试用试差法配制符合上述猪营养需要的饲粮。

配合步骤如下。

（1）根据我国饲养标准，查出营养需要量，见表 12-2。

（2）查饲料营养价值表，查出现有各种饲料原料中消化能与各种营养物质含量，见表 12-3。

（3）根据饲料原料营养数据，初步拟出各种饲料原料用量，并计算其中消化能与粗蛋白质的含量，见表 12-4。

表 12-2　35～60kg 生长育肥猪（肉脂型）的营养需要

项目	消化能/MJ	粗蛋白质/%	钙/%	磷/%	食盐/%
需要量	12.97	14	0.50	0.41	0.30

表 12-3　饲料原料中营养物质含量

饲料	消化能/(MJ/kg)	粗蛋白质/%	钙/%	磷/%
玉米	14.35	8.5	0.02	0.21
大豆粕	13.56	41.6	0.32	0.50
小麦麸	10.59	13.5	0.22	1.09
鱼粉	11.42	53.6	3.10	1.17
贝壳粉	—	—	32.6	—
骨粉	—	—	30.12	13.46

表 12-4　初拟的猪饲粮配方

饲料	占饲粮/%	消化能/MJ	粗蛋白质/%
玉米	58	14.35×0.58＝8.32	8.5×0.58＝4.93
大豆粕	16	13.56×0.16＝2.170	41.6×0.16＝6.656
小麦麸	20	10.59×0.2＝2.118	13.5×0.20＝2.70
鱼粉	4	11.42×0.04＝0.457	53.6×0.04＝2.144
贝壳粉	2	—	—
合计	100	13.067	14.43

（4）调整配方。根据表 12-5 的计算结果，消化能与饲养标准相近，粗蛋白质比标准高 0.43％，故调整配方时可降低大豆粕用量，使消化能与粗蛋白质的含量符合饲养标准规定。

（5）计算饲粮配方中钙、磷的含量，见表 12-6。

表 12-5　初步调整后的猪饲粮配方

饲料	占饲粮/%	消化能/MJ	粗蛋白质/%
玉米	62	14.35×0.62=8.897	8.5×0.62=5.27
大豆粕	9	13.56×0.09=1.220	41.6×0.16=3.744
小麦麸	23	10.59×0.23=2.436	13.5×0.23=3.105
鱼粉	4	11.42×0.04=0.457	53.6×0.04=2.144
贝壳粉	2	—	
合计	100	13.010	14.263

表 12-6　猪饲粮配方中钙、磷的含量

饲料	占饲粮/%	钙/%	磷/%
玉米	62	0.02×0.62=0.0124	0.21×0.62=0.1302
大豆粕	9	0.32×0.09=0.0288	0.50×0.16=0.045
小麦麸	23	0.22×0.23=0.0506	1.09×0.23=0.2507
鱼粉	4	3.10×0.04=0.124	1.17×0.04=0.0468
贝壳粉	2	32.6×0.02=0.625	—
合计	100	0.8678	0.4727

从表 12-6 可知，饲粮中磷含量基本接近标准，而钙含量偏高。将贝壳粉比例调整为 1％即可，最后补足食盐和必要的饲料添加剂。将小麦麸用量适当调整，以使配制后的饲粮为 100％。至此，饲粮配制工作可告结束。

配制的饲粮配方为：玉米 62％、大豆粕 9％、小麦麸 23.5％、鱼粉 4％、贝壳粉 1％、食盐 0.3％、必要的饲料添加剂 0.2％。

六、家禽饲粮配方设计

（一）配制原则

（1）家禽尤其是鸡消化道内微生物少，因此纤维素酶、半纤维素酶少，故对粗纤维消化能力弱。所以，鸡的饲粮组成中应以精饲料为主，饲粮中粗纤维含量不应超过 5％，但成年鹅、鸭饲粮中粗纤维含量可酌情增加。

（2）家禽尤其是产蛋家禽饲粮蛋白质的品质应好，应有一定比例的动物性蛋白质饲料（如鱼粉），这样才有可能保证饲粮中氨基酸较好的平衡性。

（3）家禽具有腺胃和肌胃，肌胃起物理性消化食物的作用。因此，给家禽喂点沙石，使其在肌胃内磨碎饲料，以提高饲料的消化率。

（4）家禽消化道短，食物在消化道内停留时间短，一般为 2～6h，因此家禽对饲料消化率较低。另外，家禽的饲料不能粉碎过细，否则其消化率更低。给家禽饲用颗粒料效果较好，这是因为：便于家禽采食，食物在消化道内停留时间延长，确保家禽能食入饲粮中全部养分。

（二）配制方法与步骤

多用试差法配制家禽饲粮，其步骤为查表、试配、调整、补充，具体配制方法基本上同猪饲粮配制方法，这里以 0～3 周龄肉用仔鸡饲粮的配合为例，配合步骤如下。

（1）查 0～3 周龄肉用仔鸡的饲养标准（表 12-7）。

表 12-7 0～3周龄肉用仔鸡饲粮配合示例　　　　　　单位：%

饲料原料	含量/%	代谢能/(MJ/kg)	粗蛋白质	钙	有效磷
玉米	62.3	8.72	4.98	0.025	0.037
大豆粕	20	2.06	9.40	0.064	0.038
菜籽粕	5	0.40	1.93	0.040	0.015
进口鱼粉	5	0.61	3.13	0.196	0.145
蚕蛹粉	4	0.57	2.15	0.01	0.023
骨粉	1.5		0.36	0.18	
石粉	0.8			0.28	
食盐	0.4				
添加剂	1				
合计	100	12.36	21.59	0.98	0.44
饲养标准		12.54	21.50	1.00	0.45

（2）查出拟用的饲料如玉米、大豆粕、菜籽粕、进口鱼粉、蚕蛹粉、骨粉、石粉、食盐、维生素和微量元素添加剂等的营养数据。

（3）草拟饲粮配方。根据经验，肉用仔鸡饲粮中能量饲料一般占 60%～70%、蛋白质饲料一般占 25%～35%、矿物质饲料一般占 3%、维生素和微量元素添加剂等一般占 1%。表 12-7 列出了的肉用仔鸡饲粮的初步配方。

（4）调整。由表 12-7 中可看出，草拟的饲粮基本上能满足 0～3 周龄肉用仔鸡对代谢能、蛋白质、钙和有效磷的需要量，一般无需调整。

（5）补充。一般将基础饲粮中维生素和微量元素含量作为安全裕量，按营养需要量再向基础饲粮中补添维生素和微量元素。如果某些必需氨基酸不足，再向基础饲粮中补添适量的氨基酸。

七、反刍动物饲粮配方设计

反刍动物饲粮配方设计以奶牛为例。

(一) 配合原则

（1）要考虑的主要营养指标。泌乳净能（NE_L）或奶牛能量单位（NND），粗蛋白质（CP）或可消化粗蛋白质（DCP），钙（Ca）、磷（P）及其比例，胡萝卜素，钴（Co），硫（S），锌（Zn）等。

（2）日粮干物质供量要适宜。

① 高产奶牛，宜用精料型日粮，干物质供量为 $0.062W^{0.75}+0.40Y$

② 中低产奶牛，宜用偏粗料型日粮，干物质供量为 $0.062W^{0.75}+0.45Y$

式中，W 为奶牛体重，kg；Y 为奶牛目标标准乳产量，kg。

（3）日粮干草和青饲料（或青贮料或块根、块茎、瓜果类饲料）供量要适宜，一般为占奶牛体重 2.0% 左右（以风干计）。在生产上，一般具体供给方案为：①奶牛每 100kg 体重供给 2kg 优质干草，②奶牛每 100kg 体重供给 1kg 优质干草和 3kg 青饲料，③奶牛每 100kg 体重供给 1kg 优质干草和 3kg 青贮料，④奶牛每 100kg 体重供给 1kg 优质干草和 4kg 块根、块茎、瓜果类饲料。

（4）日粮粗纤维含量应适宜，一般为 15%～20%，高产奶牛日粮粗纤维含量不得低于 13%。

（5）日粮粗脂肪含量应适宜，一般为 5%～7%。低于 4% 或高于 12%，均不利于奶牛生产。这是因为：粗脂肪过低，脂溶性维生素不易被吸收；粗脂肪过高，瘤胃微生物活性下降，因为脂肪降解后，游离的不饱和脂肪酸对细菌的细胞膜有损害作用。

（二）配制方法与步骤

也多用试差法配合奶牛日粮，其步骤如下。

① 查饲养标准表，算得饲喂对象奶牛的营养需要量（维持营养需要＋泌乳营养需要＋…）。

② 查饲料营养价值表，列出拟用饲料养分含量和营养价值。

③ 发挥奶牛对粗纤维较强的消化能力，充分使用干草、青饲料（或青贮料或块根、块茎、瓜果类饲料），进行初配。

④ 所用的干草、青饲料（或青贮料或块根、块茎、瓜果类饲料）中养分含量与奶牛的营养需要量的差额由混合精料补充。到此步，泌乳净能（NE$_L$）或奶牛能量单位（NND），粗蛋白质（CP）或可消化粗蛋白质（DCP）应满足奶牛的营养需要。

⑤ 补充钙、磷、食盐等常量元素以及微量元素。

⑥ 补充维生素 A、维生素 D、维生素 E 等。

（三）奶牛日粮配制示例

〔例题〕奶牛体重 500kg，日产奶 20kg，乳脂率 4%。现场有饲料：玉米青贮料、羊草干草、玉米籽实、大豆饼、小麦麸、骨粉、石粉、食盐等。请给奶牛配制一种全价日粮。

配制步骤如下：

① 查奶牛饲养标准表，结果如表 12-8 所示。

② 查饲料营养价值表，结果如表 12-9 所示。

③ 试配：按原则，充分使用干草和青贮料，如表 12-10 所示。

④ 补充：再补充适量的维生素 A、维生素 D、维生素 E 等以及微量元素 Fe、Cu、Zn、Mn、Se、I、Co 等。

表 12-8　奶牛营养需要量

项目	日粮干物质 /kg	泌乳净能 /MJ	粗蛋白质 /g	食盐 /g	钙 /g	磷 /g	胡萝卜素 /mg
维持需要	6.56	37.57	488	15	30	22	53
泌乳需要	8.0~9.0	62.8	1700	24	90	60	
总营养需要	14.56~15.56	100.37	2188	39	120	82	＞53

表 12-9　拟用饲料营养价值

项目	干物质 /%	泌乳净能 /(MJ/kg)	粗蛋白质 /%	钙 /%	磷 /%	胡萝卜素 /(mg/kg)
玉米青贮料	25.6	1.68	2.1	0.08	0.06	11.7
羊草干草	91.6	4.31	7.4	0.37	0.18	—
玉米籽实	88.4	7.16	8.6	0.08	0.21	—
小麦麸	88.6	6.03	14.0	0.18	0.78	—
大豆饼	90.6	8.29	43.0	0.32	0.50	—
骨粉	95.2			36.39	16.37	
石粉	92.1	—		33.98		

表 12-10　奶牛饲粮配制过程

项目	用量 /kg	DM /kg	NE$_L$ /MJ	CP /g	钙 /g	磷 /g	食盐 /g	胡萝卜素 /mg
羊草干草	5.0	4.58	21.55	370	18.5	9.0	—	—
玉米青贮料	15.0	3.84	25.20	315	12.0	9.0	—	175.5
合计	20.0	8.42	46.75	685	30.5	18.0	—	175.5
尚缺			53.62	1503	89.5	64.0	39.0	0

续表

项目	用量/kg	DM/kg	NE_L/MJ	CP/g	钙/g	磷/g	食盐/g	胡萝卜素/mg
补以下精饲料								
玉米籽实	3.5	3.094	25.06	301	2.8	7.35	—	—
小麦麸	1.8	1.595	10.85	252	3.24	14.04	—	—
大豆饼	2.2	1.993	18.236	946	7.04	11.0	—	—
补以下矿物质饲料								
骨粉	0.2	0.19	—	—	72.78	32.74		
石粉	0.01	0.0092	—	—	3.398			
食盐	0.04	0.04	—	—				
合计	7.75	6.92	54.146	1499	89.26	65.13	40	0
总计	27.75	15.34	100.9	2184	119.76	83.13	40	175.5
与标准比较(±)	吻合	吻合	+0.53	—4	—0.24	+1.13	+1	富余

综上所述，体重 500kg，日产奶 20kg，乳脂率 4％的奶牛全价日粮配方为：羊草干草 5kg、青贮玉米 15kg、玉米籽实 3.5kg、小麦麸 1.8kg、大豆饼 2.2kg、骨粉 0.2kg、石粉 0.01kg、食盐 0.04kg，并补充适量的维生素 A、维生素 D、维生素 E 等以及微量元素 Fe、Cu、Zn、Mn、Se、I、Co 等添加剂。

反刍动物乃至草食动物全价日粮实际上由三部分组成，即：青饲料（或青贮料或块根、块茎、瓜果类饲料）＋精料补充料＋粗饲料（干草、秸秆等）。上述的奶牛全价日粮中的玉米籽实 3.5kg、小麦麸 1.8kg、大豆饼 2.2kg、骨粉 0.2kg、石粉 0.01kg、食盐 0.04kg，并补充适量的维生素 A、维生素 D、维生素 E 等以及微量元素 Fe、Cu、Zn、Mn、Se、I、Co 等添加剂即为精料补充料。

第三节　预混料配方设计

一、设计原则

饲料添加剂是指为了防止降低饲料品质，补充饲粮养分的不足和对动物保健促生长等而加到饲粮中的微量物质。将添加剂与载体、稀释剂按照一定比例均匀混合而生产出来的饲料即为添加剂预混料，简称预混料。预混料按其组分，可分为同类添加剂预混料和复合添加剂预混料，如由多种维生素配成的"多维"属于前者，由多种维生素与矿物质元素配成的预混料则属于后者。

预混料是全价配合饲料的重要成分，需要科学的配方和严格、合理的加工工艺。将预混料均匀混拌于基础饲粮中，可使动物有效利用微量添加剂成分。对预混料的要求为：①保证饲料添加剂的有效性和安全性。②稳定性。③粒度适宜，要利于配合饲料混合均匀与添加剂微量成分的承载。④比重适宜，有利于混合并在运输等过程中不会分层。⑤成本低。

二、设计步骤

先以营养性复合预混料为例说明，设计步骤如下。

（1）从饲养标准中，查出动物对各种少量或微量养分（如赖氨酸、蛋氨酸等必需氨基酸，钙、磷等常量元素，维生素、微量元素等）的需要量。

（2）测定或计算基础饲粮中各种少量或微量养分的含量。

（3）计算少量或微量养分在饲粮中添加量，一般可用下式表示：

养分在饲粮中添加量＝该养分需要量×调整系数－基础饲粮中该养分含量×有效率

上式中，养分需要量×调整系数，实际上就是养分的供给量，调整系数是指根据饲喂对象实际情况和环境条件等对理论营养需要量即饲养标准适当调整的系数，如维生素等养分，调整系数大于 1。有效率是指基础饲粮中养分对动物的有效利用率，如基础饲粮中氨基酸，多假定其有效率为 0.9；如用于喂猪、禽的基础饲粮中磷（植物源性磷），多假定其有效率为 0.3。另外，一般地，将基础饲粮中维生素、微量元素含量作为安全裕量，故将基础饲粮中维生素、微量元素含量假定为 0。

养分供给量和养分在动物体内产生的效应可用图 12-4 表示。

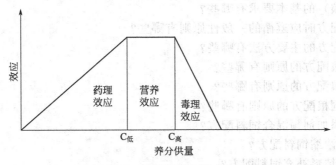

图 12-4　养分供量与效应性质

当养分供量低于图 12-4 中 $C_{低}$ 时，动物便发生营养缺乏症。饲粮中养分不足或缺乏，动物对养分的摄入量不足，组织发生减饱和作用，导致生化损伤，以至临床损伤和解剖损伤，严重者最终死亡。此时，补充的养分相当于医药，能治疗动物的营养缺乏症。当养分供量在图 12-4 中 $C_{低}$～$C_{高}$ 范围内时，养分发挥的作用是营养作用。养分种类不同，上述范围宽窄有异。一般来说，维生素供量的适宜范围较宽，而矿物质供量的适宜范围较窄。当养分供量高于图 12-4 中 $C_{高}$ 时，提供的养分就是一种毒物，对动物产生毒害作用，养分供量越大，毒害作用越强，直至引起动物死亡。另外，养分供量偏多或过多，还增加饲料成本，浪费饲料资源，污染生态环境。因此，要倡导、关爱动物、节约资源、清洁生产。

（4）计算养分在预混料中用量，一般可用下式表示：

养分在预混料中用量＝养分在饲粮中添加量/预混料在饲粮中添加比例

含存养分的原料在预混料中用量＝养分在预混料中用量/该养分在原料中百分含量

加完各种必要的营养性添加剂原料，再加上某些必要的非营养性添加剂原料（注：非营养性添加剂原料用量＝该原料在饲粮中添加量/预混料在饲粮中添加比例），余下的质量空间用载体和稀释剂补满。

预混料中各种原料成分的用量即为预混料的配方。

第四节　浓缩饲料配方设计

浓缩饲料是指饲料生产厂家生产的半成品，不能直接饲喂动物。浓缩饲料一般由添加剂预混合饲料（内含 Ca、P、食盐、微量元素、维生素、氨基酸等）和蛋白质饲料组成。在浓缩饲料中再配以一定比例的能量饲料即可得到全价饲粮。生产浓缩饲料的优点在于有效利用地方饲料资源，且操作简便。

设计浓缩饲料配方时一般先按饲养标准设计全价饲粮配方，然后将配方中的能量饲料所占比例抽出，剩下的比例就是浓缩饲料在全价饲粮中的添加比例。将浓缩饲料比例作为分母，各种蛋白质饲料和预混料（在全价饲粮中的添加）比例作为分子，所得到的百分率就是各种蛋白质饲料和预混料在浓缩饲料中的用量。抽出能量饲料的比例即为用浓缩饲料配制全价饲粮时应加入的能量饲料比例。能量饲料和浓缩饲料的比例之和为100％。

（周　明）

思 考 题

1. 简述使用饲料配方软件的优点。
2. 简述日粮与饲粮的含义以及两者的关系。
3. 饲粮（日粮）的基本要求有哪些？
4. 设计饲粮配方时应遵循的一般性原则有哪些？
5. 设计饲粮配方的主要方法有哪些？
6. 设计猪饲粮配方的原则有哪些？
7. 设计鸡饲粮配方的原则有哪些？
8. 设计奶牛饲粮配方的原则有哪些？
9. 如何设计添加剂预混合饲料配方？
10. 如何设计浓缩饲料配方？
11. 如何设计精料补充饲料配方？

第十三章 饲料资源的开发

我国人多地少，这是不争的事实。目前虽用较多的粮食作为饲料尚不成严重的问题，但从国情看，此举终非久远之计。今后，我国要可持续发展养殖业，客观上必须加强开发饲料资源。

第一节 饲料资源的类型

根据饲料资源的性质，可将饲料资源分为两大类，即有机养分资源和无机养分资源。根据有机养分的来源，又可将其分为天然性有机养分资源和创生性有机养分资源。

一、天然性有机养分资源

是指糖类化合物、蛋白质、脂肪等有机营养物质资源，为可再生性饲料资源，只要按计划有效地生产（第一性生产），一般就可源源不断地提供。其生产原料主要是二氧化碳、水和氮气等。植物和部分微生物（自养生物）吸收太阳光能，通过光合作用生产这些养分，地球上年产约 100 万亿吨。然而，这类资源并非都能有效。人和动物只能较好地利用谷实类作物、豆类作物、叶菜类作物、果树、食用菌、牧草等生产的养分，而对森林等生产的养分几乎不能利用（但可利用少部分树叶），对广袤的海洋内植物生产的养分还利用得极少（这可能是将来开发食物和饲料资源的重点或重点之一）。

二、创生性有机养分资源

即人工创造的养分资源，主要是指人工合成的氨基酸、维生素、有机酸等养分资源。这部分资源主要由化学工业、发酵工业等生产，需要较先进的设备和技术，耗能大，成本较高，且环保工作要跟得上。以生态经济学观点看，这部分资源的开发工作今后虽要加强，但绝不是重点。动物所需要的氨基酸、维生素等养分，特别是氨基酸主要仰赖天然饲料供给。因此，今后开发的重点应是天然饲料资源。

三、无机养分资源

是指矿物元素以多种化合形式形成的无机化合物，主要是无机盐。虽然在实验室乃至化工厂能生产几乎所有的无机养分，但都得使用基本的原料——矿物质元素，它们来自地球矿物质资源，而地球矿物质资源是有限的，用完了，难以再生。因此，无机养分资源可被看成是非再生性饲料资源。目前，大多数人在动物基础饲粮中总是多加甚至滥用矿物质（如铜、锌、铁、碘较为突出），这不仅浪费矿物质资源，加快其耗竭进程，而且损害人和动物健康，污染生态环境。这种短视而又非科学的做法应尽早停止。

第二节 我国饲料资源利用的基本现状

根据饲料资源的作用，可将其分为能量饲料资源、蛋白质饲料资源、矿物质饲料资源和维生素饲料资源等。

我国现行使用最主要的能量饲料是玉米，在规模化养殖的动物饲粮中一般占50％以上，甚至更多。其次是米糠和小麦麸。虽然，近几年来，用小麦、稻谷、油脂等作为能量饲料逐渐多了起来，但在总体上用量还很少。当然，在局部地区，用牧草、干草或干草粉作为部分或少部分能量饲料。秸秆类等粗饲料由于粗纤维含量高，营养价值低，虽然很多人说要加强开发利用，但在我国饲料工业中实际用量极少或几乎为零。仅牛、羊等草食动物利用少部分秸秆，大多数秸秆被"付之一炬"。

大豆饼粕是我国饲料工业最主要的蛋白质饲料原料，在规模化养殖的动物饲粮中占30％左右，在水生动物饲粮中占的比例更高。鱼粉在动物饲粮中也有一些，但用量较少。国产鱼粉由于种种原因，质量不够稳定；进口鱼粉虽然质量较稳定，但某些时段价格虚高（每吨售价人民币高达万元）。这些因素都限制了鱼粉的饲用。菜籽饼（粕）、棉籽饼（粕）因含毒和适口性问题限制了其饲用。对这"两饼粕"虽已有较有效的脱毒方法，但毋庸讳言，我国饲料业对这"两饼粕"的脱毒工作做得较少或很少。其他饼粕类如花生饼（粕）、芝麻饼（粕）、蓖麻饼（粕）等由于或产量较少或易染毒素或含有毒害物质，较少或很少被用作蛋白质饲料原料。可喜的是，我国近几年来较重视开发利用发酵工业的副产品（如玉米蛋白粉、各种酒糟与各种渣类等）。但要强调一点：这类饲料有时真菌类毒素超标。因此，使用这类副产品饲料时须注意这个问题，否则给动物生产造成损失。

矿物质饲料，如石粉、磷酸氢钙、贝壳粉、骨粉、食盐、硫酸亚铁、硫酸铜、硫酸锌、氧化锌、硫酸锰、亚硒酸钠、碘化钾、硫酸钴、有机矿物元素盐、沸石粉、膨润土、麦饭石粉、凹凸棒石粉、海泡石粉等在我国被较为广泛地应用。我国市场上销售的大多数饲料产品中磷含量偏低或过低，而其他矿物元素含量偏高或过高，甚至部分矿物元素盐如铜、锌、铁、碘等矿物盐被滥用。

我国饲料工业使用的维生素饲料几乎都是人工合成品，主要由化学工业和发酵工业等生产而得。我国较多的饲料配方师通常的做法是，将基础饲粮中维生素含量作为安全裕量或假定为零，添加量等于或高于动物对维生素的营养需要量，有些维生素（如维生素A、维生素D等）的添加量甚至数倍于其实际需要量。不少的动物营养与饲料方面的专家或学者也曾倡导这样做。然而，在倡导资源节约的今天，似乎有必要对上述做法或观点的合理性重新评价。

第三节　饲料资源的开发途径

一、精用饲料

据统计，在喂料过程中，有3％～5％的饲料损失掉（被抛洒到地面或下面的排污道或供料器的缝隙等）。充分利用动物营养与饲料学原理设计饲料配方，推广全价配合饲料，避免使用营养不平衡（如氨基酸不平衡、能量蛋白质不平衡、矿物元素不平衡、维生素不平衡等）的混合饲料，能有效地提高饲料利用率，减少饲料资源的浪费。开发生产有机矿物元素添加剂，提高矿物元素的利用率，节约矿物质饲料资源。饲料的合理加工（如熟化、膨化、糖化、微波处理等），能破坏或钝化抗营养因子，增强饲料的适口性，提高饲料的消化率等。应用酶制剂（如蛋白酶、淀粉酶、纤维素酶、半纤维素酶、阿拉伯木聚糖酶、β-葡聚糖酶、甘露聚糖酶、果胶酶、植酸酶等），能提高饲料的消化率。

二、创新和改进菜、棉籽饼（粕）和其他杂饼粕的脱毒技术，提高其利用率

我国的大豆饼粕、鱼粉等优质蛋白质饲料较短缺，而菜、棉籽饼（粕）和其他杂饼粕相

对较多。从蛋白质、矿物质等养分含量方面看，菜、棉籽饼（粕）和其他杂饼粕是一类不错的饲料，但是其中含有多种有害成分而被限制饲用。诚然，对菜、棉籽饼（粕）和其他杂饼粕已有多种脱毒方法，但有些方法在技术或工艺上还不够成熟或完善。即使一些方法［如棉籽饼（粕）的亚铁脱毒法］较成熟，但饲料企业做得也不是太多。因此，今后要研究和应用菜、棉籽饼（粕）和其他杂饼粕的脱毒技术，以提高其利用率。

三、加工改良低质秸秆类饲料

据统计，我国秸秆类饲料年产量在 6 亿吨左右。无疑，这是一个巨大的饲料资源，要加强对其开发利用。然而，要将其作为我国饲料工业的有效饲料原料，首要条件是要在秸秆类饲料加工改良技术上取得突破。

四、开发草粉饲料

我国有各类天然草地约 4 亿公顷，其中可利用面积 3.3 亿公顷。种草可显著地增加单位土地养分产量。将鲜草脱水干燥并粉碎，就成为草粉。优质草粉可和精饲料相媲美。在动物饲粮中使用适量的草粉，不仅能等量代替精饲料，而且可提高动物产品的质量。

五、开发海生饲料资源

据估计，海洋面积占地球表面积的 3/4，生物产量极其巨大，营养源极其丰富。尽管人们早就把海鱼、海藻等作为食品和饲料，但对其开发利用量只是"沧海之一粟"。可以预见，海生植物、动物、微生物将是人类重点开发利用的巨大饲料资源宝库。

六、开发微生物性饲料资源

充分利用工业废水、废气、废渣等，生产单细胞蛋白饲料、真菌蛋白饲料、饲用酶、益生菌微生态制剂等。例如，可用亚硫酸纸浆废液、味精废液、酒精废液等，生产微生物性蛋白质饲料；可用豆制品厂废水生产白地霉酵母粉。这些做法是开发新型饲料资源，生产绿色高效饲料的一条重要途径。另外，我国一些湖泊的藻类资源有待开发。例如，巢湖的蓝藻年产量达亿吨（风干计），如果对其开发利用，既扩大了饲料资源，又消除了环境污染。

七、应用生物工程技术，培育"理想型"品种植物性饲料

已育成的植物品种有双低油菜（如 Tower、Regent、Candle 和 Altex 等）、低酚或无毒（无棉酚）棉花、高赖氨酸玉米（如 Opaque-2，Flour-2 等）、高油玉米（如高油玉米 115）、不含胰蛋白抑制因子的大豆新品种（如中豆-28）等。推广应用这些作物新品种，能够提高动物生产性能和饲料利用率，改善环境质量。英国科学家正研究改造大麦蛋白质的氨基酸组成，且已取得了很大的进展。另外，科学家正研究培育不含 β-葡聚糖和阿拉伯木聚糖的大麦新品种。

八、开发昆虫、原生动物性饲料资源

目前世界上可做饲料的昆虫有 500 余种，其中许多虫体蛋白质含量高，其他养分含量也多。面包虫又称黄粉虫，其幼虫、蛹和成虫的蛋白质含量分别为 51%、57% 和 61%，是优质的蛋白质饲料。蚯蚓粉是优良的蛋白质饲料（蛋白质含量约为 66%），而蚯蚓的养殖成本低、生长快，繁殖率高，常用米糠、牛粪、树叶、杂草等即可。丰年虫又称卤虫，是小型低等甲壳动物，大量生长在各地盐田和咸水湖里，也可人工培育。一条母虫每次产卵 80～100 个，一生可繁殖 5～10 次。初孵 1～2d 后长成幼体，含有丰富的蛋白质、脂肪等，是鱼、

虾、蟹幼体和成体的良好饵料。目前世界上有 85% 以上的水生动物幼体均可用丰年虫幼体作为活饵料饲喂。用小麦麸、米糠、碎骨和糖等作为原料可培育蝇蛆，培育的活蝇蛆可直接用于喂鸡、鸭、鹅等禽类；而加工成的蝇蛆粉，其蛋白质含量高达 68%，更是优质的蛋白质饲料。

九、开发动物性副产品饲料

血液蛋白质含量高，但氨基酸组成不平衡，氨基酸消化率低，资源分散。其开发利用重点在于集中资源，采用喷雾瞬间干燥先进工艺，减少氨基酸损失；另可用血液开发血浆蛋白粉、血球蛋白粉等。

角蛋白质如角、蹄、羽毛、毛发等资源数量多、分散、品质差、加工技术水平低。开发利用重点是集中资源、改进加工工艺、平衡氨基酸和利用特异性酶制剂或微生物发酵来提高角蛋白的利用率。研究发现，从土壤中分离的新霉素链霉菌和从动物皮肤分离的粒状发癣菌具有水解角蛋白的能力。羽毛经链霉菌发酵处理，可显著增加其中赖氨酸、蛋氨酸、色氨酸和组氨酸的含量，并能提高消化率。

我国年产鸡粪、猪粪和牛粪可达 2 亿吨（风干计），其中含有蛋白质（氨基酸）、糖类化合物、脂肪、矿物质、维生素等几乎所有的营养物质。用经过严格加工处理的粪作为饲料是安全的，能显著地节省常规饲料用量。

十、开发城市泔水饲料

城市泔水，又称为食物下脚料，或称为潲水等，可从餐馆、学校和机关食堂、家庭等处获得。其营养价值较高，干物质中约含粗蛋白质 20%、总能 20MJ/kg、粗脂肪 10%、盐分 3.5%、粗灰分 12%。如果它被处理得当，则是一种重要的饲料资源。饲料资源贫乏的一些国家和地区，如德国、古巴、日本等早在 20 世纪 80 年代就开始对城市泔水开发应用。对泔水收集、处理方法，不同季节泔水养分变化情况，泔水与其他饲料搭配应用技术，泔水养分消化利用率与饲用效果等方面进行了多层次研究，取得了许多成果。国内对泔水饲料化研究一直不够深入和系统，因此导致能否利用存在争议。过去，我国许多城市的泔水或者是被城郊部分养猪者"包干"，运到城郊结合部去养猪，或者是排入下水道作为垃圾的一部分交给环卫部门去处理，环卫部门的垃圾堆放场则成为"垃圾猪"自由采食的好地方，引发很多社会问题。这导致国内许多城市相继出台一些文件，严禁使用泔水喂猪、围剿"泔水猪"等简单做法。

开展泔水资源饲料化技术研究，对发展我国养殖业与粮食保障供给意义重大。随着市场经济的发展，城市人口剧增，饮食行业将进一步兴旺发达，泔水量只会越来越多，因此泔水的规模化饲用有很大的开发潜力。

（惠晓红，周 明）

思 考 题

1. 简述饲料资源开发的意义。
2. 饲料资源有哪几种类型？
3. 饲料资源的开发途径有哪些？

参 考 文 献

[1] 蔡凯凯，黄占旺，叶德军，等．益生菌调节肠道菌群及免疫调节作用机理 [J]．中国饲料，2011，(18)：34-37.

[2] 陈代文，吴德．饲料添加剂学 [M]．2版．北京：中国农业出版社，2011.

[3] 陈代文，王恬．动物营养与饲养学 [M]．北京：中国农业出版社，2011.

[4] 邓秋红，贾刚，王康宁，等．L-肉碱对母猪繁殖性能的影响及其作用机理 [J]．中国畜牧杂志，2011，4 (21)：64-68.

[5] 高侃，汪海峰，章文明，等．益生菌调节肠道上皮屏障功能及作用机制 [J]．动物营养学报，2013，25 (9)：1936-1945.

[6] 惠晓红，周明．黄芪-金银花等复合提取物对猪生产性能的影响 [J]．中国畜牧兽医，2007，05，33-35.

[7] 胡忠泽，金光明，王立克，等．姜黄素对肉鸡免疫功能和抗氧化能力的影响 [J]．粮食与饲料工业，2006，(4)：34-34，40.

[8] 胡忠泽，王立克，周正奎，等．杜仲对鸡肉品质的影响及作用机理探讨 [J]．动物营养学报，2006，18 (1)：49-54.

[9] 季学枫，周明，王颖，等．配方酶制剂对仔猪生产性能与血浆生理生化指标的影响 [J]．中国畜牧杂志，2003，39 (6)：38-39.

[10] 李德发．猪的营养 [M]．2版．北京：中国农业科学技术出版社，2003.

[11] 李丹丹，冯国强，钮海华，等．丁酸钠对断奶仔猪生长性能及免疫功能的影响 [J]．动物营养学报，2012，24 (2)：307-313.

[12] 李金友，周明．饲粮电解质平衡对动物营养物质代谢的影响 [J]．中国饲料，2005，(7)：5-6.

[13] 李泽阳，冯京海，周明，等．连续饲喂转 Cry1Ab/1Ac 基因糙米对 2 个世代鹌鹑生长发育的影响 [J]．动物营养学报，2015，27 (7)：2168-2175.

[14] 刘芳芳，周明，吴金节，等．饲粮阴离子配比对母猪生殖机能与血清生化指标的影响 [J]．中国兽医学报，2012，32 (11)：1735-1740.

[15] 吕继蓉，曾凡坤，张克英．猪乳香味剂对断奶仔猪采食行为和采食量的影响 [J]．动物营养学报，2011，23 (5)：848-853.

[16] 吕武兴，贺建华，王建辉．杜仲提取物对三黄鸡生产性能和肠道微生物的影响 [J]．动物营养学报，2007，19 (1)：61-65.

[17] 秦圣涛，张宏福，唐湘方，等．酸化剂主要生理功能和复合酸选配依据 [J]．动物营养学报，2007，19 (Suppl)：515-520.

[18] 汪海峰，章文明，汪以真，等．乳酸杆菌与肠道黏附相关表面因子及机制研究进展 [J]．动物营养学报，2011，23 (2)：179-186.

[19] 汪海峰，陈海霞，章文明，等．复合酸化剂对断奶仔猪生产性能和肠道微生物区系的影响 [J]．中国畜牧杂志，2011，47 (11)：49-53.

[20] 汪海峰，王井亮，刘建新．猪乳风味物质的 SDE-GC-MS 和 SPME-GC-MS 分析鉴定 [J]．中国畜牧杂志，2010，46 (17)：62-66.

[21] 汪海峰，章文明，汪以真，等．乳酸杆菌与肠道黏附相关表面因子及其机制的研究进展 [J]．动物营养学报，2011，23 (2)：179-186.

[22] 王欢，王为雄，周明，等．胍基乙酸在育肥猪中应用效果的研究 [J]．粮食与饲料工业，2015，3，47-49.

[23] 王欢，周明，邢立东，等．犊牛功能性饲料添加剂的研制及其应用效果 [J]．安徽农业大学学报（自然科学版），2015，42 (2)：213-217.

[24] 王连生，张圆圆，单安山．胍基乙酸的体内代谢及在动物生产中的应用 [J]．中国畜牧兽医，2010，37 (6)：13-16.

[25] 王秋菊，许丽，范明哲．谷氨酸和谷氨酰胺转运系统的研究进展 [J]．动物营养学报，2011，23 (6)：901-907.

[26] 王少璞，董晓芳，佟建明．益生菌调节蛋鸡胆固醇代谢的研究进展 [J]．动物营养学报，2013，25 (8)：1695-1702.

[27] 王润莲，贾志海，朱晓萍．甲壳素和壳聚糖营养研究进展 [J]．动物营养学报，2006，18 (4)：299-302.

[28] 邢立东，王欢，周明，等．免加铁源饲料添加剂饲喂饲粮对育肥猪的饲用效果 [J]．西北农林科技大学学报（自然科学版）．2014，42 (9)：22-26.

[29] 杨静，谢明，侯水生，等．精氨酸调控畜禽采食量的机制及其影响因素 [J]．动物营养学报，2012，24 (4)：612-616.

[30] 章文明，汪海峰．乳酸杆菌益生作用机制的研究进展［J］．动物营养学报，2012，24（3）：389-396.

[31] 张子仪．中国饲料学［M］．北京：中国农业出版社，2000.

[32] 中国畜牧兽医学会．许振英文选［M］．北京：中国农业出版社，2007.

[33] 周安国，陈代文．动物营养学（第三版）［M］．北京：中国农业出版社，2011.

[34] 周明，张宇．饲粮铜水平对铁、锌生物学有效性的影响［J］．中国粮油学报，2005，20（6）：111-116.

[35] 周明，吴义师，张炜．PECE和抗细菌药物对猪保健促生长作用的比较研究［J］，中国饲料添加剂，2008，（1）：1-6.

[36] 周明．用营养生态经济观确定饲粮养分供量［J］．中国饲料添加剂，2007，（9）：1-5.

[37] 周明，李金友，吴义师，等．抗热应激剂的研制及其应用效果试验［J］．中国饲料添加剂，2009，（3）：1-5.

[38] 周明主编．饲料学［M］．2版．合肥：安徽科学技术出版社，2010.

[39] 周明，刘芳芳，李晓东，等．氯、锌离子对猪精子钙通道和若干酶活调控作用的研究［J］．农学学报，2012，2（8）：56-59.

[40] 周明，王井亮，吴义师，等．酵母培养物和黄霉素在猪中应用效果的比较研究［J］．经济动物学报，2011，15（3）：129-133.

[41] 周明，李泽阳，王欢．几株乳酸杆菌耐逆性的比较研究［J］．经济动物学报，2012，16（4）：213-217.

[42] 周明，邢立东，李晓东，等．健长散和黄霉素在猪中应用效果的比较试验［J］．中国兽医杂志，2012，48（1）：40-42.

[43] 周明，汪兴生，陶应乐．AJAMCE对猪生长性能与生化指标的影响［J］．中国农学通报，2009，25（23）：23-26.

[44] 周明，王欢，李泽阳．猪肠源性枯草芽孢杆菌耐逆性研究［J］．安徽农业大学学报，2013，40（4）：519-522.

[45] 周明，张靖，申书婷，等．姜黄素在育肥猪中应用效果的研究［J］．中国粮油学报，2014，29（3）：67-73.

[46] 周明，陈征义，申书婷．肉桂醛的制备方法和生物学功能［J］．动物营养学报，2014，26（8）：2040-2045.

[47] 周明．动物营养学教程［M］．北京：化学工业出版社，2014，5.

[48] 钟翔，黄小国，陈莎莎，等．丁酸钠对断奶仔猪生长性能和肠道消化酶活性的影响［J］．动物营养学报，2009，21（5）：719-726.

[49] Agazzia A，Invernizzi G，Campagnoli A，et al. Effect of different dietary fats on hepatic gene expression in transition dairy goats［J］. Small Ruminant Research，2010，93，31-40.

[50] Anna E Groebner，Isabel Rubio-Aliagh，Katy Schulke，et al. Increase of essential amino acids in the bovine uterine lumen during preimplantation development［J］. Reproduction，2011，141（5）：685-695.

[51] Assump C R，T. M. C. Brunini，C. Matsuura，et al. Impact of the L-arginine-nitric oxide pathway and oxidative stress on the pathogenesis of the metabolic syndrome［J］. The Open Biochemistry Journal，2008，2（1）：108-115.

[52] Barbonetti A，Vassallo M R，Cinque B，et al. Dynamics of the global tyrosine phosphorylation during capacitation and acquisition of the ability of fuse with oocytes in human spermatozoa［J］. Biol. Repro.，，2008，79，649-656.

[53] Biagi G，Piva A，Moschini M，et al. Performance，intestinal microflora and wall morphology of weanling pigs fed sodium butyrate［J］. Animal Science，2007，85（4）：1184-1191.

[54] Birkenfeld C，Kluqe H，Eder K. L-carnitine supplementation of sows during pregnancy improves the suckling behavior of their offspring［J］. British Journal of Nutrition，2006，96（2）：334-342.

[55] Birkenfeld C，Doberenz J，Kluge H，et al. Effect of L-carnitine supplementation of sows on L-carnitine status，body composition and concentrations of lipids in liver and plasma of their piglets at birth and during the suckling period［J］. Animal Feed Science and Technology，2006，（129）：23-38.

[56] Bo chen，Cong Wang，Jian-xin Liu. Effects of dietary biotin supplementation on performance and hoof quality of Chinese Holstein cows［J］. Livestock science，2012，（148）：168-173.

[57] Brown K，Goodband R，Tokach M，et al. Growth characteristics，blood metabolites，and insulin-like growth factor system components in maternal tissues of gilts fed L-carnitne through day seventy of gestation［J］. Journal of Animal Science，2007，85（6）：1687-1694.

[58] Cao W，Li X Q，Liu L，et al. Structural analysis of water-soluble glucans from the root of Angelica sinensis（Oliv.）Diels［J］. Carbohydrate Research，2006，341（4）：1870-1877.

[59] Castillo M，Martn-Ore S M，Roca M，et al. The response of gastro intestinal microbiota to avilamycin，butyrate and plant extracts in early-weaned pigs［J］. Animal Science，2006，84（9）：2725-2734.

[60] Claus R，Gunthner D，Letzgu B H. Effects of feeding fat-coated butyrate on mucosal morphology and function in the small intestine of the pig［J］. Journal of Animal Physiology and Animal Nutrition，2007，91（7-8）：312-318.

[61] Davidson S，Hopkins B A，Odle J，et al. Supplementing limited methionine diets with rumen-protected methionine，

betaine, and choline in early lactation Holstein cows [J]. Journal of Dairy Science, 2008, 91 (4): 1552-1559.

[62] Dematteis A, Miranda S D, Novella M L, et al. Rat caltrin protein modulates the acrosmomal exocytosis during sperm capacitation [J]. Biol. of Repro. , 2008, 79, 493-500.

[63] Deng K, Wong C W, Nolan J V. Long-term effects of early-life dietary L-carnitine on lymphoid organs and immune responses in Leghorn-type chickens [J]. Journal of Animal Physiology and Animal Nutrition, 2006, 90 (1): 81-86.

[64] Deng K. , Wong C W, Nolan J V. Carry-over effects of early-life supplementary methionine on lymphoid organs and immune responses in egg-laying strain chickens [J]. Animal Feed Science and Technology, 2007, 134 (1): 66-76.

[65] Fazhi Xu, Hong Ye, Junjun Wang, Weiyi YU. The effect of the site-directed mutagenesis of the ambient Amino acids of the leucine-based sorting motifs on the localization of chicken invariant chain [J]. Poultry Science, 2008, 87: 1980-1986.

[66] Fukada S, Setoue M, Morit a T, et al. Dietary eritadenine suppresses guanidinoacetic acid induced hyperhomocys-teinemia in rats [J]. Journal of Nutrition, 2006, 136 (11): 2797-2802.

[67] H. Ye, F. Z. Xu, W. Y. Yu. The intracellular localization and oligomerizing characteristic of chicken invariant chain with major histocompatibility complex class II subunits [J]. Poultry Science, 2009. 88: 1594-1600.

[68] Hino I E, Takarada T, Uno K, et al. Glutamate suppresses osteoclastogenesis through the cystine/glutamate anti-porter [J]. American Journal of Pathology, 2007, 170 (4): 1277-1290.

[69] Hassan R A, Ebeid T A, Abd El-Lateif A I, et al. Effect of dietary betaine supplementation on growth, carcass and immunity of New Zealand White rabbits under high ambient temperature [J]. Livestock Science, 2011, 135 (1): 103-109.

[70] Jobgen W S, S. K. Fried, W J F. Regulatory role for the arginine-nitric oxide pathway in energy-substrate metabo-lism [J]. Journal of Nutrition Biochemistry, 2006, 17 (2): 571-588.

[71] Kharbanda K K, Rogers D D, MailliardM E, et al. A comparison of the effects of betaine and Sadenosyl methionine on ethanol induced changes in methionine metabolism and steatosis in rat hepatocytes [J]. Journal of Nutrition, 2005, 135 (3): 519-5241.

[72] Lee E J, Kim J S, Kim H P. Phenolic constituents from the flower buds of Lonicera japonica and their 5-lipoxygenase inhibitory activities [J]. Food Chemistry, 2010, 120 (1): 134-139.

[73] Manzanilla E G, Nofrarfas M, Anguit a M, et al. Effects of butyrate avilamycin and a plant extract combination on the intestinal equilibrium of earl y-weaned pigs [J]. Animal Science, 2006, 84 (9): 2743-2751.

[74] Mateo. Dietary L-Arginine supplementation enhauces the reproductive performance of gilts [J]. J. Nutr. , 2007, 137, 652-656.

[75] Mateo Ronaldo D, Guoyao Wu, Bazer Fuller W. Dietary L-arginine supplementation enhances the reproductive per-formance of gilts [J]. J. Nutr. , 2007, 137, 652-656.

[76] Miranda L, Bernhardt Betty Y. Kong, et al. A zinc-dependent mechanism regulates meiotic progression in mammali-an oocytes [J]. Biology of Reproduction, 2012, 86 (4): 1-10.

[77] Mateo R D, G. Wu, H. K. Moon, et al. Effects of dietary arginine supplementation during gestation and lactation on the performance of lactating primiparous sows and nursing piglets [J]. Animal Science, 2008, 86 (3): 827-835.

[78] NRC. Nutrient Requirements of Small Ruminants: Sheep, Goats [M]. Cervids, and New World Camelids. Washington, D. C: National Academy Press, 2007.

[79] Panserat S, Kaushik S J. Regulation of gene expression by nutritional factors in fish [J]. Aquaculture Research, 2010, 41, 751-762.

[80] Pond, W G, Church, D. C. and Pond, K. R. Basic Animal Nutrition and Feeding (5th ed) [M]. New York: John Wiley & Sons, 2005.

[81] Ramanau A, Kluge H Eder K. Effects of L-carnitine supplementation on milk production, litter gains and back-fat thickness in sows with a low energy and protein intake during lactation [J]. British Journal of Nutrition, 2005, 93 (5): 717-721.

[82] Sarah Costello, Francesc Michelangeli, Katherine Nash, et al. Ca^{2+}-stores in sperm: their identities and functions [J]. Reproduction, 2009, 138 (3): 425-437.

[83] Stead L M, Brosnan J T, Brosnan M E, et al. Is it time to reevaluate methyl balance in humans [J]. American Journal of Clinical Nutrition, 2006, 83 (1): 5-10.

[84] Suksombat W, J Homkao, Klangnork. Effects of biotin and rumen-protected choline supplementation on milk pro-

duction, milk composition, live body weight change and blood parameters in lactating dairy cows [J] . Journal of Animal and veterinary advances, 2012, 11 (8): 1116-1122.

[85] Wang H F, Ye J A, Li C Y, et al. Effects of feeding whole crop rice combined with soybean oil on growth performance, carcass quality characteristics, and fatty acids profile of Longissimus muscle and adipose tissue of pigs [J]. Livestock Science, 2010, 136, 2-3: 64-71.

[86] Wang H F, Zhu W Y, YAO W, et al. DGGE and 16S rDNA sequencing analysis of bacterial communities in colon content and feces of pigs fed whole crop rice [J] . Anaerobe, 2007, 13: 127-133.

[87] Wang H F, Wu Y M, Liu J X, et al. Morphological fractions, chemical compositions and in vitro gas production of rice straw from wild and brittle culm1 variety harvested at different growth stages [J] . Anim. Feed Sci. Technol. , 2006, 129 (1-2): 159-171.

[88] Wen-ying Chen, Wen Ming Xu, Zhang Hui Chen, et al. Cl$^-$ is required for HCO$_3^-$ entry necessary for sperm capacitation in guinea pig: involvement of a Cl$^-$/HCO$_3^-$ exchanger (SLC26A3) and CFTR [J] . Biology of Reproduction, 2009, 80 (2): 115-123.

[89] Wu G, F. W. Bazer, T A Davis, et al. Important roles for the arginine family of amino acids in swine nutrition and production [J] . Livestock Science, 2007, 112 (1): 8-22.

[90] Wu G Y, F. W. Bazer, J. B. Hu, et al. Polyamine synthesis from proline in the developing porcine placenta [J]. Biology of Reproduction, 2005, 72 (3): 842-850.

[91] Yao K, Yin YL, Chu W, et al. Dietary arginine supplementation increases mTOR signaling activity in skeletal muscle of neonatal pigs [J] . Journal of Nutrition, 2008, 138 (5): 867-872.

[92] Yoshihiro Noda, Kuniaki Ota, Takuji Shirasawa, et al. Copper/zinc superoxide dismutase insufficiency impairs progesterone secretion and fertility in female mice [J] . Biology of Reproduction, 2012, 86 (1): 16, 1-8.

[93] Yoshimura M, Toyoshi T, Sano A, et al. Antihypertensive effect of γ-amino butyric acid rich tomato cultivar 'DG03-9' in spontaneously hypertensive rats [J] . Journal Agricultural Food Chemistry, 2010, 58 (3): 615-619.

[94] Young J F, Bertram H C, Theil P K, et al. In vitro and in vivo studies on creatine monohydrate supplementation to Duroc and Landrace pigs [J] . Meat Science, 2007, 76 (2): 342-351.

[95] Zhan X A, Li J X, Xu Z R, et al. Effects of methionine and betaine supplementation on growth performance, carcass composition and metabolism of lipids in male broilers [J] . British Poultry Science, 2006, 47 (5): 576-580.

[96] Zhan Z, Ou D, Piao X, et al. Dietary arginine supplementation affects microvascular development in the small intestine of early-weaned pigs [J] . Journal Nutrition, 2008, 138 (7): 1304-1309.